基礎からしっかり学ぶ

Linux入門

河原木忠司
KAWARAGI Tadashi

Operating System
Distribution
bash
Install
Filesystem
Network Manager
Package Manager
TCP/IP
Shell Script

Process
Device
cron
Job Scheduling
Pipeline
Command
Terminal
Permission
Symbolic Link

技術評論社

■ご購入前にお読みください

- 本書に記載された内容は、情報の提供のみを目的としています。したがって、本書を用いた運用は、必ずお客様自身の責任と判断によって行ってください。ソフトウェアの操作や掲載されているプログラム等を利用した運用の結果について、技術評論社および著者、サービス提供者はいかなる責任も負いません。
- 本書記載の情報は、2021年11月現在のものを掲載しています。ご利用時には変更されている場合もあります。ソフトウェア等はバージョンアップされる場合があり、本書での説明とは機能内容や画面図などが異なってしまうこともあり得ます。本書ご購入の前に、必ずバージョン番号をご確認ください。
- 本書の内容は、ダウンロード提供している学習用仮想マシン（CentOS 7／Debian GNU/Linux 11）の環境で動作を検証しています。それ以外の環境においては、コマンド実行後の表示結果などが異なる場合がございます。

以上の注意事項をご承諾いただいたうえで、本書をご利用願います。これらの注意事項をお読みいただかずにお問い合わせいただいても、技術評論社および著者、サービス提供者は対処しかねます。あらかじめ、ご承知おきください。

はじめに

本書をお手に取っていただき、まことにありがとうございます。

現在、Linuxはさまざまな環境で採用されています。そのため、Linuxに関する知識を活かす機会も非常に多くなりました。本書は、「なんとなくわかった」「よくわからないけれど、操作はできる」ではなく、Linuxの基礎をしっかり身につけていただくことを意識して執筆しました。ぜひ実習用の環境を用意し、本文中の実行例を実際に試しながら、実践的なスキルを身につけていただきたく思います。

実習用の環境として、OracleVM VirtualBox用の仮想マシンデータをダウンロード提供しています。他にも、仮想マシンや実機にLinuxディストリビューションをインストールして環境を構築する手順も紹介していますので、お好きな環境で動作確認を行ってください。

なお、Red Hat系ディストリビューション環境(CentOS 7)とDebian系ディストリビューション環境(Debian GNU/Linux 11)を用意していますが、本書の内容はこれ以外のLinux環境でも活用できます。本書が皆様のLinuxスキルの向上の一助となれば幸いです。4章以降の章末には、各章の内容を把握できているか確認するための演習問題を用意しています。独学での利用はもちろん、学校などでの教材としてぜひご利用いただければと思います。

筆者は書籍執筆以外に講師業を生業としています。本書は、Linux基礎コース、Linuxシステム管理コースを担当するときのカリキュラムを元に構成しており、これまで受講していただいた皆様のご質問・ご意見を反映しました。参加いただいた皆様に感謝いたします。

また、執筆を支えてくれた家族をはじめ、本書の執筆にご協力いただいた皆さまに感謝いたします。特に古くからの友人であり、信頼できるエンジニアである金本康秀氏には、第17章「バージョン管理」の原稿レビューや動作確認といった部分で多大なるご協力をいただきました。深く謝意を表します。

2021年12月6日

河原木 忠司

本書について

■本書で学習できること

本書では、Linuxの基本操作、コマンドの使い方、システム管理操作の基本を解説しています。本書の内容を理解することで、以下のようなことができるようになります。

① Linux や Linux ディストリビューションの位置づけ、環境構築方法を理解できる（第 1 章、第 2 章）
② コマンドを利用した Linux の基本操作ができる（第 3 章～第 9 章）
③ サービス制御やパッケージ管理など、Linux のシステム管理操作ができる（第 10 章～第 16 章）
④ Git の仕組みを利用したバージョン管理手順の基本を理解できる（第 17 章）
⑤ Debian 系ディストリビューション環境特有の操作を理解できる（第 18 章）

■本書で想定している実習環境

本書では、書籍を使った実習に利用可能な、以下の２つの仮想環境を用意しています。

① CentOS7.ova
② Debian11.ova

本書のサポートサイトより、これらの仮想マシンデータをダウンロードすることができます(P.21参照)。ダウンロードした仮想マシンデータは、第2章で解説している手順に従ってインポートし、利用することができます。

本書の実行例は、原則としてCentOS7.ova環境で動作確認をしています。第16章以降で、文中に「Debian 11環境で動作確認をしている」と書かれているものについては、Debian11.ovaの環境で動作確認しています。ディストリビューション環境に特にこだわりのない方や、Red Hat系ディストリビューション環境を中心に学習を進めたいと考えている方は、この前提に合わせて実習を行ってください。

Debian系ディストリビューション環境を中心に学習したい方は、Debian11.ova環境を使って学習を進めてください。その場合、Debian 11環境には実習用のサンプルファイルが用意されていません。実習用のサンプルファイルも本書サポートサイトからダウンロードできます。実習用のサンプルファイルの利用手順については、サポートサイト上のREADME.txtをご覧ください。

■「基本をおさえよう」と「もっと使いこなそう」

各章で解説している項目の見出しには、「基本をおさえよう」と「もっと使いこなそう」のいずれかのラベルが付いています。

基本をおさえよう

「基本をおさえよう」では、最低限おさえておきたい基本の知識を厳選して取り上げています。Linux についての基本操作をしっかり身につけたいと考えている方は、まずは「基本をおさえよう」の項目のみを読み進め、動作確認してみましょう。

もっと使いこなそう

「もっと使いこなそう」では、少し応用的な操作も解説しています。いずれも実際の現場でよく使われるコマンドや操作ですから、Linux をもっと活用したいと考えている方は、「もっと使いこなそう」の内容も確認してみてください。

◆◆◆

なお、「基本をおさえよう」の項目のみを進めていただいた方も、最終的には「もっと使いこなそう」の項目を確認し、ステップアップすることをお勧めします。

■章末演習について

第４章以降の章末には演習を用意していますので、各章で解説したコマンドや操作が身についているかどうかの確認として、ぜひ取り組んでみてください。

なお、演習問題のページの後に解答例を用意していますが、これらはあくまでも例です。解答例とは別の構文で、演習の内容を実現できる場合もあります。

演習問題の問題番号に「応用」と書かれているものは、前述した「もっと使いこなそう」で紹介している操作やコマンドを活用するなど、少し難易度が高い演習となっています。「基本をおさえよう」を中心に取り組んでいる方は、「応用」問題への取り組みは後回しにして、「もっと使いこなそう」の学習を行ったのち、あらためて問題に取り組んでみてください。

本書の使い方

本書の各章は、「この章のポイント」「本文」「章末演習」「章末演習【解答例】」から構成されています。ただし、第1章～第3章には章末演習はありません。

■この章のポイント

各章で学ぶ内容を、簡潔にまとめています。詳細な解説は次のページから始まります。「この章のポイント」を読んで、これからどのような機能について学ぶのかを確認しておきましょう。

■本文

コマンドや機能の解説を行います。太字は重要な用語を、書体が異なるものはコマンドを表します。コマンドの実行例は、本書が提供する学習用仮想環境で実際に試すことができます。各章で学ぶ項目は、「基本を身につけよう」「もっと使いこなそう」という2つに分類されています。まずは「基本を身につけよう」で解説されているコマンドの使い方やオプションをしっかりと理解することをお勧めします。

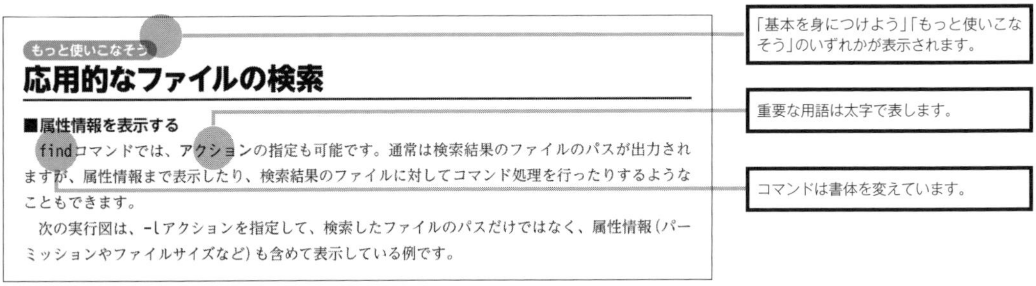

■章末演習

各章で学習した内容を確認、復習するための演習を用意しました。問題文に従い、実際にコマンドを入力する演習となっています。学習用仮想環境を使って、実際にコマンドを入力・実行してみましょう。

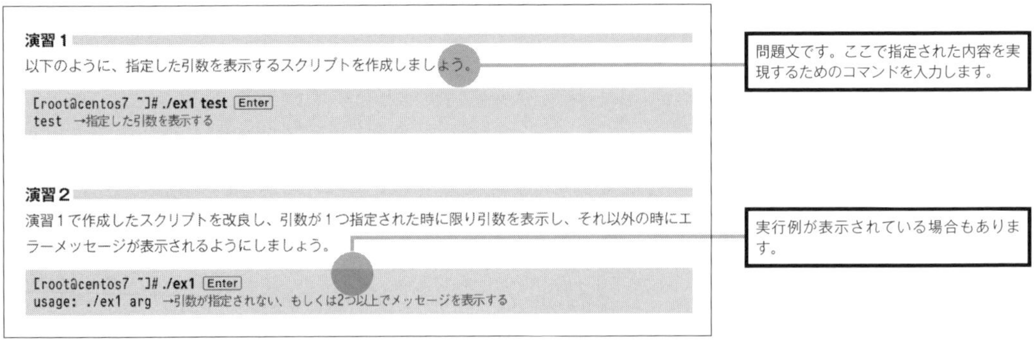

■章末演習【解答例】

演習問題の解答例と解説です。

演習4

次のように指定することで、引数が1つの時に限ってuseraddコマンドによるユーザーの追加と、passwdコマンドによるパスワードの設定が行われるようになります。

```
[root@centos7 ~]# cat ex4.sh [Enter]
#!/bin/bash
if [ $# -eq 1 ]
then
    useradd $1
    passwd $1
else
    echo "usage: $0 username"
fi
```

入力するコマンドの説明、指定すべきオプション、注意すべき点などについて解説します。

正解のコマンド入力・実行例を示します。

■コマンドの書式

本書では、コマンドの書式を以下のように記述しています。斜体の箇所は、そのまま入力するのではなく、適切な内容に置き換えて入力することを表しています。また、[]で囲まれた引数やオプションは省略可能です。

idコマンド

```
id [ オプション ] ユーザー名
```

概要	指定したユーザーのID情報（ユーザーやグループの名前とID）を表示する	
主なオプション	オプション	説明
	-u	ユーザーIDを表示する
	-g	グループIDを表示する
	-G	補助グループも含めた所属グループのIDを表示する
	-n	-u、-g、-Gと併用し、名前を表示する
引数	・ユーザー名：対象となるユーザー名	

■コマンド実行図

本書では、コマンドの実行図を以下のように記載しています。

```
[root@centos7 ~]# vi /etc/login.defs [Enter]
        :
PASS_MAX_DAYS   365  →99999から365に変更して保存する
        :
[root@centos7 ~]# useradd test05 [Enter]   →test05ユーザーを追加する
[root@centos7 ~]# chage -l test05 [Enter]  →test05ユーザーのパスワード情報を参照する
最終パスワード変更日                        : 8月 14, 2021
パスワード期限:                             : 8月 14, 2022
パスワード無効化中                          : なし
アカウント期限切れ                          : なし
パスワードが変更できるまでの最短日数        : 0
パスワードを変更しなくてよい最長日数        : 365  →有効期限が変更されている
パスワード期限が切れる前に警告される日数    : 7
[root@centos7 ~]# grep test05 /etc/shadow [Enter]
test05:!!:18853:0:365:7:::  →shadowファイル内も変更されている
```

太字の箇所は、キーボードから入力する内容を表しています。

実行図に対する解説は、文字の色を変えて区別が付きやすくしています。

目次 CONTENTS

第 2 章

Linux 環境の準備　35

第 3 章

bash シェルの基本　79

第4章

ファイルとディレクトリ 91

第6章

応用的なファイル操作 139

第 7 章

アカウントの管理 165

第 8 章

パーミッションと ユーザー権限の切り替え 185

第 9 章

bash シェルの活用 213

第 10 章

プロセスとサービスの管理 229

第 11 章

シェルスクリプト 249

第 13 章

ファイルシステム管理 297

第 14 章

パッケージ管理 327

第16章

リモート接続 373

第17章

バージョン管理 393

第 18 章

Debian 環境の利用 423

学習用ファイルについて

本書が提供している学習用ファイル（仮想マシンデータ、サンプルファイル）は、本書のサポートページからダウンロードすることができます。URLは次の通りです。

https://gihyo.jp/book/2022/978-4-297-12545-5

ダウンロード可能なファイルは次の通りです。

- **CentOS7.ova**
  本書の学習用に用意したCentOS 7の仮想マシンデータです。VirtualBoxにインポートして利用することができます。インポート手順などは第2章をご覧ください。約3.3GBとサイズが非常に大きくなっていますので、ダウンロードには時間がかかる場合があります。

- **Debian11.ova**
  本書の学習用に用意したDebian GNU/Linux 11の仮想マシンデータです。VirtualBoxにインポートして利用することができます。インポート手順などは第2章をご覧ください。約2.2GBとサイズが非常に大きくなっていますので、ダウンロードには時間がかかる場合があります。

- **linux_sample.zip**
  本書の学習で利用するさまざまなサンプルファイルを集めたものです。上記CentOS7.ovaにはすでに導入済みですが、他の環境で利用する場合には、README.txtの指示に従ってコピーしてください。

- **README.txt**
  学習用ファイルについての説明が記述されているファイルです。linux_sample.zipを他の環境で利用する手順などを記載しています。

重要な情報まとめ

■書籍サポートページ

https://gihyo.jp/book/2022/978-4-297-12545-5

本書のサポートページです。ダウンロード提供する学習用仮想環境のファイルは、ここから入手可能です。本書記載の情報の修正／訂正／補足についても、上記Webページで行います。

■学習用仮想環境について

学習用仮想環境のユーザー名、パスワードなどの情報を下記にまとめます。

●表　本書学習用CentOS 7環境

アカウント／パスワード	root／rootpass testuser／testpass
ネットワークインターフェース	ens0p3：仮想マシン同士の接続で利用 ens0p8：インターネットなど外部ネットワークへの接続で利用
IPアドレス	ens0p3：192.168.56.11/24 ens0p8：自動構成

●表　本書学習用Debian GNU/Linux 11環境

アカウント/パスワード	root／rootpass testuser／testpass
ネットワークインターフェース	ens0p3：仮想マシン同士の接続で利用 ens0p8：インターネットなど外部ネットワークへの接続で利用
IPアドレス	ens0p3：192.168.56.22/24 ens0p8：自動構成

本書の学習用仮想マシンは以下の設定で構成しています。

●表　本書学習用仮想マシンの構成

メモリー	2048MB
仮想ディスク	30GB
ネットワークアダプター1	ホストオンリーアダプター
ネットワークアダプター2	NAT

第 1 章

Linuxの基本

Linuxとは

Linuxディストリビューション

Linuxの利用例

Linuxの実行環境

CUI環境・GUI環境・ログイン

rootユーザーと一般ユーザー

コマンドの実行構文

この章のポイント

本書では、Linux システムを運用・管理するためのさまざまなコマンドやしくみについて解説します。この章では、Linux の基本知識を紹介します。

■Linux とは

Linus Torvalds（リーナス・トーバルズ）氏は、1991年にLinuxカーネルのバージョン0.0.1をリリースしました。カーネルは、メモリ管理やプロセス管理といったOSの中核となる機能を実現するソフトウェア部分です。

Linuxカーネルを OS として利用するためには、カーネル以外のさまざまなソフトウェアが必要となります。このような形のLinuxの形態を**Linuxディストリビューション**といいます。

LinuxはWebサーバーなどさまざまなサーバーの基盤となるOSとして多数の利用実績があるほか、近年ではスマートフォンやIoT（Internet of Things）端末のOSとしても採用されています。

■Linux ディストリビューションとは

Linuxディストリビューションは、さまざまなベンダーやコミュニティなどにより提供されています。LinuxディストリビューションはRed Hat系、Debian系といった系統に分けることができ、とくにパッケージ管理の仕組みに大きな違いがあります。

●表　主なLinuxディストリビューション

ディストリビューション名	系統
Red Hat Enterprise Linux	Red Hat系
CentOS / CentOS Stream	Red Hat系
Fedora	Red Hat系
Alma Linux	Red Hat系
Debian GNU/Linux	Debian系
Ubuntu	Debian系

■Linux の実行環境

近年のLinux実行環境には、「実機環境（物理的なコンピューター）に直接インストールする」「仮想マシンにインストールする」「クラウド上のインスタンスで利用する」といったものがあります。

Oracle VM VirtualBoxなどの仮想環境を実現するソフトウェアを利用すれば、1台のコンピューターの上に複数の仮想的なコンピューター（仮想マシン）を用意することができます。この仮想マシンにLinuxをインストールして利用可能です。学習用に一時的にLinuxを利用したい、異なるLinuxディストリビューションをインストールして動作確認したいといった場合には、仮想環境を利用するとたいへん便利です。

また、近年では利用が当たり前になった**クラウドサービス**環境でもLinuxホストを利用できます。

有償のサービスにはなりますが、IaaSを利用するとOSがインストール済みの環境を手軽に作成して、Webアプリケーションの実行環境などとして利用することができます。

■CUI環境とGUI環境

Linuxは、**CUI**（Character User Interface）**環境**、**GUI**（Graphical User Interface）**環境**のいずれでも利用できます。CUI環境は、キーボードなどを使ってコマンドを入力・実行してシステムを操作する環境のことです。GUI環境は、グラフィカルなアプリケーションを利用して操作を行う環境のことです。GUI環境においても、コマンド端末等のアプリを起動することでコマンド入力・実行が可能です。

サーバーなどでは、CUI環境で利用されることも多く、Linux環境の操作（とくにシステム管理の操作）はコマンド入力でないと実行できないものも多いため、コマンド入力による操作を身に付けることは必須といえます。

■rootユーザーと一般ユーザー

Linuxでは既定で**root**という名前のユーザーが用意されています。このユーザーはシステムの管理者にあたるユーザーで、制限なくさまざまなコマンドを実行したり、ファイルの内容を参照・編集したり、システムの設定を変更したりすることが可能です。

rootユーザー以外の、ログイン可能なユーザーを**一般ユーザー**といい、万が一操作ミスをした場合でも被害を最小限に抑えられるように、操作にはさまざまな制限が課されています。必要に応じて許可された範囲内で、システム管理の操作を行うこともできます。

■コマンドの実行構文

コマンド端末やCUI環境で、以下のようにコマンド名を指定してコマンドを実行します。その際には、**オプション**や**引数**を指定して実行することもできます。

●図　コマンドの基本構文とプロンプト

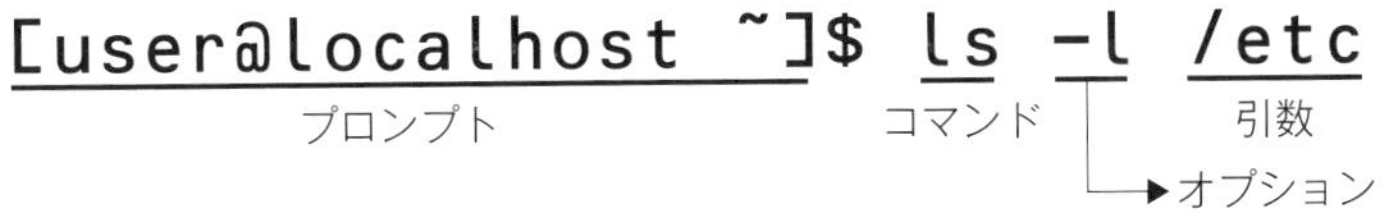

プロンプト	ログインしているユーザー名やホスト名、カレントとなっているディレクトリを表示（プロンプトに表示される情報は環境により異なる）
コマンド	実行するコマンド
オプション	必要に応じて指定することで、コマンドの挙動を変えられる
引数	必要に応じて指定することで、コマンド実行時に値を渡すことができる

基本をおさえよう

Linuxとは

LinuxはオープンソースのOSとしてよく知られているOSS(オープンソースソフトウェア)です。

Linuxの歴史は、1991年、Linus Torvalds(リーナス・トーバルズ)氏がLinuxカーネルのバージョン0.01をリリースしたところから始まります。カーネルとは、メモリ管理やプロセス管理といったOSの中核となる機能を実現するソフトウェア部分であり、カーネル単体では一般的なOSとして動作をさせることができません。

そこで、LinuxカーネルをOSと利用するためには、カーネル以外のさまざまなソフトウェアが必要となります。このような形のLinuxの形態を**Linuxディストリビューション**といいます(**図1.1**)。

●図1.1　Linuxディストリビューション

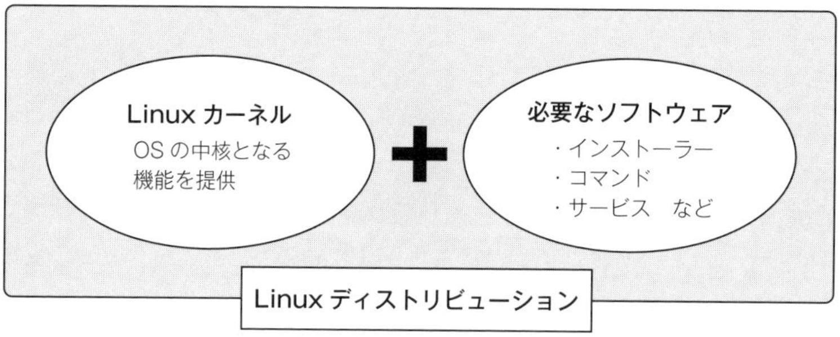

基本をおさえよう

Linux ディストリビューション

Linuxディストリビューションは、さまざまなベンダーやコミュニティなどにより提供されています。主なLinuxディストリビューションには**表1.1**のようなものがあります。

●表1.1　主なLinuxディストリビューション

ディストリビューション名	系統
Red Hat Enterprise Linux	Red Hat系
CentOS / CentOS Stream	Red Hat系
Fedora	Red Hat系
Alma Linux	Red Hat系
Debian GNU/Linux	Debian系
Ubuntu	Debian系

表にもあるように、LinuxディストリビューションはRed Hat系、Debian系といった系統に分けることができます。これらは、とくにパッケージ管理の仕組みに大きな違いがあります。

汎用的に使えるディストリビューション、特定の用途に特化したディストリビューションなど、さまざまなLinuxディストリビューションが存在します。本書で紹介するほとんどの基本的な操作手順は、Linuxディストリビューションの種類を問わず利用可能です。

Point!

本書では、学習用の仮想マシンデータ（CentOSとDebianGNU/Linux）を用意しており、書籍サポートページから入手可能です。これらの仮想マシンデータを利用するか、第2章で紹介するインストール手順に従って新しく仮想マシン環境を構成するか、いずれの方法でも学習用の環境を用意することができます。

もちろん、すでに手元にLinux環境があるようでしたら、それを利用して学習を進めることもできます。

基本をおさえよう

Linuxの利用例

Linuxはさまざまな環境で利用されています。いくつか利用例を紹介します。

■サーバーとして利用する

Linuxはさまざまなサーバーの基盤となるOSとしての利用実績が多数あります（**図1.2**）。

たとえば、Webサーバー（Webブラウザで接続するサーバー）の機能を実現するソフトウェアとしてApacheやnginxが有名です。これらのソフトウェアは元々UNIXやLinuxで動作させることを想定して作られています（ほかのOSで動作させることもできます）。

●図1.2　サーバー環境でのLinuxの利用

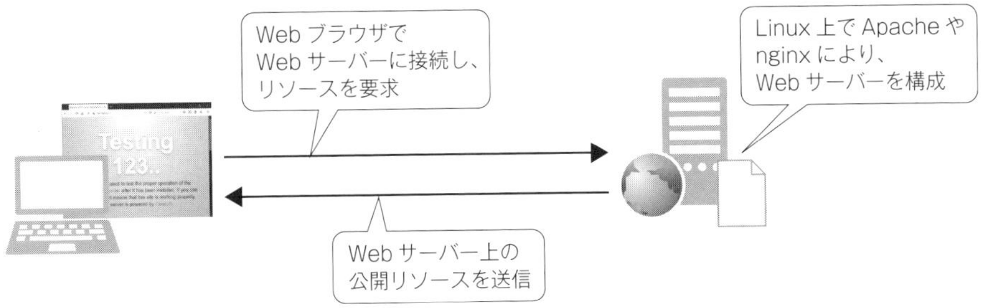

本書で紹介している「パッケージ管理」機能を利用すれば、さまざまなサーバー環境をインストールして、手軽に利用することができます。

■IoT 端末で利用する

インターネットに接続可能な端末で、PCなど以外のスマートフォンや情報家電製品、Webカメラなどの端末のことを一般的に**IoT (Internet of Things) 端末**といいます。これらのIoT端末でも、OSとしてLinuxを採用しているものが多数あります(**図1.3**)。

● **図1.3　IoT端末でのLinuxの利用**

スマートフォンのOSとしてAndroidが多く使われていますが、AndroidはLinuxカーネルから派生して開発されたものです。そのため、Linuxの仕組みを理解することはAndroidの仕組みを理解することにもつながります。

基本をおさえよう

Linux の実行環境

我々がLinuxをインストールした環境(Linuxの実行環境)を利用する場合、さまざまな形態が考えられます。ここでは、主な実行環境を取り上げて説明します。

■実機環境にインストールする

まず、PC、サーバーなどの実機に直接インストールする環境が考えられます。実機というのは「物理的に存在する」マシンのことを指しており、たとえば手元のパソコンにLinuxをインストールして利用するという環境です(**図1.4**)。

Linuxを、仕事用の開発マシンやサーバーとして継続的に運用していくのであれば、このような利用方法も考えられます。ただし、この方法だとパソコンに元々インストールされていたOS環境は使えなくなります。そのため、学習用途で一時的にLinuxを使いたい、既存のOS環境は残しておきたいといった場合には向いていません。

たとえば、IoT端末上でLinuxが使われている場合は、間違いなくこの形態で利用されています。

■仮想環境にインストールする

Oracle VM VirtualBoxなどの仮想環境を実現するソフトウェアをインストールすると、物理的なコンピューター(実機)の上に、仮想的なコンピューター(仮想マシン)を用意することができるようになります。物理的な1台のコンピューター(仮想マシンに対して、物理マシンと呼ばれることもあります)上にそれぞれ異なる複数のコンピューターが存在し動作しているかのように動かすことができます。もちろん、仮想マシンにLinuxをインストールして利用することも可能です(**図1.4**)。

● 図1.4　仮想環境の利用

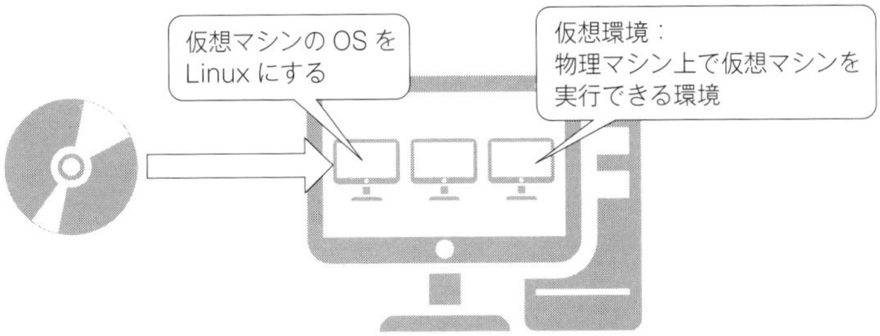

本書の「第2章　Linux環境の準備」において、実際にLinuxの実行環境を準備する手順を紹介していますが、そこでも仮想環境を利用する前提で説明しています。

学習用に一時的にLinuxを利用したい、異なるLinuxディストリビューションをインストールして動作確認したいといった場合には、仮想環境を利用するとたいへん便利です。

■クラウドサービスを利用する

クラウドサービス環境でLinuxホストを利用することもできます。

IaaS(Infrastructure as a Service)と分類されるクラウドサービスを利用すると、仮想マシン(仮想インスタンス)をクラウド上に構築し、利用することができます。仮想マシンとして、OSがインストール済みの環境を作成することもできます。作成した環境へはインターネットを経由して接続できるので、たとえば短期間でWebアプリケーションを動作させる実用環境を構成したいという場合などに便利です(**図1.5**)。

● 図1.5　クラウド環境の利用

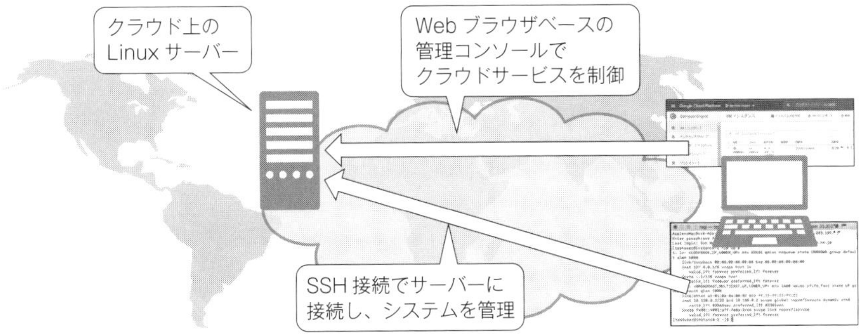

IaaSを提供している主なサービスには次のようなものがあります。

- Amazon Web Service（AWS）
- Google Cloud Platform（GCP）
- Microsoft Azure
- Oracle Cloud
- さくらのクラウド

ただし、これらのサービスは有償で提供されています。自分が所有するコンピューターや仮想環境にインストールして利用する場合と異なり、ランニングコストが発生します。

基本をおさえよう

CUI環境・GUI環境・ログイン

Linuxは、CUI環境、GUI環境のいずれでも利用できます。

■CUI環境で利用する

CUI（Character User Interface）環境は、キーボードなどを使ってコマンドを入力・実行してシステムを操作する環境のことです。CUI環境のLinuxを起動すると、以下のようなログイン画面が表示されますので、ユーザー名とパスワードを入力して、ログインします（**図1.6**）。

●図1.6　CUI環境のログイン画面

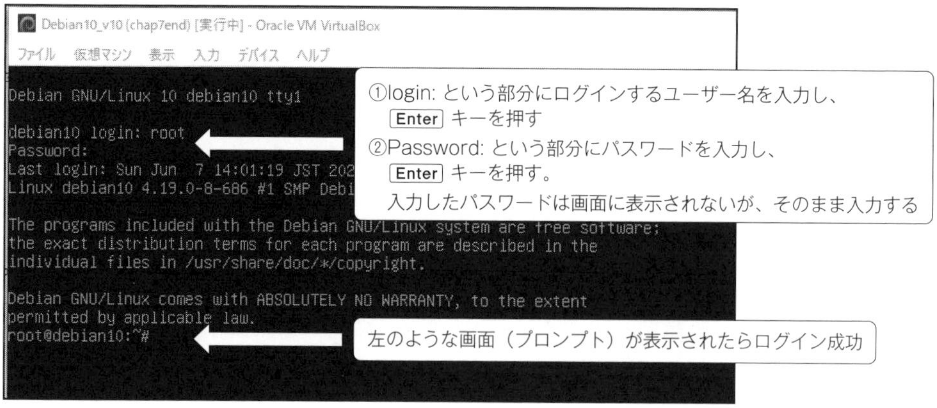

サーバー環境などでは、CUI環境で構成されるケースも多くあります。

■GUI環境で利用する

GUI（Graphical User Interface）環境は、グラフィカルなアプリケーションを利用して操作を行う環境のことです。GUI環境のLinuxを起動すると、以下のようなログイン画面が表示されますので、ユーザー名を入力するか選択した後、パスワードを入力してログインします（**図1.7**。画面はCentOSの例です）。

●図1.7　GUI環境の利用

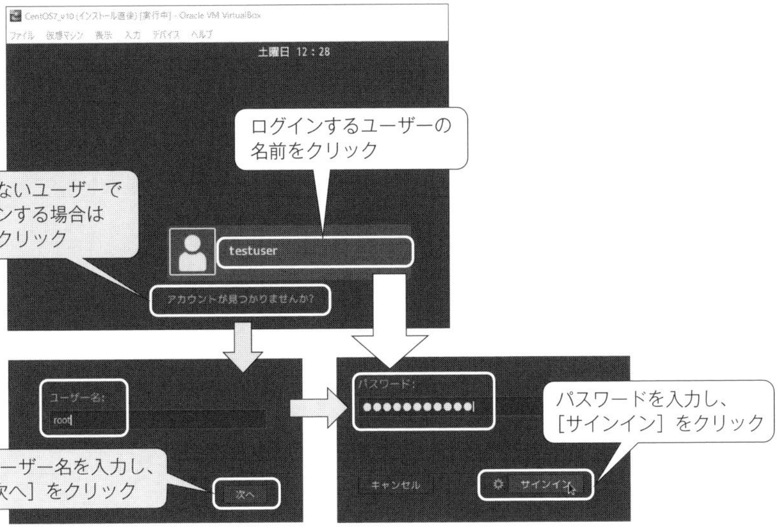

ログインすると、デスクトップ画面が表示されますので、ここで利用するアプリケーションを起動して、操作を行いきます。コマンド端末を起動すると、CUI環境と同様にコマンドを入力・実行してシステムを操作できます（**図1.8**。CentOSの実行例です）。

●図1.8　コマンド端末の起動

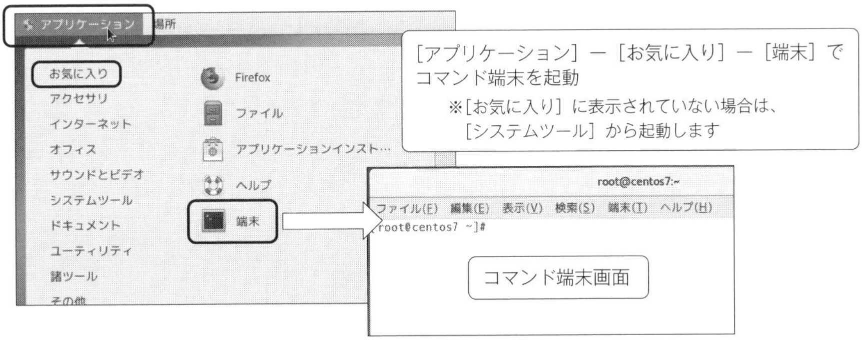

本書では、学習用の環境の1つとして、CentOS 7の仮想環境を用意しています。また、第2章の手順を実行することで、GUI環境が有効になったCentOS 7環境を仮想マシン上で起動できるようになります。CentOSが起動したら、**図1.8**のようにコマンド端末を起動して、本書の学習を進めていきましょう。

基本をおさえよう

rootユーザーと一般ユーザー

Linuxでは既定で**root**という名前のユーザーが用意されています。このユーザーはシステムの管理者にあたるユーザーで、制限なくさまざまなコマンドを実行したり、ファイルの内容を参照・編集したり、システムの設定を変更したりすることが可能です。便利な反面、操作ミスをしてしまった場合に大きな被害が発生する可能性があります。

そのため、実運用環境でrootユーザー権限を利用するときには、注意深く操作を行う必要があります。また、万が一にも不正アクセスの被害が発生しないよう、rootユーザーのパスワードについてはとくに慎重に管理を行います。

rootユーザー以外の、ログイン可能なユーザーを**一般ユーザー**といいます。一般ユーザーは、万が一操作ミスをした場合でも被害を最小限に抑えられるようにするため、操作にはさまざまな制限が課されています。そして、必要に応じて許可された範囲内で、システム管理の操作を行うこともできます。

一般ユーザーでログインした後、rootユーザーの権限を利用する手順は、本書の「第8章　パーミッションとユーザー権限の切り替え」で紹介しています。

Point!

rootユーザーは管理者ユーザーであり、どのような操作も実行可能です。

基本をおさえよう

コマンドの実行構文

本書で提供している学習用の仮想環境は、GUIが有効な環境でもありますが、本書の学習と動作確認は基本的に**コマンド**を利用します。Linux環境の操作（とくにシステム管理の操作）はコマンド入力でないと実行できないものも多く、その意味でもコマンドの学習は必須であると考え、このような構成にしています。

コマンド端末やCUI環境で、以下のようにコマンド名を指定してコマンドを実行します（**図1.9**）。その際には、**オプション**や**引数**を指定して実行することもできます。

● 図1.9 コマンドの基本構文とプロンプト

```
[user@localhost ~]$ ls -l /etc
```

プロンプト	[user@localhost ~]$
コマンド	ls
オプション	-l
引数	/etc

プロンプト	ログインしているユーザー名やホスト名、カレントとなっているディレクトリを表示（プロンプトに表示される情報は環境により異なる）
コマンド	実行するコマンド
オプション	必要に応じて指定することで、コマンドの挙動を変えられる
引数	必要に応じて指定することで、コマンド実行時に値を渡すことができる

オプションや引数が必須のコマンドもあれば、そうではないコマンドもあります。これらはコマンドによって異なるため、本書の第3章以降で紹介するさまざまなコマンドごとに書式を確認していきましょう。

以下は、第4章で紹介するlsコマンドの実行例です。ここでは、オプションや引数の指定方法の例として紹介します。コマンドの使い方やオプションの意味は第4章で詳しく解説しますので、今は理解できなくても大丈夫です。また、他にもまだ学習していない用語が出てきますが、これらについても第2章以降でしっかり解説していきます。

```
[root@centos7 ~]# ls Enter  →lsコマンドはオプションと引数を省略可能
anaconda-ks.cfg                               testa.txt
docker-1.13.1-208.git7d71120.el7_9.x86_64.rpm  testsubst.txt
                  :
[root@centos7 ~]# ls -l Enter  →オプションを指定した例（-lで詳細を表示する）
合計 17920
-rw-------. 1 root root     1609  4月  2  2020 anaconda-ks.cfg
-rw-r--r--  1 root root 18088320  6月  8 23:49 docker-1.13.1-208.git7d71120.el7_9.x86_64.
rpm
                  :
[root@centos7 ~]# ls / Enter  →引数を指定した例（ルートディレクトリを表示する）
bin   dev  home  lib64  mnt  proc  run   srv  testbin  usr
boot  etc  lib   media  opt  root  sbin  sys  tmp      var
[root@centos7 ~]# ls -l / Enter  →オプションと引数を指定した例
合計 32
lrwxrwxrwx.   1 root root    7  4月  2  2020 bin -> usr/bin
dr-xr-xr-x.   5 root root 4096  4月  2  2020 boot
                  :
```

オプションは、複数指定することもできます。その際、個別に指定しても構いませんし、以下のように並べて指定しても構いません。

```
[root@centos7 ~]# ls -l -a Enter
  →-lオプションと-aオプションを指定（-aは先頭がドットのファイルも含めてすべて表示する）
合計 17960
dr-xr-x---. 15 root root     4096 11月 21 07:49 .
dr-xr-xr-x. 18 root root      259  6月  7  2020 ..
-rw-------.  1 root root     1554 11月 21 07:46 .ICEauthority
                :
[root@centos7 ~]# ls -la Enter   →並べて指定も可能
合計 17960
dr-xr-x---. 15 root root     4096 11月 21 07:49 .
dr-xr-xr-x. 18 root root      259  6月  7  2020 ..
-rw-------.  1 root root     1554 11月 21 07:46 .ICEauthority
                :
[root@centos7 ~]# ls -al Enter   →順番はどちらでもOK（一部のコマンドでは順番を意識する必要がある）
合計 17960
dr-xr-x---. 15 root root     4096 11月 21 07:49 .
dr-xr-xr-x. 18 root root      259  6月  7  2020 ..
-rw-------.  1 root root     1554 11月 21 07:46 .ICEauthority
                :
```

アルファベット1文字のオプションは、ハイフンを1文字入力した後に指定します。

アルファベット1文字ではなく、単語ベースのオプションもあります。単語ベースのオプションについては、以下のようにハイフンを2文字入力した後に指定します。

```
[root@centos7 ~]# ls --all Enter   →lsコマンドでは、-aオプションと--allオプションは同じ意味である
.                                          paste2.txt
..                                         secure
                :
```

参考 オプションは、原則ハイフンの後に指定します。ただし、一部のコマンド（本書で紹介するものだと、tarコマンドとpsコマンド）では、ハイフンを指定しない使い方もできます。

第 2 章

Linux 環境の準備

仮想環境のインストール

仮想マシンのインポート

仮想マシンの基本的な使い方

仮想マシンの作成

CentOS 7 のインストール

Debian GNU/Linux 11 のインストール

この章のポイント

この章では、実機にOracle VM VirtualBox（以降、VirtualBoxと表記）をインストールし、学習用のCentOS 7ならびにDebian GNU/Linux 11（以降、本書ではDebian 11と記述します）の仮想マシンイメージをインポートする方法、あるいは新規に仮想マシンを作成してLinuxディストリビューションをインストールし、Linuxの学習用環境を利用する方法を紹介します。

なお、仮想環境ではなく、実機に直接Linuxディストリビューションをインストールしたい場合は、本章の後半にある「CentOS 7のインストール」（P.56）、「Debian GNU/Linux 11のインストール」（P.69）を参照してください。インストール用ISOファイルのダウンロード、インストーラーの操作方法を解説しています。ただし、本書ではパーティション分割やWindowsとのデュアルブートの設定などについては解説しておりませんのでご注意ください。

注意！

本書では、学習用Linux環境の準備に仮想環境を使用することを推奨しています。
仮想マシンではなく、実機に直接Linuxディストリビューションをインストールする場合、パーティションの設定やインストール先の指定によっては、実機にインストール済みのWindowsなどが削除されてしまう可能性があります。必ず、読者の皆さんご自身の責任と判断で、インストールを行うようにしてください。

手元にすでにLinux環境がある場合や、クラウドサービス上のLinux環境を利用する場合などは、本章を読み飛ばしても大丈夫です。

この章では、以下のような点を確認します。

- 実機にVirtualBoxをインストールし、仮想環境を構成することができる
- 本書に用意されている仮想マシンデータをVirtualBoxにインポートして、Linuxの学習環境として利用することができる
- VirtualBox上で仮想マシンの基本操作ができる
- 仮想マシンが利用する最適な仮想ネットワークを選択できる
- 仮想マシンを新規作成し、Linuxディストリビューションをインストールして Linux 環境を構成できる

基本をおさえよう

仮想環境のインストール

本書では、VirtualBoxを利用して仮想環境を構成し、本書サポートページで提供しているLinuxインストール済みの仮想マシンをインポートして学習することを想定しています。

まずは、VirtualBoxのインストールを行います。Windowsの場合とmacOSの場合の手順を掲載しますので、以下の手順でVirtualBoxをインストールしましょう。

■セットアップファイルをダウンロードする

以下の手順で、セットアップファイルをダウンロードします。

① Webブラウザで、VirtualBoxの公式ページ(https://www.virtualbox.org/)にアクセスします。表示されたページにある[Download ~]ボタンをクリックします。

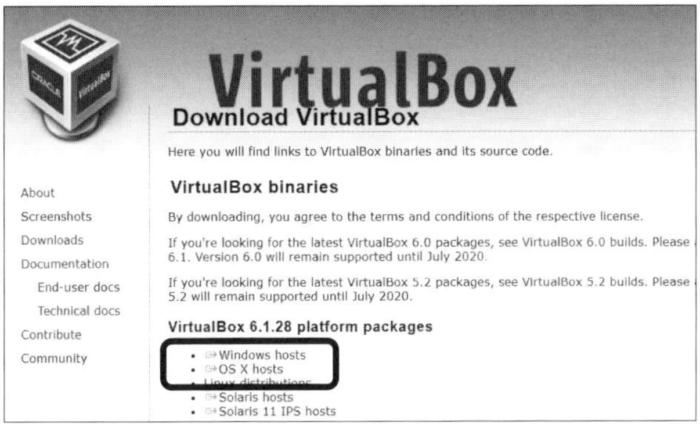

② ダウンロードページに移動します。利用しているマシンのOSに合わせてリンクをクリックすると、セットアップファイルがダウンロードされます。

セットアップファイルをダウンロードしたら、VirtualBoxをインストールします。以下は、Windows、macOS端末にインストールする手順をそれぞれ紹介します。

> **参考** 本章では、VirtualBoxのセットアップファイルの他、CentOS 7ならびにDebian 11のインストール用ISOファイルをWebからダウンロードする手順を紹介しています。これらのWebページの画面は執筆時点(2021年11月)のものです。

■VirtualBox をインストールする【Windows】

Windows環境にVirtualBoxをインストールする場合は、以下の手順に従います。

① VirtualBoxのセットアップファイルをダブルクリックして実行します。これ以降、ユーザーアカウント制御ダイアログが表示されたら、[はい]をクリックしてください。

② セットアップウィザードが起動するので、[Next]をクリックします。

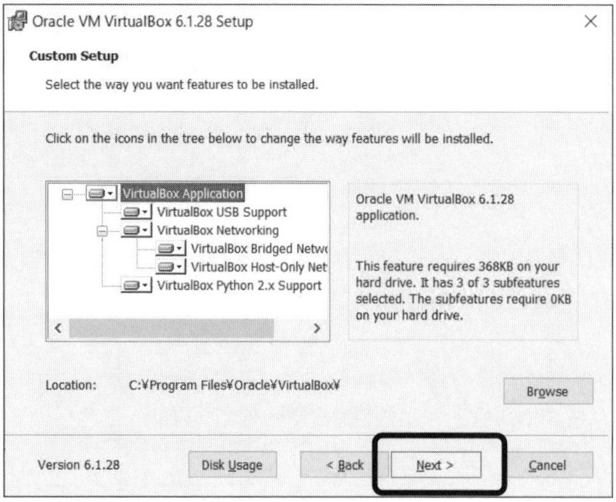

③ Custom Setup画面では、そのまま[Next]をクリックします。

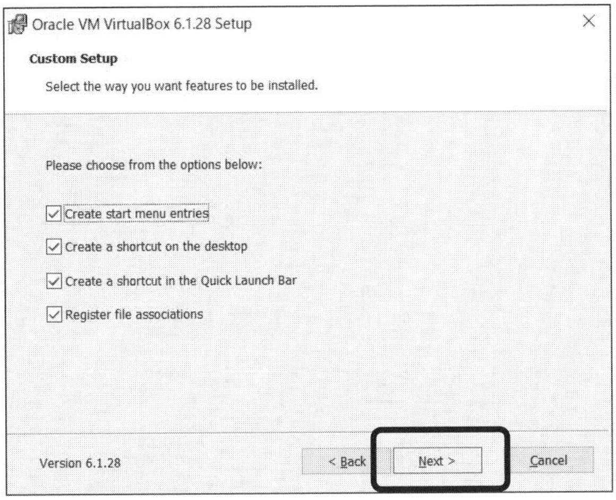

④ 次のCustom Setup画面でも、そのまま [Next] をクリックします。ここでの設定により、VirtualBoxがスタートメニューに追加され、デスクトップやクイック起動(スタートボタンの右側のアイコン)に起動アイコンが作成されます。もし追加したくない項目があれば、チェックを外してください。

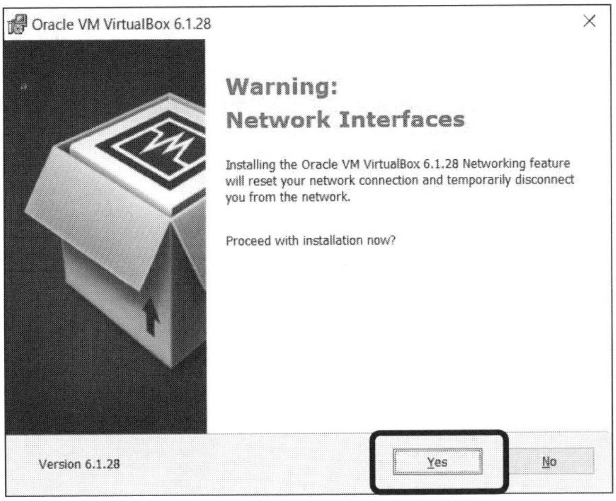

⑤ Network Interfaces画面では、[Yes] をクリックします。

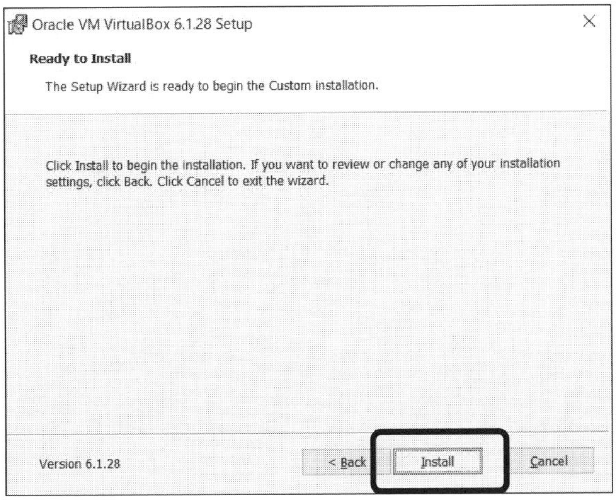

⑥ Ready to Install画面では、[Install] をクリックします。

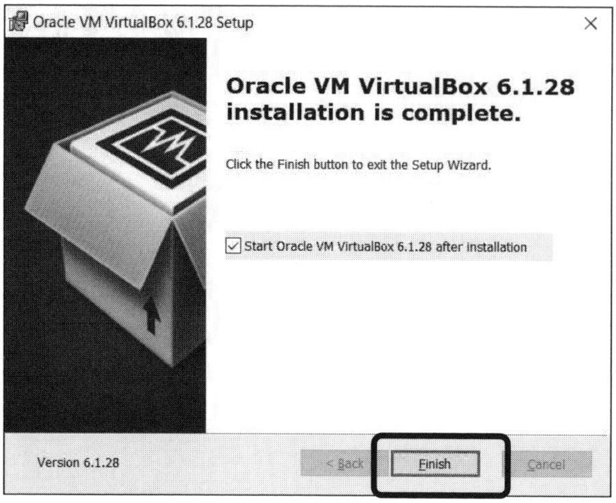

⑦ complete画面が表示されたら、[Finish] をクリックします。[Start Oracle VM VirtualBox 6.1.28 after installation] にチェックが入っていると、自動的にVirtualBoxが起動します。

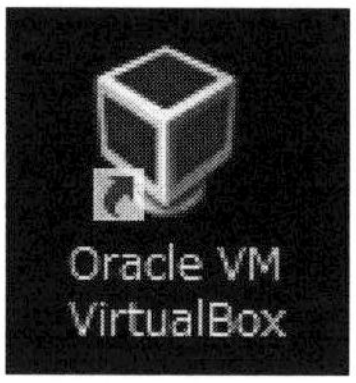

上記の手順でセットアップを終えると、セットアップ完了後にVirtualBoxが自動的に起動します。今後は、デスクトップにあるVirtualBoxのアイコンをダブルクリックするなどして起動してください。

■VIrtualBox をインストールする【macOS】

macOS 環境に VirtualBox をインストールする場合は、以下の手順に従います。

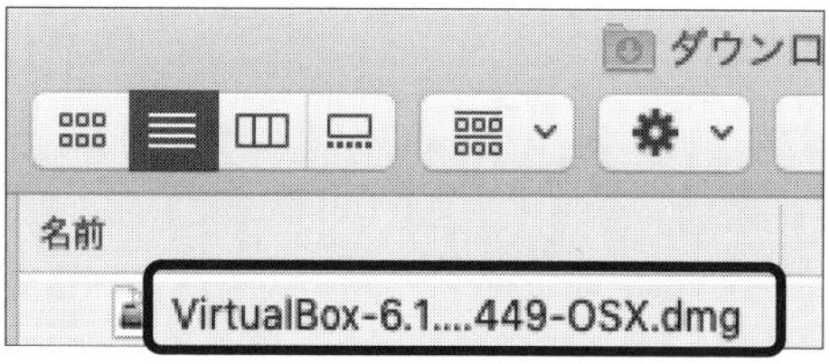

① VirtualBoxのセットアップファイルをダブルクリックして実行します。

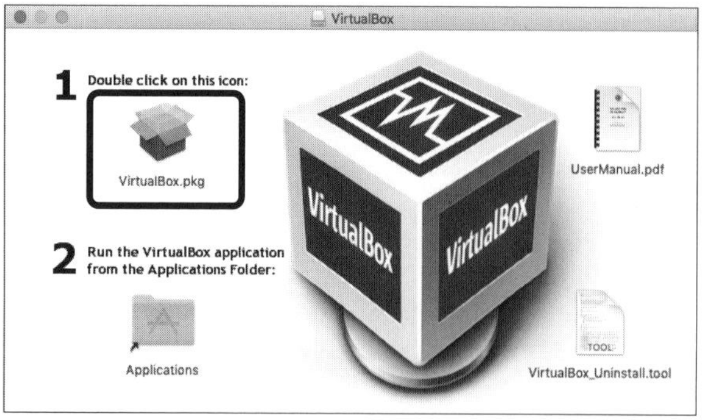

② [VirtualBox.pkg] アイコンをダブルクリックします。

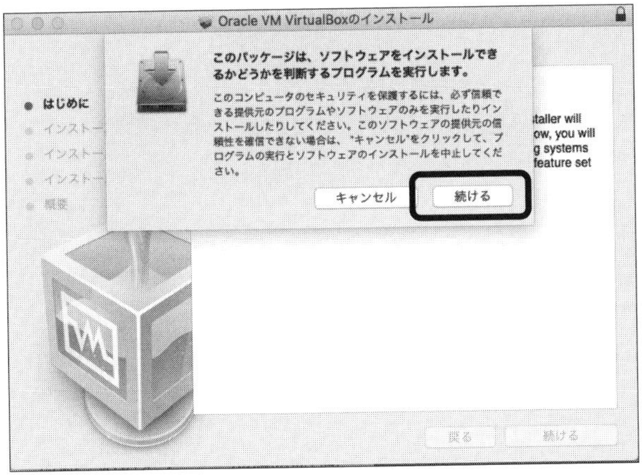

③ 左図のダイアログが表示されたら、[続ける]をクリックします。

④「はじめに」画面では[続ける]をクリックします。

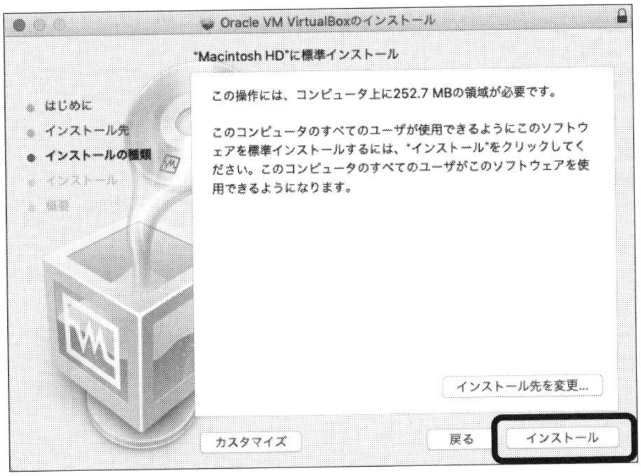

⑤「インストールの種類」画面では、[インストール]をクリックします。

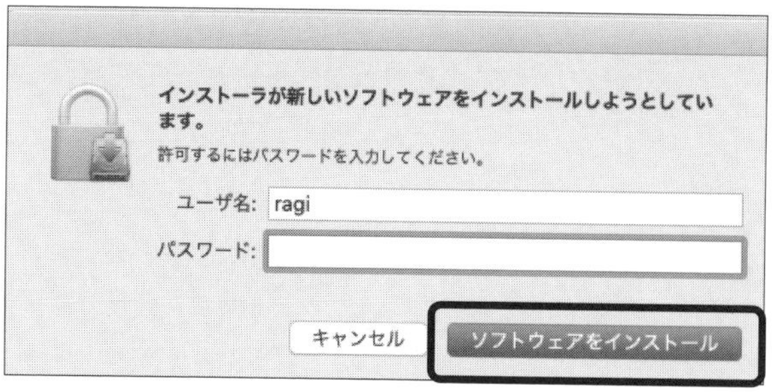

⑥ パスワードの入力が求められるので、ログインユーザーのパスワードを入力したあと、[ソフトウェアをインストール] をクリックします。

⑦ インストールが完了すると左の画面が表示されるので、[閉じる] をクリックします。ここで、「インストーラをゴミ箱に入れますか？」というダイアログが表示されたら、[残す] をクリックします。

⑧ デスクトップに「VirtualBox」がマウントされているので、[VirtualBox を取り出す] をクリックします。

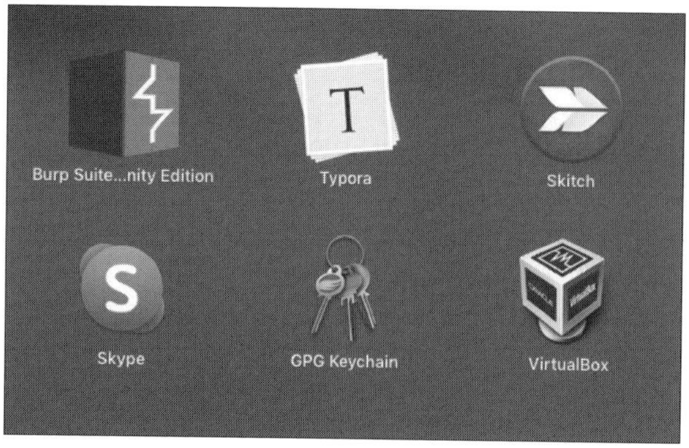

⑨ Launchpad より「VirtualBox」をクリックして起動します。

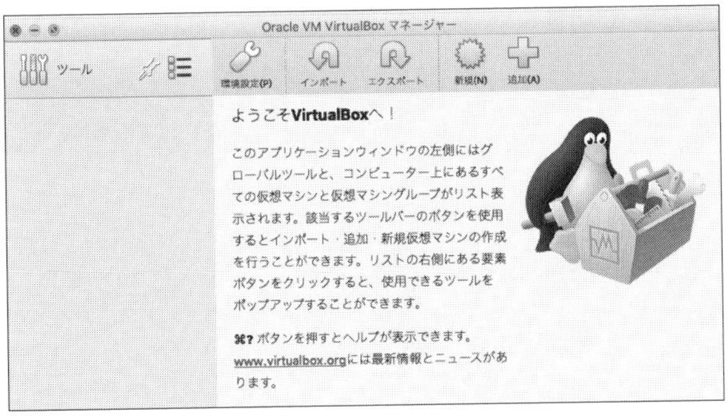

⑩ VirtualBoxマネージャー画面が表示されます。この画面で仮想マシンに関する操作を行います。

基本をおさえよう

仮想マシンのインポート

本書では、学習用の環境としてCentOS 7、Debian 11をインストール済みの仮想マシンイメージを用意しています。本書のサポートページ(https://gihyo.jp/book/2022/978-4-297-12545-5/support)よりダウンロード可能で、P.21も参照してください。

ダウンロードした仮想マシンイメージをインポートするには、以下の手順に従います。なお、以降ではWindows版のVirtualBoxの画面を掲載していますが、インポート手順はmacOS版でも同様です。

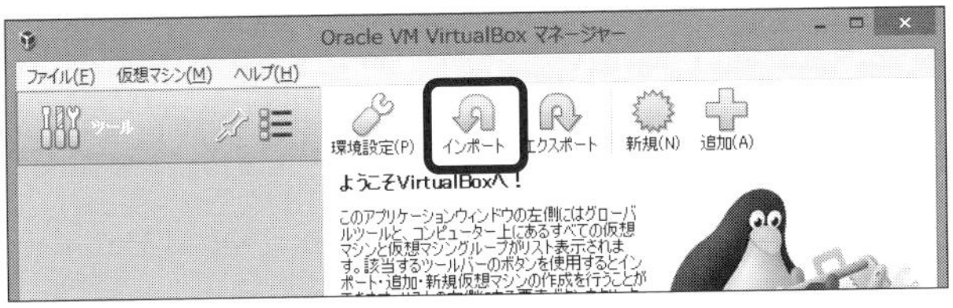

① VirtualBoxを起動すると、VirtualBoxマネージャー画面が表示されます。表示されたら[インポート]をクリックします。

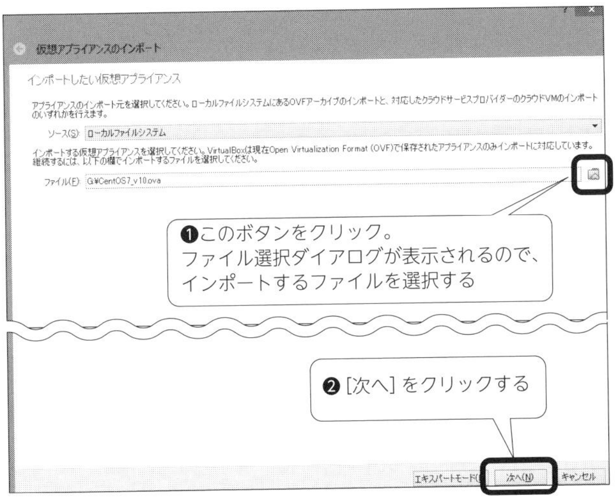

② [インポート…]ボタン(❶)をクリックし、準備した仮想マシンイメージファイルを選択します(ここではCentOS 7環境をインポートします)。選択したファイルが表示されたら、[次へ](❷)をクリックします。

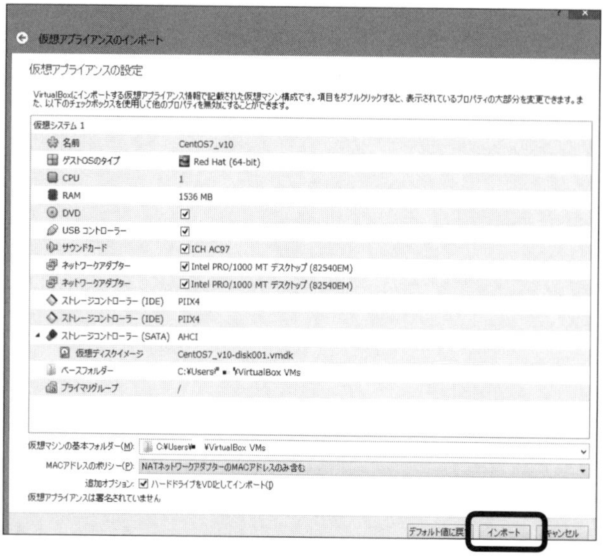

③ インポートする仮想マシンの情報が表示されます。[インポート] ボタンをクリックすると、インポートが開始されます。

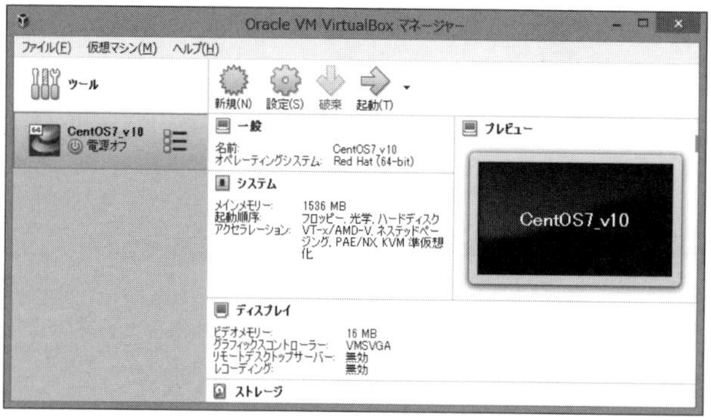

④ インポートが完了すると、左図のように仮想マシンの名前が表示されます。

基本をおさえよう

仮想マシンの基本的な使い方

インストール済みの仮想マシンをインポートしたあと、仮想マシンを起動すると、Linux (CentOS 7、Debian 11) をインストール済みの環境を利用することができます。以下の手順に従って仮想マシンを起動し、ログインしてみましょう。

Point!

本書で紹介しているほとんどの操作は、どちらの環境を利用しても動作確認可能です。ただしパッケージ管理については、第14章の内容はCentOS 7環境、第18章の内容はDebian 11環境でないと確認できません。なお、本書の学習内容は、基本的にはCentOS 7環境で動作確認を行い、第16章から第18章でDebian 11環境も利用する形になっています。

■仮想マシンの起動・ログイン・端末の起動【CentOS 7】

以下は、CentOS 7の環境にログインしたあと、端末を起動する手順です。

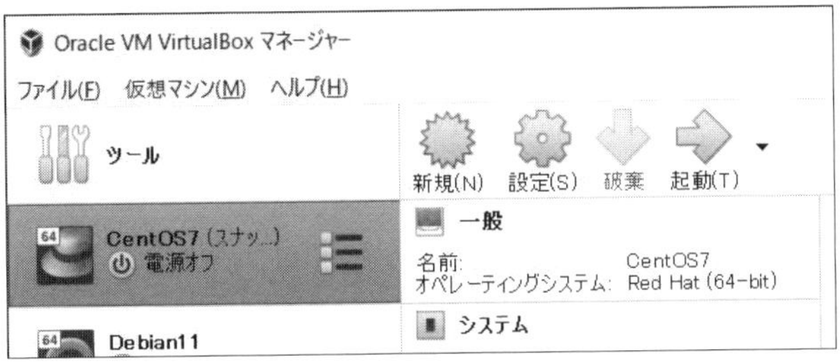

① 起動したい仮想マシンをクリックして選択し、[起動] ボタンをクリックします。仮想マシン名をダブルクリックしても同じ操作になります。

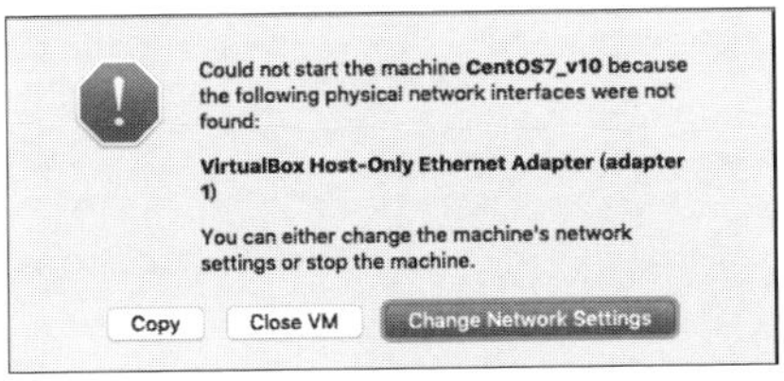

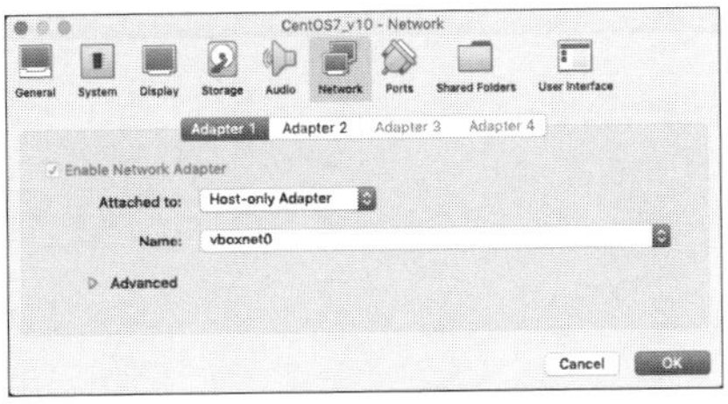

② macOS環境では、仮想マシンを起動すると左図のようにエラーが表示されます。[Change Network Settings] をクリックすると、仮想ネットワークの設定画面が表示されますので、Nameで「vboxnet0」を選択し、[OK] をクリックしてください。もし、vboxnet0が選択肢に出てこない場合は、P.56を参照してvboxnet0を作成します。

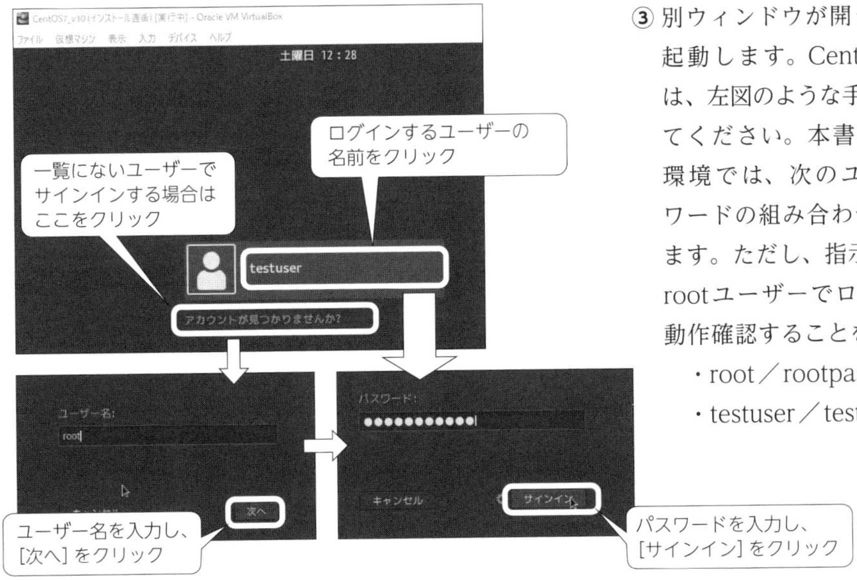

③ 別ウィンドウが開き、仮想マシンが起動します。CentOS 7環境の場合は、左図のような手順でサインインしてください。本書の学習用CentOS環境では、次のユーザー名とパスワードの組み合わせでログインできます。ただし、指示がある時を除き、rootユーザーでログインして学習・動作確認することを想定しています。

- root／rootpass
- testuser／testpass

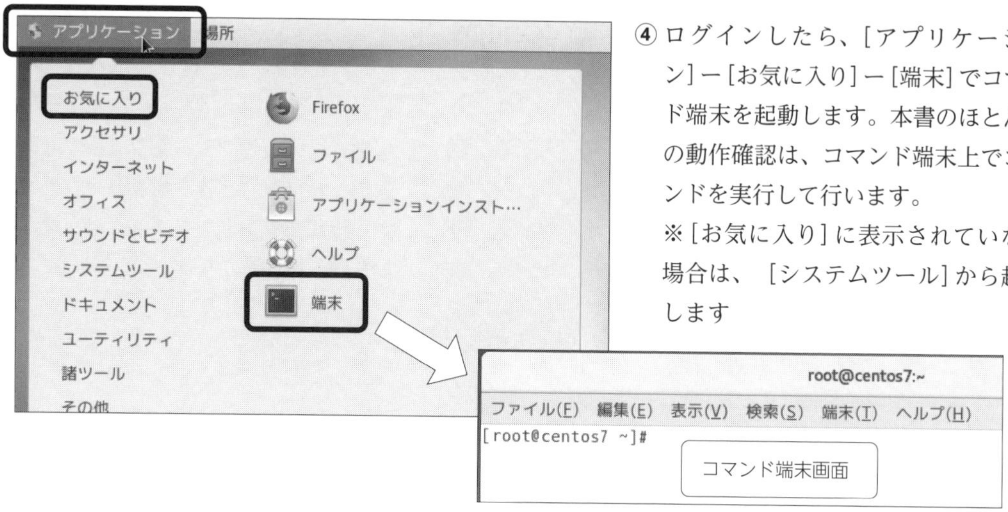

④ ログインしたら、[アプリケーション]ー[お気に入り]ー[端末]でコマンド端末を起動します。本書のほとんどの動作確認は、コマンド端末上でコマンドを実行して行います。
※[お気に入り]に表示されていない場合は、[システムツール]から起動します

■仮想マシンの起動・ログイン・端末の起動【Debian 11】

以下は、Debian 11の環境にログインしたあと、端末を起動する手順です。

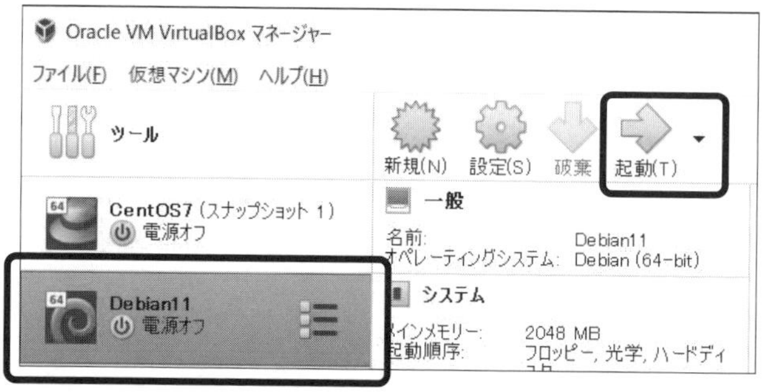

① 起動したい仮想マシンをクリックして選択し、[起動]ボタンをクリックします。仮想マシン名をダブルクリックしても同じ操作になります。

② ログインに利用するユーザー名(testuser)をクリックします。Debian環境では既定でrootユーザーによるログインはできない設定になっています。

③ testuserのパスワード(testpass)を入力して Enter キーを押すと、ログインできます。

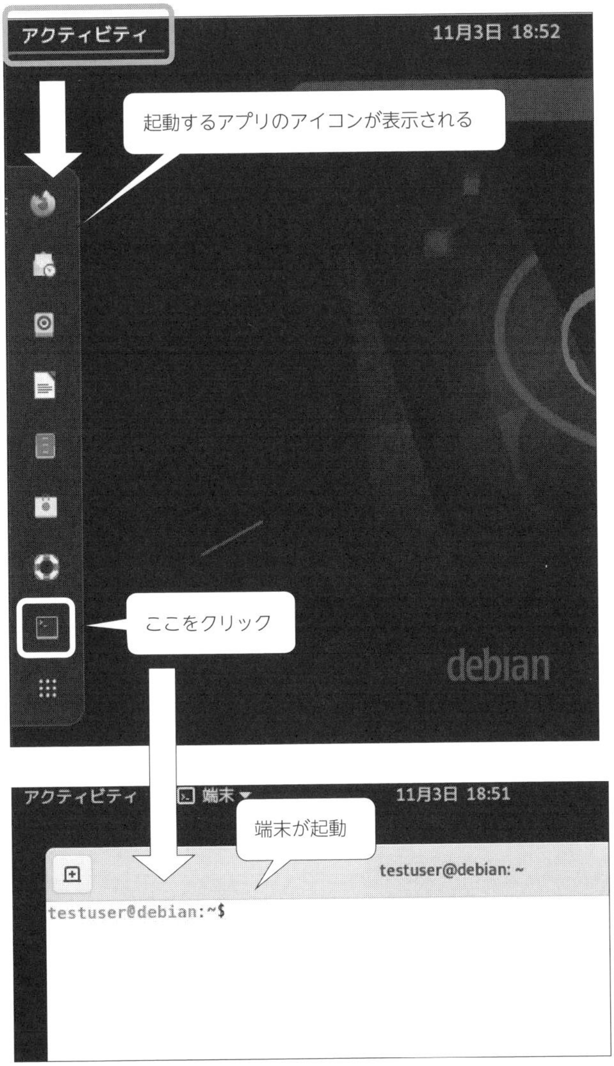

④ 左図のように[アクティビティ]をクリックし、端末のアイコンをクリックすると、コマンド端末を起動できます。ここではtestuserでログインしているので、testuserの権限でコマンド端末が起動します。「su -」とコマンドを実行し、rootユーザーのパスワード(rootpass)を入力すると、rootユーザー権限でコマンド端末を操作できます。suコマンドの使い方は、「第8章　パーミッションとユーザー権限の切り替え」で紹介します。

■フォーカスを切り替える

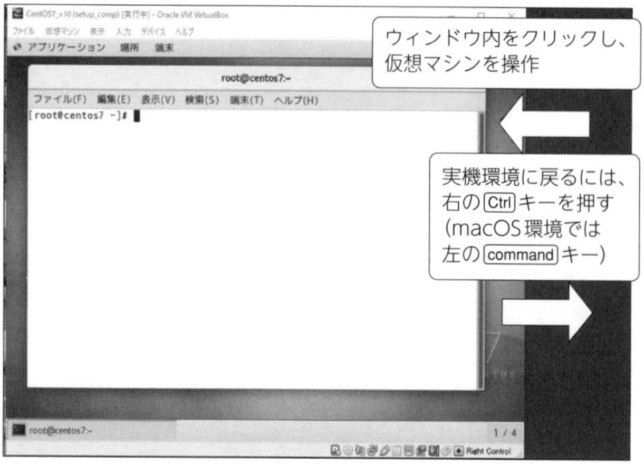

左図のように仮想マシンウィンドウ内をクリックすると、仮想マシンを操作ができますが、実機のOS側でマウス操作やキー操作ができなくなります。Windows環境であれば右のCtrlキー、macOS環境では左のcommandキーを押すことで、実機OS側にフォーカスが切り替わり、操作できるようになります。

> **参考** VirtualBoxには「Guest Additions」という機能が用意されており、インストールすることにより、マウスポインターをウィンドウ外に移動するだけでフォーカスが切り替わります。他にも、物理マシンと仮想マシンとの間でシステムクロック情報を同期するなどの機能も使えるようになります。

■ログアウトする

ログインしたユーザーとは別のユーザーで操作をしたい場合は、以下のように操作を行います。

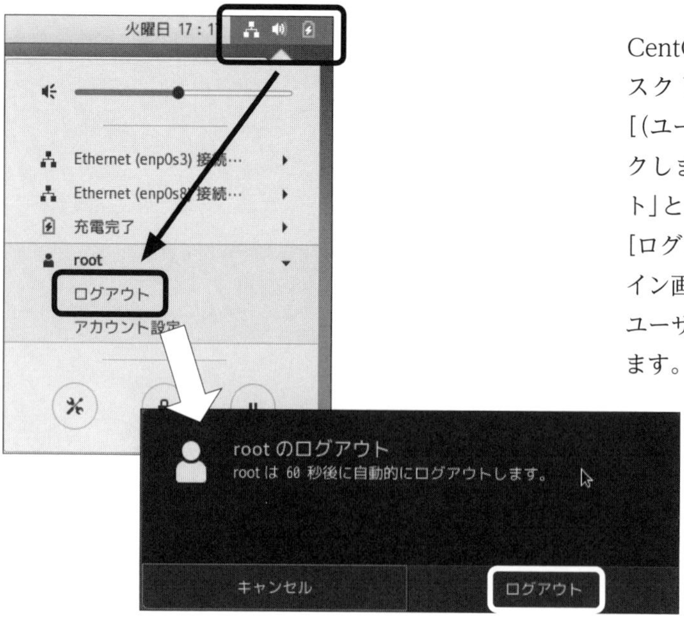

CentOS 7環境では、左図のようにデスクトップの右上部分をクリックし、[（ユーザー名）]－[ログアウト]をクリックします。「（ユーザー名）のログアウト」というダイアログが表示されるので、[ログアウト]をクリックすると再びログイン画面が表示されます。これで、他のユーザーでのログイン操作が可能になります。

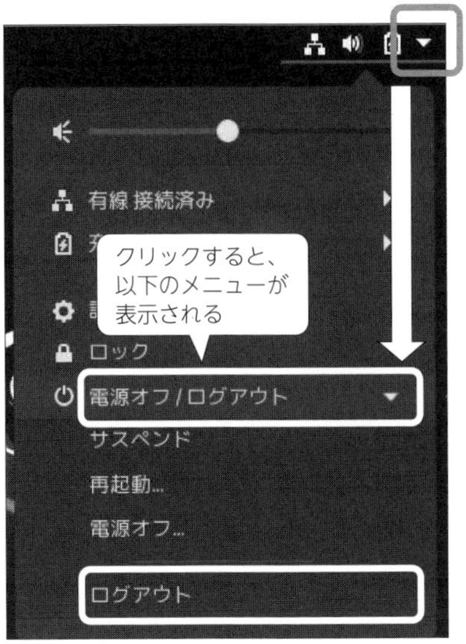

Debian 11環境では、デスクトップ画面の右上に表示されている▼をクリックすると、左図のようなメニューが表示されます。[電源オフ/ログアウト]をクリックするとメニューが表示されます。[ログアウト]をクリックするとログイン画面に戻り、別のユーザーでログインし直すことができます。

■仮想マシンを停止する

仮想マシンを停止するには、以下のように操作を行います。

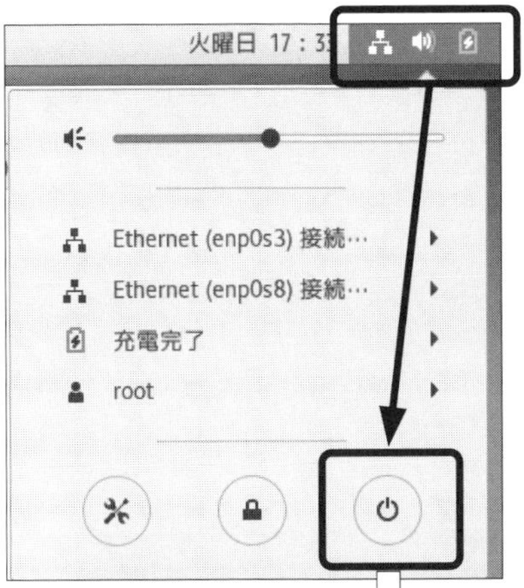

CentOS 7環境では、左図のようにデスクトップの右上部分をクリックし、電源マークのボタンをクリックします。電源オフダイアログで[電源オフ]をクリックすると、仮想マシンをシャットダウンすることができます。シャットダウン処理が完了すると、仮想マシンのウィンドウが閉じられます。もしくは、後ほど紹介するshutdownコマンドを「shutdown -h now」と指定して実行すると、今すぐ仮想マシンをシャットダウンすることができます。

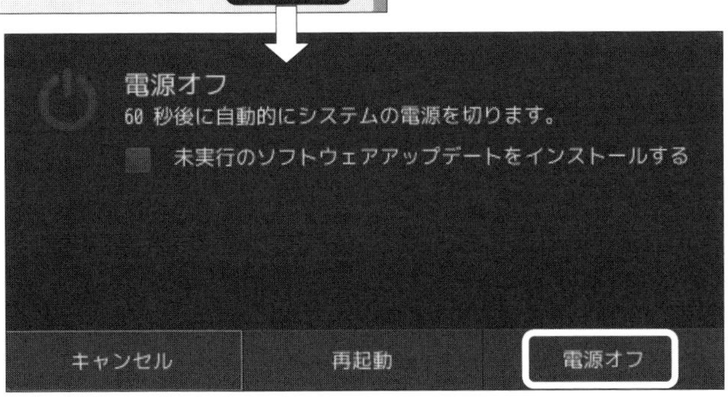

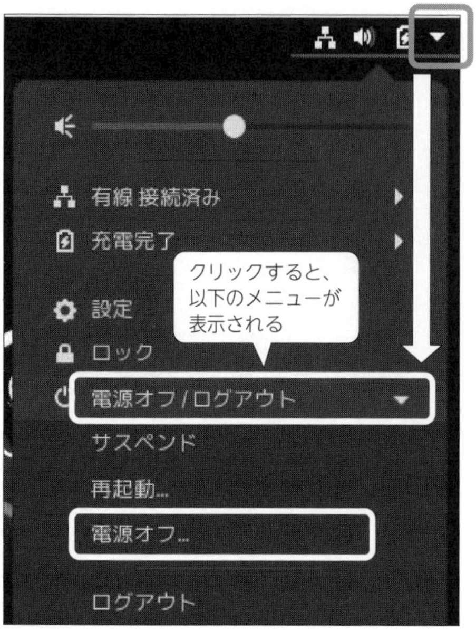

Debian 11環境では、デスクトップ画面の右上に表示されている▼をクリックすると、左図のようなメニューが表示されます。[電源オフ / ログアウト] をクリックするとメニューが表示され、[電源オフ] をクリックするとシャットダウンできます。

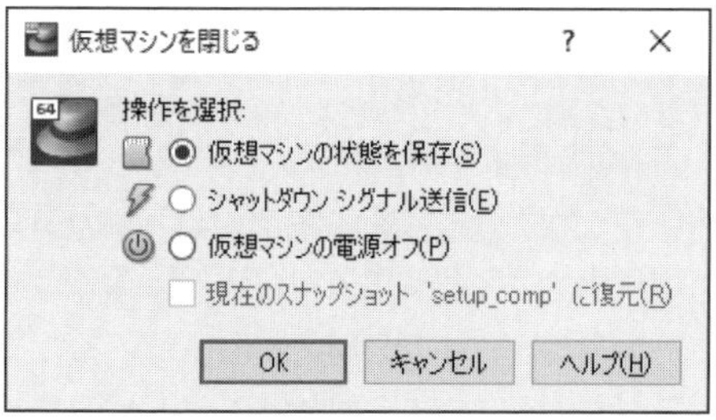

仮想マシンウィンドウの [×] ボタンをクリックして、仮想マシンを停止させることもできます。[×] ボタンをクリックすると、左図のようなダイアログが表示されます。[仮想マシンの状態を保存] を選択すると、起動中の仮想マシンの状態が保存され、次回起動時にまったく同じ環境を再現して起動することができます。学習が終わり、次回同じ環境から続きを行いたい場合に便利です。

もっと使いこなそう

仮想マシンの作成

ここまで紹介したように、すでに出来上がっている仮想マシンイメージをインポートすれば手軽にLinux環境を利用することができます。しかし、逆に言えば用意されている通りの環境しか利用できません。

他のバージョンや他のディストリビューションを利用したい場合、あるいは用意されている仮想マシンとは異なる環境を利用したい場合は、仮想マシンを新規作成し、インストール用ISOファイルを利用してLinuxディストリビューションをインストールします。

■仮想マシンを作成する

以下の手順で、仮想マシンを新規に作成することができます。

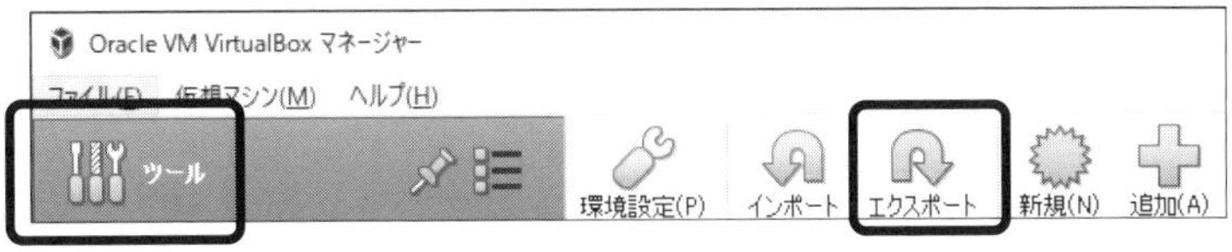

①VirtualBoxマネージャー画面で、[ツール]ー[新規]をクリックします。

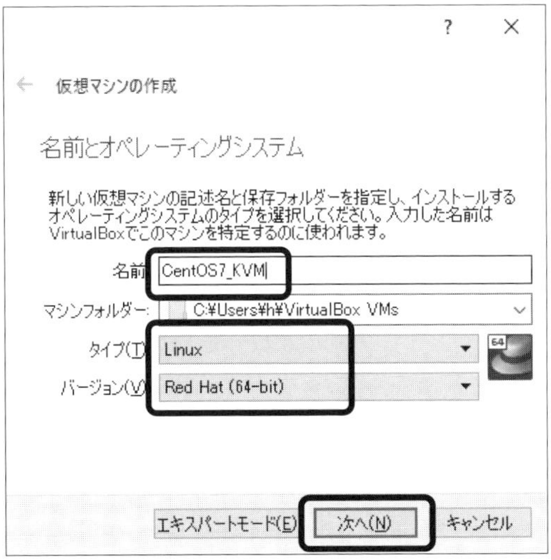

② 任意の名前を入力します。名前に「CentOS ~」などをつけると、自動的にタイプが「Linux」、バージョンが「Red Hat (64-bit)」になります。別の名前をつけて、自動的に選択されなかった場合は、左図のように選択します。上記の操作が終わったら[次へ]をクリックします(選択したOSのタイプ、バージョンに合わせて、作成されるメモリーサイズやディスクサイズなどが自動的に構成されます)。

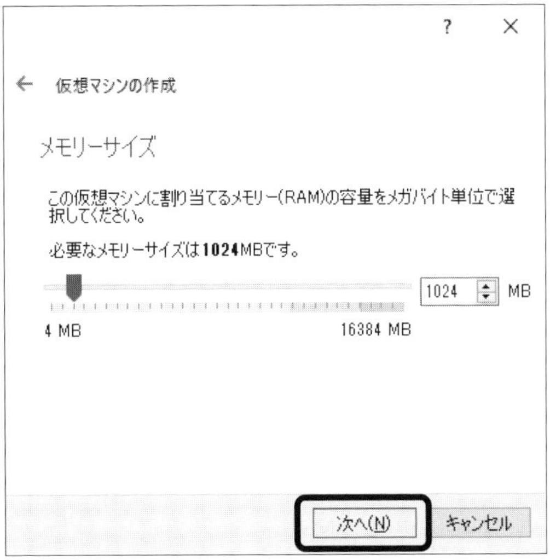

③仮想マシンに割り当てる任意のメモリーサイズを指定し、[次へ]をクリックします。仮想マシンを起動すると、ここで指定したサイズのメモリーが消費されます。どのような動作確認をしたいのか、実機のメモリーサイズがどのくらいかにもよりますが、2048~4096MB程度を割り当てると良いでしょう。

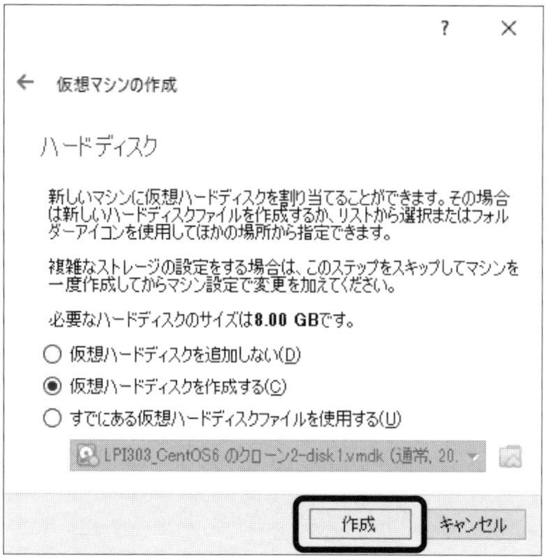

④ ハードディスク設定はそのままで［作成］をクリックします。既定では、［仮想ハードディスクを作成する］が選択されていますが、［すでにある仮想ハードディスクファイルを使用する］を選択すると、以前作成した仮想ハードディスクを読み込んで仮想マシンを起動することができます。

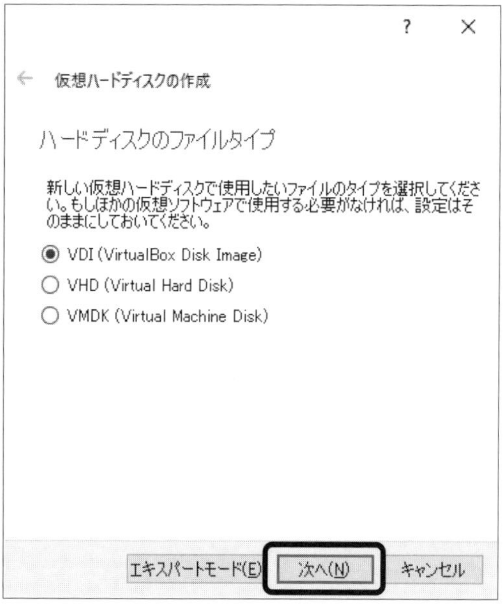

⑤ ハードディスクのファイルタイプはそのままで、［次へ］をクリックします。既定では［VDI］が選択されています。これはVirtualBoxで標準的に利用されている仮想ハードディスクファイルのタイプです。この他、Microsoft Hyper-V環境で利用される［VHD］、VMWare環境で利用される［VMDK］といったタイプの仮想ハードディスクファイルを作成することもできます。

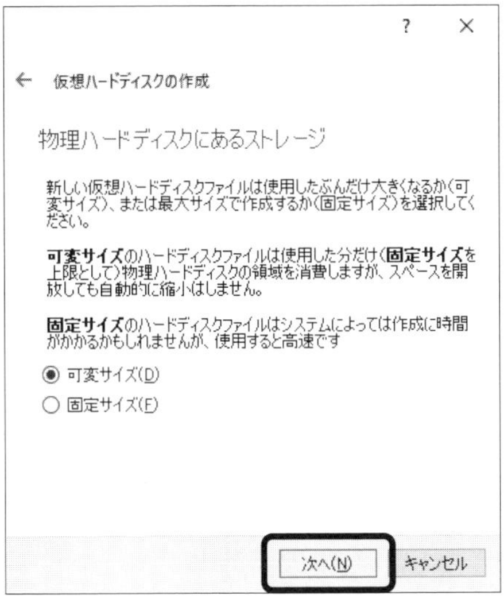

⑥ 物理ハードディスクにあるストレージはそのままで、[次へ]をクリックします。
既定では[可変サイズ]が選択されています。これはディスクの使用状況に応じて、仮想ハードディスクファイルのファイルサイズが変更されるタイプです(一般的なファイルと同じ動作)。これに対し[固定サイズ]にすると、このあとに指定するサイズ分の仮想ハードディスクファイルが作成されます。パフォーマンス的には固定サイズのほうが優れていますが、ディスクの使用状況に関係なく大きなファイルが作成されてしまうため、学習環境用としては可変サイズのままにしておくことをお勧めします。

⑦ ファイルの場所とサイズは、作成するディスクのサイズを左図のように入力して[作成]をクリックします。前の手順で[可変サイズ]を選択していた場合、ここで指定したサイズのファイルがいきなり出来上がるわけではありません。学習環境用としては、20～40GB程度のサイズを指定することをお勧めします。

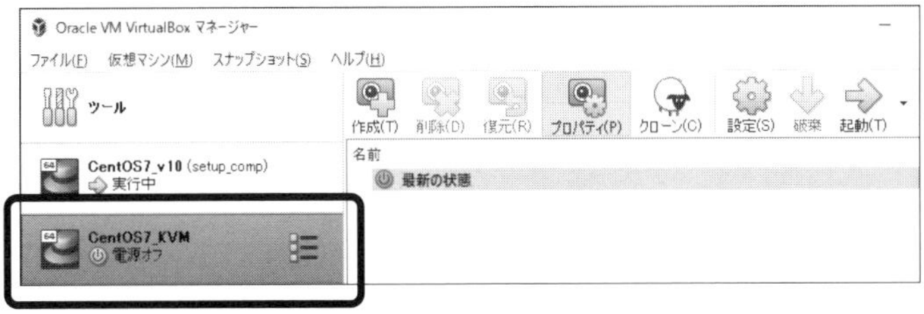

⑧ 手順②で指定した名前の仮想マシンが作成されます。

ここまでの手順で作成した仮想マシンには、OSがまだインストールされていない状態です。そのため、このあとに紹介する手順に従い、OS(Linuxディストリビューション)をインストールする必要があります。

■仮想ネットワークについて

VirtualBoxでは、仮想マシンに仮想ネットワークアダプターを割り当てて、ネットワーク機能を利用できるようになっています。以下の手順で、仮想ネットワークアダプターの設定画面を表示できます。

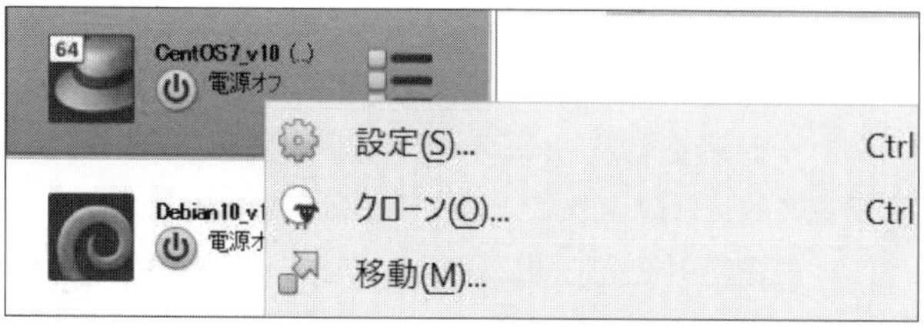

① 作成した仮想マシンを右クリックし、[設定] をクリックします。

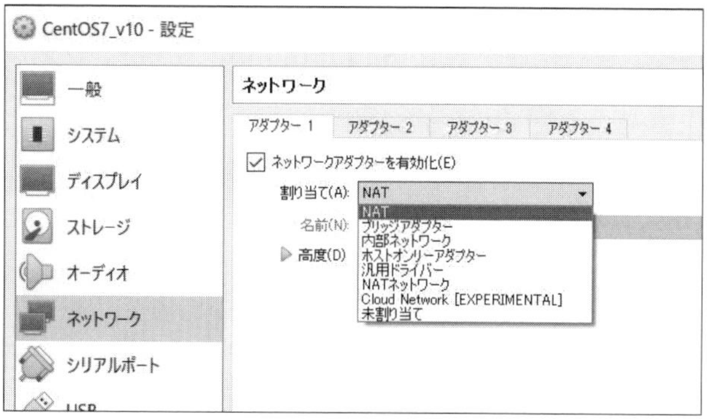

② 左図のように設定画面が表示されたら、[ネットワーク] をクリックします。アダプター1から4までの [ネットワークアダプターを有効化] にチェックを入れると、仮想マシン上でアダプターを介してネットワークに接続できるようになります。仮想マシンを作成すると、既定ではアダプター1がNAT仮想ネットワークに接続する構成になります。

VirtualBoxでは、**表2.1**のような仮想ネットワークに接続して、ネットワーク機能を利用できます。

●表2.1　VirtualBoxにおける主な仮想ネットワーク

仮想ネットワーク	説明	①	②	③
ブリッジ	物理ネットワークに直接接続	○	○	○
NAT	物理ネットワークにNATで接続。そのため、仮想マシンから外部ネットワークに一方向での接続となる。外部から仮想マシンへの接続はできない	○	×	×
ホストオンリー	仮想マシン専用の仮想ネットワークに接続。物理マシンとの接続は可能	×	○	○

①：インターネットや物理ネットワーク上の他のホストと接続
②：物理マシンとの接続
③：仮想マシン同士の接続

図2.1は、これらの仮想ネットワークをまとめたものです。ブリッジ接続では、物理マシンが接続しているネットワークに仮想マシンを直接接続することができます。

NAT接続だと、仮想マシンから外部ネットワークに一方向で接続できます。また、NAT接続の場合、仮想マシンが孤立した環境で構成されます。2台同時に起動していても相互接続はできません。

ホストオンリー接続だと仮想マシン同士の接続ができます。

● 図2.1　VirtualBoxの仮想ネットワーク

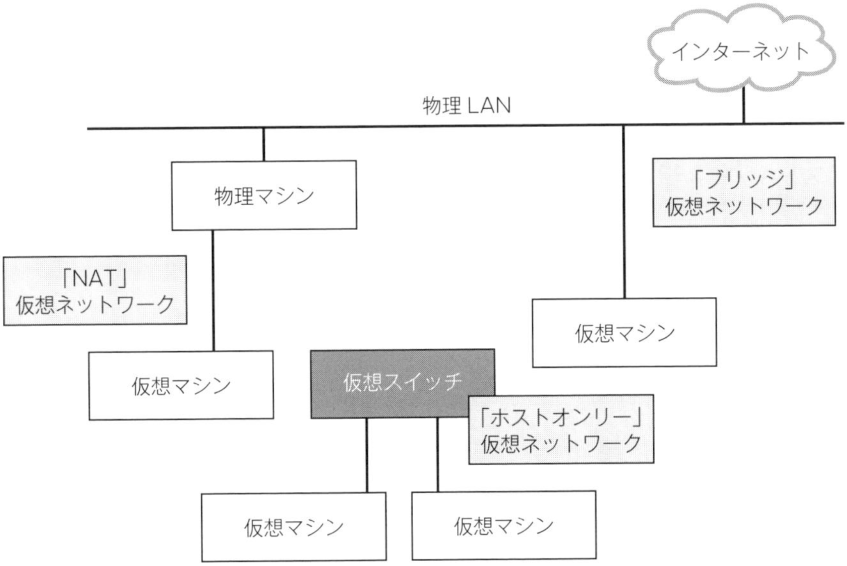

図2.2は、本書で用意している学習用仮想マシンのネットワーク構成図です。仮想ネットワークアダプターを2つ割り当てており、1つめのアダプターをホストオンリー接続、2つめのアダプターをNAT接続で構成しています。そのため、物理マシンがインターネットに接続できる環境であれば、仮想マシンもインターネットに接続できますし、ホストオンリー仮想ネットワーク経由で仮想マシン同士の接続もできます。

● 図2.2　本書の学習用仮想マシンのネットワーク構成図

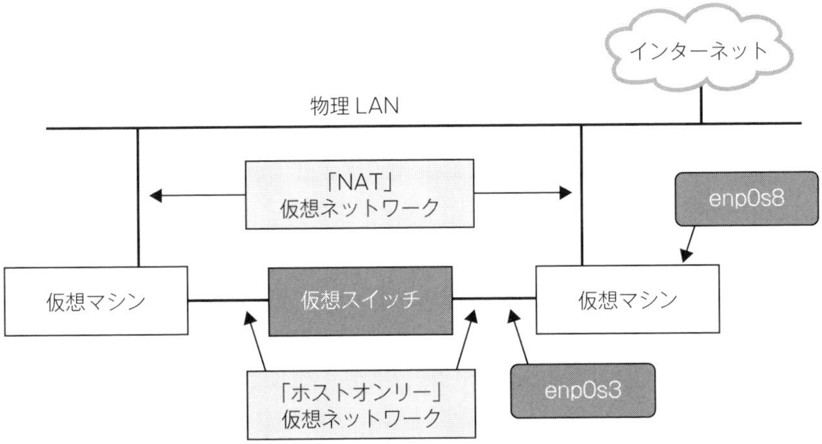

■ホストネットワークマネージャーについて

ホストネットワークマネージャーで、ホストオンリー仮想ネットワークの設定を管理することができます。[ファイル]ー[ホストネットワークマネージャー]で管理画面を起動できます。

macOS環境の仮想マシン設定において、ホストオンリー仮想ネットワークの設定で「vboxnet0」が表示されない場合は、ホストネットワークマネージャー画面で[作成]をクリックし、vboxnet0を作成して利用します（図2.3）。

●図2.3　ホストネットワークマネージャー管理画面

VirtualBoxでは、既定のホストオンリー仮想ネットワークの設定では「192.168.56.0/24」ネットワークを利用するように構成され、このネットワーク内ではDHCPサーバー機能が提供されます。

> **参考**　本書の動作確認用の仮想マシンは以下の設定で構成しています。
>
> - メモリー：2048MB
> - 仮想ディスク：30GB
> - ネットワークアダプター１：ホストオンリーアダプター
> - ネットワークアダプター２：NAT

もっと使いこなそう

CentOS 7 のインストール

作成した仮想マシンでLinuxを利用するには、以下の手順が必要です。

- Linux ディストリビューションのインストールファイルの入手

  Linux ディストリビューションのインストールに利用できる ISO ファイルをダウンロードします。ISO ファイルとは、ディスクの内容を１つのファイルにまとめたアーカイブ形式のファイルのことです。実機にインストールする場合は、このファイルを元にインストール用 DVD ディスクを作成し、インストールします。

- **ISOファイルを仮想マシンに読み込む**

  仮想マシンのドライブでISOファイルを読み込み、インストールに利用できるようにします。実機において、インストール用ディスクをドライブに挿入する操作に該当します。

- **仮想マシンを起動し、Linuxディストリビューションをインストール**

  インストール用ISOファイルがマウントされている状態で仮想マシンを起動すると、インストーラーが起動し、Linuxディストリビューションのインストール作業を行うことができます。

ここでは、上記の流れに従い、Red Hat系のディストリビューションであるCentOS 7をインストールして、利用できるようにする手順を紹介します。次の節では、同じ流れで、Debian系のディストリビューションであるDebian 11をインストールして、利用できるようにする手順を紹介します。

■CentOS 7のISOファイルをダウンロードする

以下の手順で、CentOS 7のISOファイルをダウンロードしましょう。

① https://www.centos.org/download/にアクセスします。ダウンロードページが表示されるので、左図のように「7」(括弧内の数字はアクセス時により異なります)をクリックし、その下の「x86_64」をクリックします。これは、「intel系CPU(64bit)用のインストール用ISOファイルをダウンロードする」という操作です。

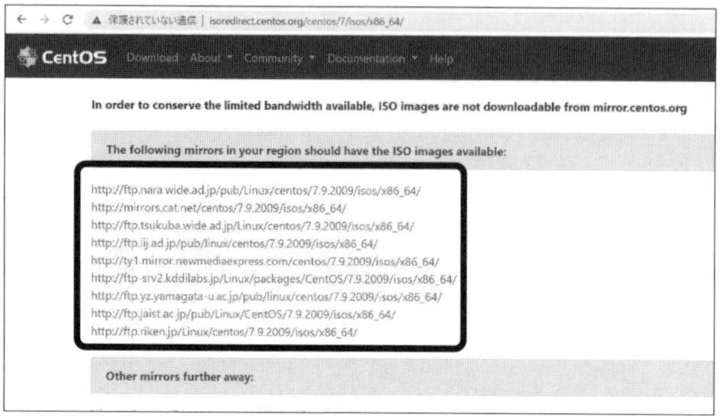

② ダウンロード先に利用できるミラーサイトの一覧が表示されるので、任意のサイトのURLをクリックします。左図のように「The following mirrors in your region…」と書かれているサイトが、アクセス元に近い地域に存在すると認識されたサイトです。この中から選択することをお勧めします。

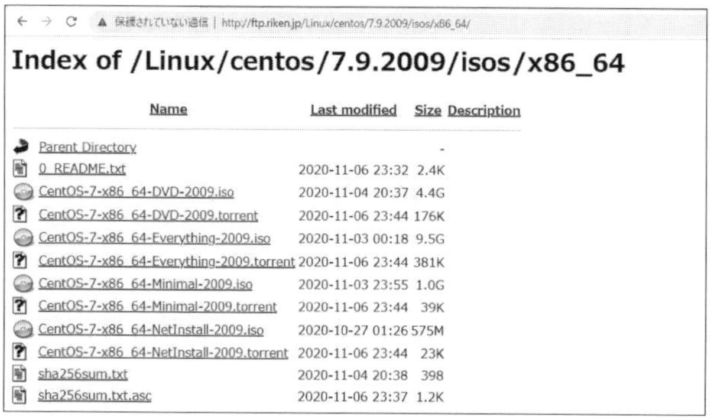

③ ～.isoとなっているファイルがインストール用のISOファイルです。任意のインストール用ISOファイルをダウンロードします（ファイルの違いについては以下で説明します）。

CentOS 7のインストール用ISOファイルの名前は**図2.4**のように構成されています。

● 図2.4　CentOS 7のインストール用ISOファイル名

```
CentOS7-x86_64-DVD-2009.iso
```

①（x86_64）　②（DVD）　③（2009）

<table>
<tr><td>①</td><td colspan="2">インストール対象のアーキテクチャ。「x86_64」はintel系CPU（64bit）環境にインストールできるファイル</td></tr>
<tr><td rowspan="5">②</td><td colspan="2">インストールファイルの種類</td></tr>
<tr><td>DVD</td><td>DVD1枚に構成可能なインストールファイル。インストール可能なパッケージもすべて含まれている</td></tr>
<tr><td>Everything</td><td>インストール可能なパッケージもすべて含まれている他、ローカルミラーサイトの構築などの追加機能も利用可能</td></tr>
<tr><td>Minimal</td><td>最小限の機能でのインストールに対応</td></tr>
<tr><td>NetInstall</td><td>ネットワークインストールに対応。インストールの際にインターネット上もしくはローカル上のミラーサイトに接続して、パッケージをインストールする</td></tr>
<tr><td>③</td><td colspan="2">マイナーバージョン番号※</td></tr>
</table>

※　厳密に言うと、ベースとなったRHELのリリース年月。「2009」は2020年9月にリリースされたRHEL7.9をベースとしたCentOS7.9-2009のインストールファイルであることを表しています。

どのファイルをダウンロードすればいいかわからない場合は、CentOS-7-x86_64-DVD-(バージョン).isoをダウンロードしましょう。

■ISOファイルを仮想マシンに読み込む

以下の手順で、ダウンロードしたISOファイルを読み込みましょう。

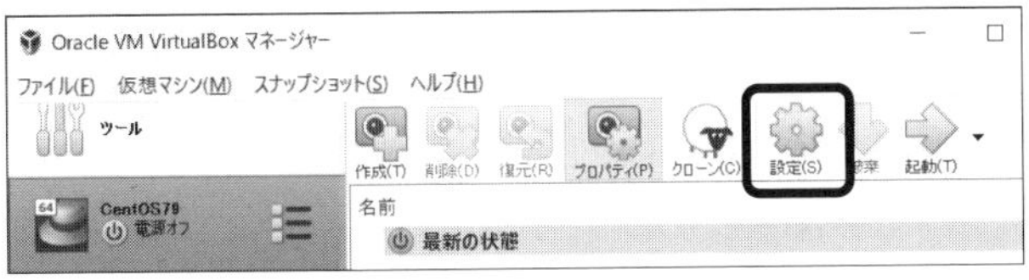

① 作成した仮想マシンが選択されている状態で、[設定]をクリックします。

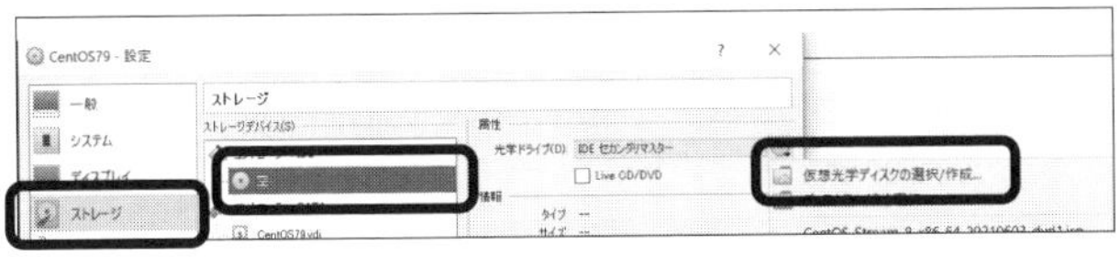

② 仮想マシンの設定画面が表示されます。[ストレージ]をクリックしたら、左図のようにメディアアイコン(「空」と表示されているアイコン)をクリックし、右側のメディアアイコンから[仮想光学ディスクファイルの選択/作成]をクリックします。

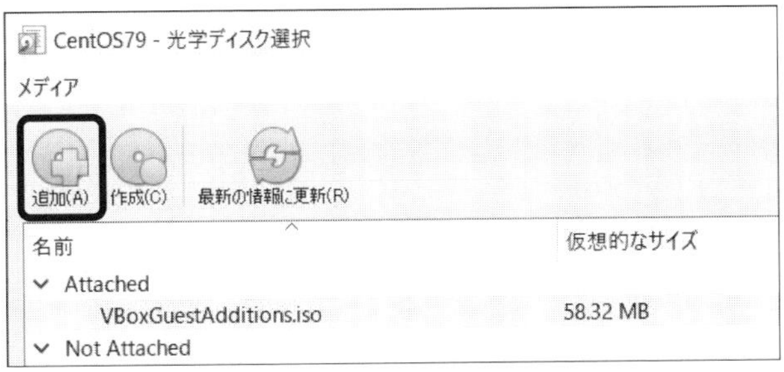

③ 光学ディスク選択画面が表示されるので、[追加]をクリックします。

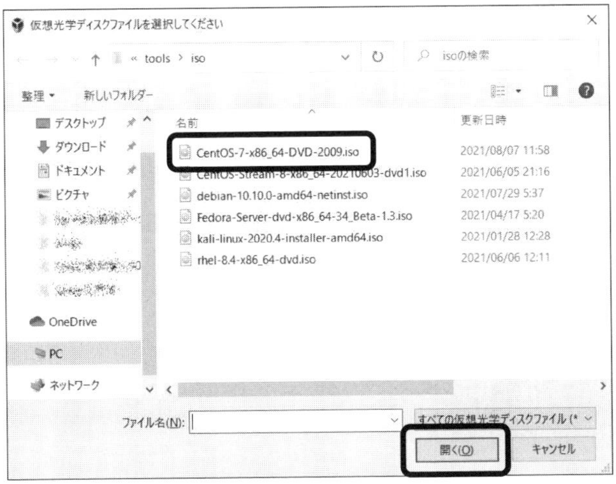

④ ISOファイルをダウンロードしたフォルダを選択し、ファイルをクリックしたあと、[開く]をクリックします。

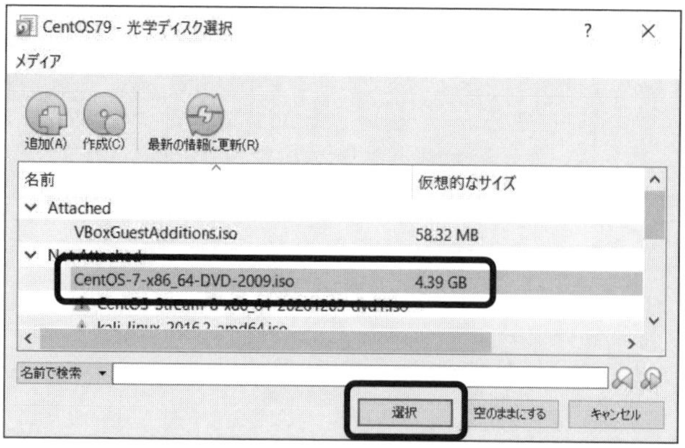

⑤ 手順④で選択したISOファイルが選択されていることを確認し、[選択] をクリックします。

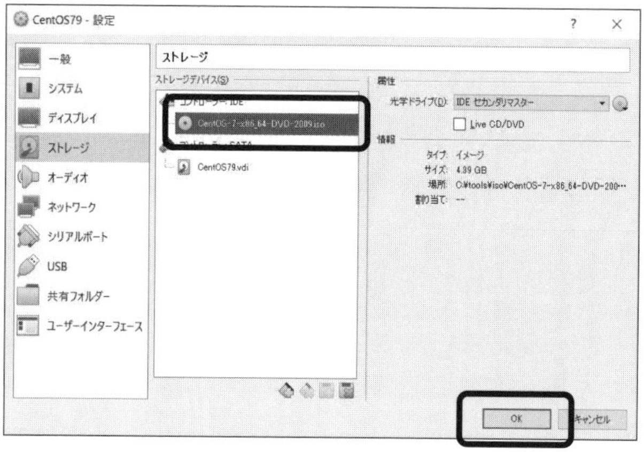

⑥ 仮想ドライブに、手順④で選択したISOファイルが読み込まれていることを確認し、[OK] をクリックします。

■CentOS 7 をインストールする

インストール用ISOファイルを読み込んだ状態で仮想マシンを起動すると、ISOファイルに含まれるインストーラーが起動し、インストールを行うことができます。

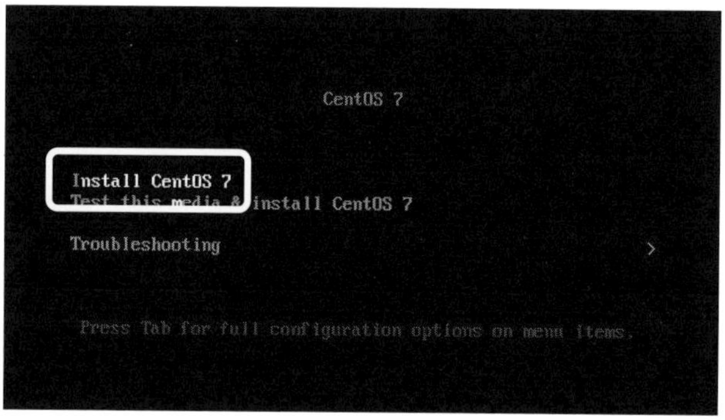

① 仮想マシンを起動すると左の画面が表示されるので、仮想マシンのウィンドウをクリックして [Install CentOS 7] を選択し、Enter キーを押します。この画面ではマウス操作はできないので、方向キー上で選択を切り替えてください。[Test this media…] のまま進めても、メディアチェックがされるだけで同じく手順②の画面に進みます。

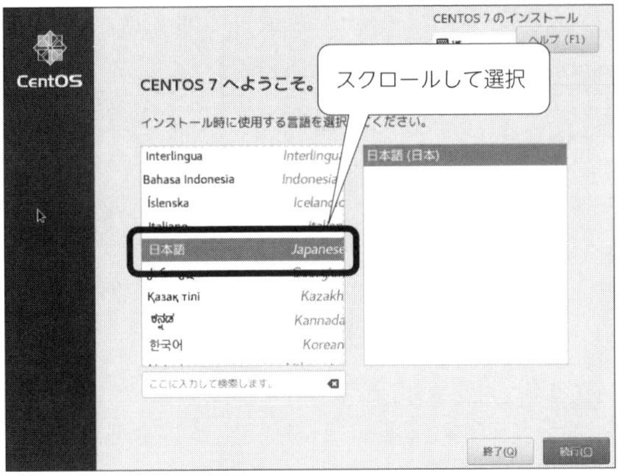

② 左の画面が表示されたら、インストール時に使用する言語を選択します(既定では英語での表示になります)。左側のボックスを下にスクロールし、日本語を選択して[続行]をクリックします。

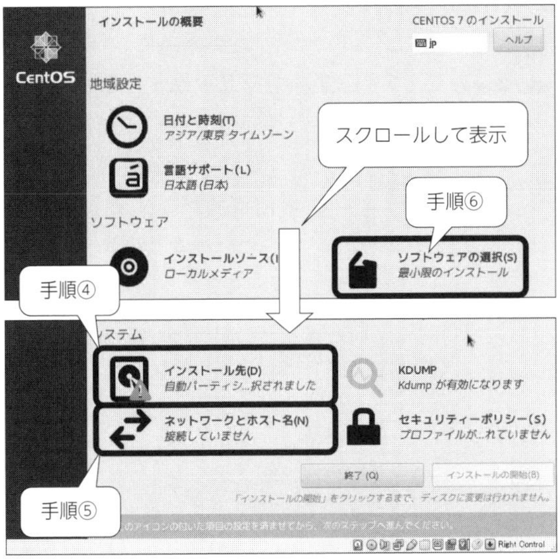

③ インストールの概要画面が表示されます。各項目をクリックして設定できます。このうち、必須のものは[インストール先]です。この設定が完了しないと[インストールの開始]をクリックできないので、[インストール先]をクリックします。

※この他、必須ではありませんが[ネットワークとホスト名]、[ソフトウェアの選択]もこの時点で設定したほうが良いでしょう。手順⑤、手順⑥で設定します。

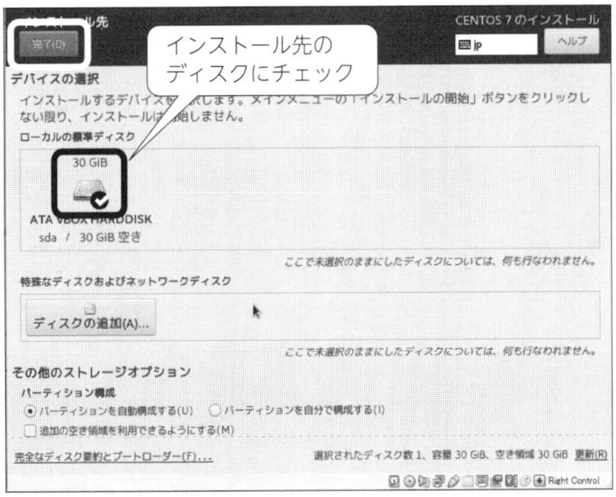

④ インストール先となるディスクを指定します。インストール先として認識されているディスクにチェックが入っています。2つ以上のディスクを認識している場合は、他のディスクを選択してインストール先を変更できます。インストール先を選択している状態で[完了]をクリックすると、インストール概要画面に戻ります。

※既定では、[パーティションを自動構成する]が選択されています。[パーティションを自分で構成する]を選択すると、文字通りパーティション構成をインストール画面で行うことができます。

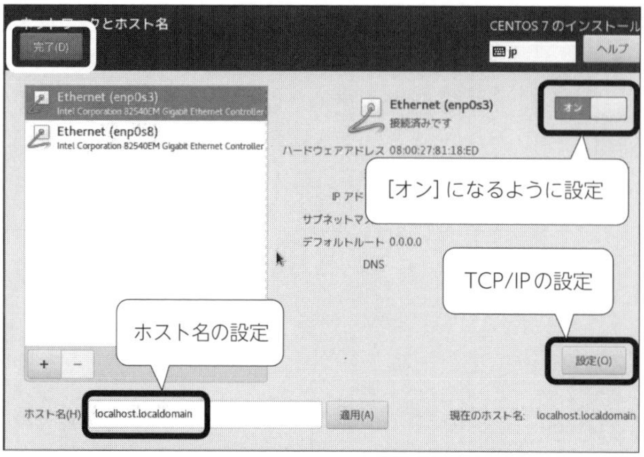

⑤ インストール概要画面で［ネットワークとホスト名］をクリックすると、認識しているネットワークアダプターとホスト名に関する設定ができます。アダプターが選択されている状態で、左図のように［オン］を選択します（既定ではオフ）。設定が完了したら［完了］をクリックします。

※ホスト名の設定やTCP/IPの設定（IPアドレス等の設定）も可能です。TCP/IPの設定は、既定ではDHCPサーバーにより自動取得するよう構成されます。

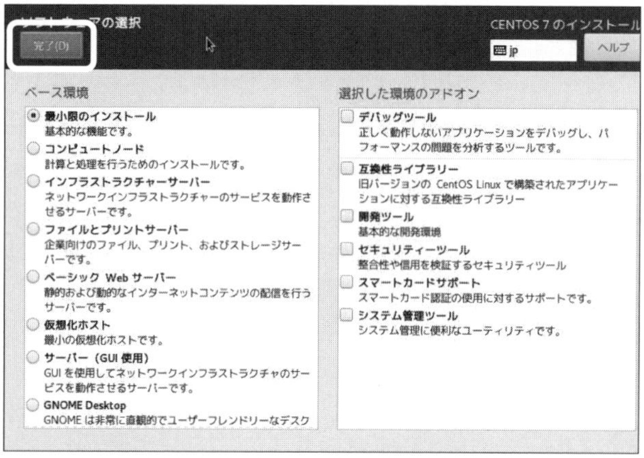

⑥ インストール概要画面で［ソフトウェアの選択］をクリックすると、インストールされるパッケージを選択できます。「ベース環境」（画面左側）でインストール後に構成したい環境を選択し、［完了］をクリックします。

※既定では「最小限のインストール」が選択されています。どのベース環境を選択すると、どのような環境をインストールできるかは、次の**表2.2**を参照してください。

●表2.2　「ソフトウェアの選択」画面で選択できる主なベース環境

ベース環境名	GUI/CUI	概要
最小限のインストール	CUI	最小限の基本機能のみインストールされる。必要な機能については、インストール完了後に追加して利用する
ベーシックWebサーバー	CUI	Webサーバー（Apache httpd）ならびにWebアプリケーションを動作させるための環境がインストールされる
GNOME Desktop	GUI	GNOMEデスクトップ環境が有効なGUI環境がインストールされる
開発およびクリエイティブワークステーション	GUI	GUI環境に加え、プログラム開発環境、ならびに開発に必要なアプリケーションがまとめてインストールされる

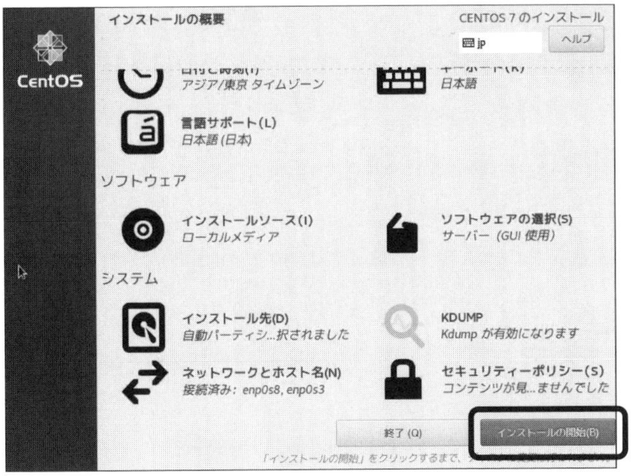

⑦ インストール設定が完了したら、[インストールの開始] をクリックします。

⑧ インストールが開始されます。インストール中にユーザー設定ができます。[ROOTパスワード] をクリックします。

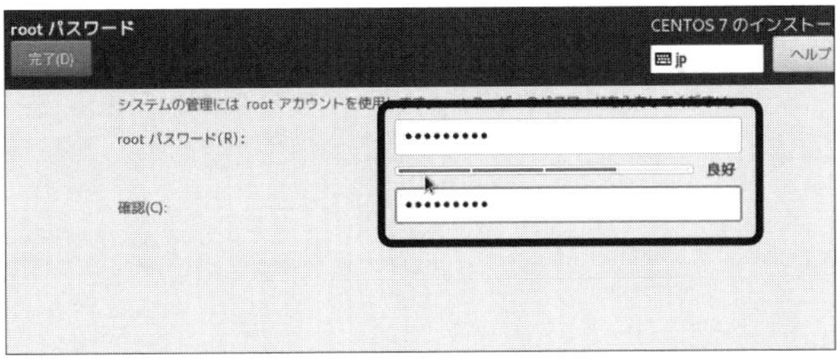

⑨ rootユーザーがログインする際に利用するパスワードを入力します。「確認」と併せて2ヵ所入力したら、[完了] をクリックします。

※安易なパスワードを入力した場合、警告が表示されます。[完了] を2回クリックすれば進めることができますが、なるべく警告が出ないようなパスワードを設定しましょう。

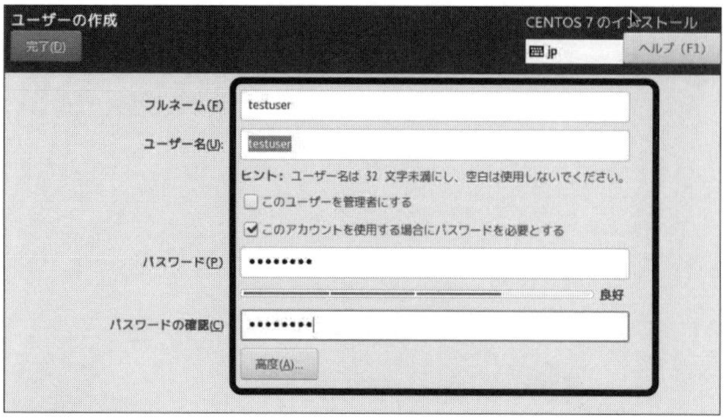

⑩ 元の画面（手順⑧の画面）に戻るので、[ユーザーの作成] をクリックします。rootユーザーとは別にログインに利用できる一般ユーザーを作成できます。左図のようにフルネーム、ユーザー名とパスワードを入力し、[完了]をクリックします。

※ [このユーザーを管理者にする] にチェックを入れると、sudoコマンドでrootユーザーの権限を利用できるようになります（sudoコマンドについては「第8章　パーミッションとユーザー権限の切り替え」で紹介します）。

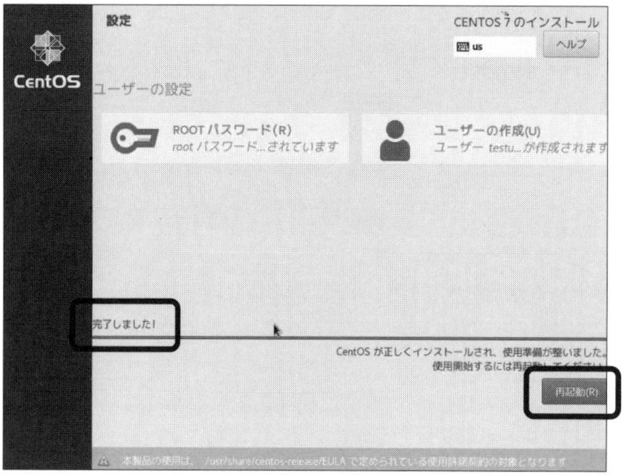

⑪ 元の画面に戻るので、インストールが完了するのを待ちます。インストールが完了すると左のように「完了しました！」と表示されるので、[再起動] をクリックします。

■初期設定を行う

再起動後、初期セットアップ画面が表示されるので、以下のように設定を行います。

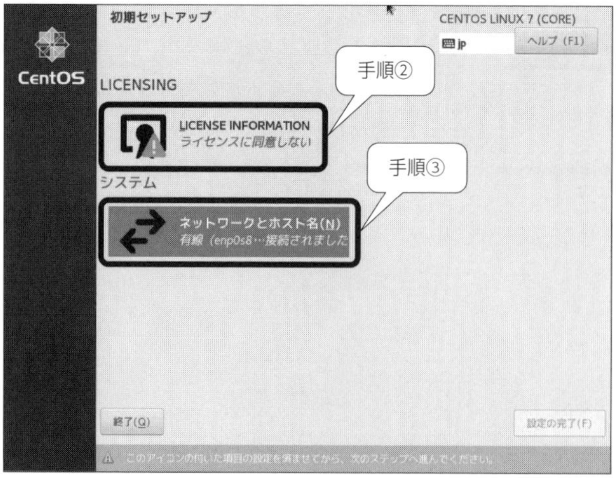

① 再起動が完了すると、左図のように初期セットアップ画面が表示されるので、[LICENSE INFORMATION] をクリックします。

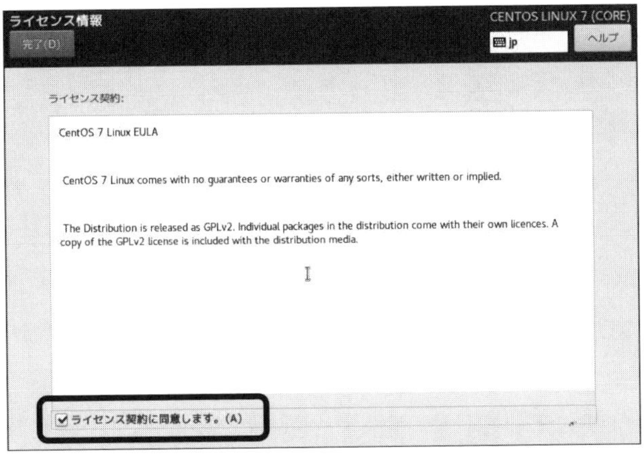

② ライセンス情報画面が表示されるので、[ライセンス契約に同意します] にチェックを入れ、[完了] をクリックします。

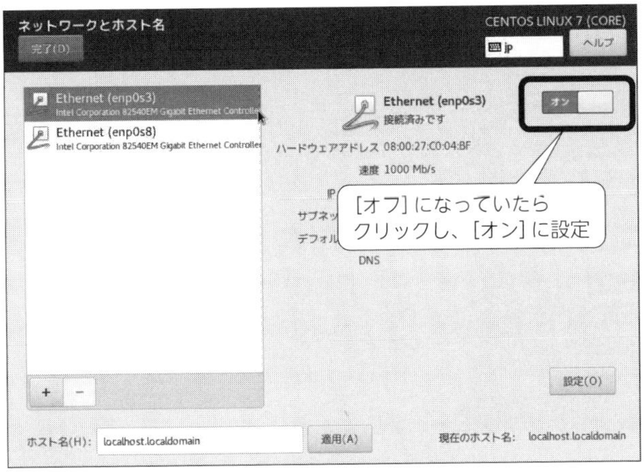

③ 元の画面（手順①の画面）に戻りますので、[ネットワークとホスト名] をクリックします。左の画面が表示されるので、認識されているインターフェースが接続済みになっていなければ、[オフ] となっている部分をクリックして [オン] にします。接続済みになったら、[完了] をクリックします。

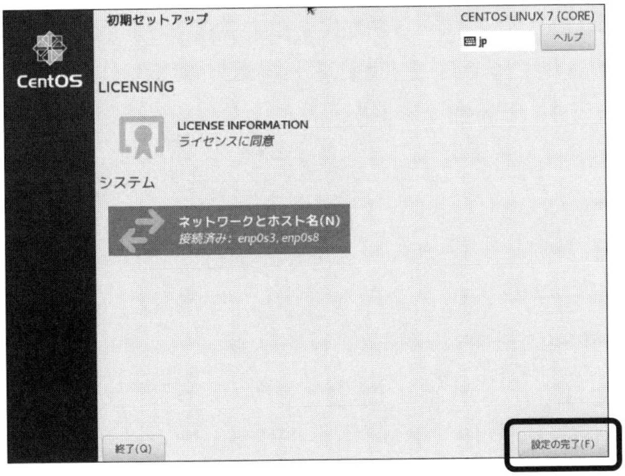

④ 元の画面に戻りますので、[設定の完了] をクリックします。

⑤ ログイン画面が表示されるので、ユーザー名をクリックします。rootユーザーでログインしたい場合は、[アカウントが見つかりませんか?]をクリックし、ユーザー名(root)を入力します。

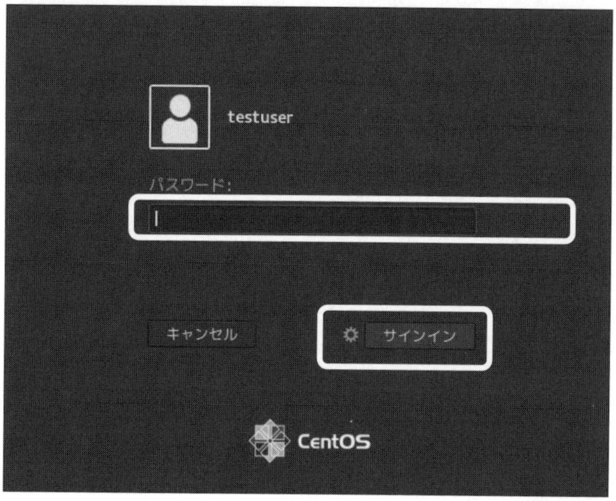

⑥ インストール時に設定したパスワードを入力し、[サインイン]をクリックします。

⑦ 初めてGUIログインした場合、左の初期設定画面が表示されます。言語設定は「日本語」が選択された状態で[次へ]をクリックします。

※他の言語環境をクリックして、利用することもできます。その場合は、次回ログオン時から反映されます。

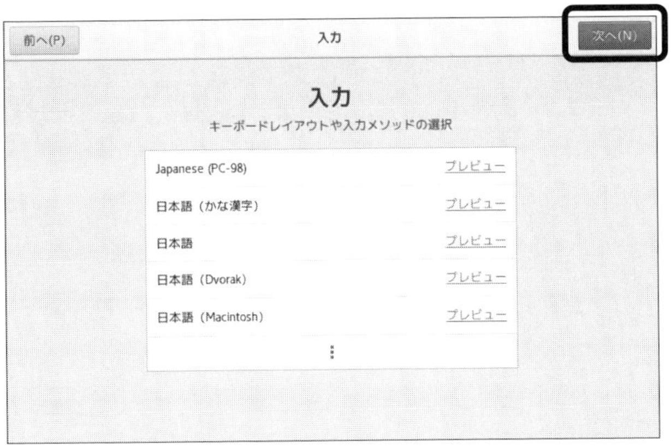

⑧ キーボード入力についての設定画面が表示されます。そのまま[次へ]をクリックします。

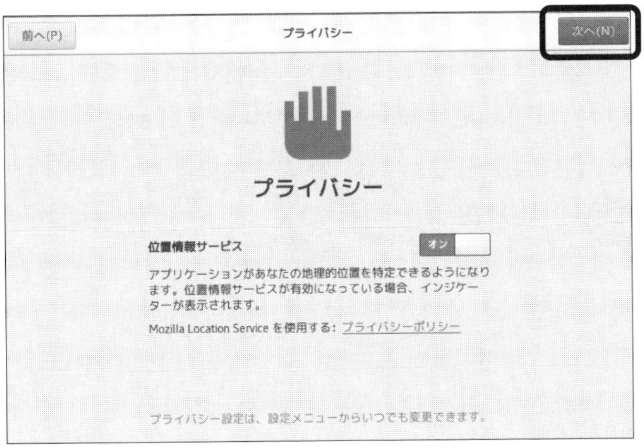

⑨ プライバシー設定に関する画面が表示されます。そのまま[次へ]をクリックします。既定では、アプリが位置情報サービスを利用できる設定になっているので、無効にしたい場合は[オフ]に設定します。

⑩ オンラインアカウントの接続設定画面が表示されるので、[スキップ]をクリックします。

⑪ ここまで設定を行うと、左図のように準備完了画面が表示されます。[CentOS Linuxを使い始める]をクリックします。

⑫ 左図のように「初めて使う方へ」画面が表示されるので、閉じます。以降は、本章の「仮想マシンの基本的な使い方」で紹介した手順の通り、端末を起動するなどの操作を行うことで、CentOS環境を利用できます。

もっと使いこなそう

Debian GNU/Linux 11のインストール

続いて、Debian 11のインストール手順を紹介します。

■Debian 11をダウンロードする

以下の手順で、Debian 11のインストール用ISOファイルをダウンロードします。

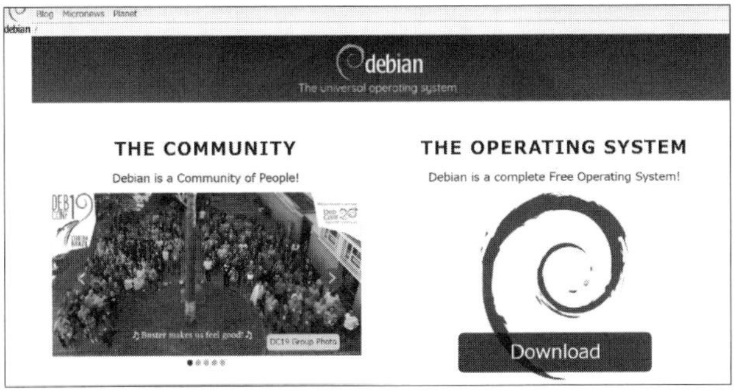

① Webブラウザでhttps://www.debian.org/に接続します。左の画面が表示されるので、[Download]をクリックします。

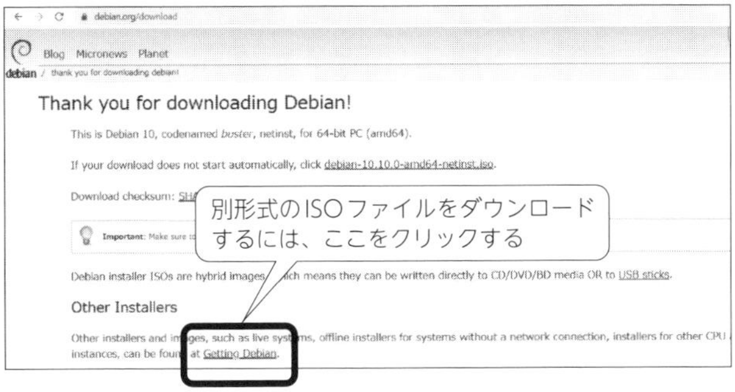

② 左の画面が表示され、インストールISOファイルがダウンロードされます。

ここでダウンロードされるファイルは、「debian～netinst.iso」というファイルです。インストールの際に、インターネット上からパッケージをダウンロードしてインストールを行います。インストールに利用するパッケージがすべて含まれているISOファイルなど、別の形式をダウンロードしたい場合は、上記のように[Getting Debian]というリンクをクリックして、ダウンロードするISOファイルの形式を選択します。

■Debian 11をインストールする

本章の「CentOS 7のインストール」の「ISOファイルを仮想マシンに読み込む」(P.59参照)に書かれている手順で、ダウンロードしたISOファイルを読み込み、起動します。起動したら、以下の手順でDebian 11をインストールします。

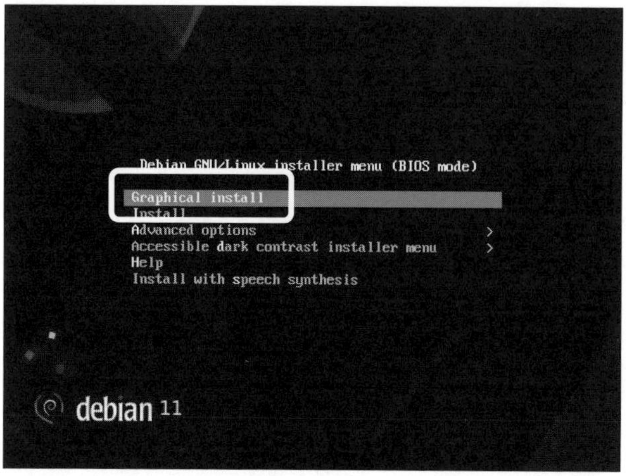

① 左の画面が表示されたら、[Graphical install] が選択されている状態で Enter キーを押します。

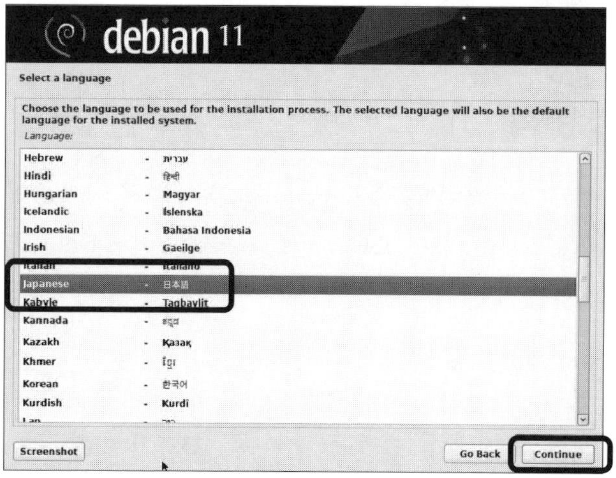

② 言語選択画面が表示されるので、[Japanese - 日本語] をクリックし、[Continue] をクリックします。

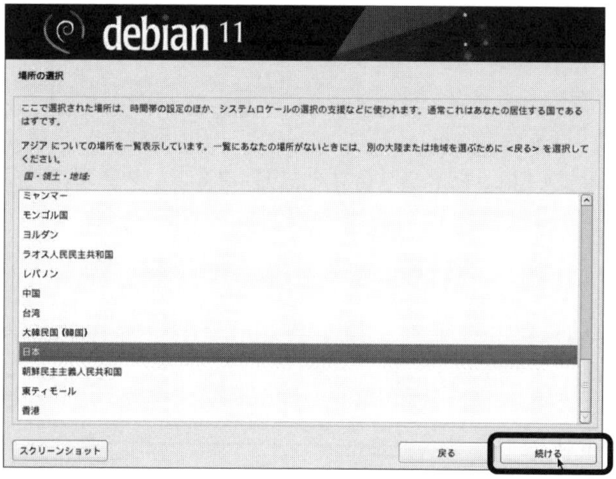

③ 場所の選択画面が表示されます。前の画面で日本語を選択している場合、左のように [日本] が選択されるので、そのまま [続ける] をクリックします。

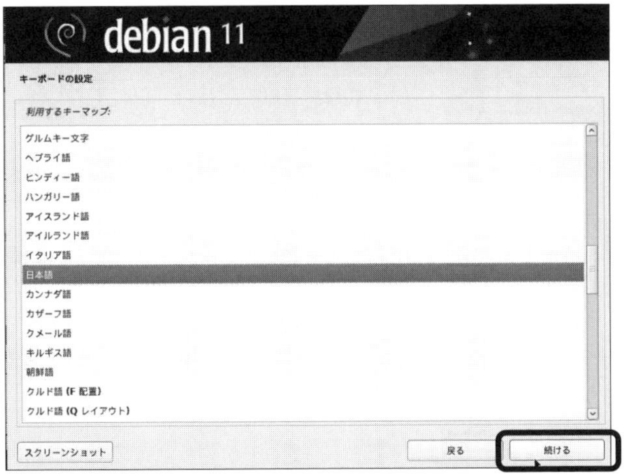

④ キーボードの設定画面が表示されます。左図のように[日本語]が選択されている状態で [続ける]をクリックします。

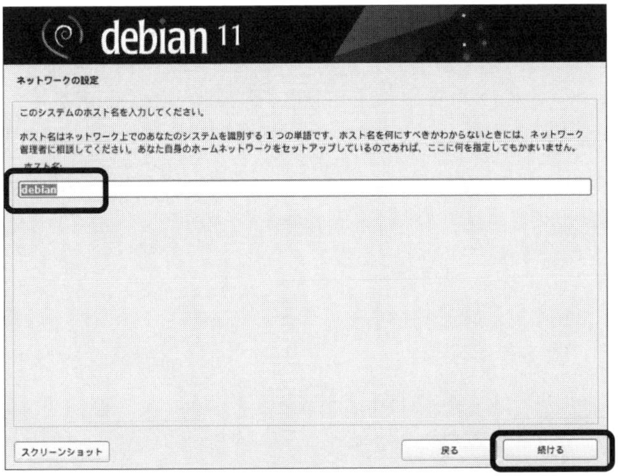

⑤ ホスト名の設定画面が表示されます。任意の名前を入力し、[続ける]をクリックします。既定の設定では、左図の通り「debian」というホスト名になります。

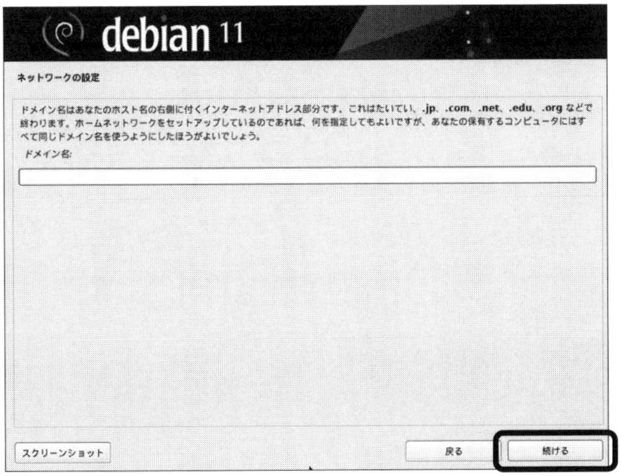

⑥ ホスト名に付属するドメイン名の設定画面が表示されます。任意の名前を入力し、[続ける]をクリックします。既定の設定だと、左図の通りドメイン名が付属しない設定か、DHCPサーバーから割り当てられたドメイン名が入力された状態となります。

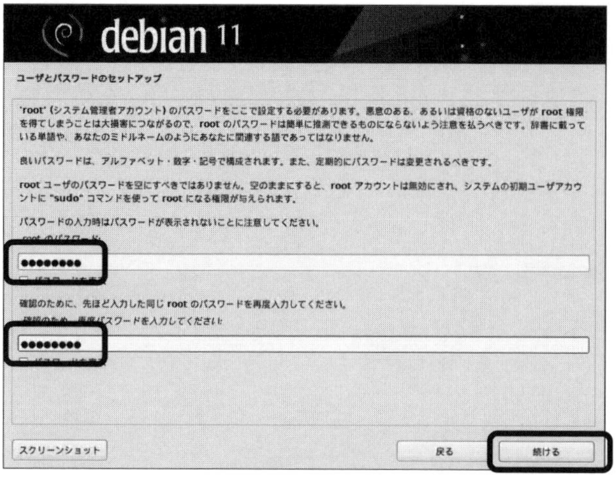

⑦ rootユーザーが使用するパスワードの設定画面が表示されます。任意のパスワードを入力し、[続ける] をクリックします。

※ここでパスワードを指定しないと、このあとに登録する一般ユーザーにsudoコマンドを実行する権限が付与され、それによりrootユーザー権限が利用できます。

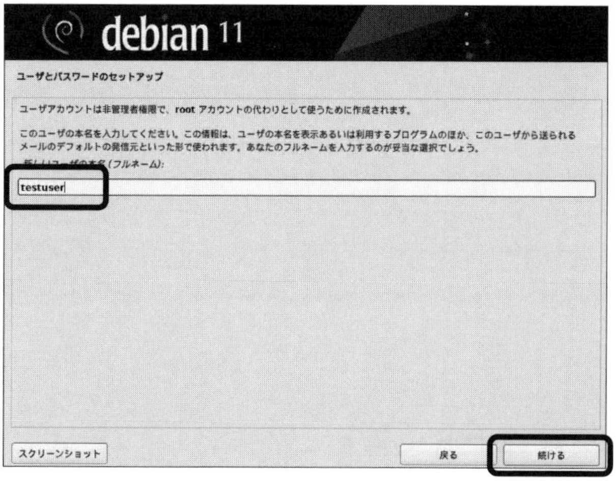

⑧ ログインに利用するユーザーのフルネームを入力します。任意の名前を入力し、[続ける] をクリックします。

※このあとに紹介するように、Debian環境では既定でrootユーザーによるログインはできません。そのため、必ずここでユーザーを追加する必要があります。

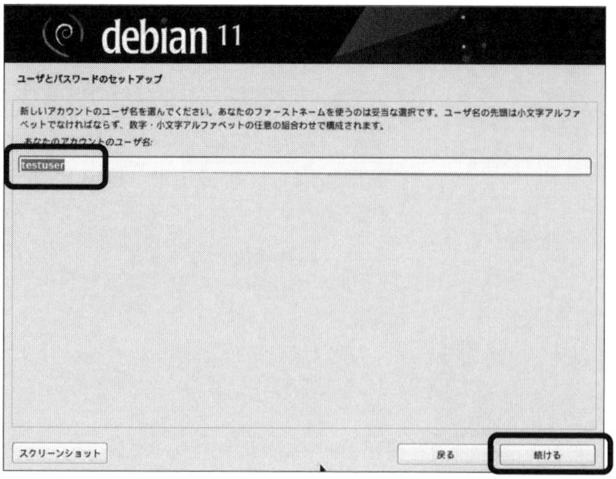

⑨ ログインに利用するユーザー名を入力します。任意の名前を入力し、[続ける] をクリックします。

※手順8で入力した名前（スペースを含む名前の場合、スペースの前まで）が既定で入力されます。

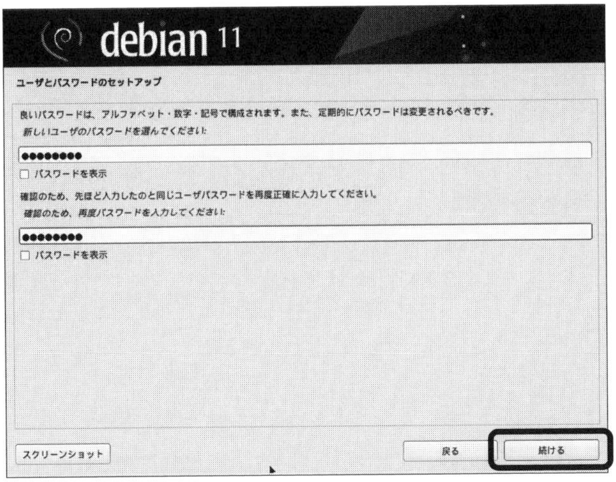

⑩ 追加するユーザーが使用するパスワードの設定画面が表示されます。任意のパスワードを入力し、[続ける]をクリックします。

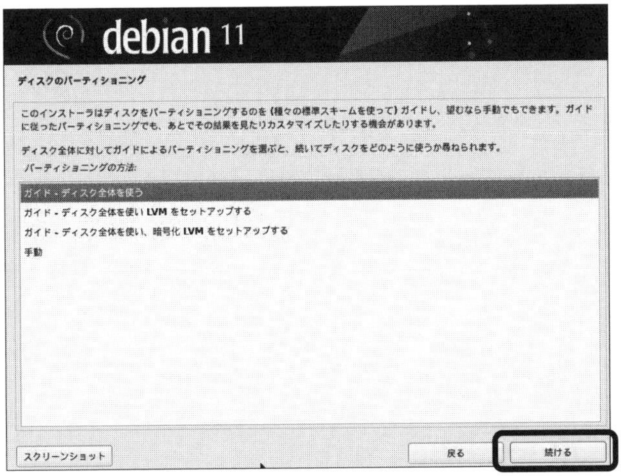

⑪ ディスクのパーティショニング設定画面が表示されます。既定では[ガイド - ディスク全体を使う]が選択されています。問題がなければ、そのまま[続ける]をクリックします。

※他の選択肢を選ぶと、パーティション領域を手動で設定したり、LVMを利用した領域を設定したりできます。

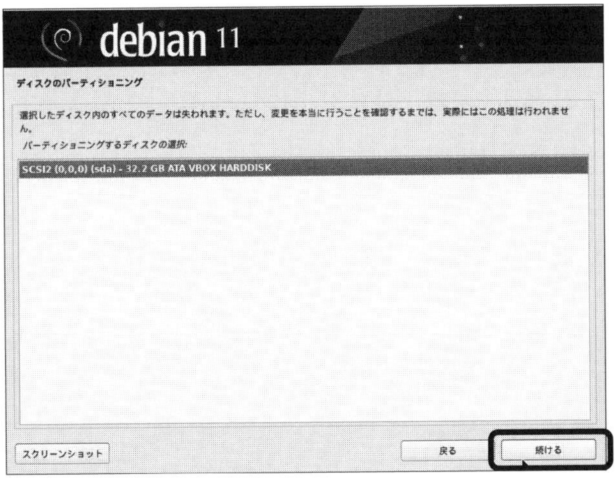

⑫ パーティション設定の対象となるディスクの選択画面が表示されます。1つしかディスクが存在しない場合は、そのまま[続ける]をクリックします。複数のディスクが認識されている場合は、設定対象となるディスクを選択します。

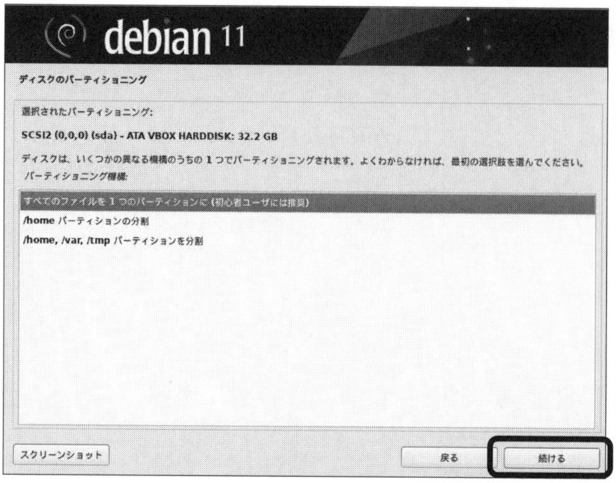

⑬ パーティション領域の分割についての設定画面が表示されます。既定の設定では、すべての領域をルートパーティションとして利用します。そのままで良い場合は、[続ける] をクリックします。

※他の選択肢をクリックすると、一部のディレクトリを別パーティションとして分割して構成します。

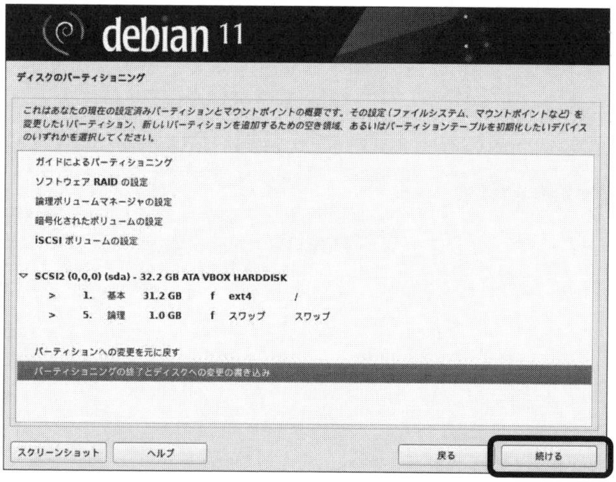

⑭ ここまでのパーティション設定で問題なければ、左のように [パーティショニングの終了とディスクへの変更の書き込み] が選択されている状態で、[続ける] をクリックします。

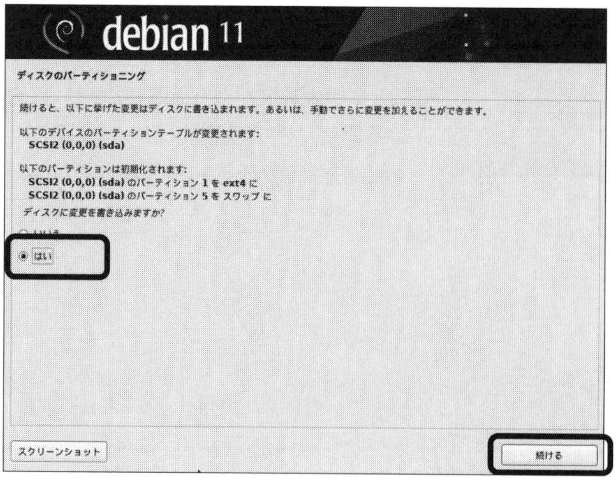

⑮ 確認画面が表示されます。[はい] を選択し、[続ける] をクリックします。

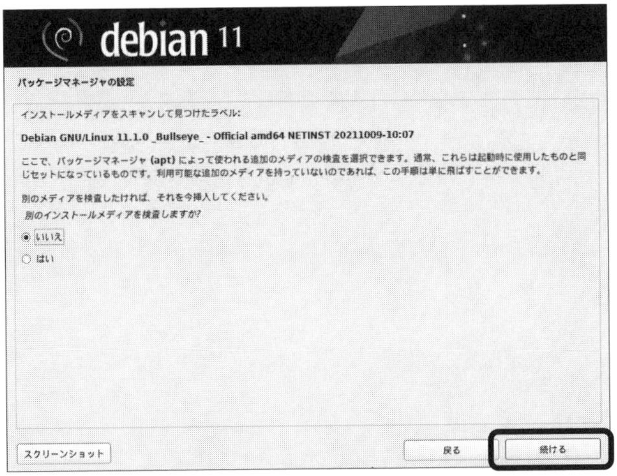

⑯ インストールメディアのチェックの確認画面が表示されます。特にメディアチェックが必要なければ、既定の通り[いいえ]が選択されている状態で[続ける]をクリックします。

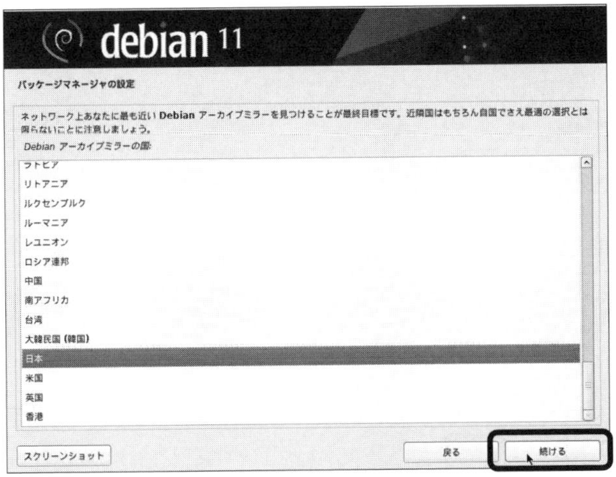

⑰ アーカイブミラー(パッケージのダウンロード先)の地域についての設定画面が表示されます。既定の通り、[日本]が選択されている状態で[続ける]をクリックします。

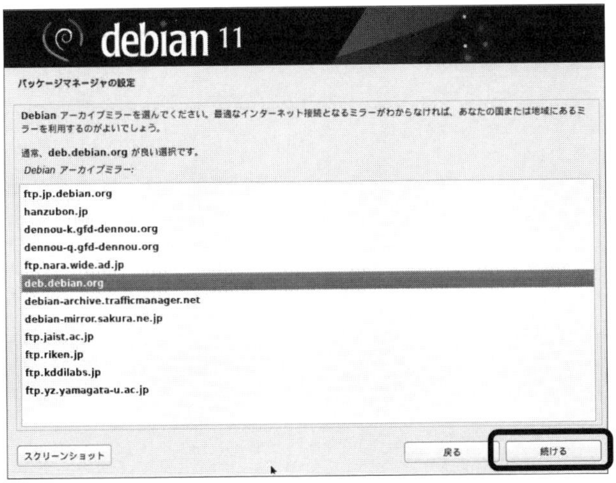

⑱ アーカイブミラーのURLの設定画面が表示されます。既定では、Debianの公式サイト(deb.debian.org)のURLが選択された状態になります。問題がなければそのままで[続ける]をクリックします。

※他のURLを選択して、パッケージのダウンロード先を変更することができます。

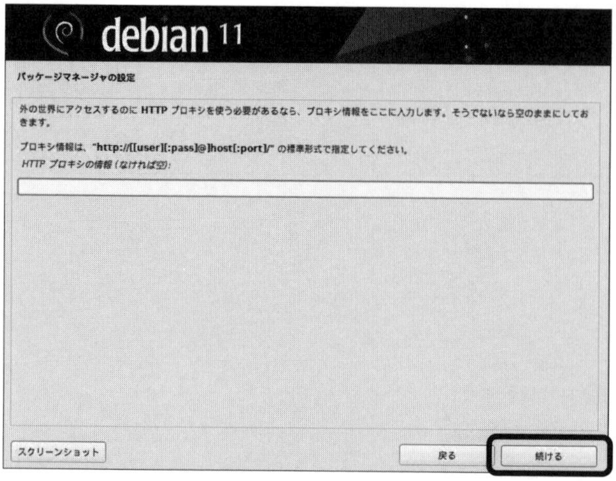

⑲ HTTPプロキシの設定画面が表示されます。利用していない場合は、そのままで[続ける]をクリックします。HTTP/HTTPSアクセスにプロキシを利用している環境であれば、プロキシサーバーのアドレスを入力する必要があります。

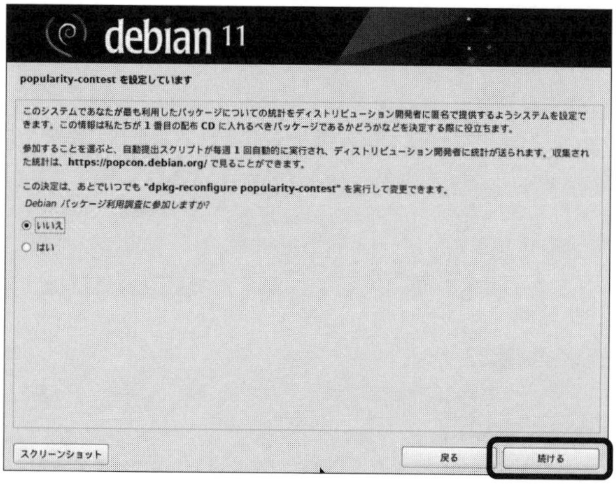

⑳ Debianパッケージ利用調査についての設定画面が表示されます。調査に参加するかどうか選択して、[続ける]をクリックします。

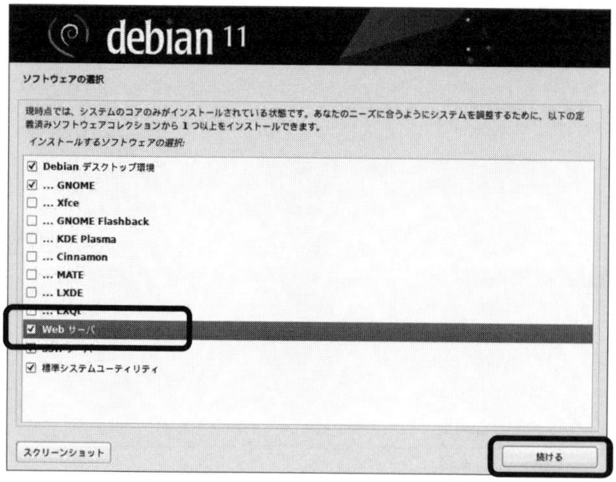

㉑ インストールするソフトウェアの選択画面が表示されます。既定では、標準システムユーティリティの他、GUI環境（GNOME）を有効にするためのソフトウェアが選択されています。インストールしたいソフトウェアを選択し、[続ける]をクリックします。

※本書による学習と動作確認のためには、左のように[Webサーバ]と[SSHサーバ]を選択することをお勧めします。

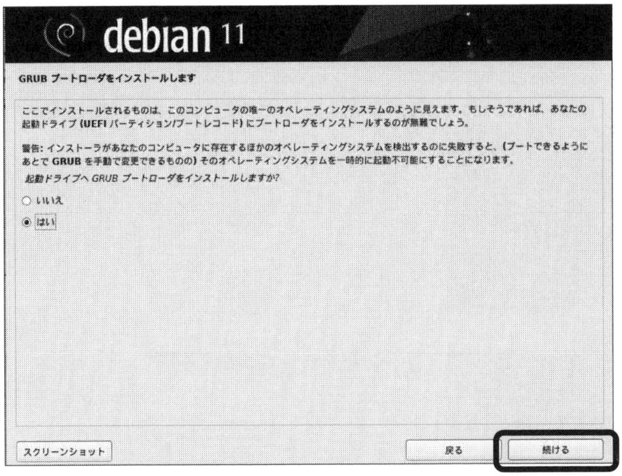

㉒ GRUBのインストール設定画面が表示されます。既定の通り、[はい]が選択されている状態で[続ける]をクリックします。

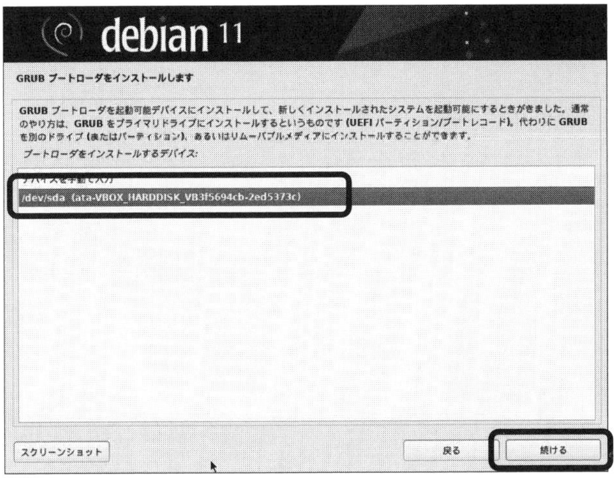

㉓ GRUBのインストール先の設定画面が表示されます。ディスク1台で構成している場合は、左図のように[/dev/sda (ディスクの型番)]を選択して[続ける]をクリックします。ディスクが複数存在する場合は、GRUBのインストール先とするディスクを選択します。

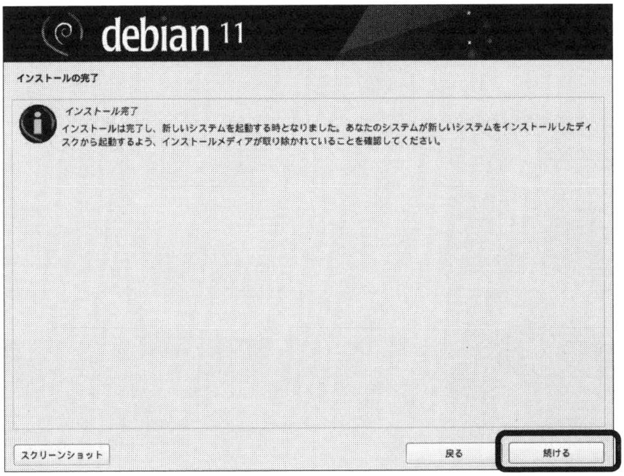

㉔ パッケージのインストールなどが行われたあと、左のようにインストール完了画面が表示されます。[続ける]をクリックするとシステムが再起動され、ログイン画面が表示されます。

■Debian 11 へログインして端末を起動する

インストール後にシステムが再起動したら、以下の手順でログインし、端末を起動します。

① インストール中に追加するユーザーの名前をクリックします。

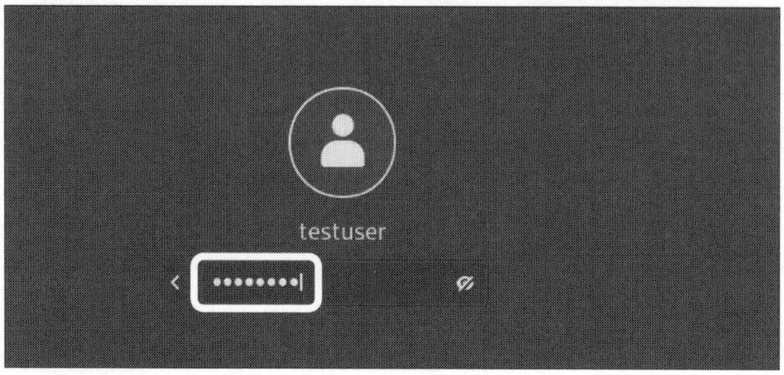

② インストール中に設定したパスワードを入力して Enter キーを押すとログインできます。

③ ログインしたら［アクティビティ］メニューをクリックします。既定では端末がメニューに登録されていません。「検索ワードを入力」となっているボックスに「terminal」（途中まででもOK）と入力すると、左のように［端末］アイコンが表示されます。端末アイコンが表示されている状態で右クリックし、［お気に入りに追加］をクリックします。

④ 左のように端末のアイコンが追加され、ここから起動できるようになります。

第3章

bashシェルの基本

bash シェルの基礎

ショートカットキーの利用

入力補完機能の利用

コマンド履歴の利用

コマンド履歴の活用

マニュアルの利用

マニュアルの活用

この章のポイント

この章では、シェル操作の基本と、入力補完、コマンド履歴といった便利な機能について学びます。また、コマンドの使い方などがわからない時に役立つ、オンラインマニュアルの使用方法についても解説します。

■bashシェルの位置付けと役割

私たちユーザーは、シェルを介してさまざまなコマンドを入力し、Linuxカーネルに対して命令を行います。Linuxでは、bashをはじめとしたコマンドシェルを利用することができます。それぞれのシェルによって、用意されている機能は異なります。この章では、bashシェルを利用したコマンドシェルの基本操作について確認します。

■bashシェルのショートカットキー操作

bashシェルでは、Ctrlキーと別のキーを組み合わせたショートカットキー操作が可能です。たとえば、`ping`コマンドや`tail`コマンドに`-f`オプションを指定した時は、コマンドが実行され続けます。このような場合、Ctrl＋cキーを押すことで、コマンドの処理を停止できます（コマンドによっては、qキーを押すことで停止できるものもあります）。主なショートカットキーは次の表の通りです。

```
[root@centos7 ~]# ping 192.168.0.1 Enter
PING 192.168.0.1 (192.168.0.1) 56(84) bytes of data.
64 bytes from 192.168.0.1: icmp_seq=1 ttl=63 time=114 ms
64 bytes from 192.168.0.1: icmp_seq=2 ttl=63 time=2.31 ms
  →Ctrl+cキーが押されるまで実行し続ける
--- 192.168.0.1 ping statistics ---
2 packets transmitted, 2 received, 0% packet loss, time 1002ms
rtt min/avg/max/mdev = 2.319/58.500/114.681/56.181 ms
```

●表　bashシェルに用意されている主なショートカットキー操作

キー操作	意味	キー操作	意味
Ctrl＋c	処理の停止	Ctrl＋z	処理の一時停止
Ctrl＋a	カーソルを行頭に移動	Ctrl＋e	カーソルを行末に移動
Ctrl＋s	画面への出力を停止	Ctrl＋q	画面への出力を再開
Ctrl＋p	コマンド履歴を再現	Ctrl＋n	コマンド履歴を戻す
Ctrl＋r	コマンド履歴の検索プロンプトを表示	Ctrl＋l	画面のクリア

■コマンドやファイル名を補完する

コマンドシェルで長いコマンド名やファイル名を入力する場合、他に合致する名前がないところまで入力した状態で[Tab]キーを押すと、残りの部分をすべて自動入力することができます。これを**入力補完**と言います。

```
[root@centos7 ~]# nmc    →左のように入力し、[Tab]キーを押す
[root@centos7 ~]# nmcli  →コマンド名の残りの部分が補完される
```

■以前に実行したコマンドの履歴を活用する

bashシェルでは、シェル上で実行したコマンドの**履歴**が保存されています。この履歴を呼び出して再現することで、コマンド入力の効率化を図ることが可能です。たとえば、以前実行したコマンドをそのまま再度実行したり、一部を修正して再利用したりすることができます。

保存されたコマンド履歴は、historyコマンドを使って確認することができます。また、コマンド履歴はbashのプロセス上で記録されていますが、プロセス終了時にはコマンド履歴がユーザーのホームディレクトリにある.bash_historyファイルに格納されます。次回bash起動時にはこのファイルが読み込まれるため、以前のコマンド履歴を引き続き利用できます。

■オンラインマニュアルでコマンドの使い方を参照する

manコマンドを利用すると、Linux環境に組み込まれている**マニュアル**（オンラインマニュアル）を参照できます。マニュアルを参照することにより、コマンドの使い方などを調べることが可能です。たとえばコマンドのマニュアルには、書式やオプション、引数などが書かれており、コマンドの使い方がわからない時や忘れてしまった時に参照すると良いでしょう。

オンラインマニュアルを参照する際に覚えておきたいキー操作は次の表の通りです。

●表　マニュアルを読む際に覚えておきたいキー操作

キー操作	内容
[↑]キー、[k]キー	上へ1行スクロール
[↓]キー、[j]キー	下へ1行スクロール
[PageUp]キー、[b]キー	上へ1画面スクロール
[PageDown]キー、[f]キー	下へ1画面スクロール
/キーワード	指定したキーワードで検索。[Enter]キーを押すと検索実行、次を検索する場合は[n]キーを押す
[q]キー	lessコマンドを終了し、シェルに戻る

オンラインマニュアルから、キーワードで検索することもできます。検索する場合は、manコマンドに-fオプション（完全一致）や-kオプション（部分一致）を指定します。

基本をおさえよう

bash シェルの基礎

私たちユーザーがLinuxカーネルに命令を行う場合、**シェル**を介して指示します。シェルとは、ユーザーがカーネルなどのOS機能にアクセスする際に利用するインターフェースとなるプログラムのことです。

ユーザーは、**図3.1**のようにコマンドシェルを介してコマンドを実行します。コマンドシェルは、コマンド実行を便利にするためのさまざまな機能を有しています。

● 図3.1　コマンド実行におけるシェルの役割

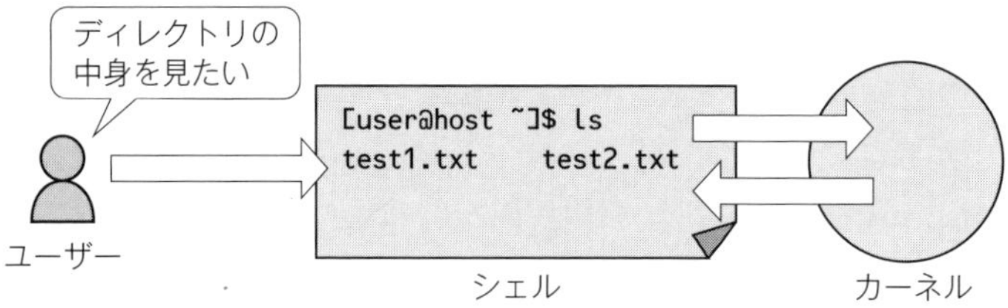

Linuxでは、さまざまな種類のシェルを利用することができます。本書が用意している実習環境では、**表3.1**のシェルが標準採用されています[注3.1]。

● 表3.1　本書の実習環境で標準採用されているシェル

環境	標準採用されているシェル
CentOS	bash
Debian	dash

bash（bourne again shell）は、bourneシェル（古くから利用されてきたシェルです）に対してさまざまな機能拡張がされたシェルで、Red Hat系のLinuxディストリビューションを中心に多くのシステムで採用されています。ここからは、bashシェルを利用したコマンド実行の際に活用できる便利な機能を確認していきます。

注3.1　「標準採用されている」とは、`useradd`コマンドでユーザーを追加したときに、既定のログインシェルとして指定されるシェルであり、/bin/shのリンク先のシェルのことを指しています。

基本をおさえよう
ショートカットキーの利用

bashシェルには、Ctrlキーとの組み合わせによってさまざまな処理を行うことができる、ショートカットキー操作が用意されています（表3.2）。

● 表3.2 bashシェルに用意されている主なショートカットキー操作

キー操作	意味	キー操作	意味
Ctrl + c	処理の停止	Ctrl + z	処理の一時停止
Ctrl + a	カーソルを行頭に移動	Ctrl + e	カーソルを行末に移動
Ctrl + s	画面への出力を停止	Ctrl + q	画面への出力を再開
Ctrl + p	コマンド履歴を再現	Ctrl + n	コマンド履歴を戻す
Ctrl + r	コマンド履歴の検索プロンプトを表示	Ctrl + l	画面のクリア

たとえばコマンドによっては、実行後に自動的に終了しないものがあります。その場合は、ユーザーがCtrl＋cキーを押してコマンドを停止させる必要があります。

以下は、pingコマンド（P.359参照）の実行例です。pingコマンドは、一度実行すると永続的に実行され続けます。停止用の処理がコマンド内に用意されている場合もありますが、そうでない場合、Ctrl＋cキーを押して停止します。

```
[root@centos7 ~]# ping localhost Enter
PING localhost (127.0.0.1) 56(84) bytes of data.
64 bytes from localhost (127.0.0.1): icmp_seq=1 ttl=64 time=0.029 ms
64 bytes from localhost (127.0.0.1): icmp_seq=2 ttl=64 time=0.052 ms
64 bytes from localhost (127.0.0.1): icmp_seq=3 ttl=64 time=0.051 ms
64 bytes from localhost (127.0.0.1): icmp_seq=4 ttl=64 time=0.051 ms
^C  →Ctrl+cを押して処理を停止する
--- localhost ping statistics ---
4 packets transmitted, 4 received, 0% packet loss, time 3006ms
rtt min/avg/max/mdev = 0.029/0.045/0.052/0.012 ms
```

参考 pingコマンドの使い方は、「第15章　ネットワーク管理」にて確認します。

Point!

Ctrl＋sキーを押してしまうと、画面の出力が停止し、キーを押しても反応がない状態になります。キーを押しても反応せず、誤ってCtrl＋sキーを押してしまったかもしれないケースでは、Ctrl＋qキーを押してみましょう。

基本をおさえよう

入力補完機能の利用

bashシェルには、コマンド名やファイル名の入力をサポートする、**入力補完**機能があります。コマンド名やファイル名の一部を入力した状態で Tab キーを押すと、他に一致するコマンド／ファイルがなかった場合、残りの名前が補完され自動的に入力されます(**図3.2**)。

● 図3.2　入力補完機能

```
[root@centos7 ~]# ls
anaconda-ks.cfg      lock          test2.zip     win.txt
badsample.sh         paste1.txt    test3.txt     win3.txt
…
[root@centos7 ~]# cat a   → Tab キーで入力補完
[root@centos7 ~]# cat anaconda-ks.cfg   → 残りのコマンドやファイル名が補完される
```

合致するものが複数あった場合は、Tab キーを2回押すことで、候補の一覧が表示されます。1つに特定できるところまで入力し、再度 Tab キーを押しましょう。

基本をおさえよう

コマンド履歴の利用

bashシェル上で実行したコマンドの**履歴**は記録されており、方向キー上下で履歴を呼び出して再現することができます。↑キー(方向キーの上)で1つ前の履歴を呼び出し、↓キー(方向キーの下)で1つ後のコマンド履歴を呼び出します[注3.2]。

入力済みのコマンドと同じコマンド、もしくは近いコマンド(たとえば対象となるファイル名が異なるなど)を入力する時には、過去に実行したコマンド入力を履歴から呼び出し、必要に応じて一部修正してから実行することができます(**図3.3**)。

注3.2　一部の環境では、方向キーによる操作ができない場合があります。その場合、Ctrl ＋ p キーで1つ前のコマンド履歴を再現し(↑キーと同じ)、Ctrl ＋ n で1つ後のコマンド履歴を再現する(↓キーと同じ)ことができます。

● 図3.3　コマンド履歴の利用

```
[root@centos7 ~]# history
  1  man ls
  2  ls
  3  cat sample.sh
  4  cat anaconda-ks.cfg
  5  history
[root@centos7 ~]#
```

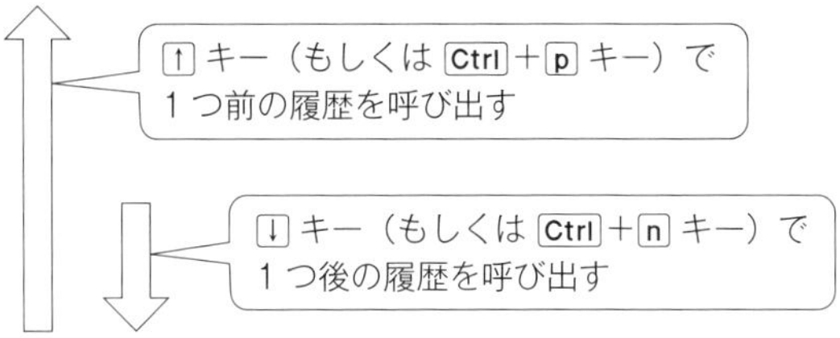

もっと使いこなそう

コマンド履歴の活用

■過去に入力したコマンドを履歴から呼び出す

historyコマンドを使うと、記録されている履歴の内容を表示することができます。

historyコマンド

```
history [ オプション ] [ 履歴数 ]
```

概要	コマンド履歴を表示する	
主なオプション	オプション	説明
	-c	履歴をすべて削除する
	-d 番号	指定した番号の履歴を削除する
引数	・*履歴数*：表示する履歴の数。省略した場合はすべての履歴を表示する	

以下のように実行すると、記録されているコマンド履歴の中から最新の5件を表示できます。行頭に書かれた数値は履歴番号です。

```
[root@centos7 ~]# history 5 Enter
  287  shutdown -h now
  288  history
  289  cat .bash_history
  290  history 10
  291  history 5
```

historyコマンドの結果に表示されている履歴番号を指定することで、該当するコマンド履歴を呼び出して実行することができます。「**!履歴番号**」と入力すると、以下のように指定した番号のコマンドを再実行します。

```
[root@centos7 ~]# !291 Enter    →履歴番号291番のコマンドを再実行する（この例ではhistoryコマンド）
history 5
  287  shutdown -h now
  288  history
  289  cat .bash_history
  290  history 10
  291  history 5
```

■キーワードに合致するコマンド履歴を呼び出す

「!キーワード」と入力することで、指定したキーワードから始まるコマンド履歴を呼び出すこともできます。

```
[root@centos7 ~]# !his Enter  →「his」で始まるコマンド履歴のうち、一番新しいものを実行する
history 5
  287  shutdown -h now
  288  history
  289  cat .bash_history
  290  history 10
  291  history 5
```

ただし、この方法では前方一致検索（指定したキーワードから始まるものを検索）しかできません。たとえば、コマンド名ではなく引数に指定したファイル名で検索したい場合などは、Ctrl＋rキーを押して検索用のプロンプトを表示します。ここでキーワードを入力すると、引数などを含むコマンド入力行全体から検索することができます。

以下は、「hosts」というキーワードで、コマンド入力行全体から検索している例です[注3.3]。

```
[root@centos7 ~]# →Ctrl+rキーを入力して検索用プロンプトを表示する
(reverse-i-search)`': hosts  →検索したいキーワードを入力する
(reverse-i-search)`hosts': cat /etc/hosts
  →入力したキーワードで履歴を検索し、合致した最新の履歴を呼び出す
```

検索結果が表示されたら、Enterキーを押すと表示されているコマンドを実行します。Ctrl＋rキーを押すと、さらに前の履歴を検索します。

Escキーを押すと、表示された検索結果を残したまま、通常のプロンプトに戻ります。一部修正をして履歴からコマンドを実行することもできますし、Ctrl＋cキーを押せばプロンプトが再表示され、履歴から呼び出されたコマンドも消えます。

```
(reverse-i-search)`hosts': cat /etc/hosts
  →Escキーを押すと、検索結果を表示したまま通常のプロンプトに戻る
[root@centos7 ~]# cat /etc/hosts  →Ctrl+cキーを押すとプロンプトを再表示する
[root@centos7 ~]#
```

注3.3　ここでは前提として、過去に「cat /etc/hosts」というコマンドを実行していたという状態を想定しています。

■コマンド履歴が格納される場所

コマンド履歴は、bashのプロセス上で記録されています。プロセスの終了時、記録されていたコマンド履歴はユーザーのホームディレクトリにある**.bash_history**というファイルに格納されます。そして、次回bash起動時に.bash_historyから履歴情報を読み込んで利用します。そのため、システムが停止した場合も、それ以前の履歴情報を利用することができます(**図3.4**)。

● 図3.4 履歴情報はbash起動時に読み込まれる

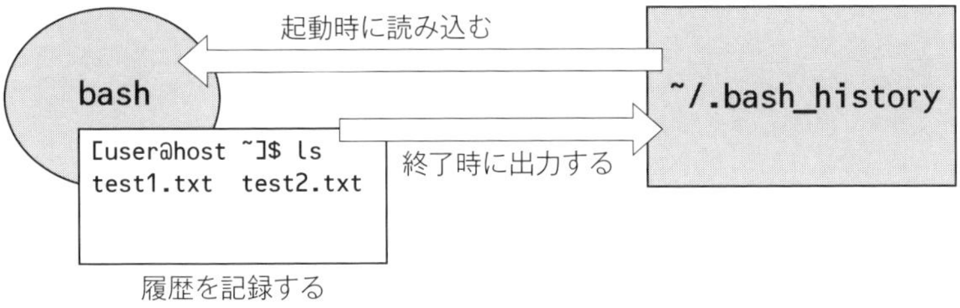

基本をおさえよう

マニュアルの利用

Linuxシステムには**マニュアル**(オンラインマニュアル)が用意されています。コマンドなどのマニュアルを表示するには、`man`コマンドを利用します。

manコマンド

```
man [ オプション ] [ セクション ] キーワード
```

概要	オンラインマニュアルを表示する	
主なオプション	オプション	説明
	-a	用意されているすべてのマニュアルを表示する
	-f (=whatis)	指定したキーワードでマニュアルを検索する(完全一致)
	-k (=apropos)	指定したキーワードでマニュアルを検索する(部分一致)
引数	・セクション:マニュアルのセクション ・キーワード:表示するマニュアルの名前。-kや-fオプション指定時は、検索するキーワードを指定する	

参考

「オンラインマニュアル」とありますが、インターネットなどのネットワーク上にマニュアルがあるわけではありません。Linuxシステムの所定のディレクトリに配置されたマニュアルファイルを参照しています。なお、**-f**オプション、**-k**オプションは、それぞれ**whatis**、**apropos**というコマンドを実行した時と同じ意味になります。

たとえばコマンドのマニュアルには、書式やオプション、引数などが書かれており、コマンドの使い方がわからない時や忘れてしまった時に参照すると良いでしょう。以下は、passwdというキーワードでマニュアルを表示している例です。コマンドを実行した結果、passwdコマンドのマニュアルが表示されます。

```
[root@centos7 ~]# man passwd Enter
PASSWD(1)                General Commands Manual                PASSWD(1)

名前
       passwd - ユーザパスワードを変更する

書式
       passwd  [-k]  [-l] [-u [-f]] [-d] [-n mindays] [-x maxdays] [-w
       warndays] [-i inactivedays] [-S] [--stdin] [username]

説明
       Passwd
       はユーザアカウント・グループアカウントのパスワードを変更する。
         :   →方向キーでスクロールして表示、qキーで終了する
```

manコマンドを実行すると、/usr/share/manディレクトリに格納されている圧縮されたマニュアルファイルを展開し、lessコマンドの機能を利用して表示します。lessコマンドについては、詳しくは「第4章　ファイルとディレクトリ」で解説します。マニュアルを読む場合は、**表3.3**のキー操作を覚えておきましょう。

●表3.3　マニュアルを読む際に覚えておきたいキー操作

キー操作	内容
↑キー、kキー	上へ1行スクロール
↓キー、jキー	下へ1行スクロール
PageUpキー、bキー	上へ1画面スクロール
PageDownキー、fキー	下へ1画面スクロール
/キーワード	指定したキーワードで検索。Enterキーを押すと検索実行、次を検索する場合はnキーを押す
qキー	lessコマンドを終了し、シェルに戻る

もっと使いこなそう

マニュアルの活用

■マニュアルのセクション

Linuxのマニュアルには**セクション**が用意されています。セクションは、そのマニュアルの分類と考えれば良いでしょう。主なセクションは**表3.4**の通りです。

●表3.4　マニュアルの主なセクション

セクション番号	内容
1	一般コマンド
2	システムコール
3	ライブラリ関数
4	特殊ファイル
5	ファイルの書式（設定ファイル）
6	ゲーム
7	その他
8	システム管理コマンド
9	カーネルルーチン

1つのキーワードに対して、複数のマニュアルが存在する場合があります。たとえば「passwd」というキーワードには、`passwd`コマンド（セクション番号1）と/etc/passwdファイル（セクション番号5）のマニュアルが用意されています。

`man`コマンド実行時にセクション番号を指定しないと、`passwd`コマンドのマニュアルが表示されます。/etc/passwdファイルのマニュアルを表示したい場合は、`man 5 passwd`というようにセクション番号を明示的に指定します（**図3.5**）。

●図3.5　マニュアルのセクション番号

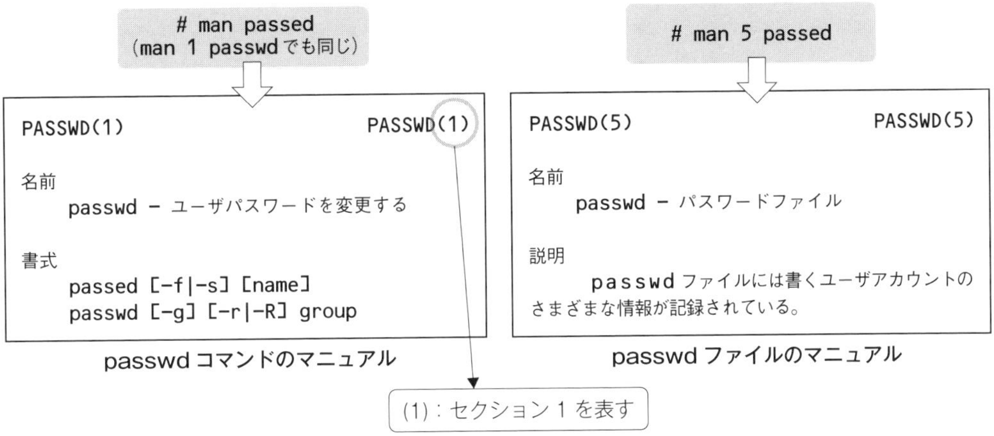

`man -a passwd`と実行すると、passwdという名前が付いているすべてのマニュアルが表示されます[注3.4]。`q`キーを押してマニュアルの表示を終了すると、次のメッセージが表示されます。

注3.4　日本語環境の場合、日本語マニュアルの他、英語マニュアルも表示されます。

```
[root@centos7 ~]# man -a passwd Enter
--Man-- 次は: passwd(1) [ 閲覧 (return) | スキップ (Ctrl-D) | 終了 (Ctrl-C) ]
```

メッセージの指示通り、Enter キーを押すと、次のマニュアルが表示されます。Ctrl ＋ c キーを押すと、途中でマニュアル表示を修了することができます。

■マニュアルを検索する

-fオプションと-kオプションは、マニュアルの検索用に用意されています。これらのオプションは、P.87でも解説した通り、それぞれがコマンドに対応しています。

```
[root@centos7 ~]# man -f passwd Enter
passwd (1)            - ユーザパスワードを変更する
passwd (5)            - パスワードファイル
sslpasswd (1ssl)      - compute password hashes
  →マニュアルのタイトル、もしくは説明文にpasswdという単語が入っているものを検索する

[root@centos7 ~]# whatis passwd Enter
passwd (1)            - ユーザパスワードを変更する
passwd (5)            - パスワードファイル
sslpasswd (1ssl)      - compute password hashes
  →man -fと同じ結果を表示する

[root@centos7 ~]# man -k passwd Enter
afppasswd (1)         - netatalk パスワード管理ユーティリティ
chpasswd (8)          - パスワードファイルをバッチ処理で更新する
gpasswd (1)           - /etc/groupファイルを管理する
passwd (1)            - ユーザパスワードを変更する
         :  →passwdというキーワードが部分的に入っているものも検索する
```

参考　検索の際にはマニュアル検索用のデータベースが使われていますが、OSのインストール直後など、このデータベースが生成されていないことがあります。その場合は、mandbコマンドでデータベースの生成をすることにより、コマンドを利用した検索ができるようになります。

第 4 章

ファイルとディレクトリ

Linux のディレクトリ構造

ディレクトリの参照

相対パスと絶対パス

テキストファイルの参照

ファイルの操作

ディレクトリの作成

空のファイルを作成

ワイルドカードの基本

ワイルドカードの活用

この章のポイント

この章では、Linuxのディレクトリ構造の基本について解説した後、ファイルやディレクトリを扱う基本コマンドの使い方を取り上げます。

■ディレクトリの内容を表示する

lsコマンドを使うと、指定したディレクトリの内容を一覧表示することができます。オプションを指定しないと、ファイル名もしくはサブディレクトリ名だけが表示されます。-lオプションを指定することで、それぞれのファイルの詳細な情報を表示できます。

```
[root@centos7 ~]# ls testdir Enter
test.txt  test1.txt
[root@centos7 ~]# ls -l testdir Enter
合計 8
-rw-r--r-- 1 root root 5  7月 24 14:06 test.txt
-rw-r--r-- 1 root root 5  8月  2 17:43 test1.txt
```

■パスを指定する

ファイルやディレクトリの位置を表す文字列を**パス**と言います。パスの指定では、**相対パス**と**絶対パス**を用いることができます。相対パスは**カレントディレクトリ**を基準に指定するパスで、絶対パスは**ルートディレクトリ**を基準に指定するパスです。絶対パスは、ルートディレクトリを表す記号「/」から記述します。

たとえば、カレントディレクトリが/rootである場合、/root/testdirというディレクトリは、次の2つのやり方で指定ができます。

```
[root@centos7 ~]# ls testdir Enter   →相対パスで指定する
test.txt  test1.txt
[root@centos7 ~]# ls /root/testdir Enter   →絶対パスで指定する
test.txt  test1.txt
```

■カレントディレクトリを変更する

シェル端末を起動した際、1つのディレクトリがカレントディレクトリ（現在作業中のディレクトリ）として指定されます（相対パスの基準となるディレクトリです）。シェル端末起動時、最初のカレントディレクトリはユーザーのホームディレクトリですが、cdコマンドでカレントディレクトリを変更することができます。

```
[root@centos7 ~]# pwd Enter   →pwdコマンドでカレントディレクトリを絶対パスで表示する
/root   →rootユーザーの場合、端末起動時は/rootが既定のカレントディレクトリ
[root@centos7 ~]# cd /tmp Enter   →カレントディレクトリを/tmpに変更する
[root@centos7 tmp]# pwd Enter
/tmp
```

■テキストファイルの内容を参照する

Linuxでは、設定ファイルやログファイルなど、システム上重要なファイルがテキスト形式のファイルで構成されています。そのため、テキストファイルを参照したり、編集したりするコマンドを自在に使いこなす必要があります。

catコマンドにより、テキストファイルの内容をすべて表示することができます。

```
[root@centos7 ~]# cat test1.txt Enter
test
```

長い内容のファイルの一部だけを表示したい場合は、tailコマンドでファイルの末尾部分のみ表示するといったこともできます。

```
[root@centos7 ~]# tail -n 3 test4.txt Enter  →末尾3行のみ表示する
98
99
100
```

■ファイルをコピー、移動、削除する

以下のコマンドで、ファイルのコピー、移動、削除ができます。

- cpコマンド：ファイルのコピー
- mvコマンド：ファイルの移動
- rmコマンド：ファイルの削除

たとえば以下のようにすると、sample.txtというファイルを削除することができます。

```
[root@centos7 ~]# rm sample.txt Enter  → sample.txtを削除
rm: 通常ファイル `sample.txt' を削除しますか? y Enter
    →確認が求められるので、yと入力してEnterキーを押す
```

■ワイルドカードを利用する

「*」や「?」といった記号を使って、ファイルやディレクトリをパターンによる指定ができます。こうした指定方法、もしくは指定に用いる記号のことを**ワイルドカード**と言います。たとえば以下のようにすると、~.txtというファイル（~部分はどのようなファイル名のものもOK）を対象にlsコマンドを実行することができます。

```
[root@centos7 ~]# ls -l *.txt Enter
-rw-r--r--  1 root root   0  8月  5 16:44 001.txt
-rw-r--r--  1 root root   0  8月  5 16:44 002.txt
-rw-r--r--  1 root root   0  8月  5 16:44 003.txt
            :
```

基本をおさえよう

Linuxのディレクトリ構造

Linuxでは、WindowsやmacOSにおけるフォルダーのことを**ディレクトリ**と呼びます。Linuxのディレクトリは、**図4.1**のような階層構造をしています。最上位のディレクトリのことを**ルートディレクトリ**と呼び。「/」と表記します。また、図にもある通り、ディレクトリやファイルを区切る際には「/」記号を使います。

● **図4.1　Linuxのディレクトリ構造**

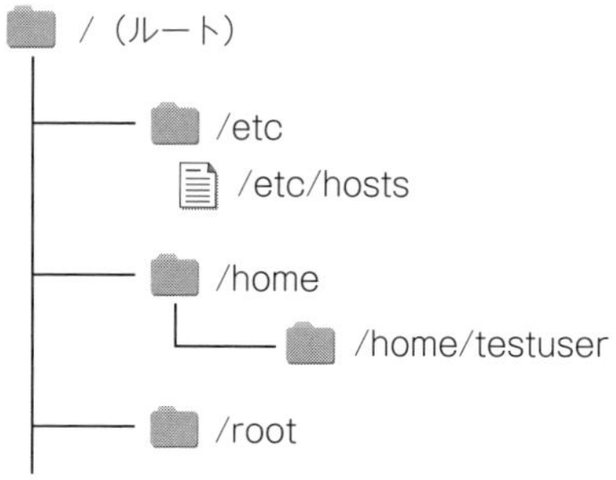

ルートディレクトリの直下にある主なディレクトリとその役割を、**表4.1**に示します。

● **表4.1　ルートディレクトリ直下にある主なディレクトリ**

ディレクトリ名	用途／配置される主なファイル
/etc	設定ファイル
/home	ホームディレクトリ（一般ユーザー用）・「/home/(ユーザー名)」のように、ユーザー個別のディレクトリが用意される
/root	ホームディレクトリ（rootユーザー用）
/boot	起動（boot：ブート）に関するファイル
/bin	一般ユーザーでも実行可能なコマンドの実行ファイル
/sbin	システム管理用コマンドの実行ファイル
/lib	ライブラリファイル
/proc	プロセスやカーネルについての情報
/dev	デバイスファイル
/usr	インストールされたプログラムやコマンドに関するファイル
/var	ログファイルやWeb公開用のドキュメント、スプールファイルなど。サイズが変わるファイル（variableなファイル）が名前の由来
/tmp	一時ファイル
/mnt	ファイルシステム用のマウントポイント
/media	メディアファイルのマウントポイント

参考 **表4.1**のディレクトリは、FHS (Filesystem Hierarchy Standard：ファイルシステム階層標準) という仕様にまとめられています。多くのLinuxディストリビューションがFHSに準拠するようディレクトリを構成しているので、これらのディレクトリがルートディレクトリ直下に存在します。
ただし、CentOS 7では、/bin、/sbin、/libは、/usrディレクトリ以下に配置されています。/bin、/sbin、/libはシンボリックリンク (P.305参照) として配置されています。

参考 /mnt、/mediaはマウントポイントとして用意されているディレクトリです。詳しくは「第15章 ファイルシステム管理」で解説しますが、Linuxではファイルシステムやメディアファイルを利用する際にマウントという処理を行う必要があります。そして、マウントの際に利用するディレクトリのことをマウントポイントと言います。

基本をおさえよう

ディレクトリの参照

■ディレクトリの内容を表示する

lsコマンドを実行すると、指定したディレクトリの内容を参照することができます。

lsコマンド

```
ls [ オプション ] [ ディレクトリ／ファイル ]
```

概要	ディレクトリの内容を参照	
主なオプション	オプション	説明
	-a	ドットファイルも含めたすべてのディレクトリ／ファイルを表示
	-A	-aと同じだが、.と..を非表示
	-d	ディレクトリ自身の内容を表示
	-h	ファイルサイズをKB、MBといった単位で表示(-lと併用)
	-i	iノード番号を表示
	-l	ファイル名以外の詳細な情報(パーミッションやタイムスタンプなど)も表示
	-R	サブディレクトリも展開して表示
	-F	ファイルの種類を末尾に表示。ディレクトリは「/」、シンボリックリンクは「@」が表示される
引数	・*ディレクトリ／ファイル*：表示するディレクトリ／ファイルを指定	

次の操作を確認してみましょう。引数を省略すると、カレントディレクトリ(現在作業中のディレクトリ、本章の「相対パスと絶対パス」で説明します)の内容を表示します。

```
[root@centos7 ~]# ls Enter
anaconda-ks.cfg        sort.txt     testa.txt    ダウンロード
fping.tar.gz           test.tar     testdir      テンプレート
initial-setup-ks.cfg   test.tar.gz  testwc.txt   デスクトップ
        :  →カレントディレクトリ（ここでは/root）の内容を表示
```

ここでは、rootユーザーのホームディレクトリである/rootの内容が表示されています。そのため引数に「/root」と指定しても同じ結果となります。

```
[root@centos7 ~]# ls /root Enter
anaconda-ks.cfg        sort.txt     testa.txt    ダウンロード
fping.tar.gz           test.tar     testdir      テンプレート
initial-setup-ks.cfg   test.tar.gz  testwc.txt   デスクトップ
        :  →/rootの内容を表示
```

引数に「/」を指定すると、ルートディレクトリの直下にあるディレクトリの一覧を表示できます。

```
[root@centos7 ~]# ls / Enter
bin   dev  home  lib64  mnt  proc  run   srv  testbin  usr
boot  etc  lib   media  opt  root  sbin  sys  tmp      var
```

■詳細情報を表示する

-lオプションを指定すると、ディレクトリ内のファイルやサブディレクトリについての詳細な情報を確認できます。

```
[root@centos7 ~]# ls -l Enter
合計 320
-rw-------. 1 root root   1609  4月  2  2020 anaconda-ks.cfg
-rw-r--r--  1 root root 185281  3月 13 13:14 fping.tar.gz
-rw-r--r--. 1 root root   1657  4月  2  2020 initial-setup-ks.cfg
-rw-r--r--  1 root root     37  6月  7  2020 join1.txt
        :  →ファイルやサブディレクトリの詳細情報を表示
```

表示されている内容は、**図4.2**のような構成となっています。

●図4.2　ファイルやディレクトリの詳細情報

```
-rw-------. 1 root root   1609  4月  2  2020 anaconda-ks.cfg
     ①      ②    ③         ④        ⑤           ⑥
```

①パーミッションなど
②リンク数
③所有者と所有グループ
④ファイルサイズ（バイト数）
⑤タイムスタンプ（既定では更新日時が表示）
⑥ファイル名

参考 -lオプションで表示される情報の詳しい意味については、「第8章　パーミッションとユーザー権限の切り替え」や「第15章　ファイルシステム管理」で紹介します。

■隠しファイルを含めて表示する

-aオプションを指定すると、既定では非表示になっているファイル（ドットファイル）が表示されます。Linuxでは、名前の先頭がドットで始まっているファイルやディレクトリは、隠しファイル扱いとなります。lsコマンドで、-aもしくは-Aオプションを指定しないと表示されません。

```
[root@centos7 ~]# ls -a Enter
.               .rnd                  test.tar      useradd.sh
..              .ssh                  test.tar.gz   userlist.txt
.ICEauthority   .tcshrc               test.zip      win.txt
.bash_history   .viminfo              test1.txt     win3.txt
           :  →先頭がドットで始まるファイルやサブディレクトリも表示される
```

Point!

ホームディレクトリ内には、設定用のファイルなども存在します。これらのファイルはドットファイルになっていることが一般的です。これにより、誤って編集したり、削除したりしづらいように構成されています。

■ディレクトリ自身の情報を表示する

lsコマンドは、引数で指定したディレクトリの内容を表示しますが、-dオプションを指定すると、指定したディレクトリ自身の情報を表示します。

```
[root@centos7 ~]# ls -l /home Enter
合計 4
drwx------   15 testuser testuser 4096  4月  2  2020 testuser
          :  →/homeディレクトリの内容を表示
[root@centos7 ~]# ls -ld /home Enter
drwxr-xr-x. 8 root root 95  5月 14 13:56 /home  →/homeディレクトリ自身の情報を表示
```

■ディレクトリ構造を表示する

lsコマンドは、既定では指定したディレクトリ（あるいはカレントディレクトリ）の内容のみを表示します。-Rオプションを指定すると、以下のようにサブディレクトリの内容も展開し、表示することができます。

```
[root@centos7 ~]# ls -R Enter
.:
anaconda-ks.cfg        sort.txt     testa.txt      ダウンロード
fping.tar.gz           test.tar     testdir        テンプレート
          :  →カレントディレクトリの内容
./testdir:
test.txt
          :  →サブディレクトリの内容も展開して表示
```

treeコマンドを利用すると、ディレクトリの内容をツリー状に表示することができます。

treeコマンド

```
tree [ オプション ] [ ディレクトリ ]
```

概要	ディレクトリの内容をツリー状に表示	
主なオプション	オプション	説明
	-d	ディレクトリのみ表示
	-L 数	指定した数の階層だけ表示
	-a	ドットファイルも含めたすべてのディレクトリ／ファイルを表示
引数	・*ディレクトリ*：表示するディレクトリを指定	

以下は、カレントディレクトリの内容をツリー状に表示している例です。

```
[root@centos7 ~]# tree Enter
.
├── anaconda-ks.cfg
├── fping.tar.gz
          :
├── testdir
│   └── test.txt
          :  →サブディレクトリ内のファイルは上記のようにインデントされ表示される
└── \345\205\254\351\226\213
  →日本語ファイルには対応していないので、上記のように表示される
10 directories, 34 files
```

-dオプションを指定すると、ディレクトリのみをツリー状に表示することができます。ディレクトリツリーを表示したいものの、ファイルも表示してしまうと大量に情報が出力され、見づらいという場合に便利です。以下は、/bootディレクトリ内のサブディレクトリをツリー状に表示している例です。

```
[root@centos7 ~]# tree -d /boot Enter
/boot
├── efi
│   └── EFI
│       ├── BOOT
│       └── centos
│           └── fw
├── grub
└── grub2
    ├── fonts
    ├── i386-pc
    └── locale

10 directories
```

-Lオプションを指定すると、指定した階層数だけ辿って表示します。あまり深くまで辿らなくて良いという場合に利用します。以下は、/bootディレクトリの直下にあるサブディレクトリのみを表示している例です。

```
[root@centos7 ~]# tree -d -L 1 /boot Enter
/boot
├── efi
├── grub
└── grub2

3 directories
```

Point!

lsコマンドではディレクトリの構造が把握しづらい場合、treeコマンドを活用しましょう。

基本をおさえよう

相対パスと絶対パス

■パスとカレントディレクトリの基本

ファイルやディレクトリの位置を表す文字列を**パス**と言います。ファイルやディレクトリを指定する場合、このパスを利用します。

パスには**相対パス**と**絶対パス**という2つの種類があります。相対パスはカレントディレクトリを基準にパスを指定し、絶対パスはルートディレクトリを基準にパスを指定します。

図4.3は、カレントディレクトリが/rootのある場合に、/root/test1.txtというファイルを相対パスと絶対パスでそれぞれ指定している例です。

●図4.3　相対パスと絶対パス

【相対パス】
カレントディレクトリ（～現在作業中のディレクトリ）が基準

```
# cat test1.txt
      └────→先頭が「/」で始まらない
```

【絶対パス】
ルートディレクトリ（/）が基準

```
# cat /root/test1.txt
      └────→先頭が「/」で始まる
```

ファイルやサブディレクトリを指定する際、カレントディレクトリに存在するものであれば、ディレクトリの指定は不要です。以下の操作を確認してみましょう。

```
[root@centos7 ~]# cat test1.txt Enter
test  →カレントディレクトリ（/root）に存在するtest1.txtの内容を表示
[root@centos7 ~]# cat /root/test1.txt Enter
test  →ディレクトリ名を指定。この場合は、上と同じファイルを指定したことになる
```

Point!

カレントディレクトリの中にあるファイルやサブディレクトリを指定する際には相対パス、それ以外のものを指定する際には絶対パスを使うと良いでしょう。

コマンドシェルを利用する際、必ず1つのディレクトリがカレントディレクトリとして構成されます。CentOS 7でbashシェルを利用している場合は、プロンプトに**図4.4**のようにカレントディレクトリの位置が表示されています[注4.1]。

●図4.4　CentOS 7におけるカレントディレクトリの表示

```
[root@centos7 ~]#
               └────→カレントディレクトリの位置
                      この場合、カレントディレクトリが
                      ホームディレクトリ（~）であることを示している
```

「~」は、ホームディレクトリを表す記号です。これ以外にも、ディレクトリを扱う際に利用できる記号には**表4.2**のものがあります。

注4.1　設定にもよりますが、複数階層のディレクトリの場合には、プロンプトには末端のディレクトリ名のみが表示されることがあります。

●表4.2 ディレクトリを表す記号

記号	意味
.	カレントディレクトリ
..	親ディレクトリ(1つ上のディレクトリ)
~	ホームディレクトリ
/	ルートディレクトリ

■カレントディレクトリを確認する

pwdコマンドを利用すると、カレントディレクトリを絶対パスで表示できます。

pwdコマンド

```
pwd
```

概要	カレントディレクトリを絶対パスで表示

```
[root@centos7 ~]# pwd Enter
/root
```

■カレントディレクトリを変更する

カレントディレクトリはcdコマンドで変更することができます。

cdコマンド

```
cd ディレクトリ名
```

概要	カレントディレクトリを変更する
引数	・*ディレクトリ名*：カレントにするディレクトリを指定。引数を省略すると、ホームディレクトリをカレントディレクトリにする。「-」を指定すると、1つ前のカレントディレクトリに変更する

以下は、cdコマンドでカレントディレクトリを変更する操作を行っている例です。

```
[root@centos7 ~]# cd testdir Enter  →カレントディレクトリをtestdirディレクトリに変更する
[root@centos7 testdir]# pwd Enter
/root/testdir  →元々のカレントディレクトリが/rootだったので、/root/testdirに変更する
[root@centos7 testdir]# ls Enter
test.txt  →testdirディレクトリ内にあるファイルを確認する
[root@centos7 testdir]# cat test.txt Enter
test  →カレントディレクトリにあるファイルはディレクトリ指定がなくても参照可能（相対パス）
[root@centos7 testdir]# cd /tmp Enter  →カレントディレクトリを/tmpに変更する
[root@centos7 tmp]# pwd Enter
/tmp  →カレントディレクトリが/tmpに変更されていることを確認する
[root@centos7 tmp]# cd - Enter
/root/testdir  →「cd -」で1つ前のカレントディレクトリに戻る
[root@centos7 testdir]# cd Enter  →引数無しでカレントディレクトリをホームディレクトリに変更する
[root@centos7 ~]# pwd Enter
/root
```

基本をおさえよう

テキストファイルの参照

Linuxでは、設定ファイルやログファイルなど、システム上重要なファイルがテキストファイル形式で構成されています。そのため、テキストファイルを参照したり、編集したりする操作がとても重要です。ここでは、テキストファイルを参照する時に利用する基本的なコマンドの使い方を確認します。

■テキストファイルの内容を参照する

catコマンドは、指定したテキストファイルの内容を参照することができます。

catコマンド

```
cat [ オプション ] [ ファイル ]
```

概要	指定したファイルの内容を表示する／ファイルを結合する	
主なオプション	オプション	説明
	-n	行番号を付けて表示する
引数	・ファイル：表示するファイル。ファイル名を省略すると、入力された内容をそのまま出力する	

以下は、catコマンドでテキストファイルの内容を参照している例です。引数を複数指定すると、指定したファイルを結合して表示することができます。

```
[root@centos7 ~]# cat test1.txt Enter
test
[root@centos7 ~]# cat test2.txt Enter
test2
[root@centos7 ~]# cat test1.txt test2.txt Enter
test
test2  →test1.txtのあとにtest2.txtの内容を表示する
```

■長いファイルの内容を参照する

catコマンドでは、長いファイルも一気にすべて表示してしまいます。一画面で収まらないような長いファイルを表示する場合、lessコマンドを利用します。lessコマンドでは、一画面分の内容を表示した後、キー操作を行うことで次の画面や行を表示することができます。

lessコマンド

```
less [ オプション ] [ ファイル ]
```

概要	指定したファイルの内容を一画面ずつ表示する
引数	・ファイル：表示するファイル

次の例は、一画面で収まらない長いファイル「test4.txt」を、lessコマンドで表示している例です。この例では、一度に20行分が表示されていますが、端末の画面の大きさによって一度に表示される

行数は異なります。

```
[root@centos7 ~]# less test4.txt Enter
1
2
3
 :
18
19
20
test4.txt  →最終行は開いているファイル名が表示される
```

lessコマンドでファイルを開いた後は、表4.3のようなキー操作が可能です。

● 表4.3　lessコマンドの主なキー操作

キー操作	内容
↑キー、kキー	上へ1行スクロール
↓キー、jキー	下へ1行スクロール
PageUpキー、bキー	上へ1画面スクロール
PageDownキー、fキー	下へ1画面スクロール
/キーワード	指定したキーワードで検索。Enterキーを押すと検索実行。次を検索する場合はnキーを押す
qキー	lessコマンドを終了し、シェルに戻る

ここでは、qキーを押してlessコマンドによるtest4.txtファイルの表示を終了しましょう。

第3章で紹介したmanコマンドの実行時にも、lessコマンドの機能を利用してマニュアルが表示されています。そのため、manコマンド実行時とキー操作は同じです。

Point!

GUIのコマンド端末を利用している場合は、スクロールして以前の内容を表示することができます。CUI環境を利用している場合は、一画面に収まらない長いファイルだとわかっている時は、lessコマンドを使うと便利です。なお、CUI環境の端末であっても、Shift＋PageUpキーを押すと、前の画面にスクロールバック（前の画面を表示）することができます。

■ファイルの先頭／末尾を参照する

headコマンドでファイルの先頭部分、tailコマンドでファイルの末尾部分を参照できます。

headコマンド

```
head [ オプション ] ファイル
```

概要	指定したファイルの先頭部分を表示する	
主なオプション	オプション	説明
	-n 行数／-行数	指定した行数を表示する（既定は10行）
引数	・ファイル：表示するファイル	

tailコマンド

```
tail [ オプション ] ファイル
```

概要	指定したファイルの末尾部分を表示する	
主なオプション	オプション	説明
	-n 行数／-行数	指定した行数を表示する（既定は10行）
	-f	末尾をリアルタイムに表示し続ける
引数	・ファイル：表示するファイル	

headコマンドとtailコマンドで、以下のようにファイルの先頭部分、末尾部分だけを参照することができます。

```
[root@centos7 ~]# head test4.txt Enter
1
2
3
4
5
6
7
8
9
10  →既定では先頭10行を表示する
[root@centos7 ~]# head -n 3 test4.txt Enter
1
2
3  →先頭3行を表示する
[root@centos7 ~]# tail -n 3 test4.txt Enter
98
99
100  →末尾3行を表示する
```

参考　headコマンド、tailコマンドともに、「-n 行数」「-行数」のどちらでも行数の指定が可能ですが、「-行数」の形式は非推奨となっています。

基本をおさえよう

ファイルの操作

ファイルのコピー、移動、削除をするコマンドを確認します。

■ファイルをコピーする

cpコマンドを利用すると、ファイルのコピーができます。

cpコマンド

```
cp [ オプション ] ファイル1 ファイル2／ディレクトリ
```

概要	ファイルをコピーする	
主なオプション	オプション	説明
	-r	ディレクトリをコピーする
	-f	上書き時、確認メッセージを非表示にする
	-i	上書き時、確認メッセージの表示を強制する
	-p	タイムスタンプやパーミッションなどのファイル属性を維持したままコピーする
	-d	シンボリックリンクをそのままコピーする
	-u	コピー先に同名のファイルがあった場合、コピー先ファイルより新しい時のみコピーする
引数	・ファイル1：コピー元のファイル ・ファイル2／ディレクトリ：コピー先。存在するディレクトリを指定したら、指定したディレクトリにコピーする。存在しない名前を指定したら、同じ内容のファイルを作成する	

以下は、cpコマンドを使い、test1.txtファイルをtestdirディレクトリにコピーしている例です。

```
[root@centos7 ~]# ls testdir Enter
test.txt
[root@centos7 ~]# cp test1.txt testdir Enter   →test1.txtファイルをtestdirディレクトリにコピーする
[root@centos7 ~]# ls testdir Enter
test.txt  test1.txt  →testdirディレクトリにコピーされたことを確認する
```

上記の例のように2つめの引数に既存のディレクトリを指定した場合は、指定したディレクトリの中にファイルをコピーします宛てのコピーとなります。それ以外の場合は、同じ内容のファイルを指定したファイル名で複製します。

```
[root@centos7 ~]# cd testdir Enter
[root@centos7 testdir]# cp test1.txt test1.txt.bak Enter
  →test1.txtの内容と同じtest1.txt.bakというファイルを複製する
[root@centos7 testdir]# cat test1.txt Enter
test
[root@centos7 testdir]# cat test1.txt.bak Enter
test
```

Point!

上記の例において、最初にカレントディレクトリを変更しているのは、コピーの際のコマンド入力を短くするためです。カレントディレクトリを変更しない場合、上記のコマンドは、cp testdir/test1.txt testdir/test1.txt.bakとする必要があります。

■ディレクトリをコピーする

cpコマンドに-rオプションを指定すると、ディレクトリのコピーもできます。

```
[root@centos7 testdir]# cd Enter  →カレントディレクトリをホームディレクトリに変更する
[root@centos7 ~]# cp testdir testdir2 Enter
cp: ディレクトリ `testdir' を省略しています
  →-rオプションを指定しないとディレクトリのコピーはできない
[root@centos7 ~]# ls testdir2 Enter  →コピーできていないことを確認する
ls: testdir2 にアクセスできません: そのようなファイルやディレクトリはありません
[root@centos7 ~]# cp -r testdir testdir2 Enter
  →-rオプションを指定するとディレクトリのコピーができる
[root@centos7 ~]# ls testdir2 Enter
test.txt  test1.txt  test1.txt.bak
```

■ファイルを移動する

mvコマンドを利用すると、ファイルの移動や名前の変更ができます。

mvコマンド

mv [*オプション*] *ファイル1 ファイル2／ディレクトリ*

概要	ファイルを移動する／名前を変更する	
主なオプション	オプション	説明
	-f	上書き時、確認メッセージを非表示にする
	-i	上書き時、確認メッセージの表示を強制する
引数	・*ファイル1*：移動元のファイル ・*ファイル2／ディレクトリ*：移動先。存在するディレクトリを指定したら、指定したディレクトリにファイルを移動する。存在しない名前を指定したら、ファイル2で指定したファイル名に変更する	

以下の例は、testdirディレクトリ内にあるtest1.txt.bakファイルを1つ上のディレクトリ（ホームディレクトリ）に移動している例です。

```
[root@centos7 ~]# cd testdir Enter
[root@centos7 testdir]# mv test1.txt.bak .. Enter  →「..」で1つ上のディレクトリを指定する
[root@centos7 testdir]# cat test1.txt.bak Enter
cat: test1.txt.bak: そのようなファイルやディレクトリはありません
  →移動したのでカレントディレクトリにはtest1.txt.bakがない
[root@centos7 testdir]# cd Enter  →カレントディレクトリをホームディレクトリに変更する
[root@centos7 ~]# cat test1.txt.bak Enter
test  →ホームディレクトリに移動していることを確認する
```

■ファイルの名前を変更する

上記の例のようにmvコマンドの2つめの引数に既存のディレクトリを指定した場合は、指定したディレクトリ宛てのコピーとなります。それ以外の場合はファイルの名前を変更します。

```
[root@centos7 ~]# mv test1.txt.bak sample.txt Enter
  →test1.txt.bakをsample.txtという名前に変更する
[root@centos7 ~]# cat test1.txt.bak Enter  →test1.txt.bakがなくなっていることを確認する
cat: test1.txt.bak: そのようなファイルやディレクトリはありません
[root@centos7 ~]# cat sample.txt Enter  →sample.txtという名前に変更されていることを確認する
test
```

■ディレクトリを移動する

mvコマンドでは、オプションを指定しなくてもディレクトリの移動が可能です。以下の例は、testdir2ディレクトリを/tmpディレクトリに移動している例です。

```
[root@centos7 ~]# mv testdir2 /tmp Enter  →testdir2ディレクトリを/tmpディレクトリに移動する
[root@centos7 ~]# ls testdir2 Enter  →カレントディレクトリにtestdir2ディレクトリがないことを確認する
ls: testdir2 にアクセスできません: そのようなファイルやディレクトリはありません
[root@centos7 ~]# ls /tmp/testdir2 Enter  →/tmpディレクトリに移動していることを確認する
test.txt  test1.txt  test1.txt.bak
```

■ファイルを削除する

rmコマンドでファイルの削除ができます。

rmコマンド

```
rm [ オプション ] ファイル
```

概要	ファイルを削除する	
主なオプション	オプション	説明
	-r	ディレクトリを削除する
	-f	確認メッセージを非表示にする
	-i	確認メッセージの表示を強制する
引数	・ファイル：削除するファイル。-rオプションを指定すると、ディレクトリを削除できる	

以下の例は、sample.txtを削除している例です。

```
[root@centos7 ~]# rm sample.txt Enter  →sample.txtを削除する
rm: 通常ファイル `sample.txt' を削除しますか? y Enter
  →確認が求められるので、「y」を入力してEnterキーを押す
[root@centos7 ~]# cat sample.txt Enter  →sample.txtが削除されていることを確認する
cat: sample.txt: そのようなファイルやディレクトリはありません
```

> **参考** CentOS 7では、rmコマンドを実行した時の処理がユーザーによって異なります。この動作の違いはエイリアス機能によるものです。エイリアス機能については「第9章　bashシェルの活用」で紹介します。
>
> ・rootユーザー：既定で確認メッセージを表示する
>
> ・一般ユーザー：既定で確認メッセージを表示しない（読み取り専用の場合などは表示）

■ディレクトリを削除する

mvコマンドに-rオプションを指定すると、ディレクトリを削除できます。以下の例は、/tmp/testdir2ディレクトリを削除している例です。-fオプションで確認メッセージを非表示にしています。

```
[root@centos7 ~]# rm -rf /tmp/testdir2 [Enter]  →/tmp/testdir2ディレクトリを削除する
[root@centos7 ~]# ls /tmp/testdir2 [Enter]  →削除されていることを確認する
ls: /tmp/testdir2 にアクセスできません: そのようなファイルやディレクトリはありません
```

> **参考** ディレクトリの削除のためのコマンドとして、rmdirコマンドがあります。しかし、rmdirコマンドは「空のディレクトリ」しか削除できないため、本書ではディレクトリの削除にもrmコマンドを利用します。

基本をおさえよう

ディレクトリの作成

■ディレクトリを作成する

mkdirコマンドでディレクトリを作成できます。

mkdirコマンド

```
mkdir [ オプション ] ディレクトリ
```

概要	ディレクトリを作成する	
主なオプション	オプション	説明
	-p	親ディレクトリも一緒に作成する
	-m パーミッション値	作成するディレクトリのパーミッションを指定する
引数	・*ディレクトリ*：作成するディレクトリ	

以下の例は、testdir3ディレクトリを作成し、ファイルをコピーしていている例です。

```
[root@centos7 ~]# mkdir testdir3 [Enter]  →testdir3ディレクトリを作成する
[root@centos7 ~]# cp test1.txt testdir3 [Enter]  →test1.txtをtestdir3ディレクトリにコピーする
[root@centos7 ~]# ls testdir3 [Enter]
test1.txt  →コピーされたことを確認する
```

■途中のディレクトリもまとめて作成する

mkdirコマンドでは、複数階層のディレクトリを指定した場合、既定では末端のディレクトリのみ作成をします。-pオプションを指定すると、途中のディレクトリもまとめて作成できます。

```
[root@centos7 ~]# mkdir testdir4/testdir5 Enter
mkdir: ディレクトリ `testdir4/testdir5' を作成できません: そのようなファイルやディレクトリはありません
  →既定では、複数階層のディレクトリを指定した場合、親ディレクトリがなければエラーになる
[root@centos7 ~]# mkdir -p testdir4/testdir5 Enter  →-pオプションでまとめて作成する
[root@centos7 ~]# tree testdir4 Enter
testdir4
└── testdir5
  →testdir4ディレクトリ内にtestdir5ディレクトリが作成されていることを確認する
1 directory, 0 files
```

基本をおさえよう

空のファイルを作成

■空のファイルを新規作成する

touchコマンドで存在しないファイルを引数に指定すると、指定した名前の空のファイルを作成します。

touchコマンド

```
touch [ オプション ] ファイル
```

概要	ファイルのタイムスタンプを更新する／空のファイルを作成する
引数	・ファイル：更新するファイル。指定したファイルが存在しない場合、指定した名前の中身が空のファイルを作成する

参考 touchコマンドは、本来はファイルのタイムスタンプを更新するコマンドです。引数で既存のファイルを指定した場合は、指定したファイルのタイムスタンプを更新します。

以下の例は、testb.txtという空のファイルを作成している例です。このように、内容が空でも構わないので簡単にファイルを作成したい場合に使うと便利です。

```
[root@centos7 ~]# touch testb.txt Enter  →testb.txtを作成する
[root@centos7 ~]# ls -l testb.txt Enter
-rw-r--r-- 1 root root 0  8月  5 10:27 testb.txt  →0バイトのファイルが作成されている
[root@centos7 ~]# cat testb.txt Enter
[root@centos7 ~]#  →ファイルの内容が空である（何も表示されない）ことを確認する
```

基本をおさえよう

ワイルドカードの基本

■「*」をファイル指定に活用する

ワイルドカードとは、ファイルやディレクトリを指定する際、パターン指定に利用できる記号のことを指します。代表的なものとしては「*」(アスタリスク)があります(表4.4)。

● 表4.4　ワイルドカードとして利用できる記号①

構文	意味
*	指定した位置に0文字以上の任意の文字

以下の例は、ワイルドカードを用いて、lsコマンドでファイル指定を行っている例です。

```
[root@centos7 ~]# ls *.txt Enter  →ファイル名の後ろ（拡張子）に「.txt」と付くファイルを表示する
join1.txt   reg.txt      test2.txt  testb.txt
join2.txt   sort.txt     test3.txt  testsubst.txt  win.txt
paste1.txt  test1.txt    test4.txt  testwc.txt     win3.txt
paste2.txt  test12.txt   testa.txt  uniq.txt
[root@centos7 ~]# ls test* Enter  →ファイル名がtestで始まるファイルを表示する
test1.txt   test2.txt    test4.txt  testb.txt      testwc.txt
test12.txt  test3.txt    testa.txt  testsubst.txt

testdir:  →testと付くディレクトリの内容も表示する
test.txt  test1.txt

testdir3:
test1.txt

testdir4:
testdir5
```

「*」は、指定された位置に0文字以上の文字が書かれているという意味です。そのため、「*」に位置に文字列がなくても構いません。以下の例を実行すると、「test1.txt」も表示の対象となります。

```
[root@centos7 ~]# ls test1*.txt Enter
test1.txt  test12.txt
```

Point!

「*」はワイルドカード指定の基本です。ファイルやディレクトリ指定を行うコマンドでは、「*」を使いこなすことが必須となります。

もっと使いこなそう

ワイルドカードの活用

「*」以外にも、表4.5のような記号をワイルドカードとして用いることができます。

●表4.5 ワイルドカードとして利用できる記号②

構文	意味
?	指定した位置に任意の1文字
[n], [n-n]	指定した位置に[]内に含まれる1文字。ハイフンで連続文字の指定
[!n], [!n-n]	指定した位置に[]内に含まれない1文字
{n,n}, {n..n}	ブレース展開を行う

■任意の1文字を指定する

「?」を用いると、指定した位置に任意の1文字があるように指定ができます。以下は「?」を用いたファイル指定の例です。

```
[root@centos7 ~]# ls test?.txt Enter  →testの後ろに1文字、そのあと.txtというファイルを表示する
test1.txt  test2.txt  test3.txt  test4.txt  testa.txt  testb.txt
[root@centos7 ~]# ls test??.txt Enter  →testの後ろに2文字、そのあと.txtというファイルを表示する
test12.txt  testwc.txt
```

このように「?」と用いた時には、必ずその位置に1文字、任意の文字が指定されているというパターンになります。

■連続した文字や文字種を指定する

「*」や「?」は任意の文字を指定する記号ですが、[ ]を用いると、括弧内で指定した文字が含まれるという指定ができます。さらに「-」(ハイフン)を利用すると、連続した文字を指定できます。

```
[root@centos7 ~]# ls test[12].txt Enter  →testの後ろに1か2が付いたファイルを表示する
test1.txt  test2.txt
[root@centos7 ~]# ls test[0-9].txt Enter
  →testの後ろに0~9(数字)のいずれか1文字が付いたファイルを表示する
test1.txt  test2.txt  test3.txt  test4.txt
[root@centos7 ~]# ls test[!0-9].txt Enter
  →testの後ろに0~9(数字)以外の1文字が付いたファイルを表示する
testa.txt  testb.txt
```

Point!

[ ]で指定されている部分は、1文字として扱われます。そのため、test[12].txtと指定しても、test12.txtは対象になりません(testの後ろに2文字あるため)。

「-」による指定でよく使われるのが表4.6のパターンです。文字の種類を指定することができます。

●表4.6　[ ]による文字種の指定

構文	意味
[0-9]	指定した位置に任意の数字1文字
[a-z]	指定した位置に任意の英小文字1文字
[A-Z]	指定した位置に任意の英大文字1文字

■ブレースを活用する

{ }（中括弧、波括弧）を利用すると**ブレース展開**ができます。中括弧の部分をブレース（brace）と言い、その中身を展開してからコマンドを実行します。

具体的な動きで確認していきましょう。たとえば以下のようにすると、sample.txt、test5.txtという2つのファイルを同時に作成することができます。

```
[root@centos7 ~]# touch {sample,test5}.txt Enter  →sample.txtとtest5.txtを作成する
[root@centos7 ~]# ls -l sample.txt Enter  →sample.txtが作成されていることを確認する
-rw-r--r-- 1 root root 0  8月  5 16:32 sample.txt
[root@centos7 ~]# ls -l test5.txt Enter  →test5.txtが作成されていることを確認する
-rw-r--r-- 1 root root 0  8月  5 16:32 test5.txt
```

中括弧で囲まれている部分に文字列（上記の例だとsample, test5）を指定すると、それらを展開して実行します。

この他に、数字を指定して{開始値..終了値}と指定することで、連番を生成することができます。以下の例では、1.txt～5.txtという5つのファイルを作成しています。

```
[root@centos7 ~]# touch {1..5}.txt Enter  →1.txt、2.txt、3.txt、4.txt、5.txtという5つのファイル
を作成する
[root@centos7 ~]# ls [0-9].txt Enter  →数字.txtというファイルを表示する
1.txt  2.txt  3.txt  4.txt  5.txt  →5つのファイルが作成されていることを確認する
[root@centos7 ~]# touch {001..5}.txt Enter  →開始値を0にすると、001、002……という連番になる
[root@centos7 ~]# ls 00[0-9].txt Enter  →001.txt～005.txtというファイルが作成されていることを確認す
る
001.txt  002.txt  003.txt  004.txt  005.txt
```

章末演習

この章の内容を学習したことにより、以下の操作ができるようになります。いくつかの項目について、演習問題を通じて確認しましょう。

- ls コマンドでディレクトリの内容が表示できる
- 相対パスと絶対パスの指定について理解する
- cd コマンドでカレントディレクトリを変更できる
- テキストファイルの内容を参照できる
- ファイルのコピー、移動、削除ができる
- ワイルドカードによるファイル／ディレクトリの指定ができる

演習1

ex4ディレクトリを作成し、その中にtest-ex4.txtというファイルを作成しましょう。ファイルの内容は空で構いません。

```
ex4/
└── test-ex4.txt
```

演習2

カレントディレクトリにあるtest～.txt（名前がtestで始まる、.txtという拡張子のファイル）をex4ディレクトリにコピーしましょう。

演習3

ex4ディレクトリの内容をlsコマンドで確認しましょう。ディレクトリ内容のファイルのタイプスタンプやファイルサイズが表示されるようにします。

演習4

ex4ディレクトリ内のtest3.txtの内容を表示しましょう。

演習5

ex4ディレクトリ内のtest4.txtの末尾2行を表示しましょう。

演習6

ex4ディレクトリ内にあるtest3.txtを、text3.txt.bakという名前でコピーしましょう。

演習7

演習6で操作したtest3.txtとtext3.txt.bakの2つのファイルの情報を、lsコマンドで表示しましょう。

演習8

ex4ディレクトリ内にあるtest4.txtの名前を、seq.txtに変更しましょう。

演習9

応用問題 ex4ディレクトリ内の、ファイル名に数字が含まれるファイルをすべて削除しましょう。確認メッセージを非表示にするようオプションを指定してください。

演習10

応用問題 ex4ディレクトリ内に、001.txt～100.txtという連番のファイルを100個作成しましょう。なお、中身は空で構いません。

章末演習【解答例】

演習1

mkdirコマンドでディレクトリを作成できます。touchコマンドで存在しないファイルを指定すると空のファイルを作成できます(既存のファイルを指定すると、タイムスタンプが更新されます)。

```
[root@centos7 ~]# mkdir ex4 Enter
[root@centos7 ~]# touch ex4/test-ex4.txt Enter
```


演習2

cpコマンドで指定したファイルのコピーができます。ファイルを指定する際、ワイルドカード(*)を用いると「0文字以上の文字」という意味になります。この場合、その位置に何か書かれていても(あるいは書かれていなくても)コピーの対象となります。

```
[root@centos7 ~]# cp test*.txt ex4 Enter
```

演習3

lsコマンドで指定したディレクトリ内のファイル、サブディレクトリの一覧を表示できます。-lオプションを指定することで、解答例のようにタイムスタンプやファイルサイズなどの属性情報も表示することができます。

```
[root@centos7 ~]# ls -l ex4 Enter    →-lオプションを指定し、タイプスタンプなどを表示する
合計 24
-rw-r--r-- 1 root root   0  8月  5 17:35 test-ex4.txt
-rw-r--r-- 1 root root   5  8月  5 17:44 test1.txt
-rw-r--r-- 1 root root   0  8月  5 17:44 test12.txt
-rw-r--r-- 1 root root   6  8月  5 17:44 test2.txt
-rw-r--r-- 1 root root  18  8月  5 17:44 test3.txt
-rw-r--r-- 1 root root 292  8月  5 17:44 test4.txt
-rw-r--r-- 1 root root   0  8月  5 17:44 test5.txt
-rw-r--r-- 1 root root  18  8月  5 17:44 testa.txt
-rw-r--r-- 1 root root   0  8月  5 17:44 testb.txt
-rw-r--r-- 1 root root 717  8月  5 17:44 testwc.txt
```

演習4

catコマンドで、テキストファイルの内容を参照できます。なお、上記の解答例ではカレントディレクトリをcdコマンドで変更しますが、これは必須ではありません（このあとの演習でex4ディレクトリのファイルを指定するためです）。「cat ex4/test3.txt」と指定しても構いません。

```
[root@centos7 ~]# cd ex4 Enter
[root@centos7 ex4]# cat test3.txt Enter
line1
line2
line3
```

Point!

これ以降、カレントディレクトリをex4に変更した前提で解答例を構成します。もちろん、変更しないまま操作しても構いません。その場合は、ファイルの指定の際に「ex4/」とディレクトリ名を付けてください。

演習5

tailコマンドでファイルの末尾を表示することができます。既定では末尾10行を表示しますが、-nオプションで行数の指定が可能です。

```
[root@centos7 ex4]# tail -n 2 test4.txt Enter
99
100
```

演習6

cpコマンドの第2引数を既存のディレクトリ以外にすると、指定した名前で、第1引数に指定したファイルと同じ内容のファイルを複製できます。

```
[root@centos7 ex4]# cp test3.txt test3.txt.bak Enter
```

演習7

ワイルドカード「*」は、0文字以上の文字という意味です。そのため、次のように「test3.txt*」と指定すると、「*」の位置に何か文字があってもなくても対象となるため、問題の要件を満たすことができます。

```
[root@centos7 ex4]# ls -l test3.txt* Enter
-rw-r--r-- 1 root root 18  8月  5 17:44 test3.txt
-rw-r--r-- 1 root root 18  8月  5 17:56 test3.txt.bak
```

演習8

mvコマンドでファイルの移動ができます。上記のように第2引数に既存のディレクトリ以外を指定すると、名前の変更ができます。

```
[root@centos7 ex4]# mv test4.txt seq.txt Enter
```

確認する場合は、次のように操作してみましょう。

```
[root@centos7 ex4]# cat test4.txt Enter  →変更前の名前ではファイルが参照できない
cat: test4.txt: そのようなファイルやディレクトリはありません
[root@centos7 ex4]# cat seq.txt Enter  →変更後の名前だと参照できる
1
2
3
         :
```

演習9

rmコマンドでファイルの削除ができます。-fオプションを指定することで、確認メッセージを非表示にできます。

角括弧の前後に「*」を指定することで、その位置にどのような文字があっても（あるいはなくても）操作対象となります。「*」の間に[0-9]と指定することで、1文字でも数字が入っているファイルはすべて削除対象となります。

```
[root@centos7 ex4]# rm -f *[0-9]* Enter
```

確認する場合は、次のように操作してみましょう。

```
[root@centos7 ex4]# ls Enter  →ex4ディレクトリ内に数字が付くファイルがない
seq.txt  testa.txt  testb.txt  testsubst.txt  testwc.txt
```

演習10

{値1..値2}と指定すると、連番を生成してコマンドを実行することができます。

```
[root@centos7 ex4]# touch {001..100}.txt Enter
```

確認する場合は、次のように操作してみましょう。

```
[root@centos7 ex4]# ls Enter
001.txt  016.txt  031.txt  046.txt  061.txt  076.txt  091.txt
         :
010.txt  025.txt  040.txt  055.txt  070.txt  085.txt  100.txt
         :  →001.txt～100.txtと100個のファイルが作成されている
```

第5章

vimの利用

vi/vimとは

vimの基本操作

カーソルの移動

vim利用時のトラブルシューティング

行の削除・コピー・ペースト

ビジュアルモードの利用

検索と置換

オプションの設定

その他のテキストエディタの基本操作

この章のポイント

viは、古くから使われている、CUI環境で利用できるテキストエディタです。現在Linux環境にインストールされているのは、viにさまざまな機能拡張を行ったvimです。この章では、vimを利用したテキストファイルの編集方法について確認します。

■vimのモードを切り替える／vimを終了する

「vi ファイル名」とコマンドを実行すると、指定したテキストファイルを開いてvimで編集ができます。指定したファイルが存在しない場合には、保存時にファイルを新規作成します。

vimが起動すると、最初は**コマンドモード**で起動します。コマンドモードは、各キーに命令（コマンド）が割り当てられているモードで、文字入力はできません。[i]キーなどを押すことによって**挿入モード**に切り替えると、文字入力ができるようになります。

vimを利用するのが初めての場合、まずは以下のモードの切り替え、ならびに終了処理のコマンドを使いこなせるようにしましょう。

●図　vi/vimのモード切り替え

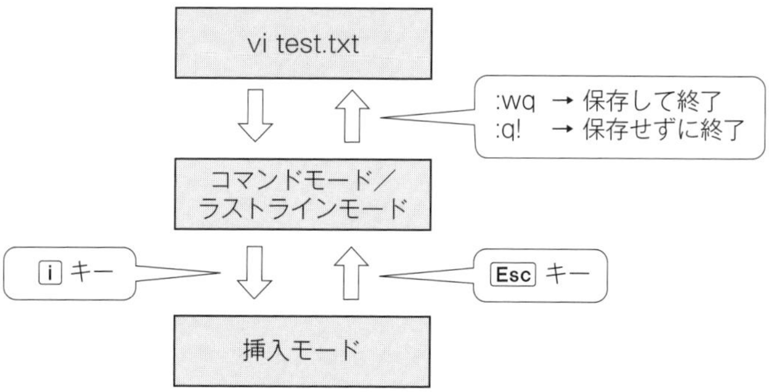

挿入モードへの切り替えに使う主な操作を次の表に示します。

●表　挿入モードへの切り替えに利用できる主なviコマンド

コマンド	意味
i	挿入モードに切り替え、カーソル位置はそのまま
a	挿入モードに切り替え、カーソル位置を１文字右へ
o	挿入モードに切り替え、改行してカーソル位置を行頭へ
I	挿入モードに切り替え、カーソル位置を行頭へ
A	挿入モードに切り替え、カーソル位置を行末へ
O	挿入モードに切り替え、改行してカーソル位置の上に行を挿入

■vimを利用して設定ファイルやスクリプトファイルを編集する

Linuxでは、**設定ファイル**を用いてシステムやサービスに関するさまざまな設定を行うことが一般的です。設定ファイルとは、設定情報が書かれているテキストファイルのことです。テキストファイルを編集するためにも、vimなどのテキストエディタの操作方法を知ることが重要です。

また、vim自身の設定を行う場合も、設定ファイルを記述する必要があります。たとえば、ホームディレクトリ内に**.vimrc**という設定ファイルを作成し、以下のように記述すると、次回以降はこれらの設定が有効な状態でvimを起動することができます。

```
[root@centos7 ~]# vi .vimrc Enter
set autoindent
set tabstop=4
set expandtab  →この3行を記述し、保存して終了する
```

■目的の場所に素早くカーソルを移動する

行数の多いテキストファイルを編集する際は、目的の場所にカーソルを瞬時に移動するための操作方法を知っておくと便利です。vimでは、以下の操作により、行数を指定してカーソルを移動することができます。

●表　行数を指定したカーソル移動

操作	コマンドモード	ラストラインモード
ファイルの先頭に移動	gg	:1
指定した行に移動	nG（nは行数）	:n（nは行数）
ファイルの末尾に移動	G	:$

このほか、「/キーワード」と入力して Enter キーを押すと、テキストファイルの中から指定したキーワードを検索し、カーソルを移動することもできます。

●表　文字列編集操作に利用できるvimコマンド

構文	意味
y	コピー（yyで行コピー）
x	カーソル位置の文字を削除
d	削除（ddで行削除）。dで削除したものはペーストが可能
p	カーソル位置の下の行にペースト
P	カーソル位置の上の行にペースト

■Emacs/nanoの基本を理解する

Linuxにおいてvimの他によく使われるテキストエディタとしては、**Emacs**と**nano**があります。

Emacsは、vi/vimと同じように古くから利用されているテキストエディタです。また、nanoは、vimやEmacsと比べると新しい比較的新しいエディタですが、Debian環境では既定のエディタがnanoになっています。

基本をおさえよう

vi/vimとは

Linuxで、OSやサーバーなどの設定を変更する場合、コマンドを利用するほか、**設定ファイル**を直接編集することがあります。設定ファイルとは、OSやサーバーなどの設定が記述されたテキストファイルです。設定ファイルの内容を編集する場合は、**テキストエディタ**(テキストファイルを編集できるプログラム)を利用します。Linuxではvi、Emacs、nanoといったテキストエディタを利用するのが一般的です。

viは、古くから使われている、CUI環境で利用可能なテキストエディタです。現在Linux環境にインストールされているのは、viに対しさまざまな機能拡張を行った**vim**です。この章では、vimを利用したテキストファイルの編集方法について確認します。

参考

同じvimでも、インストールされているパッケージによって機能が異なります。CentOS 7では、vim-minimalパッケージがインストールされている場合、最低限のvimの機能を利用することができます。vim-enhancedパッケージ[注5.1]がインストールされていると、さまざまな機能が追加されたvimを利用することができます。

なお、vim-enhancedパッケージがインストールされているCentOS 7では、実行するコマンドによって異なるvim環境を利用可能です。

`vi`コマンド　→　vim-minimalパッケージのvim
`vim`コマンド　→　vim-enhancedパッケージのvim

本書で用意しているCentOS 7環境では、`vi`コマンドを実行すると、実際には`vim`コマンドが実行されるよう、エイリアス(P.221参照)の設定がされています。

基本をおさえよう

vimの基本操作

vimの大きな特徴は、**モード**を切り替えて利用するという点です。

CUI環境で利用するテキストエディタは、マウス操作ができない前提で構成されています。そのため、GUI環境のアプリケーションと異なり、メニューやツールボタンといった概念がありません。ファイルの保存やアプリケーションの終了といった処理をキー操作で行えるように、vimではモードを切り替えて操作を行います。

注5.1　本書で用意している環境は、vim-enhancedパッケージをインストール済みです。

■モードを切り替える

vi ファイル名でvimを起動し、指定したファイルの編集ができます。最初は**コマンドモード**で起動します。vimではこのコマンドモードでさまざまな命令を行うことができます。

viコマンド

```
vi [ オプション ] ファイル
```

概要	vimを使ってテキストファイルを編集する
引数	・ファイル：操作対象となるファイル

コマンドモードでは、キーボード上の各キーに命令が割り当てられています。そのため、コマンドモードで文字入力はできません。文字の入力を行いたい場合、**挿入モード**に切り替えます注5.2。挿入モードへの切り替えに使う主な操作を**表5.1**に示します。コマンドiは、[i]キーを押すという意味です。

●表5.1　挿入モードへの切り替えに利用できる主なviコマンド

コマンド	意味
i	挿入モードに切り替え、カーソル位置はそのまま
a	挿入モードに切り替え、カーソル位置を1文字右へ
o	挿入モードに切り替え、改行してカーソル位置を行頭へ
I	挿入モードに切り替え、カーソル位置を行頭へ
A	挿入モードに切り替え、カーソル位置を行末へ
O	挿入モードに切り替え、改行してカーソル位置の上に行を挿入

なお、挿入モードからコマンドモードへ切り替えるには、[Esc]キーを押します。

■ファイルを保存／終了する

挿入モードでは、自由に文字を入力していくことができます。しかし、挿入モードではファイルを保存するための命令が行えません。

ファイルを保存するには、まず[Esc]キーを押してコマンドモードに戻ります。そして、**表5.2**の操作でファイルの保存やvimの終了を指示します。

注5.2　ほかに上書きモードもありますが、ここでは挿入モードを覚えておけば良いでしょう。

●表5.2　ファイルの保存やviの終了に利用できる主なviコマンド

構文	意味
:wq	ファイルを保存して終了
ZZ	ファイルを保存して終了（ラストラインモードではないので、Enter キーは不要）
:q	終了（ファイルの内容を編集している場合、終了することはできない）
:q!	ファイルを保存せずに終了
:w [ファイル名]	ファイルを保存。ファイル名を指定すると、指定した名前で保存。
:e [ファイル名]	ファイルを読み込み直す（リロード）。ファイル名を指定すると、指定したファイルを開く。「:e!」とすると、現在編集中の内容を破棄してファイルを読み込み直す

コマンドモードで「:」を入力すると、**ラストラインモード**という状態になります。このモードでは、Enter キーを押して命令を確定します。ほかの**vi**コマンド（コマンドモードで実行する**vi**コマンド）は、割り当てられているキーを押すとすぐに命令が確定します。

モードの切り替え、ファイルの保存や終了などの基本操作をまとめると、**図5.1**のようになります。

●図5.1　vi/vimのモード切り替え

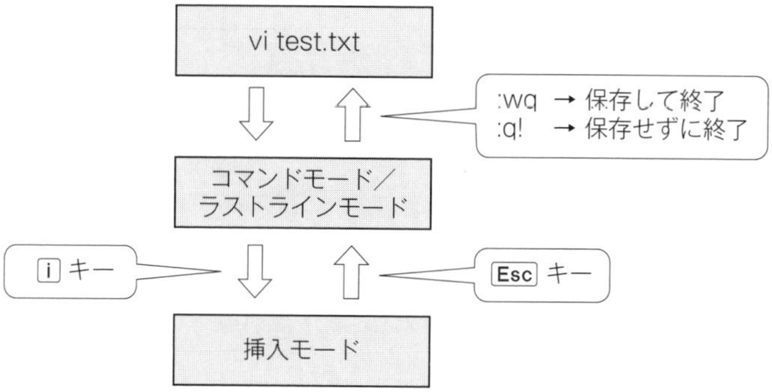

参考　なお、マニュアル上では、コマンドモードのことをノーマルモードとも呼んでいます。
またラストラインモードのことはコマンドラインモードとも呼ばれます。「:」などの記号を入力した後、入力した内容がラストライン（最終行）に表示されるため、ラストラインモードと呼ばれます。

まずはvimの基本操作を確認しましょう。

```
[root@centos7 ~]# vi vitest1.txt Enter
  → iキーを押して入力モードに切り替えた後、下線の内容を入力する
123
456  →入力が終わったらEscキーを押してコマンドモードに戻した後、「:wq」と入力してEnterキーを押す
[root@centos7 ~]# cat vitest1.txt Enter
123
456  →viで入力した内容が保存されていることを確認する
```

保存終了時に指定しているvimコマンド「wq!」の意味は**図5.2**のようになります。

● 図5.2　保存して終了するvimコマンド

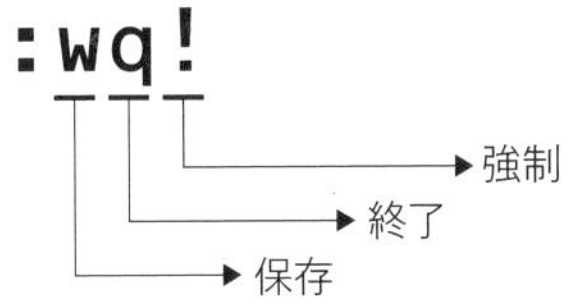

vimを終了するだけであれば「:q」でも良いのですが、vim起動後にファイルに何らかの変更操作を行っている場合、「:q」で終了しようとすると下記のメッセージが表示されます。

```
E37: 最後の変更が保存されていません (! を追加で変更を破棄)
続けるにはENTERを押すかコマンドを入力してください
```

これは、変更操作後に保存されていないというメッセージです。保存せずに終了したい場合は、最後に「!」を追加して強制的に終了させる必要があります。以下の内容を動作確認してみましょう。

```
[root@centos7 ~]# vi vitest1.txt [Enter]
123
456  →[o]キーを押すと、改行して挿入モードに切り替える
789  →左の内容を入力したら[Esc]キーを押し、「:q!」と入力して[Enter]キーを押す（「:q」だと終了できない）
[root@centos7 ~]# cat vitest1.txt [Enter]
123
456  →保存されていないことを確認する
```

基本をおさえよう

カーソルの移動

現在のLinuxで利用されている多くのvim環境では、コマンドモードでも挿入モードでも、方向キーを使ってカーソルを移動することができます。しかし、方向キーでカーソル移動ができない環境もあります。その場合は、コマンドモードで[h][j][k][l]キーを使ってカーソルを「左」「下」「上」「右」に移動できるようになっています(**表5.3**)。

● 表5.3　カーソル移動操作に利用できるvimコマンド

構文	意味
h	左に移動
j	下に移動
k	上に移動
l	右に移動
0または^	行頭に移動
$	行末に移動
w	次の単語に移動
b	前の単語に移動

表5.3のコマンドと数字を組み合わせて、カーソルを移動させることも可能です(**図5.3**)。

● 図5.3　文字数を指定したカーソルの移動

表5.3のカーソル移動方法を知っておくと、viマクロを利用する時にも活用できます。また、**表5.4**の`vim`コマンドにより、行数を指定してカーソルを移動することもできます。

● 表5.4　行数を指定したカーソルの移動

操作	コマンドモード	ラストラインモード
ファイルの先頭に移動	gg	:1
指定した行に移動	nG (nは行数)	:n (nは行数)
ファイルの末尾に移動	G	:$

/etc/servicesファイルをコピーして、動作確認をしてみましょう。このように行数が多いファイルを編集する場合は、行を指定した移動ができると便利です。

```
[root@centos7 ~]# cp /etc/services . Enter  →カレントディレクトリにservicesファイルをコピーする
[root@centos7 ~]# vi services Enter  →コピーしたservicesファイルをviで開く
# /etc/services:  →「gg」と入力すると1行目に移動する
            :
ibm-app         385/udp                 # IBM Application  →「1000G」で1000行目に移動する
            :
matahari        49000/tcp               # Matahari Broker  →「G」でファイルの末尾に移動する
```

操作を確認したら「:q」でvimを終了しましょう。今回の動作確認ではファイルに編集を加えていないため、「:q」だけで終了することができます。

基本をおさえよう

vim 利用時のトラブルシューティング

ここでは、vimを利用した時に発生しがちなトラブルのケースと対処法を紹介します。

■パスの指定ミス

以下は、/etc/hostsというファイルをvimで開くつもりが、ディレクトリ名を誤って「ettc」と指定してしまった例です。存在しないディレクトリ名を指定しても、vimは起動してしまいます。

```
[root@centos7 ~]# vi /ettc/hosts Enter

~
~
  :
"/ettc/hosts" [新規ディレクトリ]                    0,0-1          全て
  →誤ったディレクトリ名を指定してもvimが起動してしまう
```

既存のファイルを開いたはずが、「新規ディレクトリ」「新規ファイル」と画面下部に表示された場合、一度vimを閉じ、コマンド実行時に指定したパスを再確認しましょう。

また、ファイルを指定する際に誤ってファイル名の途中にスペースを入れてしまうと、「複数のファイルを開く」という意味になります注5.3。

この時に「:q」を入力しても、以下のようなメッセージが表示されvimを終了することができません。

```
[root@centos7 ~]# vi test1 .txt Enter
  →「test1」と「.txt」の間にスペースがあるため、「test1」「.txt」という2つのファイルを開く命令になる

E173: 編集すべきファイルが 1 個あります
  →「:q」と入力しEnterキーを押しても、上のメッセージが表示され終了できない
```

このような場合は、「:qa」と入力して Enter キーを押すとvimを終了できます。これは、「すべてのファイルを閉じて終了する」という意味です。

> 参考　このような、vimで複数ファイルを編集する操作のことをバッファ操作と言います。

■スワップファイルの利用

vimでファイルを開くと、**スワップファイル**という一時ファイルが自動的に生成されます。これは編集情報を記録しているファイルです。vimの実行中、データを保存せずにプロセスが終了してしまった場合、スワップファイルから作業内容を復元できる可能性があります。

通常通りvimを終了した場合、スワップファイルは自動的に消去されます。スワップファイルが

注5.3　vimでは複数ファイルの編集も可能です。

残っている場合、同じファイルをvimで開こうとすると以下のようなメッセージが表示されます。

```
E325: ATTENTION
Found a swap file by the name ".test.txt.swp"
          owned by: root   dated: Wed Apr 24 14:59:16 2019
         file name: /tmp/test.txt
          modified: YES
         user name: root   host name: centos7
        process ID: 3993
While opening file "test.txt"
             dated: Wed Apr 24 14:58:48 2019
           :
"test.txt" 3L, 9C
Press ENTER or type command to continue
```

「vi -r ファイル名」と指定すると、スワップファイルを参照して保存されていない作業内容の復元を試みます。

なお、スワップファイルが残っている限り、このメッセージが表示され続けます。不要な場合はスワップファイルを削除しましょう。スワップファイルは、「.ファイル名.swp」という名前で生成されています。

■アンドゥとリドゥ

直前に行った操作を取り消したい場合、コマンドモードでuキーを押します。これを**アンドゥ**と言います。キーを複数回押すと、押した数だけ操作を取り消すことができます。

取り消しすぎた場合には、Ctrl＋rキーを押すと、直前に取り消した操作を再実行することができます。これを**リドゥ**と言います（**図5.4**）。

●図5.4　アンドゥとリドゥ

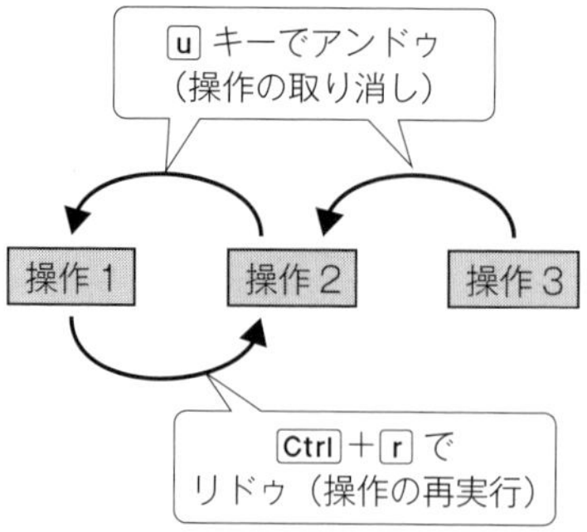

基本をおさえよう

行の削除・コピー・ペースト

表5.5の`vim`コマンドにより、コピーや削除などの文字列編集操作が可能です。

●表5.5　文字列編集操作に利用できるvimコマンド

構文	意味
y	コピー（yyで行コピー）
x	カーソル位置の文字を削除
d	削除（ddで行削除）。dで削除したものはペーストが可能
p	カーソル位置の下の行にペースト
P	カーソル位置の上の行にペースト

表5.5のコマンドと数字を組み合わせて、編集操作を行うこともできます（**図5.5**）。

●図5.5　文字数や行数を指定した削除

```
d3w                    3dd
└──→ 3単語削除          └──→ 3行削除
```

以下の操作を確認してみましょう。

```
[root@centos7 ~]# vi testwc.txt Enter
                                                        -*- text -*-
GNU Wget
========
          :
While doing that, Wget respects the Robot Exclusion Standard
  →この行にカーソルを移動し、「3yy」と入力して3行コピーする
(/robots.txt).  Wget can be instructed to convert the links in
downloaded HTML files to the local files for offline viewing.
```

コピーした後、最終行にカーソルを移動して「p」と入力してみましょう。

```
(/robots.txt).  Wget can be instructed to convert the links in
downloaded HTML files to the local files for offline viewing.
  →この行に移動して「p」と入力する
While doing that, Wget respects the Robot Exclusion Standard  →貼り付けられる
(/robots.txt).  Wget can be instructed to convert the links in
downloaded HTML files to the local files for offline viewing.
```

カーソルの下の行に、削除した内容がペーストされるのを確認します。カーソル位置の上の行にペーストしたい場合は「P」と入力します。

操作確認をしたら、「:q!」で vim を終了しましょう。

もっと使いこなそう

ビジュアルモードの利用

表5.5にあるように、yyで行のコピーができます。行全体ではなく、一部の文字だけをコピーしたい場合、**ビジュアルモード**でコピー＆ペーストを行います。コマンドモードで[v]キーを押すと、ビジュアルモードに移行することができます。

ビジュアルモードの状態でカーソルを移動すると、移動した範囲を選択していることになります。コピーしたい範囲を選択して[y]キーを押すと、指定範囲をコピーできます。**図5.6**は、testwc.txtをvimで開き、ビジュアルモードでコピー＆ペーストの操作を行っている例です。

● 図5.6　ビジュアルモードでのコピー＆ペーストの操作例

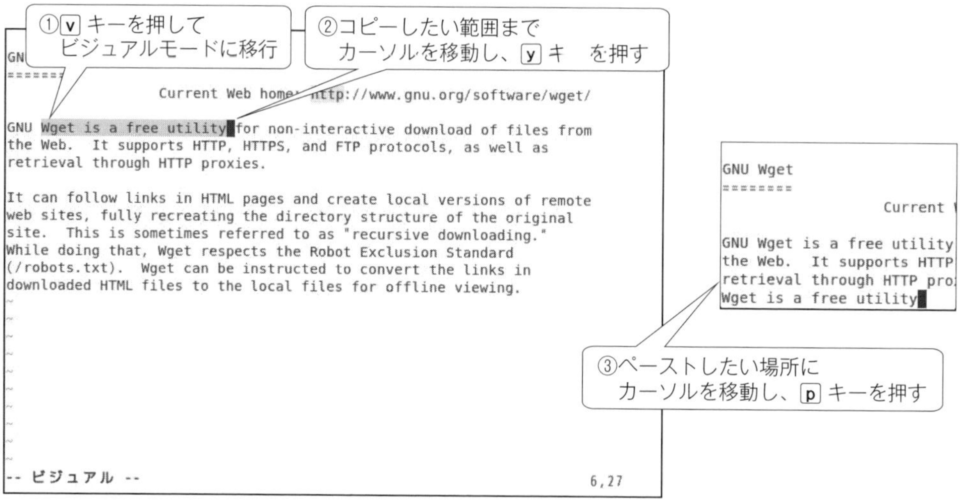

> **参考** GUI環境で端末を起動している時などは、端末の機能で、ドラッグ＆ドロップによる指定範囲のコピーが可能です。この方法でコピー内容を貼り付ける場合は、挿入モードにしてペーストします。なお、ここではコピーを例に操作手順を紹介しましたが、カット＆ペーストでの利用ももちろん可能です。

もっと使いこなそう

検索と置換

■文字列を検索する

表5.6のvimコマンドで文字列の検索ができます。

●表5.6　文字列検索に利用できるvimコマンド

構文	意味
/文字列	下方向に指定した文字列を検索
?文字列	上方向に指定した文字列を検索
n	下方向に続けて検索
N	上方向に続けて検索

以下は、「http」というキーワードでservicesファイルを検索している例です。

```
[root@centos7 ~]# vi services Enter
          :
# The latest IANA port assignments can be gotten from
#       http://www.iana.org/assignments/port-numbers
          :  →「/http」と入力して Enter キーを押すと、上の行が表示される
http            80/tcp          www www-http    # WorldWideWeb HTTP
          :  →n キーを押すと、上の行が表示される
```

参考　vimでは、検索した文字列をハイライト表示（背景色を有効化して表示）します。ハイライト表示を消したい場合は、「:noh」と入力して Enter キーを押します。

■文字列を置換する

図5.7のvimコマンドで、文字列の置換ができます。

●図5.7　vimコマンドによる文字列置換の指定方法

```
:10,20s/Linux/CentOS/g
 ①     ②     ③     ④
```

<table>
<tr><td>①</td><td>置換の対象となる行(開始行,終了行)を指定。以下のような指定が可能。なお、sは文字列の置換(substitute)を意味する
<table><tr><th>構文例</th><th>意味</th></tr><tr><td>:10,20</td><td>10行目から20行目を対象</td></tr><tr><td>:.,$</td><td>現在の行(.)から最終行($)を対象</td></tr><tr><td>:%</td><td>ファイル全体を参照</td></tr></table></td></tr>
<tr><td>②</td><td>置換対象となる文字列</td></tr>
<tr><td>③</td><td>置換する文字列</td></tr>
<tr><td>④</td><td>gを指定すると、行全体を検索して置換を行う。何も指定しない場合は、行の中で1つ置換をしたら次の行に進む。gcと指定すると、行全体を検索し、確認をした上で置換を行う(「y」で置換を実行、「n」で置換しない、「q」で置換を中止)</td></tr>
</table>

図5.8は、testsubst.txtファイル内の「Linux」という文字列を「CentOS」に置換する操作例です。末尾に「gc」と指定すれば、確認しながら置換することができます。

● 図5.8　vimコマンドによる文字列置換の例

置換対象を指定する際、**表5.7**の特殊文字を利用した指定も可能です。

● 表5.7　置換に利用できる特殊文字

特殊文字	意味
\w	任意の文字列
\n	改行
\t	タブ
\s	空白

このほか、「第6章　ファイル操作の活用」で紹介する正規表現を利用することもできます。

もっと使いこなそう

オプションの設定

vimでは、コマンドモードでsetコマンドを利用すると、オプションの設定が可能です。setコマンドにより、vimのさまざまな設定を有効／無効化することができます。書式は**表5.8**の通りです。

● 表5.8　setコマンドによるオプションの設定

コマンド	意味
:set オプション[=値]	オプションの有効化
:set noオプション	オプションの無効化

設定に利用できる主なオプションは、**表5.9**のようなものがあります。

● 表5.9　vimの設定に関する主なオプション

オプション	意味
number	行番号を表示
list	タブや改行文字を表示（タブは^I、改行文字は$と表示）
ignorecase	検索時、大文字と小文字の区別をしない
hlsearch	検索時、検索キーワードをハイライト表示
autoindent	オートインデントする（行頭にタブやスペースを挿入し、改行すると次の行にも同じ幅のタブやスペースを挿入）
expandtab	タブをスペースに変換
tabstop=数値	タブの文字幅を指定
all	すべての設定情報を表示

たとえば、vim起動中に「:set number」と入力して Enter キーを押すと、以下のように行頭に行番号が表示されるようになります。以下はservicesファイルを開いて行番号を表示している例です。「:set nonumber」と入力して Enter キーを押すと、行番号の表示を解除します。

```
    1 # /etc/services:
    2 # $Id: services,v 1.55 2013/04/14 ovasik Exp $
    3 #
```

「:set all」と入力して Enter キーを押すと、以下のようにすべての設定情報を表示できます。

```
:set all
--- オプション ---
  aleph=224          nohkmap              noshortname
noarabic             nohkmapp               showbreak=
         :
```

これは、manコマンド実行時と同様にlessコマンドで内容を表示しています。そのため、方向キーの上下で表示内容をスクロールでき、q キーを押すと表示を終え、コマンドモードに戻ることができます。

setコマンドで有効化した内容は、現在起動しているvimでのみ有効であり、次回起動時には元の状態に戻ってしまいます。設定を永続化したい場合は、**表5.10**の設定ファイルに記述する必要があります。

●表5.10　vimの設定ファイル

設定ファイルのパス	説明
/etc/vimrc	全ユーザーが参照する設定ファイル
~/.vimrc	個別のユーザー用設定ファイル

以下は、tabstopを4文字分に設定し、autoindentとexpandtabを有効にしている例です。ホームディレクトリ内に.vimrcというファイルを新規作成し、「set オプション」という形で記述します。

```
[root@centos7 ~]# vi .vimrc Enter
set autoindent
set tabstop=4
set expandtab  →この3行を記述し、保存して終了する
```

上記の設定ファイルを作成すると、オートインデントが有効になり、タブ幅が4文字、そしてタブを挿入した際、スペースに変換されるようになります。

もっと使いこなそう

その他のテキストエディタの基本操作

ここでは、vi/vim以外の代表的なテキストエディタであるEmacsとnanoの基本操作について確認します。どちらのエディタもvi/vimとは異なり、モードの切り替えという概念はありません。

■Emacsの基本操作

Emacsは、vi/vimと同じように古くから利用されているテキストエディタです。

emacsコマンド

```
emacs [ ファイル ]
```

概要	Emacsを使ってテキストファイルを編集する	
主な操作	操作	意味
	Ctrl + x の後、Ctrl + s	ファイルを保存する
	Ctrl + x の後、Ctrl + c	Emacsを終了する
引数	・ファイル：操作対象となるファイル	

> 参考 GUI環境だと、GUI版のEmacsが起動します。

■nanoの基本操作

nanoは、Emacsやvi/vimに比べると新鋭のテキストエディタです。

nanoコマンド

```
nano [ ファイル ]
```

概要	nanoを使ってテキストファイルを編集する	
主な操作	操作	意味
	Ctrl + o	ファイルを保存する
	Ctrl + x	nanoを終了する
引数	・ファイル：操作対象となるファイル	

Debian環境では既定のエディタがnanoになっており、実行したらテキストエディタを開く操作になっているコマンドを実行すると、nanoが開きます。

以下の内容を動作確認してみましょう。crontabコマンドは、「第12章　日時情報の管理とジョブのスケジューリング」で解説します。

```
root@debian11:~# crontab -e Enter
  →「crontab -e」でテキストエディタを起動し、crontabファイルを編集する
  GNU nano 3.2        /tmp/crontab.ybH6Af/crontab  →nanoが起動する

# Edit this file to introduce tasks to be run by cron.
          :   →Ctrl+xで閉じる
```

章末演習

この章の内容を学習したことにより、以下の操作ができるようになります。いくつかの項目について、演習問題を通じて確認しましょう。

- vimでテキストファイルを開き、モードを切り替えるなどの基本操作ができる
- vimを利用して、設定ファイルやスクリプトファイルの編集などを行うことができる
- 長いテキストファイルを編集する際、目的の場所にカーソルを移動させることができる

演習1

以下の内容のex1.txtファイルを作成しましょう。

```
[root@centos7 ~]# cat ex1.txt Enter
test
test
test
test
test
```

演習2

以下のコマンドを実行すると、Webサーバー（Apache httpd）が起動します。

```
[root@centos7 ~]# systemctl start httpd Enter
```

Apache httpdの起動中、/var/www/html/index.htmlというファイルを作成すると、Webブラウザで「http://localhost」というアドレスに接続した際に作成したファイルが表示されるようになります。以下の内容を入力したindex.htmlファイルを作成し、Webブラウザで表示してみましょう（WebブラウザのFirefoxは、[アプリケーション]－[インターネット]－[Firefox]で起動できます）。

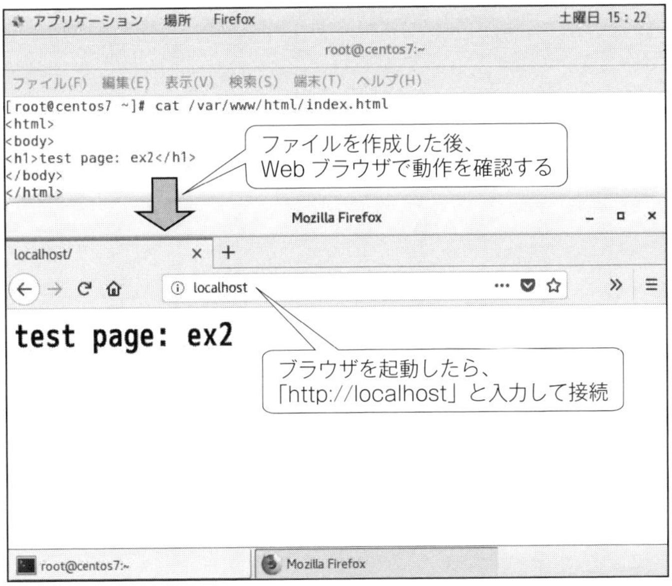

演習3

以下のコマンドを実行し、ファイルをコピーします。

```
[root@centos7 ~]# cp /etc/services ex3.txt Enter
```

コピーしたら、ex3.txtをvimで開き、以下の行が何行目に書かれているか、検索して確認しましょう。

```
https           443/tcp                 # http protocol over TLS/SSL
```

章末演習【解答例】

演習1

以下のコマンドを実行し、ex1.txtを指定してvimを起動します。

```
[root@centos7 ~]# vi ex1.txt Enter
```

起動した後は挿入モードに切り替え、「test」と入力します。そのまま残り4行を入力しても良いですし、コマンドモードに切り替え、「yy」→「p」を4回押すと、残り4行はコピー&ペーストによる入力が可能です。

演習2

図にあるように、vimを使ってindex.htmlを作成します。

```
[root@centos7 ~]# vi /var/www/html/index.html Enter
<html>
<body>
<h1>test page: ex2</h1>
</body>
</html>
```

上記の内容を入力して保存、終了した後、Webブラウザで動作確認をすると、問題文で示されている図のように「test page: ex2」と表示されることを確認します。

Point!

この演習は、vimを利用することで、Linux上のシステムやサービスの設定ファイル、あるいはスクリプトファイルやWebサーバー上に配置するHTMLファイルを記述、編集できることを確認するために用意しました。

演習3

以下のコマンドを実行し、ex3.txtを指定してvimを起動します。

```
[root@centos7 ~]# vi ex3.txt Enter
```

起動した後は、「/https」と入力してEnterキーを押します。すると、指示されている行が表示されます（197行目に記述されています）。行番号は、エディタ画面の最下部にあるカーソル位置を表示している箇所で確認しても良いですし、「:set number」を実行して行番号を表示・確認しても良いです。

第 6 章

応用的なファイル操作

find コマンドによるファイルの検索

応用的なファイルの検索

grep コマンドによる文字列の検索

grep コマンドの活用と正規表現

リダイレクトとパイプ

標準出力と標準エラー出力

その他のテキスト処理コマンド

ファイルのアーカイブ

この章のポイント

ここまでの章でファイルを扱う際の基本操作を確認しました。この章では、ファイルのある場所を探す、ファイルの内容を検索するなど、ファイル操作の応用的な手順を確認します。

■格納場所がわからないファイルを検索する

findコマンドを利用すると、ファイル名などさまざまな条件を指定して、指定したディレクトリの中からファイルを検索することができます。

```
[root@centos7 ~]# find /etc -name "*hosts*" Enter
  →/etcディレクトリ以下の、名前にhostsと付くファイルを検索する
```

深いディレクトリ階層のどこかにあるファイルで、名前だけは覚えているけれど……といった場合には、findコマンドによる検索が便利です。

■ファイルの内容を検索して該当する行を表示する

grepコマンドを利用すると、ファイルの中から指定したキーワードが書かれた行のみを表示することができます。

```
[root@centos7 ~]# grep usb /var/log/messages Enter
  →/var/log/messagesファイルの中から「usb」と書かれた行のみ表示する
```

Linux上で発生しているさまざまなイベントの情報は、ログファイルに書き込まれます。ログファイルには膨大な量の情報が記録されているため、すでに学んだcatコマンドでファイルの内容を表示して確認するのは大変です。そこで、指定したキーワードが書かれた行だけを抽出して表示することにより、目的となる情報だけを確認することができます。

■コマンドの実行結果をファイルに格納する

コマンドの右に**リダイレクト**（「>」など）を指定することで、コマンドの実行結果を画面に出力するのではなく、ファイルに出力することができます。

```
[root@centos7 ~]# date > date.txt Enter  →dateコマンドの結果をファイルに出力する
```

実行結果が長くなるような処理の場合、画面で直接結果を参照するのではなく、一度ファイルに出力してから後で参照すると便利です。また、ジョブスケジューリングの仕組み（第12章参照）により、時間を指定して自動実行するような処理の場合も、画面上で直接結果を参照することができません。このような場合にも、結果をファイルに格納するようにしておくと便利です。

●表　リダイレクトによる出力先の指定

構文	意味
コマンド > ファイル	コマンドの標準的な結果（標準出力）をファイルに上書きする
コマンド >> ファイル	コマンドの標準的な結果（標準出力）をファイルに追記する
コマンド 2> ファイル	コマンド実行時のエラー（標準エラー出力）をファイルに上書きする
コマンド 2>> ファイル	コマンド実行時のエラー（標準エラー出力）をファイルに追記する
コマンド > ファイル 2>&1 コマンド &> ファイル	コマンド実行時のすべての出力結果をファイルに上書きする
コマンド >> ファイル 2>&1 コマンド &>> ファイル	コマンド実行時のすべての出力結果をファイルに追記する

■コマンドの実行結果を次のコマンドに渡して処理する

Linuxのコマンドシェルでは、「|」（バーティカルバー）を**パイプ**として利用することができます。パイプを利用することで、ファイルに対して複数のコマンドを使った処理が実現できます。

具体的には、パイプの前で指定したコマンドの処理結果がパイプの後に指定したコマンドに送られ、処理を続けます。

```
[root@centos7 ~]# grep Wget testwc.txt | grep GNU  Enter
  →Wgetと書かれていて、かつGNUと書かれている行を表示する
```

■アーカイブファイルを展開して利用する

tarコマンドやunzipコマンドを利用すると、アーカイブファイル（複数のファイルが1つにまとめられたファイル）を展開し、利用可能な状態にすることができます。

```
[root@centos7 ~]# tar -xzvf test.tar.gz  Enter   →アーカイブファイルを解凍し、展開する
```

インターネット上で公開されダウンロード可能なソフトウェアの中には、**tar形式**や**zip形式**のアーカイブファイルとして公開されているものが多くあります。上記のコマンドを利用すると、アーカイブファイルを指定したディレクトリに展開し、アーカイブされていたファイルを利用できるようになります。

●図　アーカイブファイルの処理

基本をおさえよう

find コマンドによるファイルの検索

findコマンドを利用して、ファイルの検索ができます。

findコマンド

```
find [ 検索ディレクトリ ] [ オプション ] [ 条件式 ] [ アクション ]
```

概要	さまざまな条件でファイルを検索する	
主なオプション	オプション	説明
	-maxdepth 数	検索するサブディレクトリの階層数を指定する
引数	・*検索ディレクトリ*：検索対象となるディレクトリ。未指定の場合はカレントディレクトリ以下を検索する ・*条件式*：検索条件	
主な条件式	条件式	説明
	-name 名前	ファイルやディレクトリ名で検索する
	-mtime 日数	更新日時で検索する
	-user ユーザー名	所有者名で検索する
	-perm パーミッション	パーミッション値で検索する
	-type 種類	ファイルの種類で検索する（f：通常ファイル　d：ディレクトリ）
主なアクション	アクション	説明
	-ls	検索結果の属性情報も表示する

findコマンドの基本は、-name条件式を利用したファイル名による検索です。次の実行図は、/etcディレクトリ以下で、hostsという名前が付いているファイルを検索している例です。

```
[root@centos7 ~]# find /etc -name "hosts" Enter
  →/etcディレクトリ以下の、hostsという名前のファイルを検索する
/etc/hosts
/etc/avahi/hosts
```

名前だけを指定すると、指定した名前と完全に一致したファイルだけを検索しますが、次の例のようにワイルドカード（P.110参照）を指定することにより、ファイル名の一部に指定したキーワードが含まれているファイルを検索することもできます。

```
[root@centos7 ~]# find /etc -name "*hosts*" Enter
  →/etcディレクトリ以下の、名前にhostsが含まれるファイルを検索する
/etc/hosts
/etc/hosts.allow
/etc/hosts.deny
/etc/selinux/targeted/active/modules/100/denyhosts
        :
```

もっと使いこなそう

応用的なファイルの検索

■属性情報を表示する

findコマンドでは、アクションの指定も可能です。通常は検索結果のファイルのパスが出力されますが、属性情報まで表示したり、検索結果のファイルに対してコマンド処理を行ったりするようなこともできます。

次の実行図は、-lアクションを指定して、検索したファイルのパスだけではなく、属性情報（パーミッションやファイルサイズなど）も含めて表示している例です。

```
[root@centos7 ~]# find /etc -name "*hosts*" -ls Enter
16778298    4 -rw-r--r--   1 root      root          158  6月  7  2013 /etc/hosts
16778299    4 -rw-r--r--   1 root      root          370  6月  7  2013 /etc/hosts.allow
         :  →/etcディレクトリ以下の、名前にhostsと付くファイルを属性情報も含めて表示する
```

■検索する階層を指定する

既定では、findコマンドは、指定したディレクトリ以下すべてを検索しますが、-maxdepthオプションを指定して、検索する階層も指定することができます。

次の例は、カレントディレクトリの直下にある1日以内に更新されたファイルを検索している例です。

```
[root@centos7 ~]# touch findtest.txt Enter  →サンプル用のファイルを作成する
[root@centos7 ~]# find -maxdepth 1 -mtime -1 -ls Enter
33581121    4 dr-xr-x---  20 root      root         4096 12月 23 15:41 .
35027719    4 -rw-------   1 root      root          930 12月 23 13:20 ./.ICEauthority
35033982    4 -rw-------   1 root      root         3458 12月 23 13:26 ./.bash_history
33784249    0 -rw-r--r--   1 root      root            0 12月 23 15:31 ./findtest.txt
```

■locate コマンドでファイルを検索する

ファイル名で検索するのであれば、locateコマンドを利用することもできます。以下の実行図は、locateコマンドを使って、hostという文字がファイルパスに含まれるファイルを検索している例です。

```
[root@centos7 ~]# locate host Enter  →パスの中にhostという文字が含まれるものを検索する
/etc/ghostscript
/etc/host.conf
/etc/hosts
         :
```

locateコマンド

```
locate [ オプション ] 名前
```

概要	ファイル名データベースに基づいてファイルを検索する
引数	・名前：検索する名前

locateコマンドは、生成済みのファイル名データベースに基づいて検索を行うため、高速な検索が可能です。ファイル名データベースにはディレクトリ名も含まれているので、ファイル名だけでなく、パスのどこかに指定された文字を含んでいれば検索結果として出力されます。

このデータベースは、updatedbコマンドにより生成されます。updatedbコマンドは、定期的に自動実行されるように構成されています。しかしながら、まだデータベースが生成されていない場合(OSのインストール直後など)は、locateコマンドを利用することができません。その時は手動でupdatedbコマンドを実行し、検索用のデータベースファイルを生成します。

updatedbコマンド

```
updatedb [ オプション ]
```

概要	locateコマンド用のファイル名データベースを生成する

以下の実行図は、updatedbコマンドでデータベースを生成している例です。

```
[root@centos7 ~]# locate host Enter
locate: stat () `'/var/lib/mlocate/mlocate.db' できません: そのようなファイルやディレクトリはありません　→mlocate.dbはlocateコマンド用のデータベースファイル
[root@centos7 ~]# updatedb Enter
[root@centos7 ~]# locate host Enter
/boot/extlinux/host.c32　→データベースが生成されたのでlocateコマンドで検索を実行できる
/dev/vhost-net
/dev/vhost-vsock
        :
```

基本をおさえよう

grep コマンドによる文字列の検索

■キーワードが含まれる行を検索する

grepコマンドでキーワードを指定すると、ファイルの中から合致した内容が書かれている行だけを抽出し、表示することができます。

grepコマンド

```
grep [ オプション ] キーワード ファイル
```

概要	指定したファイルから、キーワードが書かれている行のみを抽出して表示する	
主なオプション	オプション	意味
	-e	検索キーワードを指定する(複数のキーワード指定時に利用)
	-v	否定条件
	-i	大文字、小文字の区別を無視する
	-c	キーワードと合致する行数を表示する
	-n	出力される行の行番号を表示する
	-l	キーワードと合致する内容を含むファイルの名前を表示する
	-r	再帰的にディレクトリ内のファイルを検索する
	-A 行数	キーワードと合致した行の後の行も表示する
	-B 行数	キーワードと合致した行の前の行も表示する
	-C 行数	キーワードと合致した行の前後の行も表示する
引数	・キーワード:検索するキーワード ・ファイル:検索対象となるファイル	

以下の実行図は、/etc/hostsファイルから「127」と書かれている行のみを抽出している例です。

```
[root@centos7 ~]# cat /etc/hosts Enter  →/etc/hostsの内容を確認する
127.0.0.1   localhost localhost.localdomain localhost4 localhost4.localdomain4
::1         localhost localhost.localdomain localhost6 localhost6.localdomain6
[root@centos7 ~]# grep 127 /etc/hosts Enter
127.0.0.1   localhost localhost.localdomain localhost4 localhost4.localdomain4
  →指定したキーワードが書かれた行のみ表示する
```

■キーワードが含まれない行を検索する

-vオプションを指定すると、指定したキーワードが書かれていない行を表示できます。

```
[root@centos7 ~]# grep -v 127 /etc/hosts Enter
::1         localhost localhost.localdomain localhost6 localhost6.localdomain6
```

■複数のキーワードで検索する

次の実行図は、/etc/passwdファイルから、「root」もしくは「testuser」と書かれている行を表示している例です。このように、複数のキーワードのいずれかが書かれている行を表示したい場合には、-eオプションでキーワードを指定します。

```
[root@centos7 ~]# grep -e root -e testuser /etc/passwd Enter
root:x:0:0:root:/root:/bin/bash
operator:x:11:0:operator:/root:/sbin/nologin
testuser:x:1000:1000:testuser:/home/testuser:/bin/bash
```

> **参考** /etc/passwdファイルは、システムに登録されているユーザーに関する設定ファイルです。「第7章　アカウントの管理」で設定内容について確認します。

もっと使いこなそう

grep コマンドの活用と正規表現

Linuxでは、システムを管理する上で重要な情報がテキストファイル(設定ファイルやログファイルなど)に格納されています。これらのファイルを効率的に管理するためには、grepコマンドの高度なオプションや、正規表現を活用した検索方法を身に付ける必要があります。

■大文字・小文字を区別せずに検索する

次の実行図は、/etc/httpd/conf/httpd.confファイルの中の、「DirectoryIndex」というキーワードが書かれている行を検索している例です。既定では、grepコマンドは指定したキーワードの大文字・小文字を区別して検索します。-iオプションを指定することにより、大文字・小文字を区別せず検索することができます。

```
[root@centos7 ~]# grep directoryindex /etc/httpd/conf/httpd.conf Enter
  →すべて小文字の「directoryindex」というキーワードが書かれた行はないため、何も表示されない
[root@centos7 ~]# grep -i directoryindex /etc/httpd/conf/httpd.conf Enter
# DirectoryIndex: sets the file that Apache will serve if a directory
    DirectoryIndex index.html  →-iオプションを指定すると大文字、小文字を区別せず検索する
```

■検索結果の行番号を表示する

-nオプションを指定すると、表示されている行が何行目かを行頭に表示します。行数の多いファイルを検索する場合に便利です。

```
[root@centos7 ~]# grep -in directoryindex /etc/httpd/conf/httpd.conf Enter
160:# DirectoryIndex: sets the file that Apache will serve if a directory
164:    DirectoryIndex index.html
```

■検索結果の前後の行も表示する

たとえば-Aオプションを指定すると、キーワードと合致する行のほか、指定した行数分だけ後ろの行も表示することができます。-Bオプションで前の行、-Cオプションで前後の行を表示します。該当行の前後に何が書かれているか確認したい場合に便利です。

```
[root@centos7 ~]# grep -A 2 -in directoryindex /etc/httpd/conf/httpd.conf Enter
160:# DirectoryIndex: sets the file that Apache will serve if a directory
161-# is requested.
162-#
--
164:    DirectoryIndex index.html
165-</IfModule>
166-
```

■ディレクトリ内のすべてのファイルを対象に検索する

-rオプションを指定すると、指定したディレクトリ以下に存在するファイルすべてに対し検索を行います。検索結果は、行頭に記述されているファイル名、その右に内容が出力されます。-lオプションも併せて指定すると、ファイル名だけを出力することができます。

```
[root@centos7 ~]# grep -r directory /etc Enter
  →/etcディレクトリ以下のファイルで、directoryと書かれている行を表示する
/etc/fonts/conf.d/README:Each file in this directory is a fontconfig configuration file.
Fontconfig
/etc/fonts/conf.d/README:scans this directory, loading all files of the form [0-9][0-9]*.
conf.
/etc/fonts/fonts.conf:<!-- Font directory list -->
         :
[root@centos7 ~]# grep -rl directory /etc Enter
  →directoryという文字が含まれるファイル名を表示する
/etc/fonts/conf.d/README
/etc/fonts/fonts.conf
         :
```

■特殊な文字をキーワードに指定する

キーワードを指定する際に、メタキャラクタとなる記号を指定したい場合は、シングルクォーテーションもしくはダブルクォーテーションで囲んで指定します。

次の実行図は、「#」が書かれた行の数をカウントしている例です。「#」はbashシェル上ではコメントを意味し、それより右に書かれた情報をコマンドとして解釈しません。そのため、最初の実行例では引数が読み取られず、エラーになっています。

```
[root@centos7 ~]# grep -c # /etc/httpd/conf/httpd.conf Enter
使用法: grep [OPTION]... PATTERN [FILE]...
Try 'grep --help' for more information.
  →#より右が無効化され、「grep -c」とだけ指定したと解釈される
[root@centos7 ~]# grep -c "#" /etc/httpd/conf/httpd.conf Enter
259 →ダブルクォーテーションで囲むとキーワードとして解釈され、正しく動作する
```

> **参考** httpd.confは、Apache httpd (Webサーバー) の設定ファイルです。本書では、設定内容について詳しく触れませんが、長い設定ファイルの実例として取り上げています。なお、Linuxにおいては、設定ファイル中で行頭に#が書かれている行はコメント (説明文) として解釈されます。つまり上記の実行図は、設定ファイルの中でコメントが書かれている行をカウントしている例です。

スペースを含むキーワードを指定したい場合も、クォーテーションで囲むようにしましょう。スペースを含むキーワードをクォーテーションで囲まずに指定した場合、スペースの後の文字列が検索対象のファイル名として解釈されてしまいます。

```
[root@centos7 ~]# grep free utility testwc.txt Enter
grep: utility: そのようなファイルやディレクトリはありません  →utilityというファイルを検索しようとする
testwc.txt:GNU Wget is a free utility for non-interactive download of files from
[root@centos7 ~]# grep 'free utility' testwc.txt Enter
GNU Wget is a free utility for non-interactive download of files from
```

■正規表現を活用して検索する

grepコマンドでは、キーワードに**正規表現**を利用し、文字列のパターンを指定することができます（表6.1）。

●表6.1　正規表現で使われる主な記号と構文

記号／構文	意味
*	前の文字の、0回以上の繰り返し
+	前の文字の、1回以上の繰り返し
.	指定した位置に1文字の任意の文字
[str], [str1-str2]	指定した位置に[]内に含まれる文字。ハイフンで連続文字を指定
[^str], [^str1-str2]	指定した位置に[]内に含まれない文字。ハイフンで連続文字を指定
^	行頭
$	行末

なお、「*」はワイルドカード（P.110参照）でも使いますが、意味が異なりますので注意が必要です。

表6.1の記号のうち、行頭と行末の指定方法について確認しましょう。次の実行図は、/etc/passwdファイルから、正規表現を用いて行を抽出している例です。

```
[root@centos7 ~]# grep root /etc/passwd Enter
root:x:0:0:root:/root:/bin/bash
operator:x:11:0:operator:/root:/sbin/nologin
  →rootと書かれている行のみ表示する
[root@centos7 ~]# grep '^root' /etc/passwd Enter
root:x:0:0:root:/root:/bin/bash
  →行頭がrootで始まる行のみ表示する
[root@centos7 ~]# grep 'bash$' /etc/passwd Enter
root:x:0:0:root:/root:/bin/bash
testuser:x:1000:1000:testuser:/home/testuser:/bin/bash
  →行末がbashで終わる行のみ表示する
```

基本をおさえよう

リダイレクトとパイプ

この節では、コマンドの結果が出力される仕組みを確認し、それらを活用するためのリダイレクトやパイプの使い方を確認します。

■コマンドの実行結果をファイルに出力する：リダイレクト

コマンドの結果は通常、画面に出力されます。出力先を画面ではなく、ファイルにすることもできます。この時に利用するのが**リダイレクト**です。**表6.2**の記号を利用してリダイレクトを行います。

●表6.2　リダイレクトによる出力先の指定

構文	意味
コマンド > ファイル	コマンドの標準的な結果（標準出力）をファイルに上書きする（上書きリダイレクト）
コマンド >> ファイル	コマンドの標準的な結果（標準出力）をファイルに追記する（追記リダイレクト）
コマンド 2> ファイル	コマンド実行時のエラー（標準エラー出力）をファイルに上書きする（上書きリダイレクト）
コマンド 2>> ファイル	コマンド実行時のエラー（標準エラー出力）をファイルに追記する（追記リダイレクト）
コマンド > ファイル 2>&1 コマンド &> ファイル	コマンド実行時のすべての出力結果をファイルに上書きする（上書きリダイレクト）
コマンド >> ファイル 2>&1 コマンド &>> ファイル	コマンド実行時のすべての出力結果をファイルに追記する（追記リダイレクト）

上書きリダイレクトとは、ファイルに記録されていた内容を消して、リダイレクトした結果のみを残す方法です。**追記リダイレクト**は、ファイルに記録されている内容は残して、リダイレクトした結果をファイルの最後に追記する方法です。

次の実行図は、dateコマンドの出力結果をファイルにリダイレクトしている例です。dateコマンドは、既定ではシステムが認識している現在日時を画面に出力します（第12章で紹介）。

```
[root@centos7 ~]# date > date.txt Enter    →dateコマンドの結果をファイルにリダイレクトする
[root@centos7 ~]# cat date.txt Enter
2020年 12月 24日 木曜日 19:04:52 JST  →結果がファイルに格納されている
[root@centos7 ~]# date > date.txt Enter    →再度上書きリダイレクトを実行する
[root@centos7 ~]# cat date.txt Enter
2020年 12月 24日 木曜日 19:04:57 JST  →直前の実行結果のみが格納されている（上書き）
[root@centos7 ~]# date >> date.txt Enter   →追記リダイレクトを実行する
[root@centos7 ~]# cat date.txt Enter
2020年 12月 24日 木曜日 19:04:57 JST
2020年 12月 24日 木曜日 19:05:02 JST  →前の結果を残して追記されている
```

リダイレクト先のファイルが存在しない場合は、どちらのリダイレクトでも新規作成されます。

■エラーメッセージをリダイレクトする

Linuxでは、コマンドの標準の出力結果とエラーの出力結果が区別されています。ここまで紹介したリダイレクトは、コマンドの標準の出力結果をリダイレクトする手法です。次の例を見るとわかるように、エラーメッセージはリダイレクトされません。

```
[root@centos7 ~]# ls /eeeeee > error.txt Enter
ls: /eeeeee にアクセスできません: そのようなファイルやディレクトリはありません
[root@centos7 ~]# cat error.txt Enter
  →この方法ではエラーメッセージはリダイレクトされないので、ファイルは空
```

以下のようにエラー出力をリダイレクトするように指定すると、エラーメッセージをファイルに出力できます。

```
[root@centos7 ~]# ls /eeeeee 2> error.txt
[root@centos7 ~]# cat error.txt Enter
ls: /eeeeee にアクセスできません: そのようなファイルやディレクトリはありません
→ファイルにエラーメッセージが格納されている
```

標準出力も標準エラー出力も両方ともリダイレクトするには、以下のように指定します。

```
[root@centos7 ~]# ls /eeeeee &>> error.txt Enter
[root@centos7 ~]# cat error.txt Enter
ls: /eeeeee にアクセスできません: そのようなファイルやディレクトリはありません
ls: /eeeeee にアクセスできません: そのようなファイルやディレクトリはありません
  →エラーが追記されている
```

Point!

リダイレクトにより、コマンドの実行結果をファイルに格納できます。

■コマンドの実行結果をさらに別のコマンドで処理する：パイプ

コマンドの実行結果に対し、さらに別のコマンドで処理を行いたい場合、**パイプ**を利用します。パイプは、コマンドとコマンドを「|」という記号で区切ります。

たとえばgrepコマンドで、あるキーワードAと別のキーワードBの両方が含まれている行を表示したい場合、grepコマンドのオプションだけでは表現できません(-eオプションを複数指定した場合は、どちらかが書かれた行を表示するという意味になります)。

この場合、次のように複数のgrepコマンドをパイプでつなげることで実現できます。

```
[root@centos7 ~]# grep Wget testwc.txt Enter  →Wgetと書かれている行を表示する
GNU Wget
GNU Wget is a free utility for non-interactive download of files from
While doing that, Wget respects the Robot Exclusion Standard
(/robots.txt).  Wget can be instructed to convert the links in
[root@centos7 ~]# grep Wget testwc.txt | grep GNU Enter
  →Wgetと書かれていて、かつGNUと書かれている行を表示する
GNU Wget
GNU Wget is a free utility for non-interactive download of files from
```

Point!

パイプを利用することで、パイプの前にあるコマンドの結果を、パイプの後ろに指定したコマンドで処理することができます。

もっと使いこなそう

標準出力と標準エラー出力

■エラー結果を非表示にする

「エラーメッセージをリダイレクトする」でも確認しましたが、コマンドを実行した結果出力されるものには、通常の実行結果とエラーの結果の2種類があります。これらの出力を、それぞれ**標準出力**（通常の実行結果）と**標準エラー出力**と言います。どちらの出力も、既定では画面に表示されますが、リダイレクトを指定することによって結果をファイルに出力できます。

次の実行結果は、/etcディレクトリの直下に存在するファイルの中から、localhostと書かれている行を検索している例です。grepコマンドは、基本はファイルに対して実行するコマンドなので、-rオプションを指定しない限り、ディレクトリが見つかると「ディレクトリです」というメッセージが出力されます。これらは標準エラー出力です。

```
[root@centos7 ~]# grep localhost /etc/* Enter
grep: /etc/ImageMagick-6: ディレクトリです  →標準エラー出力の結果
grep: /etc/NetworkManager: ディレクトリです  →標準エラー出力の結果
          :
/etc/autofs.conf:# localhost_address - is not used within autofs. This
          :  →これらは標準出力の結果
```

こうした出力結果を非表示にしたい場合は、/dev/nullという特殊なファイルをリダイレクト先に指定します。nullファイルは「何もない」という意味を表す特殊なファイルです。たとえば「2> /dev/null」と指定することで、標準エラー出力を非表示にできます。

```
[root@centos7 ~]# grep localhost /etc/* 2> /dev/null Enter
バイナリファイル /etc/aliases.db に一致しました
/etc/autofs.conf:# localhost_address - is not used within autofs. This
/etc/hosts:127.0.0.1   localhost localhost.localdomain localhost4 localhost4.localdomain4
          :  →「ディレクトリです」というメッセージが表示されない
```

もっと使いこなそう

その他のテキスト処理コマンド

この章では、grepコマンドを利用したテキスト処理を紹介しましたが、Linuxではほかにさまざまなテキスト処理用のコマンドが用意されています。ここでいくつか紹介します。

■ファイル内の列を並べ替える

sortコマンドは、空白やカンマなどの記号で区切られたテキストを列として扱い、指定した列を基準に並べ替えて表示できます。

sortコマンド

```
sort [ オプション ] ファイル
```

概要	ファイル内容を並べ替えて表示する	
主なオプション	オプション	説明
	-t"記号"	指定した記号を区切り文字として扱う（既定はスペース、タブ）
	-k 列1[,列2…]	指定した列を基準に並べ替える
	-r	降順（Z→A、9→0）で並べ替える（既定は昇順）
	-n	基準列を数値として扱う
引数	・ファイル：対象となるファイル	

以下の実行図は、複数の列で構成されているsort.txtの内容を並べ替えている例です。

```
[root@centos7 ~]# cat sort.txt Enter
1:tanaka:80
2:yamada:100
3:itoya:90  →コロン（:）で区切られたファイルであることを確認する
[root@centos7 ~]# sort -t":" -k 2 sort.txt Enter
3:itoya:90
1:tanaka:80
2:yamada:100  →2列目を基準に昇順で並べ替えている
[root@centos7 ~]# sort -t":" -k 3 -r sort.txt Enter
3:itoya:90
1:tanaka:80
2:yamada:100  →3列目を基準に降順で並べ替えている
```

sortコマンドは、既定では基準列を文字として扱います。数値として認識させて並べ替えたい場合は、以下のように-nオプションを指定します。

```
[root@centos7 ~]# sort -t":" -k 3 -r -n sort.txt Enter
2:yamada:100  →100を一番大きな数値と認識して並べ替えられている
3:itoya:90
1:tanaka:80
```

■重複した行を排除する

uniqコマンドを利用すると、重複した行を排除して表示することができます。ただし、uniqコマンドは隣接行しか比較しないため、sortコマンドで並べ替えた内容に対してuniqコマンドを実行する必要があります。

uniqコマンド

```
uniq [ オプション ] ファイル
```

概要	重複している行を排除して表示する	
主なオプション	オプション	説明
	-c	重複している数を表示する
引数	・ファイル：対象となるファイル	

```
[root@centos7 ~]# uniq uniq.txt Enter
aaa
bbb
aaa  →1行目と重複しているが、隣接していないため排除されない
ccc
[root@centos7 ~]# sort uniq.txt | uniq Enter
aaa
bbb
ccc
```

■文字列の置換や削除を行う

sedコマンドを利用すると、文字列の置換や削除ができます。

sedコマンド

```
【置換】sed [ オプション ] 's/検索文字列/置換後の文字列/' ファイル
【削除】sed [ オプション ] '/削除する文字列/d' ファイル
```

概要	文字列の編集（置換、削除など）を実行する	
主なオプション	オプション	意味
	-i	ファイルの内容を直接編集する
引数	・*検索文字列*：置換の際に検索する文字列 ・*置換後の文字列*：検索した文字列と置き換える文字列 ・*削除する文字列*：削除する文字列 　※上記の文字列に対しては、行数による範囲指定も可能 ・ファイル：操作対象となるファイル	

sedコマンドでは、第1引数にsed用のスクリプトコマンドを指定することで、文字列を置換するか削除するかを指示します。

sコマンドでは、以下のように文字列の置換ができます。既定では1行の中で1回一致する文字列が見つかったら、次の行に進んで処理を行います。gオプションを指定すると、1行の中のすべての文字列を対象とします。

```
[root@centos7 ~]# sed 's/file/FILE/' testwc.txt Enter
                                                      -*- text -*-
GNU Wget
========
                  Current Web home: http://www.gnu.org/software/wget/

GNU Wget is a free utility for non-interactive download of FILEs from
        :
downloaded HTML FILEs to the local files for offline viewing.
  →既定では1行について1ヵ所だけ置換する
[root@centos7 ~]# sed 's/file/FILE/g' testwc.txt Enter
                                                      -*- text -*-
GNU Wget
========
                  Current Web home: http://www.gnu.org/software/wget/

GNU Wget is a free utility for non-interactive download of FILEs from
        :
downloaded HTML FILEs to the local FILEs for offline viewing.
  →gオプションを指定することで、行内にあるすべての対象文字列を置換する
```

Point!

vimの置換機能は、sedコマンドのsコマンドの機能を利用しています。

dコマンドを利用すると、条件に合致した行を削除して表示することができます。以下の例では、正規表現によって空白行を条件に指定し、削除しています。

```
[root@centos7 ~]# sed '/^$/d' testwc.txt Enter
                                                      -*- text -*-
GNU Wget
========  →この後ろにある空白行を削除する
                  Current Web home: http://www.gnu.org/software/wget/
GNU Wget is a free utility for non-interactive download of files from
        :
```

sedコマンドでは、行を指定した文字列の置換や削除も可能です。以下は、5行目から最終行までを削除して表示している例です。

```
[root@centos7 ~]# sed '5,$d' testwc.txt Enter  →「開始行,終了行」で指定する。$で最終行の意味になる
                                                      -*- text -*-
GNU Wget
========
                  Current Web home: http://www.gnu.org/software/wget/
  →5行目以降を削除したので、4行目までが表示される
```

■空白などで区切られたテキストを処理する

awkコマンドは、空白やカンマなどの記号で区切られたテキストを列として扱い、特定の列を出力したり、条件を指定して処理を行ったりするためのコマンドです[注6.1]。

awkコマンド

```
awk [ オプション ] '[ 条件 ]{ アクション }' ファイル
```

概要	パターン指向型の検索・処理を行う	
主なオプション	オプション	説明
	-F '文字'	区切り文字を指定する
引数	・条件：出力する条件 ・アクション：処理する内容。「print $数字」で指定した列を表示する（複数指定が可能）。「print $0」ですべての列を表示する ・ファイル：処理するファイル	

以下は、コロンで区切られているsort.txtのうち、2列目と3列目を表示している例です。

```
[root@centos7 ~]# awk -F ':' '{ print $2,$3 }' sort.txt Enter
tanaka 80
yamada 100
itoya 90
```

処理内容となるアクションは、シングルクォーテーションと中括弧で囲んで記述します。「print $列番号」で指定した列を出力することができます。上記のように複数指定も可能です。複数列を表示するよう指定した場合、既定では空白文字で区切って表示されます。

以下の例のようにprint文に直接文字を記入することで、任意の文字で区切られるように表示できます。

```
[root@centos7 ~]# awk -F ':' '{ print $2":"$3 }' sort.txt Enter   →コロンで区切って表示する
tanaka:80
yamada:100
itoya:90
```

アクションの前に、出力する条件を指定することもできます。以下の例は、3列目が90以上の数値であることを条件に出力している例です。

```
[root@centos7 ~]# awk -F ':' '$3>=90{ print $0 }' sort.txt Enter
2:yamada:100
3:itoya:90
```

注6.1　厳密に言うと、awkというのはプログラミング言語の名称です。awkの処理を実現するために、awkコマンドを利用します。さらに厳密に言うと、本書で利用を想定しているLinux環境においては、awkコマンドは次のコマンドのシンボリックリンク（P.305参照）になっています。いずれも、awkの処理を実現するために拡張して開発されたコマンドです。

- CentOS 7：gawkコマンド
- Debian 11：mawkコマンド

条件指定には、**表6.3**の演算子が利用できます。

● 表6.3　awkコマンドの条件指定で利用できる演算子

演算子	意味
==	等しい
!=	等しくない
>	より大きい
>=	以上
<	より小さい
<=	以下

さらに、スラッシュで囲むことにより、正規表現での条件指定が可能です。以下の実行図は、行頭が3で始まる行を表示している例です。

```
[root@centos7 ~]# awk -F ':' '/^3/{ print $0 }' sort.txt Enter
3:itoya:90
```

> **参考**　awkコマンドは非常に多くの機能が用意されているため、ここでは基本の機能だけを紹介しました。より詳しい機能について確認したい場合は、manページなどを参照してください。

基本をおさえよう

ファイルのアーカイブ

複数のファイルの内容を1つのファイルにまとめる処理のことを**アーカイブ処理**と言い、そうした処理が行われたファイルを**アーカイブファイル**と言います。次のような場合にアーカイブファイルを作成します。

- データのバックアップ
- 複数のファイルないしディレクトリの内容をバックアップするため、1つのアーカイブファイルにまとめる
- ソフトウェアの公開
- ソフトウェアを開発・公開する際に、ソフトウェアに含まれるファイルを1つのアーカイブファイルにまとめる

Linuxでは一般的に、**tar形式**のアーカイブファイル、**zip形式**のアーカイブファイルが利用されます。作成したアーカイブファイルには形式に応じた拡張子を付けるのが一般的です。**図6.1**は、アー

カイブファイルの作成、もしくは入手したアーカイブファイルを展開する流れをまとめた図です。

● 図6.1　アーカイブファイルの処理

■tar 形式のアーカイブファイルを操作する

tar形式のアーカイブファイルを操作するには、`tar`コマンドを利用します。

tarコマンド

```
tar [ オプション ] [ ファイル／ディレクトリ ]
```

概要	ファイルをアーカイブ／展開する	
主なオプション	オプション	説明
	-c	アーカイブファイルを作成する
	-x	アーカイブファイルを展開する
	-t	アーカイブファイルの内容を参照する
	-v	処理したファイルの一覧を表示する
	-z	gzip形式で圧縮／解凍する
	-j	bzip2形式で圧縮／解凍する
	-f ファイル名	アーカイブファイル名を指定する
	-C ディレクトリ名	展開先ディレクトリを指定する
引数	・ファイル／ディレクトリ：アーカイブの対象となるファイル／ディレクトリ	

Point!

`tar`コマンドでは、以下のオプションを指定することにより、基本となる動作を指定できます。

・`-c`オプション：アーカイブの作成
・`-x`オプション：アーカイブの展開
・`-t`オプション：アーカイブの内容を表示

以下は、カレントディレクトリにあるテキストファイルをアーカイブしている例です。gzip形式やbzip2形式の圧縮はそのまま`tar`コマンドで扱うことができます。

```
[root@centos7 ~]# cp *.txt testdir Enter  →動作確認用にファイルをコピーする
cp: `testdir/test.txt' を上書きしますか? y  →「y」を押して上書きする
cp: `testdir/test1.txt' を上書きしますか? y
[root@centos7 ~]# tar -cf test.tar testdir Enter  →text.tarというファイルにアーカイブする
[root@centos7 ~]# tar -tf test.tar Enter  →アーカイブされたファイルを確認する
testdir/
testdir/join1.txt
testdir/join2.txt
        :
[root@centos7 ~]# tar -czf test.tar.gz testdir Enter
  →gunzip形式で圧縮したアーカイブファイルを作成する
[root@centos7 ~]# ls -lh test.tar* Enter  →圧縮しているファイルとしていないファイルを比較する
-rw-r--r-- 1 root root  20K  3月 19 13:20 test.tar
-rw-r--r-- 1 root root 1.2K  3月 19 13:21 test.tar.gz
```

以下は、アーカイブしたファイルを展開している例です。**-v**オプションを指定すると処理対象となるファイルを一覧表示します。**-C**オプションで展開先となるディレクトリを指定できます。

```
[root@centos7 ~]# tar -xzvf test.tar.gz -C /tmp Enter  →アーカイブファイルを解凍し、/tmpに展開する
testdir/
testdir/join1.txt
testdir/join2.txt
        :
[root@centos7 ~]# ls /tmp/testdir Enter  →アーカイブされていたファイルが展開されていることを確認する
join1.txt  paste1.txt  sort.txt
        :
```

> **参考** tarコマンドでは、オプションを指定する際、ハイフンなしの記述も利用することができます。たとえば、「tar -xf test.tar」は「tar xf test.tar」と記述しても同じ処理が行われます。
> また、圧縮されているアーカイブファイルを展開する時、オプションでアーカイブ形式の指定を省略した場合も自動判別が行われます。たとえば、gzip形式で圧縮されているアーカイブファイル「test.tar.gz」を展開する時は、「tar -xf test.tar.gz」というように**-z**オプションを省略しても、アーカイブ形式を自動判別して解凍処理を行います。

■zip形式のアーカイブファイルを操作する

zip形式のアーカイブファイルを作成する場合は**zip**コマンドを利用します。

zipコマンド

```
zip [ オプション ] zipファイル ファイル／ディレクトリ
```

概要	zipファイルを作成する

続く

	オプション	説明
主なオプション	-r	ディレクトリ内のファイルを再帰的に処理する
	-e	パスワードを指定し、暗号化されたzipファイルを作成する
	-q	処理中のメッセージを非表示にする
引数	・*zipファイル*：作成するzipファイル ・*ファイル／ディレクトリ*：アーカイブの対象となるファイル／ディレクトリ	

以下は、testdirディレクトリをzip形式のアーカイブファイルにまとめている例です。zipコマンドでは、ディレクトリ内の複数のファイルをまとめてアーカイブするには、-rオプションを指定する必要があります。

```
[root@centos7 ~]# zip -r test.zip testdir Enter
  adding: testdir/ (stored 0%) →既定では、アーカイブ対象となるファイルの情報を表示する
  adding: testdir/join1.txt (stored 0%)
  adding: testdir/join2.txt (stored 0%)
          :
```

以下は、-eオプションを指定し、暗号化されたzipアーカイブファイルを作成している例です。このファイルを展開するには、作成時に入力したパスワードを再度入力する必要があります。

```
[root@centos7 ~]# zip -erq test2.zip testdir Enter  →-qオプションを指定し、メッセージを非表示にする
Enter password:  →パスワードを入力する
Verify password:  →再度パスワードを入力する
```

zipファイルを展開したり、内容を表示したりする場合はunzipコマンドを利用します。

unzipコマンド

```
unzip [ オプション ] zipファイル
```

概要	zipファイルを展開する／内容を表示する	
主なオプション	オプション	説明
	-d ディレクトリ	展開先のディレクトリを指定する
	-l	zipファイルの内容を表示する
引数	・*zipファイル*：展開するzipファイル	

以下は、作成したzipアーカイブファイルの内容を展開している例です。

```
[root@centos7 ~]# rm -rf testdir Enter  →動作確認のためtestdirディレクトリを削除する
[root@centos7 ~]# unzip test2.zip Enter  →オプションを付けないとアーカイブファイルを展開する
Archive:  test2.zip
   creating: testdir/
[test2.zip] testdir/join1.txt password:  →zipファイル作成時に指定したパスワードを入力する
 extracting: testdir/join1.txt
 extracting: testdir/join2.txt
          :
[root@centos7 ~]# ls testdir Enter  →アーカイブファイルを展開し、ディレクトリの内容を参照できる
join1.txt   paste2.txt  test12.txt  test4.txt   uniq.txt
          :
```

章末演習

この章の内容を学習したことにより、以下の操作ができるようになります。いくつかの項目について、演習問題を通じて確認しましょう。

- 設定ファイルがどのディレクトリ内に格納されているかわからない場合に、検索して見つけられる
- ログファイルの中に記録されたあるキーワードを含む行を抽出、表示できる
- リダイレクトを利用して、コマンドの実行結果をファイルに格納できる
- パイプを利用して、前のコマンドの実行結果を次のコマンドに送って処理することができる
- ダウンロードしたアーカイブファイルを展開し、利用可能な状態にできる

演習１

/etcディレクトリ内のどこかに存在するhttpd.confファイルを検索しましょう。

演習２

/root/secureファイルに記録されている、「opened」というメッセージを含む行を表示しましょう。

演習３

演習２の結果を、画面上ではなくsecure2.txtというファイルに出力しましょう。

演習４

/var/log/secureファイルに記録されている、「opened」と「root」というメッセージが両方含まれている行を表示しましょう。

演習５

rootユーザーのホームディレクトリに存在するfping-5.0.tar.gzというアーカイブファイルを展開しましょう。展開されたディレクトリの内容を表示しましょう。

演習６

応用問題　`ls -l`コマンドを実行すると以下のような出力結果となります。

```
[root@centos7 ~]# ls -l Enter
合計 1760
        :
-rw-------. 1 root root   1609  4月  2  2020 anaconda-ks.cfg
-rw-r--r--  1 root root     25  8月 14 15:07 ex1.txt
        :
drwxr-xr-x  2 root root     78  7月 24 14:05 sampledir
        :
```

この出力結果から、以下のように「ファイル名 ファイルサイズ」という内容を表示しましょう。その際、ディレクトリの情報は表示されないようにします（ディレクトリの情報は行頭がdで始まります）。

```
anaconda-ks.cfg 1609
ex1.txt 25
        :
```

章末演習【解答例】

演習1

ここでは/etcディレクトリ内を探すので、引数に/etcを指定します。探したいファイル名は、-nameオプションに指定します。

```
[root@centos7 ~]# find /etc -name "httpd.conf" Enter
/etc/httpd/conf/httpd.conf
```

演習2

grepコマンドでは、第1引数に検索するキーワード、第2引数に検索対象となるファイルを指定することで、ファイルの中からキーワードが書かれた行のみを表示することができます。以下の解答例は、/rootをカレントディレクトリとしているためディレクトリ指定を省略していますが、/root/secureと指定しても構いません。

```
[root@centos7 ~]# grep opened secure Enter
Sep  5 13:18:41 centos7 gdm-launch-environment]: pam_unix(gdm-launch-environment:session):
session opened for user gdm by (uid=0)
Sep  5 13:22:40 centos7 sshd[1916]: pam_unix(sshd:session): session opened for user root by
(uid=0)
Sep  5 13:22:48 centos7 sshd[1961]: pam_unix(sshd:session): session opened for user testuser
by (uid=0)
```

参考　演習用に用意したsecureファイルは、ある時点の/var/log/secureファイルをコピーしたものです。これは、ログインの成功、失敗などの認証情報が格納されているログファイルです。grepコマンドを利用すると、大量に格納されているログメッセージの中から目的のメッセージだけを確認することができます。この演習問題は、ログインが成功した(openedと書かれた)メッセージを検索することを想定しています。

演習3

リダイレクト(>)の指定により、コマンドの実行結果(標準出力の内容)をファイルに出力することができます。

```
[root@centos7 ~]# grep opened secure > secure2.txt Enter
```

演習4

grepコマンドには、2つのキーワードが両方書かれている行を検索するためのオプションがありません（どちらかが書かれているという処理であれば、-eオプションを利用できます）。そこで、パイプを使ってgrepコマンドを複数回実行することにより、両方が書かれている行だけ表示をします。

```
[root@centos7 ~]# grep opened secure | grep root Enter
Sep  5 13:22:40 centos7 sshd[1916]: pam_unix(sshd:session): session opened for user root
by (uid=0)
```

演習5

tarコマンドの-xオプションで、tar形式アーカイブファイルの展開ができます。-zオプションは、対象となるファイルがgzip形式の圧縮ファイルであること、-fオプションは展開するファイルの指定を行うことを示します。

以下の解答例では、-vオプションで詳細情報（展開するファイルの情報）を表示するよう指定しており、その結果からfping-5.0ディレクトリが展開されていることがわかります。そこで、lsコマンドを使って展開後のディレクトリの内容を確認しています。

```
[root@centos7 ~]# tar -xzvf fping-5.0.tar.gz Enter
fping-5.0/
fping-5.0/COPYING
fping-5.0/config.h.in
         :
[root@centos7 ~]# ls fping-5.0/ Enter
CHANGELOG.md  Makefile.in  config.guess  config.sub    doc
COPYING       README.md    config.h      configure     install-sh
INSTALL       aclocal.m4   config.h.in   configure.ac  missing
         :
```

参考　fping-5.0.tar.gzファイルは、動作確認のためにインターネット上のWebサイト（https://fping.org）からダウンロードしたアーカイブファイルです。このアーカイブファイルは、fpingというプログラムのソースファイルであり、展開した後、INSTALLファイルに書かれている手順を実行すると、プログラムをコンパイル、インストールをすることができます。プログラムのインストール手順については、第14章で確認します。

演習6

```
[root@centos7 ~]# ls -l | grep -v '^d' | awk '{print $9,$5}' Enter
          :
anaconda-ks.cfg 1609
ex1.txt 25
          :
```

ls -lの出力結果をもとに、grepコマンドで「行頭がdで始まる行以外」を表示することにより、ディレクトリの情報を非表示にしています。

さらにls -lの出力結果を見ると、以下のようにファイル名が9列目、ファイルサイズが5列目に格納されていることがわかります。

-rw-------.	1	root	root	1609	4月	2	2020	anaconda-ks.cfg
①	②	③	④	⑤	⑥	⑦	⑧	⑨

そこで、さらにパイプでawkコマンドを使い、9列目、5列目の情報が表示されるように出力しています。awkコマンドは、既定で空白文字を区切り文字として認識しますので、この場合は区切り文字の指定は不要です。

第7章

アカウントの管理

この章のポイント

この章では、ユーザーやグループの管理方法、ならびにその仕組みについて確認します。アカウントの管理に利用する主なコマンドには次のようなものがあります。

●表　アカウント管理に関する主なコマンド

コマンド	意味
useradd	ユーザーを追加する
usermod	ユーザーを編集する
userdel	ユーザーを削除する
groupadd	グループを追加する
groupmod	グループを編集する
groupdel	グループを削除する
gpasswd	グループのメンバー情報を編集する
passwd	パスワードを設定する
id	ユーザーとグループのID情報を表示する

この章の内容を学習することで、次のようなことができるようになります。

■ユーザーを追加する

useraddコマンドでユーザーを追加できます。追加したユーザーでログインできるようにするには、**パスワード**も設定する必要があります。passwdコマンドにより、パスワードを設定することができます。

```
[root@centos7 ~]# useradd test01 Enter   →test01ユーザーを追加する
[root@centos7 ~]# passwd test01 Enter   →test01ユーザーにパスワードを設定する
ユーザー test01 のパスワードを変更。
新しいパスワード:  →パスワードを入力する（入力した情報は表示されない）
新しいパスワードを再入力してください:  →パスワードを再入力する（入力した情報は表示されない）
passwd: 全ての認証トークンが正しく更新できました。
```

■グループを作成してユーザーを追加する

groupaddコマンドで新しいグループを作成できます。usermodコマンドやgpasswdコマンドにより、作成したグループにユーザーを追加することができます。

```
[root@centos7 ~]# groupadd -g 2000 sales Enter   →GIDを指定し、salesグループを作成する
[root@centos7 ~]# usermod -g sales test01 Enter   →test01ユーザーの主グループをsalesに変更する
[root@centos7 ~]# id test01 Enter
uid=1001(test01) gid=2000(sales) groups=2000(sales)   →変更されていることを確認する
```

ユーザーが所属するグループは、**主グループ**、**補助グループ**に分かれます。これらのグループは以下のルールで利用できます。

- 主グループ：ユーザーは必ず1つの主グループに参加しなければならない。このグループが、権限設定における「所有グループ」として利用される
- 補助グループ：ユーザーは1つ以上の補助グループに参加できる。主グループ以外に参加したいグループがあれば、補助グループとして参加する

■不要になったユーザーやグループを削除する

不要になったユーザーはuserdelコマンドで、グループはgroupdelコマンドで削除できます。削除する際、次の点に注意する必要があります。

- ユーザーの削除：既定では、ホームディレクトリが残る。ホームディレクトリも一緒に削除するには、-rオプションを指定してuserdelコマンドを実行する
- グループの削除：主グループとして参加しているユーザーがいる場合、そのグループは削除できない。

■ユーザー／グループのさまざまな設定ファイル

useraddコマンド、groupaddコマンドで追加したユーザー、グループの情報は、次のファイルに保存されています。

●表　ユーザー／グループに関する設定ファイル

ファイル名	保存されている情報
/etc/passwd	ユーザー情報
/etc/shadow	ユーザーのパスワード情報
/etc/group	グループ情報

useraddコマンドでユーザーを追加する際、/etc/login.defsファイルの設定情報が既定値として参照されます。また、/etc/skelディレクトリの内容をホームディレクトリ内の情報として複製します。

基本をおさえよう

アカウントとパスワードの管理

Linuxでは**表7.1**のコマンドを利用し、**アカウント**(**ユーザーとグループ**)の管理を行うことができます。

●表7.1　アカウント管理に関する主なコマンド

コマンド	意味
useradd	ユーザーを追加する[注7.1]
usermod	ユーザーを編集する
userdel	ユーザーを削除する
groupadd	グループを追加する
groupmod	グループを編集する
groupdel	グループを削除する
gpasswd	グループのメンバー情報を編集する
passwd	パスワードを設定する
id	ユーザーとグループのID情報を表示する

■ユーザーを追加する／パスワードを設定する

useraddコマンドで、ユーザーを追加することができます。追加したユーザーにpasswdコマンドでパスワードを設定すると、ログインできるようになります。ユーザー情報は、そのユーザーが作成するファイルやディレクトリ、起動するプロセスの所有者情報としても利用されます。

useraddコマンド

```
useradd [ オプション ] ユーザー名
```

概要	ユーザーを追加する	
主なオプション	オプション	説明
	-u UID	ユーザーID(UID)を指定する
	-g グループ名/GID	主グループを指定する
	-G グループ名/GID	補助グループを指定する
	-c コメント	コメントを指定する
	-d ディレクトリ名	ホームディレクトリを指定する
	-s パス	ログインシェルを指定する
	-m	ホームディレクトリを作成する
引数	・ユーザー名：追加するユーザー名	

注7.1　Debian環境では、ユーザー追加時の標準的なコマンドとしてadduserコマンドが用意されています。このコマンドについては、本書では「Debian環境の利用」で紹介します。

passwdコマンド

```
passwd [ オプション ] [ ユーザー名 ]
```

概要	パスワードを設定する	
主なオプション	オプション	説明
	-l	アカウントをロック（無効化）する
	-u	アカウントのロックを解除する
	--stdin	標準入力に送られた文字列をパスワードに設定する[注7.2]
引数	・ユーザー名：設定するユーザー名。ユーザー名を省略するとログイン中（自分自身）のパスワードを再設定する。ユーザー名を指定してパスワードを設定できるのはrootユーザーのみ	

以下の手順でユーザーを追加して、動作確認してみましょう。

```
[root@centos7 ~]# useradd test01 Enter  →test01ユーザーを追加する
[root@centos7 ~]# passwd test01 Enter  →test01ユーザーにパスワードを設定する
ユーザー test01 のパスワードを変更。
新しいパスワード: →「password」と入力する
よくないパスワード: このパスワードは辞書チェックに失敗しました。 - 辞書の単語に基づいています
  →安易なパスワードを入力すると警告が表示される
新しいパスワードを再入力してください: →再度「password」と入力する
passwd: 全ての認証トークンが正しく更新できました。
```

passwdコマンドには、セキュリティ的に脆弱なパスワードを使用していないかチェックする機能があります。rootユーザーで操作をしている時に上記例のように安易なパスワードを設定しようとすると、警告が表示されます。警告の内容を確認すると、辞書に載っている単語[注7.3]を使ったことが原因だとわかります。

Point!

次のようなパスワードなどが、セキュリティ的に脆弱なパスワード（悪意のあるユーザーがパスワードを不正利用しやすい）として警告されます。

・「単語」をベースとしたパスワード
・ユーザー名を含むパスワード
・短いパスワード

こうしたパスワードを設定することはできるのですが、実運用している環境の場合は、警告が表示されたらより強固なパスワードを設定すべきです。なお、ユーザーは自分自身のパスワードを設定することができますが、その際は、こうした安易なパスワードは設定できません。設定しようとすると、警告ではなくエラー扱いになります。

注7.2 --stdinオプションは、環境によっては利用できません。本書の仮想マシン環境だとDebian環境では利用できません。
注7.3 安易なパスワードとして使われそうな単語を集めたファイルを辞書ファイルと言います。上記の実行例では、辞書ファイルに登録されている単語（password）をパスワードに設定しようとしたため、警告が表示されました。

操作を完了したらログアウトし、追加したユーザーでログインできることを確認してみましょう。また、ログインできたら、以下の実行図のように自分自身のパスワードを変更できることも確認しておきます。

```
[test01@centos7 ~]$ passwd Enter  →引数がないと、実行したユーザー自身のパスワードを変更する
ユーザー test01 のパスワードを変更。
test01 用にパスワードを変更中
現在のUNIXパスワード: →現在のパスワード「password」を入力する
新しいパスワード: →新しいパスワード「password1」と入力する
よくないパスワード: このパスワードは古いパスワードと似すぎています。
  →設定済みのパスワードと似ているパスワードを設定しようとしたため、エラーになる
新しいパスワード:
  →再度プロンプトが表示される。一般ユーザーは安易なパスワードを設定できないため、ここでは「1a2w3d4r」と入力
   する
新しいパスワードを再入力してください: →再度「1a2w3d4r」と入力する
passwd: 全ての認証トークンが正しく更新できました。
```

上記の操作を確認したらログアウトし、rootユーザーでログインし直してください(以降の解説は、rootユーザーでの操作を前提としています)。

■グループを作成する／ユーザー情報を編集する

グループを利用して、複数のユーザーに対してまとめて権限設定を行うことができます。ファイルやディレクトリの所有グループに対して権限を設定すると、そのグループに所属するユーザー全員がその権限を持つことになります。

ユーザーはあるグループに対して、**主グループ**(プライマリグループ)もしくは**補助グループ**(セカンダリグループ、サブグループ)として所属することができます(**図7.1**)。そして、ユーザーは必ず1つの主グループに所属しなければならないルールがあります。主グループ以外のグループに参加したい場合は、補助グループとして所属する必要があります。

● 図7.1　主グループと補助グループ

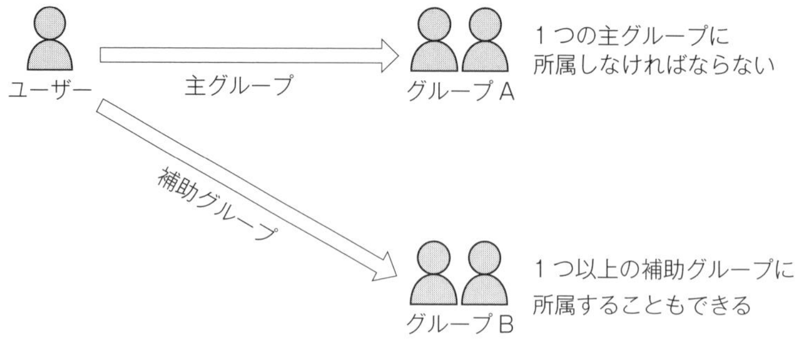

`id`コマンドを利用すると、ユーザーのIDや所属するグループの情報を表示できます。

idコマンド

```
id [ オプション ] ユーザー名
```

概要	指定したユーザーのID情報(ユーザーやグループの名前とID)を表示する	
主なオプション	オプション	説明
	-u	ユーザーIDを表示する
	-g	グループIDを表示する
	-G	補助グループも含めた所属グループのIDを表示する
	-n	-u、-g、-Gと併用し、名前を表示する
引数	・ユーザー名：対象となるユーザー名	

先ほど追加したtest01ユーザーの情報を確認してみましょう。

```
[root@centos7 ~]# id test01 Enter
uid=1001(test01) gid=1001(test01) groups=1001(test01)
  →gidに指定されている名前、もしくは所属グループの先頭が主グループの名前
```

ユーザー、あるいはユーザーが所属するグループの情報はIDによって管理されています。idコマンドでは、それらのID情報を確認することができます。

ユーザー追加時に主グループを指定していなかった場合、ユーザー名と同じ名前のグループ(UPG：ユーザープライベートグループ)が生成され、そのグループに所属することになります[注7.4]。

グループを追加し、設定を変更してみましょう。グループの追加はgroupaddコマンド、ユーザー設定の変更はusermodコマンドで行います。

groupaddコマンド

```
groupadd [ オプション ] グループ名
```

概要	グループを追加する	
主なオプション	オプション	説明
	-g GID	グループID(GID)を指定する
引数	・グループ名：追加するグループ名	

```
[root@centos7 ~]# groupadd -g 2000 sales Enter  →GIDを指定し、salesグループを追加する
[root@centos7 ~]# usermod -g sales test01 Enter  →test01ユーザーの主グループをsalesに変更する
[root@centos7 ~]# id test01 Enter
uid=1001(test01) gid=2000(sales) groups=2000(sales)  →変更されていることを確認する
[root@centos6 ~]# useradd -G sales test02 Enter
  →test02ユーザーを追加し、補助グループとしてsalesグループを指定する
[root@centos6 ~]# id test02 Enter
uid=1002(test02) gid=1002(test02) groups=1002(test02),2000(sales)
  →補助グループの場合、所属グループの部分にのみ表示する
```

注7.4　ディストリビューションによっては、ユーザー追加時にプライマリグループを指定しなかった場合、usersというグループに所属するよう構成されるものがあります。

usermodコマンド

```
usermod [ オプション ] ユーザー名
```

概要	ユーザーの設定を変更	
主なオプション	オプション	説明
	-u UID	ユーザーIDを指定する
	-g グループ名/GID	主グループを指定する
	-G グループ名/GID	補助グループを指定する
	-aG グループ名/GID	補助グループを追加する
	-c コメント	コメントを指定する
	-d ディレクトリ名	ホームディレクトリを指定する
	-s パス	ログインシェルを指定する
	-l 新ユーザー名	新しいユーザー名を指定する（新ユーザー名に変更する）
引数	・ユーザー名：追加するユーザー名	

主グループとして所属している場合、補助グループとして所属している場合、いずれの場合にもグループに与えられている権限は利用できます。ただし、ファイルやディレクトリを作成する時、あるいはプロセスを起動する時の所有グループとして利用されるのは主グループになります。

グループを利用した権限設定については、「第８章　パーミッションとユーザー権限の切り替え」で確認します。

設定済みのグループ名やグループIDを変更する場合は、groupmodコマンドを利用します。

groupmodコマンド

```
groupmod [ オプション ] グループ名
```

概要	グループの設定を変更する	
主なオプション	オプション	説明
	-g GID	グループID（GID）を指定する
	-n 新グループ名	グループ名を指定する（新グループ名に変更する）
引数	・グループ名：設定を変更するグループ名	

■補助グループのメンバーを編集する

作成済みのユーザーの補助グループ情報を変更したい場合、usermodコマンドの-Gオプションや-aGオプションを利用します。

以下は、test02ユーザーの補助グループ情報を-Gオプションで変更している例です。-Gオプションで指定した場合は、指定した補助グループに上書きして設定されます。つまり、設定前に所属していた補助グループ情報は上書きされ、消えてしまいます。

```
[root@centos7 ~]# id test02 Enter
uid=1002(test02) gid=1002(test02) groups=1002(test02),2000(sales)  →補助グループはsales
[root@centos7 ~]# groupadd engineer Enter  →engineerグループを追加する
[root@centos7 ~]# usermod -G engineer test02 Enter  →test02ユーザーの補助グループを変更する
[root@centos7 ~]# id test02 Enter
uid=1002(test02) gid=1002(test02) groups=1002(test02),2001(engineer)
  →補助グループはengineer
```

Point!

補助グループ情報は、カンマで区切って複数指定することも可能です。usermod -G sales,engineer test02というようにコマンドを実行すると、複数の所属グループに参加するよう設定します。

以下のように-aGオプションを指定すると、既存の補助グループに加えて、指定した補助グループに参加するよう、設定ができます。

```
[root@centos7 ~]# usermod -aG sales test02 Enter
  →既存の補助グループに加え、salesグループに参加する
[root@centos7 ~]# id test02 Enter
uid=1002(test02) gid=1002(test02) groups=1002(test02),2001(engineer),2000(sales)
  →engineerグループに加え、salesグループに参加していることを確認する
```

usermodコマンドの他、gpasswdコマンドでも補助グループ情報の編集が可能です。

gpasswdコマンド

```
gpasswd [ オプション ] グループ名
```

概要	補助グループのメンバー情報を変更する	
主なオプション	オプション	説明
	-a ユーザー名	補助グループにユーザーを追加する
	-d ユーザー名	補助グループからユーザーを削除する
引数	・グループ名：設定を変更するグループ名	

gpasswdコマンドはグループ用のコマンドなので、引数としてグループ名を指定します。-aオプションで指定したユーザーを追加、-dオプションで指定したユーザーを削除できます。

```
[root@centos7 ~]# gpasswd -d test02 engineer Enter
  →engineerグループからtest02ユーザーを削除する
ユーザ test02 をグループ engineer から削除
[root@centos7 ~]# id test02 Enter
uid=1002(test02) gid=1002(test02) groups=1002(test02),2000(sales)
  →engineerグループに参加していないことを確認する
```

> **参考** gpasswdコマンドは、本来はグループパスワードの管理に用いるコマンドです。しかし、実際にはグループパスワードを運用するケースは多くはないため、本書ではgpasswdコマンドの機能の１つである「補助グループのメンバー情報を変更」するコマンドとして紹介しています。

■ユーザーやグループを削除する

ユーザーを削除する場合、userdelコマンドを利用します。

userdelコマンド

```
userdel [ オプション ] ユーザー名
```

概要	ユーザーを削除する	
主なオプション	オプション	説明
	-r	ホームディレクトリも削除する
	-f	ログイン中のユーザーを削除する
引数	・ユーザー名：削除するユーザー名	

グループを削除する場合、groupdelコマンドを利用します。

groupdelコマンド

```
groupdel グループ名
```

概要	グループを削除する
引数	・グループ名：削除するグループ名

ただし、そのグループを主グループとして所属するよう設定されているユーザーが1人でもいる場合は、グループを削除することはできません。次の内容を動作確認してみましょう。

```
[root@centos7 ~]# groupadd tempgroup Enter  →tempgroupグループを追加する
[root@centos7 ~]# useradd -g tempgroup test03 Enter  →tempgroupを主グループとして指定する
[root@centos7 ~]# useradd -G tempgroup test04 Enter  →tempgroupを補助グループとして指定する
[root@centos7 ~]# ls -d /home/test* Enter
/home/test01  /home/test02  /home/test03  /home/test04  /home/testuser
  →追加したユーザーのホームディレクトリが/home以下に生成される
[root@centos7 ~]# groupdel tempgroup Enter  →test03の主グループであるため削除できない
groupdel: ユーザ 'test03' のプライマリグループは削除できません。
[root@centos7 ~]# userdel -r test03 Enter
[root@centos7 ~]# groupdel tempgroup Enter
  →主グループとするユーザーがいなくなったため、tempgroupを削除できる
[root@centos7 ~]# id test04 Enter
uid=1004(test04) gid=1004(test04) groups=1004(test04)  →tempgroupの情報は削除されている
[root@centos7 ~]# userdel test04 Enter  →test04ユーザーも削除する
[root@centos7 ~]# ls -d /home/test* Enter
/home/test01  /home/test02  /home/test04  /home/testuser
→test04は-rオプションを指定せずに削除したので、ホームディレクトリが残る
```

Point!

userdelコマンドの既定では、ユーザーが削除されてもホームディレクトリは残ります。これは、しばらくの間運用していたユーザーのホームディレクトリには何か重要なファイルがあるかもしれないためです。バックアップなどを行った上で、管理者が手動で削除すれば良いでしょう。
テスト用に作成したユーザーなどの場合は、ホームディレクトリ内に重要なファイルはないと考えられるため、-rオプションを指定してホームディレクトリごとユーザーを削除します。

もっと使いこなそう

アカウントの設定ファイル

登録されたユーザー／グループの情報は、以下のファイルに格納されています。それぞれの情報は、図7.2のような関係があります。

- /etc/passwd：ユーザー情報を保存
- /etc/shadow：パスワード情報を保存
- /etc/group：グループ情報を保存

● 図7.2　ユーザー／グループに関する設定ファイル

■/etc/passwd：ユーザー情報を保存する（パーミッションは644）

```
test01:x:1001:2000::/home/test01:/bin/bash
```

ユーザー名　GID

■/etc/shadow：パスワード情報を保存する（パーミッションは000など）

```
test01:$1$HTUBwjdV$w7YdlKDg/3KRz73D2910F/:18388:0:99999:7:::
```

■/etc/group：グループ情報を保存する（パーミッションは644）

```
sales:x:2000:test02
```

それでは、各ファイルに登録されている内容について、実際にコマンドでも確認してみましょう。

```
[root@centos7 ~]# grep test01 /etc/passwd Enter  →test01ユーザーの設定情報を確認する
test01:x:1001:2000::/home/test01:/bin/bash
[root@centos7 ~]# grep test01 /etc/shadow Enter  →test01ユーザーのパスワード関連の情報を確認する
test01:$6$WjVT4vdp$1HkiRs1krcy3gDXSYCFyk2W5b7RzyaZGRPNJNLRhww/
QiM5xdfLOUbFaUF34nzHsutcJuYEBo/0Vx9pK4PrhH.:18388:0:99999:7:::
[root@centos7 ~]# grep sales /etc/group Enter  → salesグループの情報を確認する
sales:x:2000:test02
```

passwdファイル、shadowファイル、groupファイルのそれぞれの列（フィールド）に格納されている情報について解説します。

■/etc/passwd ファイル

passwdファイルには、基本的なユーザー情報が格納されています（**図7.3**）。

●図7.3　/etc/passwdファイルの内容

```
test01:x:1001:2000::/home/test01:/bin/bash
  ①    ② ③    ④   ⑤  ⑥              ⑦
```

列	項目	説明
①	ユーザー	ユーザー名
②	パスワード	パスワード欄。現在では/etc/shadowで管理しており、xが格納されている
③	UID	ユーザーに割り当てられているID
④	GID	ユーザーが主グループとして所属しているグループのID
⑤	コメント	ユーザーの本名などを記載できる
⑥	ホームディレクトリ	ユーザーのホームディレクトリ
⑦	ログインシェル	ユーザーが利用するシェル

2列目にはパスワード用のフィールドが用意されていますが、現在ではここにはパスワード情報を格納せず、shadowファイルに格納します。そのため、passwdファイルの2列目には「x」という文字が格納されるようになっています。

4列目には主グループのGIDが格納されており、このユーザーがどの主グループに所属しているのか確認できます。そのため、groupファイルにはどのユーザーがどのグループを主グループにしているのかの情報は格納されていません。

Point!

passwdファイルは誰でも参照できる権限になっています（パーミッション644）。そのため、現在のシステムではshadowファイルにパスワード情報が格納されます。

■/etc/shadow ファイル

パスワード情報はshadowファイルに格納されています（**図7.4**）。

●図7.4 /etc/shadowファイルの内容

```
test01:$6$HTUBwjdV$w7YdlKDg/3KRz7.....:17952:0:99999:7:::
```

①test01 ②$6$HTUBwjdV$w7YdlKDg/3KRz7..... ③17952 ④0 ⑤99999 ⑥7 ⑦～⑨

列	項目	説明
①	ユーザー	ユーザー名
②	パスワード	ハッシュ化されたパスワード
③	最終変更日	1969/12/31からの日数
④	変更可能最短日数	0の場合は、いつでもパスワードを変更可能
⑤	パスワード有効期限	いつまで同じパスワードを使い続けられるか
⑥	警告日	有効期限の何日前に警告を表示するか
⑦	使用不可になるまでの日数	パスワードの有効期限を過ぎてからアカウントが使用不可になるまでの日数
⑧	アカウント有効期限	ユーザーアカウントの有効期限
⑨	予約フィールド	将来的に使用できるフィールドとして予約

パスワード情報は、shadowファイルの2列目に**ハッシュ化**して格納されるようになっています。その他、パスワードやアカウントの期限に関する情報もこのファイルに格納されます。

> **参考** ハッシュ化とは、あるデータをある計算手順（ハッシュアルゴリズム）に従って固定長の文字列に置き換える仕組みです。出力された値（ハッシュ値）から元のデータを得ることが非常に難しいアルゴリズムが使われており、元の文字がどのようなものであるかを推測できないようになっています[注7.5]。同じデータをハッシュ化すると、必ず同じハッシュ値を出力します。これを利用して、2つが同じデータであることの検証が可能です。Linux環境では、**sha512sum**コマンドなどにより、ファイルなどを指定してハッシュ値を出力し、検証に利用することができます。

■/etc/groupファイル

groupファイルには、グループに関する情報が格納されています（**図7.5**）。

●図7.5 /etc/groupファイルの内容

```
sales:x:2000:test02
```

①sales ②x ③2000 ④test02

列	項目	説明
①	グループ	グループ名
②	パスワード	グループに割り当てられているパスワード
③	GID	グループに割り当てられているID
④	所属メンバー	補助グループとして所属しているユーザー

注7.5 Linuxのshadowパスワードは、厳密には元のパスワード文字列を単純にハッシュ化しているのではなく、salt（ソルト：ハッシュ化の際に加えるランダムな文字列）も付加した上でハッシュ化しています。shadowファイルに格納されているパスワード情報は「$ハッシュアルゴリズムの形式$salt$ハッシュ化されたパスワード」という内容になります。

グループパスワードについては、passwdファイルと同様「x」が格納されており、実際のパスワード情報は/etc/gshadowファイルに格納されるようになっています。

Point!

groupファイルには、グループ自体の情報と、補助グループとして参加しているユーザーの情報が格納されています。一方で、あるユーザーの主グループについての情報はpasswdファイルに格納されています。

もっと使いこなそう

ユーザー追加時の初期設定

■login.defsとパスワードの有効期限

useraddコマンドによってユーザーを追加する際、/etc/login.defsファイルの内容を参照してさまざまな設定を行います。以下の実行例では、/etc/login.defsの内容を確認しています。

```
[root@centos7 ~]# cat /etc/login.defs Enter
        :
PASS_MAX_DAYS   99999  →パスワードの最大有効日数
PASS_MIN_DAYS   0  →パスワード変更後、変更可能になる日数
PASS_MIN_LEN    5  →パスワードの最小文字数
PASS_WARN_AGE   7  →パスワードの有効期限切れまでの警告日数
        :
UID_MIN                   1000
        :  →useradd実行時、既定で利用されるUIDの最小値
GID_MIN                   1000
        :  →useradd実行時、既定で利用されるGIDの最小値
CREATE_HOME     yes
        :  →yesだと、useradd実行時に既定でホームディレクトリを作成
UMASK           077
        :  →ホームディレクトリの既定パーミッションのマスク値
```

参考　パーミッションのマスク値については、「第8章　パーミッションとユーザー権限の切り替え」で紹介します。上の例のように「077」に設定されていると、700というパーミッションのディレクトリが作成されます。

パスワードの有効期限などの情報は、chageコマンドで確認／変更ができます。

chageコマンド

```
chage [ オプション ] ユーザー名
```

概要	パスワードの有効期限情報を設定する	
主なオプション	オプション	説明
	-l	有効期限情報を表示する
	-m 日数	パスワードを変更できる最短日数を設定する
	-M 日数	パスワードの有効期限（使用できる最大日数）を設定する
	-I 日数	パスワードの有効期限が切れてからアカウントを無効化するまでの日数を設定する
	-W 日数	パスワードの有効期限切れの警告が何日前から表示されるか設定する
	-E 年-月-日	アカウントの有効期限を設定する（usermod -Eと同じ）
引数	・ユーザー名：設定対象とするユーザー	

以下は、この章の前半で追加したtest01ユーザーのパスワードの有効期限情報を参照している例です。login.defsに格納されている情報が反映されていることを確認できます。chageコマンドで有効期限情報を参照する際は、shadowファイルに格納されている情報を元にしています。

```
[root@centos7 ~]# chage -l test01 Enter
最終パスワード変更日                          : 8月 11, 2021
パスワード期限:                               : なし  →有効期限が99999日（無期限）
パスワード無効化中                            : なし
アカウント期限切れ                            : なし
パスワードが変更できるまでの最短日数          : 0
パスワードを変更しなくてよい最長日数          : 99999  →login.defsの値通り99999日
パスワード期限が切れる前に警告される日数      : 7
[root@centos7 ~]# grep test01 /etc/shadow Enter
test01:!!:18850:0:99999:7:::  →shadowファイルの5列目に格納される
```

以下のようにlogin.defsのPASS_MAX_DAYSを変更すると、変更後に追加したユーザーのパスワード有効期限情報が変わることがわかります。

```
[root@centos7 ~]# vi /etc/login.defs Enter
        :
PASS_MAX_DAYS    365  →99999から365に変更して保存する
        :
[root@centos7 ~]# useradd test05 Enter  →test05ユーザーを追加する
[root@centos7 ~]# chage -l test05 Enter  →test05ユーザーのパスワード情報を参照する
最終パスワード変更日                          : 8月 14, 2021
パスワード期限:                               : 8月 14, 2022
パスワード無効化中                            : なし
アカウント期限切れ                            : なし
パスワードが変更できるまでの最短日数          : 0
パスワードを変更しなくてよい最長日数          : 365  →有効期限が変更されている
パスワード期限が切れる前に警告される日数      : 7
[root@centos7 ~]# grep test05 /etc/shadow Enter
test05:!!:18853:0:365:7:::  →shadowファイル内も変更されている
```

■/etc/skel ディレクトリ

ユーザー追加時にホームディレクトリが生成される際、/etc/skelディレクトリの内容を参照し、中にあるファイルやサブディレクトリをコピーします。以下の内容を動作確認してみましょう。

```
[root@centos7 ~]# ls -a /etc/skel Enter
.  ..  .bash_logout  .bash_profile  .bashrc  .mozilla
  →シェルの設定ファイルなどの元となるファイルが格納されている
[root@centos7 ~]# ls -a /home/test01 Enter  →test01ユーザーのホームディレクトリを確認する
.   .bash_history  .bash_profile  .cache   .local
..  .bash_logout   .bashrc        .config  .mozilla
  →/etc/skelディレクトリからコピーされたファイルが配置されている
```

参考　なお、Debian環境では、**-m**オプションを指定せずに**useradd**コマンドでユーザーを追加すると、ホームディレクトリを生成しません。

章末演習

この章の内容を学習したことにより、以下の操作ができるようになります。いくつかの項目について、演習問題を通じて確認しましょう。

- ユーザーを追加して、システム上で利用することができる
- グループを追加して、ユーザーを参加させることができる
- 不要になったユーザーやグループを削除できる
- 新規ユーザー／グループを追加する際の初期設定や、ホームディレクトリ作成時の初期内容を設定することができる

演習1

以下のグループを追加しましょう。

- marketing
- research
- testgroup

演習2

以下のユーザーを追加しましょう。指定されたグループに参加するよう構成してください。

ユーザー名	パスワード	主グループ	補助グループ
exuser1	password	marketing	testgroup
exuser2	password	research	marketing

追加したら、exuser1でログインできることを確認しましょう。確認が終わったら、rootユーザーでログインし直します。また、exuser1、exuser2が指定したグループに参加していることも確認しましょう。

演習3

testgroupを削除しましょう。削除できたら、researchグループの削除を試み、削除できないことを確認しましょう。

演習4

応用問題 新規作成するユーザーのホームディレクトリ内に、public_htmlというディレクトリが自動的に作成されるように構成しましょう。その後、webuser1というユーザーを追加し、構成した内容通りにホームディレクトリに配置されることを確認しましょう。

章末演習【解答例】

演習1

groupaddコマンドで、グループを作成できます。

```
[root@centos7 ~]# groupadd marketing Enter
[root@centos7 ~]# groupadd research Enter
[root@centos7 ~]# groupadd testgroup Enter
```

演習2

useraddコマンドでユーザーの追加ができます。-gオプションで主グループ、-Gオプションで補助グループの指定ができます。また、passwdコマンドでパスワードの設定ができます（以下の解答例では、passwdコマンドの実行画面は割愛しています）。

```
[root@centos7 ~]# useradd -g marketing -G testgroup exuser1 Enter
[root@centos7 ~]# useradd -g research -G marketing exuser2 Enter
[root@centos7 ~]# passwd exuser1 Enter
[root@centos7 ~]# passwd exuser2 Enter
```

GUI環境が有効な場合は、以下のようにexuser1を選択してパスワードを入力し、ログインします。

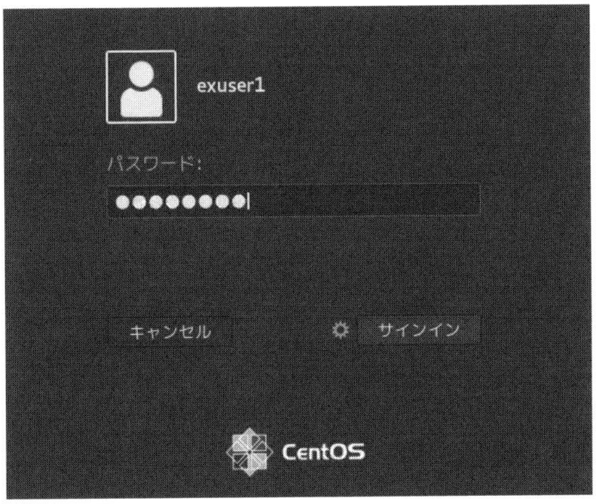

最後にidコマンドでグループ情報を確認します。

```
[root@centos7 ~]# id exuser1 Enter
uid=1009(exuser1) gid=1011(marketing) groups=1011(marketing),1013(testgroup)
[root@centos7 ~]# id exuser2 Enter
uid=1010(exuser2) gid=1012(research) groups=1012(research),1011(marketing)
```

演習3

groupdelコマンドでグループの削除ができます。

```
[root@centos7 ~]# groupdel testgroup Enter
[root@centos7 ~]# groupdel research Enter
groupdel: ユーザ 'exuser2' のプライマリグループは削除できません。
```

上記のメッセージにある通り、researchグループはexuser2のプライマリグループ(主グループ)になっているため削除はできません。一方で、補助グループはユーザーが所属していたとしても削除できます。exuser1は、testgroupを補助グループとして参加していましたが、testgroupが削除されたことにより補助グループの情報も削除されます。

```
[root@centos7 ~]# id exuser1 Enter
uid=1009(exuser1) gid=1011(marketing) groups=1011(marketing)
```

演習4

useraddコマンドを実行すると、/etc/skelディレクトリの内容を参照し、ホームディレクトリ内に複製します。既定では、bashの設定ファイル(第9章で確認します)などが配置されています。/etc/skelディレクトリ内にディレクトリやファイルを作成すると、それ以降useraddコマンドで追加したユーザーのホームディレクトリに複製されるようになります。

```
[root@centos7 ~]# mkdir /etc/skel/public_html Enter   →/etc/skelにサブディレクトリを追加する
[root@centos7 ~]# useradd webuser Enter
[root@centos7 ~]# ls -a /home/webuser/ Enter
.  ..  .bash_logout  .bash_profile  .bashrc  .mozilla  public_html
  →追加したサブディレクトリが、自動的にホームディレクトリ内に生成されていることを確認する
```

第 8 章

パーミッションとユーザー権限の切り替え

この章のポイント

この章では、ファイルやディレクトリに対して誰がどのような操作を実行できるのか、設定する方法を確認します。また、一般ユーザーでログインしている際に、管理者ユーザーの権限を利用する方法についても確認します。

■パーミッション設定の基本

Linuxでは、ファイルやディレクトリに対して「どのユーザーがどのような操作を実行できるか」を設定することができます。この設定のことを**パーミッション**（アクセス権）と言います。パーミッション設定では、**読み取り**、**書き込み**、**実行**の権限を付与することにより、以下の操作が可能になります。

●表　読み取り、書き込み、実行権限

	ファイル	ディレクトリ
読み取り（r）	ファイル内容の読み取り	ディレクトリ一覧の読み取り
書き込み（w）	ファイル内容の編集	ディレクトリ内にファイルを作成／削除
実行（x）	ファイルの実行	ディレクトリに移動／アクセス可能

パーミッション設定は、以下のようにls -lで確認することができます。

```
[root@centos7 ~]# ls -l test1.txt Enter
-rw-r--r--. 1 root root 5  5月 20  2019 test1.txt
```

■必要な権限のみ付与する

パーミッション設定を変更する主なコマンドとして、次のものがあります。

●表　パーミッション設定を変更するための主なコマンド

コマンド名	意味
chmod	パーミッションの変更
chown	所有者の変更
chgrp	所有グループの変更

Linuxでは、所有者、所有グループのメンバー、そしてその他のユーザーに対してそれぞれパーミッション設定ができます。既定では、所有者はファイル／ディレクトリの作成者、そして作成者が所属している主グループが所有グループとなります。所有者でもなく、所有グループのメンバーでもないユーザーは、その他のユーザーとして扱われます。

■ユーザー権限を切り替えてコマンド端末を利用する

suコマンドを利用すると、指定したユーザー権限で新しいシェルを起動し、そのユーザーの権限でコマンド端末を利用できるようになります。

以下は、一般ユーザー「testuser」でログインしている時に、rootユーザーの権限でコマンド端末を利用できるよう切り替えている例です。rootユーザー以外の権限を指定する場合は、引数でユーザー名を指定する必要があります。

```
[testuser@centos7 ~]$ su - Enter
パスワード: →切り替え先のユーザー（この場合rootユーザー）のパスワードを入力する
最終ログイン: 2021/08/30 (月) 11:28:24 JST 192.168.56.1から開始日時 pts/0
[root@centos7 ~]# →rootユーザー権限でシェル（コマンド）端末が起動した
```

suコマンドを利用して他のユーザー権限でシェルを起動する場合、切り替え先ユーザーのパスワード（rootユーザーの権限が使いたければ、rootユーザーのパスワード）を入力する必要があります。

■ユーザー権限を切り替えてコマンドを実行する

sudoコマンドを利用すると、指定したユーザー権限で指定したコマンドを実行できるようになります。以下は、rootユーザーの権限でtest01ユーザーのパスワードを設定している例です。一般ユーザーの権限でもpasswdコマンドは実行できますが、その場合は自分自身のパスワード設定にしか利用できません。

```
[testuser@centos7 ~]$ sudo passwd test01 Enter
[sudo] testuser のパスワード: →testuserのパスワードを入力する
ユーザー test01 のパスワードを変更。
新しいパスワード: →test01の新しいパスワードを入力する
新しいパスワードを再入力してください: →test01の新しいパスワードを再入力する
passwd: すべての認証トークンが正しく更新できました。
```

この時、rootユーザーのパスワードを入力する必要はなく、sudoコマンドを実行したユーザーのパスワードを入力します。つまり、rootユーザーのパスワードを教えることなく、一般ユーザーに対して管理用コマンドの実行を許可するよう構成できるわけです。

ただ、どのユーザーも無条件でsudoコマンドを利用できるわけではありません。事前に許可されたユーザーが、許可されたコマンドのみをsudoコマンド経由で実行できます。この設定は、/etc/sudoersファイルに記述します。

> **注意！**
>
> この章で解説しているコマンドの動作確認の内容は、「第7章　アカウントの管理」で解説しているコマンドの実行例に従ってアカウントやパスワード、グループなどの設定を実施済みであることを前提としています。

基本をおさえよう

パーミッションの基本

Linuxでは、ファイルやディレクトリに対し、どのユーザーがどのような操作を実行できるか設定することが可能です。この設定のことを**パーミッション**（アクセス権）と言います。

ls -lを実行すると、ファイルやディレクトリの属性情報が表示されます。そのうち、**図8.1**がパーミッションに関する情報です。

●図8.1　ls -lの出力結果におけるパーミッションに関する情報

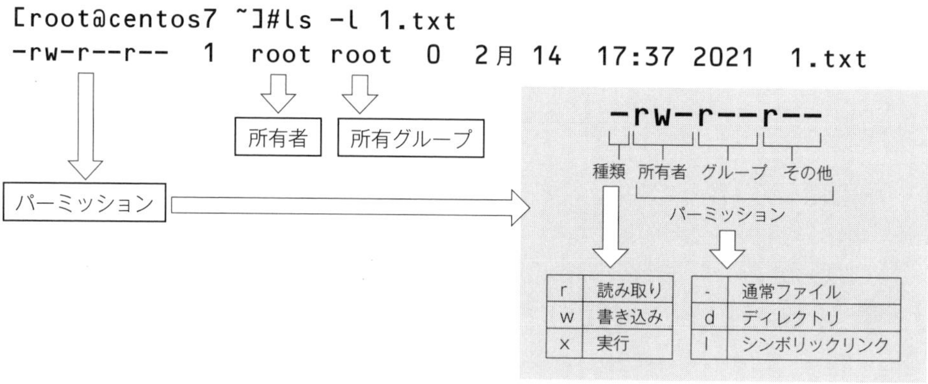

図8.1左側の、アルファベットもしくはハイフンが並んでいる箇所がパーミッション設定の情報です。ファイル／ディレクトリにどのような権限があるかを示しています（図にある通り、一番左側はファイルの種類を表しています）。

既定では、ファイル／ディレクトリを作成したユーザーが所有者になり、そのユーザーが所属している主グループが所有グループになります。所有者でもなく、所有グループのメンバーでもないユーザーは、その他のユーザーという扱いになります。

パーミッションは、この「所有者」「所有グループ」「その他のユーザー」に対して、それぞれ「読み取り」「書き込み」「実行」が可能であるかどうかを設定するものです。

ファイルやディレクトリに読み取り、書き込み、実行の権限があると、**表8.1**のような操作が可能です。

● 表8.1　権限と実行できる操作

	ファイル	ディレクトリ
読み取り（read）	ファイル内容の読み取り 例：cat sample.txt	ディレクトリ一覧の読み取り 例：ls /permtest
書き込み（write）	ファイル内容の編集 例：echo "test" > sample.txt	ディレクトリ内にファイルを作成／削除 例：rm /permtest/1.txt
実行（execute）	ファイルの実行 例：/bin/ls ※実行形式のファイルやスクリプトファイルを実行できる	ディレクトリに移動／アクセス可能 例：cat /permtest/1.txt ※ファイルを参照するには、ファイルの読み取りの他、ディレクトリの実行権限が必要 ファイル属性の参照 例：ls -l /permtest

表8.1で示されているように、ファイルの読み取り権限があったとしても、格納元ディレクトリの実行権限がなければ、そのファイルを参照することはできません。

以降では、所有者情報やパーミッション設定を変更する操作について解説します。

基本をおさえよう

ユーザー権限の切り替え

パーミッション設定について動作確認を行う時は、rootユーザー以外のユーザー環境を起動して確認する必要があります。別のユーザーでログインし直しても良いのですが、**su**コマンドを使って指定したユーザー権限の環境に切り替え、動作を確認することもできます。

suコマンド

```
su [ オプション ] [ ユーザー名 ]
```

概要	ユーザー環境を切り替える	
主なオプション	オプション	説明
	-	カレントディレクトリや設定されている変数などの環境を切り替える
引数	・ユーザー名：切り替え対象とするユーザー。ユーザー名を省略した場合、rootユーザー環境に切り替える	

参考　本書では、システム管理操作などを多く行う関係から、多くの実行例においてrootユーザーで直接ログインして動作確認をしています。しかしながら、本来のシステム環境では原則として一般ユーザーでログインし、必要な時のみrootユーザーの権限を使うべきです。rootユーザー環境を日常的に使っていると、万が一誤操作をしてしまった場合に大きな被害を引き起こす可能性があるためです。本書においてrootユーザーで動作確認をしているのは、あくまでも解説を簡略化するためである点にはご注意ください。

rootユーザー権限を利用する際は、suコマンドで切り替える方法と、本章の後半で紹介するsudoコマンドを利用する方法があります。

以下は、suコマンドを利用してユーザー権限を切り替えている例です。rootユーザーから他のユーザーに切り替える時は、パスワード情報を入力する必要はありません。

```
[root@centos7 ~]# su - testuser Enter  →rootユーザーで切り替える時にはパスワード入力は不要
最終ログイン: 2020/05/21 (木) 14:47:24 JST日時 pts/0
[testuser@centos7 ~]$ pwd Enter  →testuserユーザーの環境に切り替え、カレントディレクトリを確認する
/home/testuser  →「-」を指定したので、カレントディレクトリなどが切り替わる
[testuser@centos7 ~]$ su Enter
パスワード:  →rootユーザーのパスワードを入力する
[root@centos7 testuser]# pwd Enter
/home/testuser  →「-」を指定しなかったので、カレントディレクトリは切り替え前のまま
[root@centos7 testuser]# exit Enter
exit
[testuser@centos7 ~]$  →exitコマンドもしくはCtrl+dキーで元の環境に戻る
```

基本をおさえよう

パーミッション設定の変更

■所有者情報を変更する

ファイルやディレクトリの所有者を変更するにはchownコマンド、所有グループを変更するにはchgrpコマンドを使います。

chownコマンド

```
chown [ オプション ] 所有者[:所有グループ] ファイル／ディレクトリ
```

概要	所有者を変更する	
主なオプション	オプション	説明
	-R	指定したディレクトリ以下のファイル／サブディレクトリもすべて変更する
引数	・*所有者*：対象となるユーザー ・*所有グループ*：対象となるグループ ・*ファイル／ディレクトリ*：対象となるファイル／ディレクトリ	

chgrpコマンド

```
chgrp [ オプション ] 所有者グループ ファイル／ディレクトリ
```

概要	所有グループを変更する	
主なオプション	オプション	説明
	-R	指定したディレクトリ以下のファイル／サブディレクトリもすべて変更する
引数	・*所有グループ*：対象となるグループ ・*ファイル／ディレクトリ*：対象となるファイル／ディレクトリ	

> **参考** 所有グループは**chown**コマンドでも変更できます。しかし、**chown**コマンドはrootユーザーでなければ実行できません。**chgrp**コマンドであれば、rootユーザーの他、対象ファイルの所有者も実行できます。

以下は、/permtestディレクトリを作成し、所有者をtestuser、所有グループをsalesに変更している例です。

```
[root@centos7 ~]# mkdir /permtest Enter
[root@centos7 ~]# ls -ld /permtest Enter    →-dオプションでディレクトリ自身の情報を表示する
drwxr-xr-x 2 root root 6  8月 16 23:31 /permtest  →既定では作成したユーザーが所有者になる
[root@centos7 ~]# chown testuser /permtest Enter  →testuserを所有者に変更する
[root@centos7 ~]# chgrp sales /permtest Enter  →salesを所有グループに変更する
[root@centos7 ~]# ls -ld /permtest Enter
drwxr-xr-x 2 testuser sales 6  8月 16 23:31 /permtest  →設定通りになったことを確認する
```

■パーミッションを変更する

パーミッションを変更するには、chmodコマンドを利用します。

chmodコマンド

```
chmod [ オプション ] モード ファイル／ディレクトリ
```

概要	パーミッションを変更する	
主なオプション	オプション	説明
	-R	指定したディレクトリ以下のファイル／サブディレクトリもすべて変更する
引数	・モード：設定するパーミッション ・ファイル／ディレクトリ：対象となるファイル／ディレクトリ	

パーミッションの指定方法は、アルファベットや記号で指定する**シンボルモード**、数値で指定する**オクタル(8進数)モード**があります。

シンボルモードでは、**表8.2**のように「対象」「操作」「権限」を表すシンボルを組み合わせて指定します。シンボルは、一度に複数指定することもできます。

●**表8.2　シンボルモードで指定するシンボル**

対象を示すシンボル	説明
u	所有者
g	所有グループ
o	その他のユーザー
a	すべての対象

操作を示すシンボル	説明
+	追加
-	削除
=	設定

権限を示すシンボル	説明
r	読み取り
w	書き込み
x	実行
s	SUID/SGID
t	スティッキービット

> **参考** SUID、SGID、スティッキービットについては、本章の「特殊なパーミッション」(P.198参照)で紹介します。

オクタルモードは、パーミッションを８進数で表記することでまとめて指定します(**図8.2**)。

● 図8.2　オクタルモードの例

８進数で表現すると

-rw-r--r-- ⇒ 644

r	4	読み取り
w	2	書き込み
x	1	実行

0 → （権限無し）
5 → 4+1（読み取りと実行）
6 → 4+2（読み取りと書き込み）
7 → 4+2+1（すべての権限）

以下は、シンボルモードによりパーミッション設定を確認している例です。chmodコマンドによるパーミッション設定は、rootユーザーもしくは所有者が実行できます。

```
[root@centos7 ~]# ls -l test1.txt Enter
-rw-r--r--. 1 root root 5  5月 20  2019 test1.txt
[root@centos7 ~]# chmod o-r test1.txt Enter  →その他のユーザーから読み取り権限を削除する
[root@centos7 ~]# ls -l test1.txt Enter
-rw-r-----. 1 root root 5  5月 20  2019 test1.txt
[root@centos7 ~]# chmod g+w test1.txt Enter  →所有グループに書き込み権限を追加する
[root@centos7 ~]# ls -l test1.txt Enter
-rw-rw----. 1 root root 5  5月 20  2019 test1.txt
[root@centos7 ~]# chmod o+rw test1.txt Enter  →複数の権限を並べて設定できる
[root@centos7 ~]# ls -l test1.txt Enter
-rw-rw-rw-. 1 root root 5  5月 20  2019 test1.txt
[root@centos7 ~]# chmod u+x,go=rx test1.txt Enter  →複数の対象に異なる設定をカンマで区切って設定
する
[root@centos7 ~]# ls -l test1.txt Enter
-rwxr-xr-x. 1 root root 5  5月 20  2019 test1.txt
```

以下は、/permtestディレクトリのパーミッションをオクタルモードで設定し、動作確認している例です。所有者はすべての権限を有する設定にしているため、testuser(/permtestの所有者)はディレクトリ内容を表示したり、新規ファイルを作成したりすることができます。

```
[root@centos7 ~]# chmod 750 /permtest Enter  →/permtestのパーミッションを750に設定する
[root@centos7 ~]# ls -ld /permtest Enter
drwxr-x--- 2 testuser sales 26  8月 17 00:07 /permtest  →設定した通りになっていることを確認する
[root@centos7 ~]# su - testuser Enter  →testuserの環境に切り替える
最終ログイン: 2021/08/16 (月) 23:16:14 JST日時 pts/0
[testuser@centos7 ~]$ echo test > /permtest/testuser.txt Enter  →ファイルに書き込む
[testuser@centos7 ~]$ ls /permtest Enter
testuser.txt →書き込めていることを確認する
```

続いて、ユーザーtest01（salesグループのメンバー）で動作確認している例です。

```
[testuser@centos7 ~]$ su - test01 Enter  →test01の環境に切り替える
パスワード:  →test01のパスワードを入力する
最終ログイン: 2021/08/17 (火) 00:08:08 JST日時 pts/0
[test01@centos7 ~]$ ls /permtest Enter
testuser.txt  →/permtestの内容は表示できる
[test01@centos7 ~]$ echo test > /permtest/test01.txt Enter
-bash: /permtest/test01.txt: 許可がありません  →/permtestに新規ファイルを作成できない
```

■ファイルのパーミッション設定

ここからは、ファイルやディレクトリに対して、どの権限があるとどのような操作が可能なのかを確認していきます。

まずファイルのパーミッションですが、読み取り、書き込み、実行権限を付与すると、ファイルに対して文字通りの操作が可能になります。以下は、/permtestディレクトリ内に作成したtestuser.txtで動作確認している例です。testuserは所有者なので読み書きが可能ですが、test01はその他のユーザーですから読み取りしかできません。

```
[root@centos7 ~]# ls -l /permtest/ Enter
合計 4
-rw-rw-r-- 1 testuser testuser 5  8月 17 00:07 testuser.txt
  →既定では「664」の権限が設定されている
[root@centos7 ~]# su - testuser Enter  →testuserの環境に切り替える
最終ログイン: 2021/08/17 (火) 00:10:42 JST日時 pts/0
[testuser@centos7 ~]$ echo test2 >> /permtest/testuser.txt Enter  →所有者なので書き込み可能
[testuser@centos7 ~]$ cat /permtest/testuser.txt Enter
test
test2  →追記できていることを確認する
[testuser@centos7 ~]$ su - test01 Enter  →test01の環境に切り替える
パスワード:  →test01のパスワードを入力する
最終ログイン: 2021/08/17 (火) 09:04:40 JST日時 pts/0
[test01@centos7 ~]$ cat /permtest/testuser.txt Enter  →読み取りは可能
test
test2
[test01@centos7 ~]$ echo test3 >> /permtest/testuser.txt Enter
-bash: /permtest/testuser.txt: 許可がありません  →書き込みはできない
```

以下のようにして、その他のユーザーに書き込み権限を付与すると、test01でも書き込みができるようになります。

```
[root@centos7 ~]# chmod o+w /permtest/testuser.txt Enter
  →その他のユーザーに書き込み権限を付与する
[root@centos7 ~]# ls -l /permtest/testuser.txt Enter
-rw-rw-rw- 1 testuser testuser 11  8月 17 09:20 /permtest/testuser.txt
  →追加されたことを確認する
[root@centos7 ~]# su - test01 Enter  →test01の環境に切り替える
最終ログイン: 2021/08/17 (火) 09:21:33 JST日時 pts/0
[test01@centos7 ~]$ echo test3 >> /permtest/testuser.txt Enter
  →test01の権限で書き込みを実行する
[test01@centos7 ~]$ cat /permtest/testuser.txt Enter
test
test2
test3  →書き込みできていることを確認する
```

なお、ファイルの実行権限は、コマンドの実行ファイルやスクリプトファイルなどを実行するために必要な権限です。以下は、catコマンドの実行ファイルに既定で実行権限が付与されていることを確認している例です。

```
[root@centos7 ~]# ls -l /bin/cat Enter  →catコマンドの実行ファイルは/bin/cat※
-rwxr-xr-x. 1 root root 54080  8月 20  2019 /bin/cat  →実行権限が既定で付与されている
※厳密に言うと、CentOS 7環境の場合は/binディレクトリがシンボリックリンクになっており、実際には/usr/bin/
  catが実行ファイルの本体です。
```

■ディレクトリのパーミッション設定

ディレクトリのパーミッション設定は、ファイルとは異なり、文字通りの操作が可能というわけにはいきません。/permtestディレクトリに対し、所有者に読み取り権限のみを付与して動作確認をすると、以下のようになります。

```
[root@centos7 ~]# chmod 400 /permtest Enter  →所有者に読み取り権限のみ付与する
[root@centos7 ~]# su - testuser Enter  →所有者であるtestuserに切り替える
最終ログイン: 2021/08/17 (火) 09:19:20 JST日時 pts/0
[testuser@centos7 ~]$ ls -l /permtest Enter
ls: /permtest/testuser.txt にアクセスできません: 許可がありません
合計 0
-????????? ? ? ? ?            ? testuser.txt  →ファイルの存在は確認できるが、属性情報を読み取れない
```

ディレクトリ内のファイルやサブディレクトリの情報は読み取り権限で確認できるのですが、属性情報（パーミッションやタイムスタンプ等の情報）は実行権限がないと確認できません。以下のように、読み取り権限に加えて実行権限も付与されていると、属性情報も確認できるようになります。

```
[testuser@centos7 ~]$ chmod 500 /permtest Enter  →所有者なので、パーミッション設定が可能
[testuser@centos7 ~]$ ls -ld /permtest Enter
dr-x------ 2 testuser sales 26  8月 17 00:07 /permtest  →実行権限も付与されたことを確認する
[testuser@centos7 ~]$ ls -l /permtest Enter
合計 4
-rw-rw-rw- 1 testuser testuser 17  8月 17 09:23 testuser.txt  →属性情報も読み取ることができる
```

他にもディレクトリの実行権限がないと、ディレクトリ内のファイルの参照をすることもできませんし、カレントディレクトリとして移動することもできません。

```
[testuser@centos7 ~]$ chmod u-x /permtest Enter →実行権限を削除する
[testuser@centos7 ~]$ cat /permtest/testuser.txt Enter
cat: /permtest/testuser.txt: 許可がありません →ファイルの読み取り権限があっても参照できない
[testuser@centos7 ~]$ cd /permtest Enter
-bash: cd: /permtest: 許可がありません →カレントディレクトリとして移動することもできない
```

このため、ディレクトリ内の情報を読み取らせたい場合、読み取り権限だけではなく、実行権限も併せて付与するのが一般的です。

ディレクトリに書き込み権限があると、ディレクトリ内に新規ファイルやサブディレクトリを作成できる他、削除もできます。また、対象となるファイルやサブディレクトリの権限に関係なく削除できます。

以下は、読み取りできないファイルであっても、ディレクトリの書き込み権限があれば削除できることを確認している例です。

```
[testuser@centos7 ~]$ chmod 700 /permtest Enter
  →所有者（testuser）に書き込み、実行権限を付与する
[testuser@centos7 ~]$ echo test > /permtest/rmtest.txt Enter →削除確認用のファイルを作成する
[testuser@centos7 ~]$ chmod 000 /permtest/rmtest.txt Enter →読み取り不可に設定する
[testuser@centos7 ~]$ cat /permtest/root.txt Enter
cat: /permtest/root.txt: 許可がありません →読み取り権限がないので参照できない
[testuser@centos7 ~]$ rm /permtest/root.txt Enter
rm: 書き込み保護されたファイル 通常ファイル `/permtest/root.txt' を削除しますか? y
  →「y」と入力してEnterキーを押す
[testuser@centos7 ~]$ ls /permtest Enter
testuser.txt →root.txtが削除されていることを確認する
```

Point!

ディレクトリの内容を読み取らせたい場合は、「読み取り＋実行権限」を付与するのが一般的です。また、ファイルの削除にはディレクトリの書き込み権限が必要です。

■root ユーザーとパーミッション設定

Linuxではrootユーザーはパーミッション設定に関係なく、ファイルの読み書きが可能です。たとえば、第7章で紹介した/etc/shadowファイルは、CentOS 7では次のように000というパーミッションになっていますが、rootユーザーの権限を利用すれば読み書きが可能です。

```
[root@centos7 ~]# ls -l /etc/shadow Enter
---------- 1 root root 1889  8月 17 00:10 /etc/shadow  →パーミッションは000
[root@centos7 ~]# cat /etc/shadow Enter  →rootユーザーで操作をすると読み取りが可能
root:$6$aqZ8oKXp$MM8jHWZDaJEX1GOmCX97F5LI86WYybhN7VWeEthRz9D8JOwgn2dWMp4qrq.JO493yg7Jl3s
9HbOeqO3LccLLl2.:18420:0:99999:7:::
bin:*:17834:0:99999:7:::
          :
```

このことからもわかる通りrootユーザーの持つ権限は非常に強く、実運用しているサーバーなどにおいては、rootユーザーで不正アクセスされないよう十分に注意する必要があります。

参考　本章でここまで確認してきたパーミッション設定は、Linuxの基本パーミッションと呼ばれるものです。基本パーミッションでは、１ユーザー（所有者）、１グループ（所有グループ）にしか特別な権限を設定できません。複数のユーザーやグループに対して特別な権限を設定したい場合は、アクセスリストの機能を利用して実現することが可能です。アクセスリストの機能については、本書では詳しく解説しません。以下にコマンド名のみ紹介しておきます。

- アクセスリストの設定：setfacl コマンド
- アクセスリストの確認：getfacl コマンド

もっと使いこなそう

既定のパーミッションとマスク値

Linuxでディレクトリを新規作成すると、パーミッションは775もしくは755、ファイルを新規作成すると、パーミッションは664もしくは644となるのが一般的です。

これは、**図8.3**のように既定のパーミッション（ディレクトリは777、ファイルは666）が決まっており、そこから**マスク値**で設定された権限を除いた値が最終的なパーミッションとなるように構成されているからです。

● **図8.3　既定のパーミッションとマスク値**

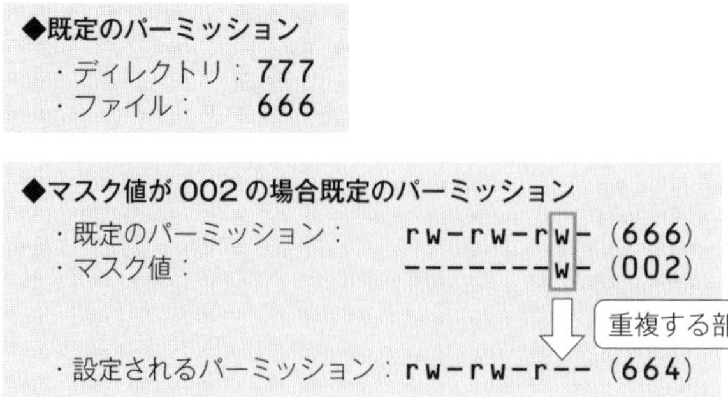

マスク値は002もしくは022であるのが一般的で、002の場合は、ファイルを新規作成した時のパーミッションは**図8.3**のようになります。

umaskコマンドにより、マスク値の確認や設定ができます。

umaskコマンド

```
umask [ オプション ] [ マスク値 ]
```

概要	マスク値を確認／設定する
引数	・*マスク値*：設定するマスク値。省略すると、現在有効なマスク値を表示する

現在のマスク値と、設定されるパーミッションを確認してみましょう。

```
[testuser@centos7 ~]$ umask Enter
0002 →現在有効なマスク値（002）を表示する※
[testuser@centos7 ~]$ touch umask1.txt Enter
[testuser@centos7 ~]$ ls -l umask* Enter
-rw-rw-r-- 1 testuser testuser 0  4月 21 23:00 umask1.txt
  →作成されるファイルのパーミッションは664になる
※umaskコマンドの出力結果が4桁の数字になっていますが、これは次の「特殊なパーミッション」で紹介するSUIDやス
  ティッキービット用の桁が用意されているためです。
```

では、次にマスク値を変更して動作を確認します。

```
[testuser@centos7 ~]$ umask 027 Enter
[testuser@centos7 ~]$ umask Enter
0027 →マスク値が027になっていることを確認する
[testuser@centos7 ~]$ touch umask2.txt Enter
[testuser@centos7 ~]$ ls -l umask2.txt Enter
-rw-r----- 1 testuser testuser 0  4月 21 23:01 umask2.txt
  →グループの書き込み権限とその他のユーザーに対するすべての権限が削除されている
```

umaskコマンドによるマスク値の変更は、現在起動中のシェルでのみ有効です。

> **参考** 第7章で紹介した/etc/login.defs (P.178参照) のUMASKの設定も、この仕組みによるものです。CentOS 7環境の既定の設定では「UMASK 077」と設定されているので、ユーザー追加時のホームディレクトリのパーミッションは700で構成されます。

もっと使いこなそう

特殊なパーミッション

ここまでに解説してきた「読み取り」「書き込み」「実行」の権限以外にも、**表8.3**のようなパーミッションを設定することもできます。

●**表8.3　特殊なパーミッション**

	SUID	SGID	スティッキービット
設定	4xxx u+s	2xxx g+s	1xxx o+t
説明	所有者の権限で操作が可能	所有グループの権限で操作が可能	所有者のみが削除可能

オクタルモードで設定をする場合、4桁目に値を入力します。これまでの例のように3桁で入力した場合は、**表8.3**で挙げた特殊なパーミッションの設定は行っていないことになります。表にもある通り、シンボルモードでの設定もできます。

■SUID／SGIDを利用する

SUIDを利用すると、ファイルを実行する際に実行ユーザーとは別のユーザーの権限（rootユーザーなど）で操作することができます。

次の実行例では、一般ユーザーの権限でpasswdコマンドを使い、パスワードを再設定しています[注8.1]。

```
[testuser@centos7 ~]$ ls -l /usr/bin/passwd Enter
-rwsr-xr-x. 1 root root 27856  8月  9  2019 /usr/bin/passwd
 →所有者の権限の部分で「s」と表示されていると、SUIDが有効
[testuser@centos7 ~]$ ls -l /etc/shadow Enter
----------. 1 root root 1291  4月  5 11:38 /etc/shadow  →タイムスタンプを確認しておく
[testuser@centos7 ~]$ cat /etc/shadow Enter
cat: /etc/shadow: 許可がありません  →shadowファイルのパーミッションは「000」なので、何もできない
[testuser@centos7 ~]$ passwd Enter
ユーザー testuser のパスワードを変更。
testuser 用にパスワードを変更中
現在のUNIXパスワード:  →現在のパスワード（既定のままだとtestpass）を入力する
新しいパスワード:  →「1a2w3d4r」と入力する
新しいパスワードを再入力してください:  →「1a2w3d4r」と入力する
passwd: 全ての認証トークンが正しく更新できました。
[testuser@centos7 ~]$ ls -l /etc/shadow Enter
---------- 1 root root 1283  4月 22 00:18 /etc/shadow
 →タイムスタンプ（＝ファイル）が更新されていることを確認する
```

入力したパスワードは/etc/shadowというファイルに格納されます。このファイルは一般ユーザーでは参照も更新もできないようになってますが、SUIDが有効になっている`passwd`コマンド経

注8.1　`passwd`コマンドの実行ファイルが/usr/bin/passwdです。この仕組みについては、「第９章　bashシェルの活用」で確認します。

由だと、当該コマンド実行時はroot権限を利用することができるためshadowファイルを更新可能です。

SGIDは、所有グループの権限を利用してSUIDと同じことができます。

> **参考** SUID、SGIDは、ファイルの実行時に別ユーザーの権限を利用できるようにする仕組みです。ファイルの実行権限が利用されるのは、本文で解説したように実行ファイルを実行する時の他に、スクリプトファイルを実行する時にも利用されます。ただしLinuxでは、コンパイルをしていないスクリプトファイルの実行時には、SUIDやSGIDの権限を利用できないようになっています。

■スティッキービットを設定する

/tmpディレクトリには既定で**スティッキービット**が設定されています。スティッキービットが有効なディレクトリでは、書き込み権限があったとしても、ファイルの削除は所有者しか行うことができません。

次の操作を確認しましょう。

```
[root@centos7 ~]# ls -ld /tmp Enter
drwxrwxrwt. 16 root root 4096  4月 22 00:17 /tmp
 →その他のユーザーの実行権限部分が「t」だとスティッキービットが有効
[root@centos7 ~]# echo test > /tmp/root.txt Enter
[root@centos7 ~]# su - testuser Enter
[testuser@centos7 ~]$ echo test > /tmp/testuser.txt Enter
[testuser@centos7 ~]$ rm /tmp/testuser.txt Enter
 →自分が作成したファイルは所有者であるため、削除できる
[testuser@centos7 ~]$ cat /tmp/testuser.txt Enter
cat: /tmp/testuser.txt: そのようなファイルやディレクトリはありません
[testuser@centos7 ~]$ rm /tmp/root.txt Enter
rm: remove write-protected 通常ファイル `/tmp/root.txt'? y  →「y」と入力してEnterキーを押す
rm: cannot remove `/tmp/root.txt': 許可されていない操作です
 →rootが作成したファイルは所有者ではないため、削除できない
```

これらの権限は、chmodコマンドを利用して既存のディレクトリやファイルに設定することもできます。以下は/permtestにスティッキービットを設定している例です。

```
[root@centos7 ~]# chmod 1777 /permtest Enter  →スティッキービットを設定する
[root@centos7 ~]# ls -ld /permtest Enter
drwxrwxrwt 2 testuser sales 26  8月 18 17:53 /permtest  →左のように表示されるのを確認する
```

基本をおさえよう

sudoコマンドの利用

別のユーザー権限を利用する方法として、suコマンドについて紹介しました。他にも、sudoコマンドを利用する方法があります。sudoコマンドは、指定した構文を別のユーザー権限(既定ではrootユーザーの権限)で実行するものです。

sudoコマンド

```
sudo [ オプション ] コマンド
```

概要	別のユーザー権限でコマンドを実行する	
主なオプション	オプション	説明
	-u ユーザー名	指定したユーザー権限でコマンドを実行する。-uオプションが指定されなかった場合、rootユーザー権限でコマンドを実行する
	-l	ユーザーに実行が許可されているコマンドや既定値の一覧を表示する
引数	・コマンド：別のユーザー権限で実行するコマンド	

次の実行図は、sudoコマンドを利用して、passwdコマンドでtest01ユーザーのパスワードを変更している例です。testuserは一般ユーザーですから、本来であれば他のユーザーのパスワードを変更することはできません。しかし、sudoコマンドを利用することによってrootユーザー権限でpasswdコマンドを実行し、パスワードを変更しています。

```
[testuser@centos7 ~]$ passwd test01 Enter
passwd: root のみがユーザー名を指定できます。
  →testuser自身の権限では他のユーザーのパスワード変更はできない
[testuser@centos7 ~]$ sudo passwd test01 Enter  →sudoコマンドを指定してパスワードを変更する
[sudo] testuser のパスワード:  →testuserのパスワードを入力する
ユーザー test01 のパスワードを変更。
新しいパスワード:  →test01の新しいパスワードを入力する
新しいパスワードを再入力してください:  →test01の新しいパスワードを再入力する
passwd: すべての認証トークンが正しく更新できました。
```

ここでポイントとなるのが、rootユーザーの権限を利用できているのに、rootユーザーのパスワードを入力していない点です。sudoコマンドでは、システム管理操作などを行う必要があるユーザーに対して、rootユーザーのパスワードを知らせずにrootユーザーの権限を利用させることができます。

もちろん、無条件で利用できるわけではありません。次の項目で紹介する設定ファイルで許可されたユーザーが、許可されたコマンドだけをrootユーザー権限で利用できるという仕組みになっています。

suコマンドを使ってrootユーザー環境を利用する方法だと、rootユーザーのパスワードがわかってしまいます。そのため、suコマンドを使わず、直接rootユーザーでログインしてrootユーザー権限をずっと使い続ける可能性があります。また、rootユーザーの環境に切り替えるとすべての操作が実行できるため、特定の操作だけ許可する、といったことができません。

一般ユーザーにrootユーザーのパスワードを知らせたくない、しかし許可されたコマンドに限ってrootユーザーの権限を利用させたいというケースでは、sudoコマンドを使うように運用します。

Point!

一般ユーザーに対してrootユーザー権限による処理を許可する場合、suコマンドよりもsudoコマンドのほうがセキュアな運用ができます。主な理由は以下の2点です。

- rootユーザーのパスワードを知らせる必要がない
- 事前に許可したコマンドのみ実行可能にできる

もっと使いこなそう

sudoコマンドの設定

■/etc/sudoersについて

sudoコマンドを利用するには、sudoコマンドを実行できるユーザーと実行できる操作を、/etc/sudoersファイルに設定しておく必要があります。

sudoersファイルの編集にはvisudoコマンドを使います。visudoコマンドを実行すると、viが起動[注8.2]してsudoersファイルを編集できる他、もし構文エラーがあった場合の検証も行います。

visudoコマンド

```
visudo [ オプション ]
```

概要	sudoersファイルを編集し、sudoコマンドの実行設定を行う

/etc/sudoersファイルの書式は下記の通りです。

■実行を許可するユーザー／コマンドの設定

許可するユーザー／%グループ 許可するホスト=(切り替え先のユーザー) 実行可能なコマンドのパス[,パス…]

■デフォルト値の設定

Defaults 設定項目[=値]

注8.2 本書で用意しているDebian環境では、既定でnanoが起動します。EDITOR変数により、起動するエディタを設定できます。

「許可するユーザー／グループ」には、設定対象(コマンド実行許可の対象)とするユーザーもしくはグループを指定します。グループを指定する時は「%グループ名」というように指定します。

「許可するホスト」は、sudoコマンドの実行を許可するホストを指定します。このファイルを複数のホストで共有する時に利用します。特にそのような運用をしない場合、すべてのホストで実行可能にする場合は、ALLと記述します。

「繰り替え先のユーザー」は、sudoコマンド実行時に利用するユーザー権限の対象となるユーザーです。(ALL)と指定すると、rootユーザーも含めたすべてのユーザー権限を利用できるようになります。個別のユーザーを指定したい場合は、(ユーザー名)と指定します。

「実行するコマンド」は絶対パスで記述します。引数やオプションを記述し、実行できるコマンド構文を限定することもできます。カンマで区切って複数指定することも可能です。

また、「Defaults　設定項目[=値]」という記述をすることでも、パスワード入力を省略するように設定できます。sudoコマンド実行時のデフォルト設定値を変更することができます。

■/etc/sudoersでコマンドの実行を許可する

以下の実行図は、test01ユーザーに対し、sudoコマンドを利用してuseraddコマンドを実行できるようにしている例です。

```
[root@centos7 ~]# visudo Enter
          :
%wheel  ALL=(ALL)    ALL  →wheelグループのメンバーはすべてのコマンドをsudoで実行可能（後述）
          :
test01        ALL=(ALL)        /usr/sbin/useradd  →末尾にこの行を追加し、保存して終了する
[root@centos6 ~]# tail -2 /etc/sudoers Enter
#includedir /etc/sudoers.d
test01        ALL=(ALL)        /usr/sbin/useradd  →ファイルに追記されていることを確認する
```

実行を許可するコマンドは、実行ファイルの位置を絶対パスで記述する必要があります。コマンドの実行ファイルの絶対パスは、whichコマンドで調べることができます。

whichコマンド

```
which [ オプション ] 名前
```

概要	$PATHに登録されているディレクトリからコマンドの実行ファイルを検索する
引数	・名前：検索する名前

以下は、useraddコマンドの実行ファイルの絶対パスを調べている例です。

```
[root@centos7 ~]# which useradd Enter
/usr/sbin/useradd
```

以下は、先ほどsudoersファイルで設定した内容を、実際に動作確認している例です。test01ユーザーは、useraddコマンドの実行を許可されているため、ユーザーを追加することに成功しています。

```
[test01@centos7 ~]$ sudo passwd testuser Enter  →引数を指定してpasswdコマンドを実行する
[sudo] test01 のパスワード:  →test01のパスワードを入力する
残念ですが、ユーザー test01 は'/bin/passwd testuser' を root として centos7 上で実行することは許可
されていません。
 →passwdコマンドの実行は許可していないので失敗する
[test01@centos7 ~]$ sudo useradd test06 Enter  →useraddコマンドの実行は許可しているので成功する
[test01@centos7 ~]$ tail -1 /etc/passwd Enter
test06:x:1011:1013::/home/test06:/bin/bash  →ユーザーが追加されていることを確認する
```

■/etc/sudoers でデフォルト値を設定する

sudoコマンド実行時は、実行するユーザー自身のパスワードの入力が求められます。これは万が一にもなりすましのユーザーに不正利用されないよう、ユーザー本人であることを確認するためです。

一度入力すると、既定では5分間はパスワードの再入力が求められません。以下のようにsudoersファイルを編集することで、再入力が必要になるまでの時間のデフォルト(既定)値を変更することができます。

```
[root@centos7 ~]# visudo Enter
        :
test01      ALL=(ALL)    /usr/sbin/useradd
Defaults timestamp_timeout = 60  →ファイルの末尾にこの行を追加する(デフォルト値を60分間とする)
```

以下のようにtest01の環境に切り替えて既定値を確認すると、timestamp_timeoutが60となっていることがわかります。これは一度パスワードを入力すると、60分間は再入力が不要という意味になります。

```
[test01@centos7 ~]$ sudo -l Enter  →-lオプションでsudoコマンドの実行に関する設定情報を表示する
既定値のエントリと照合中 (ユーザー名 test01)
    (ホスト名 centos7):
    !visiblepw, always_set_home, match_group_by_gid,
         :
    timestamp_timeout=60  →sudoersファイルに記述した設定が表示されることを確認する

ユーザー test01 は centos7 上で コマンドを実行できます
    (ALL) /usr/sbin/useradd
```

このようにして、sudoコマンドの設定に関する既定値を変えることが可能です。

なお、timestamp_timeoutの値を**表8.4**のように設定することも可能です。たとえば、sudoコマンドの実行時に常にパスワードの入力を要求したい場合は、0を設定します。

● 表8.4　timestamp_timeoutの設定例

設定例	意味
timestamp_timeout=30	sudoコマンド実行時、30分間に一度パスワード入力が必要
timestamp_timeout=0	sudoコマンド実行時、常にパスワード入力が必要
timestamp_timeout=-1	sudoコマンド実行時、パスワード入力が不要

■パスワード入力を省略する

この他以下のように、実行を許可するコマンドの先頭に「NOPASSWD:」という記述をすることでも、パスワード入力を省略するように設定できます。

```
[root@centos7 ~]# visudo Enter
          :
test01      ALL=(ALL)   NOPASSWD:/usr/sbin/useradd  →パスワード入力を不要に設定する
Defaults timestamp_timeout = 60
```

ただし、本運用環境の場合、セキュリティのことを考えると一定間隔でパスワード入力を要求するように設定することが望ましいです

■wheelグループへの許可設定について

第2章で紹介したCentOS 7のインストール手順で、以下の画面で「ユーザーの作成」を行う際に「このユーザーを管理者にする」にチェックを入れて作成（**図8.4**）をすると、そのユーザーはwheelグループのメンバーとなります。

● 図8.4　インストール時の「ユーザーの作成」画面

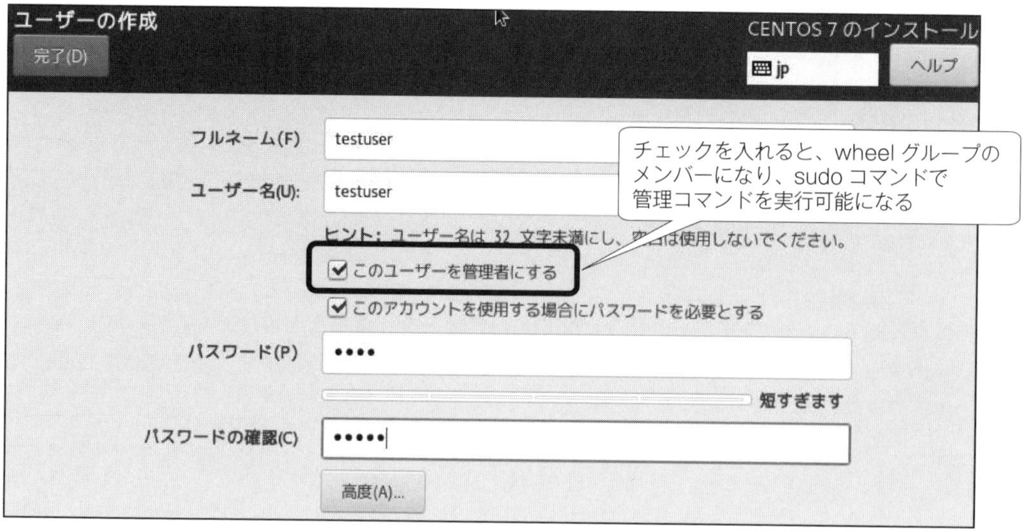

CentOS 7の/etc/sudoersファイルには以下の記述があり、wheelグループのメンバーはすべてのコマンドをsudoで実行可能であるように設定されています。

```
[root@centos7 ~]# grep "^%wheel" /etc/sudoers Enter
%wheel  ALL=(ALL)       ALL  →wheelグループのメンバーはすべてのコマンドをsudoで実行可能
```

本書で用意しているCentOS 7環境のtestuserはwheelグループのメンバーになっているため、どのコマンドもsudoコマンドで実行できます。つまり、testuserは実質的にrootユーザーと同じ権限を持っていると言えます。本運用環境の場合、ユーザーに対して本当に必要な場合に、実行させたいコマンドのみを選りすぐって許可すべきです。

参考 ディストリビューションによっては、rootユーザーでログインすることができず、suコマンドによるrootユーザー権限でのシェル起動もできないよう設定されているものがあります。そのようなケースでは、今回紹介したtestuserのように、実質rootユーザーの権限を持ったユーザーが必要になります。

章末演習

この章の内容を学習したことにより、以下の操作ができるようになります。いくつかの項目について、演習問題を通じて確認しましょう。

- パーミッション設定の基本を理解できる
- 所有者情報やパーミッション設定を変更し、必要な権限のみ付与することができる
- su コマンドを利用し、ユーザー権限を切り替えてコマンド端末を利用することができる
- sudo コマンドを利用し、ユーザー権限を切り替えてコマンドを実行することができる

参考　この章の演習内容は、「第7章　アカウントの管理」の演習を実行した後の環境を前提としています。もし実施していない場合は、以下のユーザー、グループを追加してから演習を行ってください。

ユーザー名	パスワード	主グループ	補助グループ
exuser1	password	marketing	―
exuser2	password	research	marketing

演習１

以下のディレクトリを作成し、問題文に書かれたパーミッション設定を行いましょう。

```
/ex8  →所有者、所有グループを root に設定
 ├──── marketing  → 所有者を root、所有グループを marketing に設定
 └──── research   → 所有者を root、所有グループを research に設定
```

◆パーミッション設定

所有グループのメンバーは、ディレクトリに対してすべての操作ができるように設定する。
メンバー以外のユーザーは、ディレクトリの内容を読み取れるようにし、
書き込みはできないように設定する。

演習2

ディレクトリ内に、図に示すファイルを作成しましょう。ファイルの内容は任意の内容とします。さらに、問題文に書かれたパーミッション設定を行いましょう。

```
/ex8
 ├── marketing  → info.txt を作成
 └── research   → secret.txt を作成
```

◆パーミッション設定

ファイル名	設定するパーミッション設定
info.txt	所有者を root、所有グループを marketing に設定。 所有者と所有グループのメンバーは読み書き可能にし、 他のメンバーは読み取りのみ可能とする
secret.txt	所有者を root、所有グループを research に設定。 所有者と所有グループのメンバーは読み書き可能にし、 他のメンバーはファイルの内容を参照できないようにする

演習3

演習1、2のパーミッション設定が正しいことを確認するため、以下の操作を実行し、表に書かれている「できる」「できない」という結果通りになることを確認しましょう。なお、動作確認では、exuser1、exuser2の他、testuserを利用します。testuserはmarketingグループとresearchグループのどちらにも所属していません。

■演習1の確認

動作確認の内容	動作確認に利用するユーザー		
	exuser1	exuser2	testuser
/ex8/marketing内に新規ファイルを作成	できる	できる	できない
/ex8/marketing内のファイル一覧を表示	できる	できる	できる
/ex8/research内に新規ファイルを作成	できない	できる	できない
/ex8/research内のファイル一覧を表示	できる	できる	できる

■演習2の確認

動作確認の内容	動作確認に利用するユーザー		
	exuser1	exuser2	testuser
info.txtの内容を表示	できる	できる	できる
info.txtの内容に追記	できる	できる	できない
secret.txtの内容を表示	できない	できる	できない
secret.txtの内容に追記	できない	できる	できない

演習４

応用問題 sudoコマンドにより、exuser1ユーザーが以下のコマンドを実行できるように設定しましょう。設定後、exuser3ユーザーを追加してパスワードを設定し、動作確認します。

- useradd
- usermod
- userdel
- passwd

章末演習【解答例】

演習１

ディレクトリを作成した後、chgrpコマンドとchmodコマンドで所有グループとパーミッションの設定を行っています。rootユーザー権限でディレクトリを作成しているため、所有者がrootになります。そのため、chownコマンドでの所有者設定は必要ありません。

```
[root@centos7 ~]# mkdir /ex8 Enter
[root@centos7 ~]# mkdir /ex8/marketing Enter
[root@centos7 ~]# mkdir /ex8/research Enter
[root@centos7 ~]# chgrp marketing /ex8/marketing Enter
[root@centos7 ~]# chgrp research /ex8/research Enter
[root@centos7 ~]# chmod 775 /ex8/marketing Enter
[root@centos7 ~]# chmod 775 /ex8/research Enter  →問題文に示されている設定はここまで
[root@centos7 ~]# ls -l /ex8 Enter  →設定内容を確認する
合計 0
drwxrwxr-x 2 root marketing 6  9月  1 17:32 marketing
drwxrwxr-x 2 root research  6  9月  1 17:32 research
```

演習２

下記の解答例では、echoコマンドでファイルを作成しています。他の方法で作成しても構いません。その後、chgrpコマンドとchmodコマンドで、所有グループとパーミッションの設定を行っています。

```
[root@centos7 ~]# echo test > /ex8/marketing/info.txt Enter
[root@centos7 ~]# echo test > /ex8/research/secret.txt Enter
[root@centos7 ~]# chgrp marketing /ex8/marketing/info.txt Enter
[root@centos7 ~]# chgrp research /ex8/research/secret.txt Enter
[root@centos7 ~]# chmod 664 /ex8/marketing/info.txt Enter
[root@centos7 ~]# chmod 660 /ex8/research/secret.txt Enter  →問題文に示されている設定はここまで
[root@centos7 ~]# ls -l /ex8/* Enter  →設定内容を確認する
/ex8/marketing:
合計 4
-rw-rw-r-- 1 root marketing 5  9月  1 18:12 info.txt

/ex8/research:
合計 4
-rw-rw---- 1 root research 5  9月  1 18:12 secret.txt
```

演習3

■演習1の確認（exuser1の権限）

```
[exuser1@centos7 ~]$ echo test > /ex8/marketing/exuser1.txt Enter
[exuser1@centos7 ~]$ ls /ex8/marketing Enter
exuser1.txt  info.txt
[exuser1@centos7 ~]$ echo test > /ex8/research/exuser1.txt Enter
-bash: /ex8/research/exuser1.txt: 許可がありません
[exuser1@centos7 ~]$ ls /ex8/research Enter
secret.txt
```

exuser1は、researchグループのメンバーではないのでresearchディレクトリへの書き込み（新規ファイルの作成など）ができません。

■演習1の確認（exuser2の権限）

```
[exuser2@centos7 ~]$ echo test > /ex8/marketing/exuser2.txt Enter
[exuser2@centos7 ~]$ ls /ex8/marketing Enter
exuser1.txt  exuser2.txt  info.txt
[exuser2@centos7 ~]$ echo test > /ex8/research/exuser2.txt Enter
[exuser2@centos7 ~]$ ls /ex8/research Enter
exuser2.txt  secret.txt
```

exuser2は、marketingグループ、researchグループのメンバーであるため、どちらのディレクトリにも書き込みができます。

■演習1の確認（testuserの権限）

```
[testuser@centos7 ~]$ echo test > /ex8/marketing/testuser.txt Enter
-bash: /ex8/marketing/testuser.txt: 許可がありません
[testuser@centos7 ~]$ ls /ex8/marketing Enter
exuser1.txt  exuser2.txt  info.txt
[testuser@centos7 ~]$ echo test > /ex8/research/testuser.txt Enter
-bash: /ex8/research/testuser.txt: 許可がありません
[testuser@centos7 ~]$ ls /ex8/research Enter
exuser2.txt  secret.txt
```

testuserは、marketingグループ、researchグループ、どちらのグループのメンバーでもないため、書き込みはできません。

■ 演習2の確認（exuser1の権限）

```
[exuser1@centos7 ~]$ echo exuser1 >> /ex8/marketing/info.txt Enter
[exuser1@centos7 ~]$ cat /ex8/marketing/info.txt Enter
test
exuser1 →追記できていることを確認する
[exuser1@centos7 ~]$ echo exuser1 >> /ex8/research/secret.txt Enter
-bash: /ex8/research/secret.txt: 許可がありません
[exuser1@centos7 ~]$ cat /ex8/research/secret.txt Enter
cat: /ex8/research/secret.txt: 許可がありません
```

■ 演習2の確認（exuser2の権限）

```
[exuser2@centos7 ~]$ echo exuser2 >> /ex8/marketing/info.txt Enter
[exuser2@centos7 ~]$ cat /ex8/marketing/info.txt Enter
test
exuser1
exuser2 →追記できていることを確認する
[exuser2@centos7 ~]$ echo exuser2 >> /ex8/research/secret.txt Enter
[exuser2@centos7 ~]$ cat /ex8/research/secret.txt Enter
test
exuser2 →追記できていることを確認する
```

■ 演習2の確認（testuserの権限）

```
[testuser@centos7 ~]$ echo testuser >> /ex8/marketing/info.txt Enter
-bash: /ex8/marketing/info.txt: 許可がありません
[testuser@centos7 ~]$ cat /ex8/marketing/info.txt Enter
test
exuser1
exuser2
[testuser@centos7 ~]$ echo testuser >> /ex8/research/secret.txt Enter
-bash: /ex8/research/secret.txt: 許可がありません
[testuser@centos7 ~]$ cat /ex8/research/secret.txt Enter
cat: /ex8/research/secret.txt: 許可がありません
```

演習4

visudoコマンドを実行し、/etc/sudoersファイルの末尾に下記のように追記、保存します。これにより、exuser1が記述されたコマンドをsudoコマンドで実行できるようになります。コマンドのパスはwhichコマンドで調べることができます。

```
[root@centos7 ~]# visudo Enter
        :
exuser1   ALL=(ALL)   /usr/sbin/useradd,/usr/sbin/usermod,/usr/sbin/userdel,/usr/bin/
passwd
  →ファイルの末尾に上記の内容を追記して保存する
```

/etc/sudoersファイルへの設定が完了したら、以下のように実行することで、問題文に書かれている設定内容の動作確認ができます。

```
[root@centos7 ~]# su - exuser1 Enter
最終ログイン: 2021/09/01 (水) 19:00:35 JST日時 pts/0
[exuser1@centos7 ~]$ sudo useradd exuser3 Enter

あなたはシステム管理者から通常の講習を受けたはずです。
これは通常、以下の3点に要約されます:

    #1) 他人のプライバシーを尊重すること。
    #2) タイプする前に考えること。
    #3) 大いなる力には大いなる責任が伴うこと。

[sudo] exuser1 のパスワード: →exuser1のパスワードを入力。useraddコマンドが実行される
[exuser1@centos7 ~]$ sudo passwd exuser3 Enter
ユーザー exuser3 のパスワードを変更。
新しいパスワード: →exuser3に設定するパスワードを入力する
新しいパスワードを再入力してください: →exuser3に設定するパスワードを入力する
passwd: すべての認証トークンが正しく更新できました。
```

passwdコマンドは、一般ユーザーでも実行できますが、引数を指定して、他のユーザーのパスワードを設定するのはrootユーザー権限がないとできません。

第9章

bashシェルの活用

変数の設定

エイリアスの利用

bash シェルの設定ファイル

この章のポイント

第３章で、bashシェルの基本的な利用方法を解説しました。本章ではさらにbashシェルを活用する方法を確認します。

■変数を使ってシステム設定を変更する

bashシェル上で「変数名=値」と指定することで、**変数**に値を格納できます。Linuxでは、あらかじめ用意されているさまざまな変数に値を設定し、システムの挙動を変更することができます。主な定義済みの変数は下記の通りです。

●表　主な定義済みの変数

変数名	用途
LANG	利用している言語、文字コード（ロケール情報）
PATH	コマンドの実行ファイルの格納先
PS1	プロンプトに表示する内容
SHELL	現在利用しているシェル
HISTSIZE	コマンド履歴の保存数

たとえば、**LANG変数**の値を変更すると、起動しているシェル上で使われる言語設定を変更することができます。

```
[root@centos7 ~]# echo $LANG Enter →LANG変数の値を表示する
ja_JP.UTF-8 →日本語環境を利用する設定がされている
[root@centos7 ~]# ls 1234 Enter
ls: 1234 にアクセスできません: そのようなファイルやディレクトリはありません
  →エラーメッセージが日本語で表示される
[root@centos7 ~]# LANG=C Enter →英語を利用するように変更する
[root@centos7 ~]# ls 1234 Enter
ls: cannot access 1234: No such file or directory →エラーメッセージが英語で表示される
```

PATH変数には、コマンドなどを実行する際に実行ファイルの検索対象となる、実行ファイルを格納しているディレクトリが格納されています。

```
[root@centos7 ~]# echo $PATH Enter
/usr/local/sbin:/usr/local/bin:/usr/sbin:/usr/bin:/root/bin
  →コマンド実行時に検索するディレクトリの一覧
```

■エイリアス設定を追加する／確認する

エイリアス（別名）を設定することで、既存のコマンドに別名を指定したり、オプション設定を既定で有効にしたりといったことができます。

エイリアスの設定や確認には`alias`コマンドを使います。

aliasコマンド

```
alias [ エイリアス名='実行内容' ]
```

概要	エイリアスを定義する／確認する
引数	・エイリアス名：定義するエイリアスの名前 ・実行内容：実行する内容

以下の実行図では、laというエイリアスを設定し、動作を確認しています。

```
[root@centos7 ~]# alias la='ls -a' Enter  →laと実行すると、ls -aが実行されるように設定する
[root@centos7 ~]# la Enter  →設定したエイリアス名で実行できることを確認する
.                   3.txt                test3.txt
..                  4.txt                test4.txt
.ICEauthority       5.txt                test5.txt
.bash_history       anaconda-ks.cfg      test6.txt
         :
```


■次回起動時に変数やエイリアスの設定を有効にする

変数やエイリアスをシェル上で設定しても、起動中のシェル上でのみ設定が有効になるだけで、次回起動時には反映されません。たとえば、システムを停止した後には設定は引き継がれないのです。

次回起動時にも変数やエイリアスの設定を有効にするには、シェルの設定ファイルに設定を記述する必要があります。設定ファイルは次のようなものがあります。

●表　bashシェルの設定ファイル

	全員が参照	ユーザー個別で参照
ログイン時に読み込み	/etc/profile	①~/.bash_profile ②~/.bash_login ③~/.profile
bash起動時に読み込み	/etc/bashrc	~/.bashrc
ログアウト時に読み込み	—	~/.bash_logout

エイリアスの設定は、/etc/bashrcもしくは~/.bashrcファイルに記述をします。以下のようにホームディレクトリ内の.bashrcファイルに記述すると、次回シェル起動時以降、エイリアス設定が読み込まれるようになります。

```
[root@centos7 ~]# vi .bashrc
         :
alias la='ls -a' → ファイルの末尾に追加
```

基本をおさえよう

変数の設定

■変数の基本を理解する

シェル上では**変数**を利用することができます。変数は次のような目的で利用します。

- 何度も使う値を参照する
- コマンド構文内やシェルスクリプト内で何度も使う値は、事前に変数名と値を定義して利用することができます。
- システムの挙動を変更する
- システムに用意されている定義済みの変数を利用して、システムの挙動を変更することができます。

ここでは、システムの挙動を変更するための変数について解説していきます。なお、シェルスクリプトにおける変数の利用例は第11章で紹介します。

システムに用意されている主な定義済みの変数としては、**表9.1**のようなものが存在します。

●表9.1　主な定義済みの変数

変数名	用途
LANG	利用している言語、文字コード（ロケール情報）
PATH	コマンドの実行ファイルの格納先
PS1	プロンプトに表示する内容
SHELL	現在利用しているシェル
HISTSIZE	コマンド履歴の保存数

変数に格納されている値を参照する場合、変数に値を定義する場合は、次のように指定します。

■変数に格納された値を参照する

echo ＄変数名

■変数に値を格納する

変数名＝値

echoコマンドは、指定された文字列をそのまま画面上に表示するためのコマンドです。たとえば、シェルスクリプト内で処理した結果をメッセージとして出力するといった場合に使います。

echoコマンド

```
echo [ オプション ] 文字列
```

概要	指定した文字列を出力する	
主なオプション	オプション	説明
	-n	改行せずに文字列を出力する
引数	・*文字列*：画面上に表示する文字列。「$変数名」で変数に格納された値を出力する	

echoコマンドの引数に「$変数名」を指定すると、変数に格納されている値を参照できます。次のように動作確認してみましょう。

```
[root@centos7 ~]# echo $LANG Enter
ja_JP.UTF-8 →日本語環境を利用している（値についての詳細は後述）
[root@centos7 ~]# ls 1234 Enter
ls: 1234 にアクセスできません: そのようなファイルやディレクトリはありません
  →エラーメッセージが日本語で表示される
[root@centos7 ~]# LANG=C Enter  →英語を利用するように変更する
[root@centos7 ~]# ls 1234 Enter
ls: cannot access 1234: No such file or directory
```

変数の値を参照する時は「$変数名」と指定し、値を定義する時には$を付けずに「変数名=値」と指定します。また、bashシェル上で変数を定義する際は、**図9.1**のように不要なスペースを入れないように注意してください。

● 図9.1　変数に値を設定する時の注意点

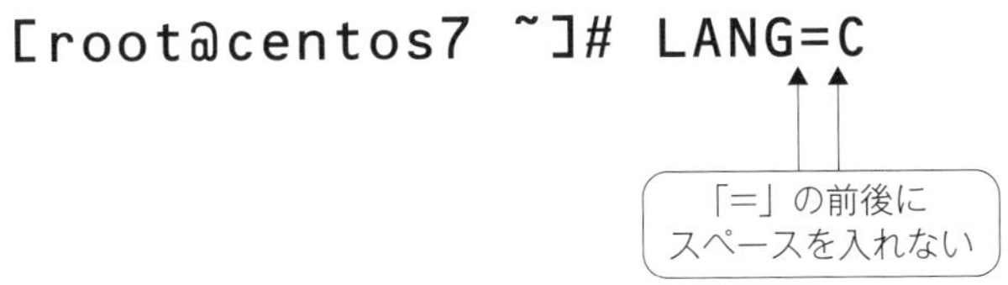

Point!

変数の値を参照する時は「$変数名」とし、変数の値を設定する時は「変数名=値」とします。

定義済みの変数の値はシェル起動時に読み込まれます。そのため、端末を一度閉じてから開き直すと、元の値に戻ります。起動時に読み込まれる変数の初期設定を行うには、シェルの設定ファイルを編集する必要があります。シェルの設定ファイルについては本章の後半で紹介します。

この節では続いて、システムの挙動に影響を与える主な定義済み変数として、LANG変数とPATH変数の例を紹介します。

■LANG変数

LANG変数は、OSが利用する**ロケール**の設定ができます。ロケールとは、利用する言語や地域設定のことを指します。日本語環境で構成したCentOS 7では、次の値が格納されています。

```
[root@centos7 ~]# echo $LANG Enter
ja_JP.UTF-8
```

格納されている値は、**図9.2**のような構成になっています。

● 図9.2 LANG変数に格納できるロケール値の構成

```
jp_JP.utf8
①  ②   ③
```

①言語： ja →日本語
②国／地域： JP →日本
③文字コード：utf8

LANG変数に格納できるロケール値には、**表9.2**のようなものがあります。

● 表9.2 LANG変数の主な値

ロケール値	言語	国／地域	文字コード
ja_JP.utf8	日本語	日本	UTF-8
ja_JP.eucjp	日本語	日本	日本語EUC
en_US.utf8	英語	アメリカ合衆国	UTF-8
en_GB.utf8	英語	イギリス	UTF-8
C / POSIX	英語（POSIX標準で用意されているロケール）		

英語での表示設定を行いたい場合は、「en_US.utf8」のように国／地域を指定したロケール値を設定するか、以下のようにCロケールを設定します。

```
[root@centos7 ~]# LANG=C Enter →英語を利用するように変更
[root@centos7 ~]# ls 1234 Enter
ls: cannot access 1234: No such file or directory
```

上記のようにLANG変数にロケール値を指定すると、それ以降シェルを終了するまで、指定したロケール値が利用されます。以下のようにコマンドの前で変数の設定を行うと、指定したコマンド実行時のみ値が適用されます。

```
[root@centos7 ~]# LANG=ja_JP.utf8 ls 1234 Enter →指定したコマンド実行時のみ日本語で表示する
ls: 123 にアクセスできません: そのようなファイルやディレクトリはありません
[root@centos7 ~]# ls 1234 Enter
ls: cannot access 1234: No such file or directory →元のロケールに戻って表示されている
```

LANG変数に格納できるロケール値は、`locale`コマンドで確認できます。

localeコマンド

```
locale [ オプション ]
```

概要	ロケール情報を確認する	
主なオプション	オプション	説明
	-a	設定できる値をすべて表示する
	-v	-aオプションと併用し、各ロケールの詳細を表示する

以下のように-aオプションを指定することで、利用できるロケール値を一覧表示できます。

```
[root@centos7 ~]# locale -a Enter
C
POSIX
        :
ja_JP.utf8
        :
```

次回シェル起動時にも設定したロケール値を反映させたい場合は、設定ファイルを編集します。CentOS 7では、起動時に参照されるロケール設定が/etc/locale.confに格納されています[注9.1]。

```
[root@centos7 ~]# cat /etc/locale.conf Enter
LANG="ja_JP.UTF-8"
```

■PATH変数

図9.3は、コマンド名を入力し、実行されるまでの流れをまとめたものです。

●図9.3　コマンドの実行とPATH変数

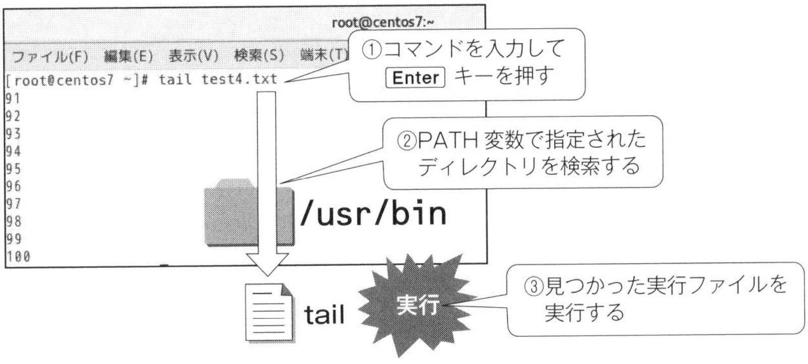

注9.1　Debian系のディストリビューションでは、/etc/default/localeファイルに格納されています。

シェルのプロンプト上に文字を入力すると、コマンドとして認識されます。そして、コマンドの実行ファイルを格納しているディレクトリ内にある同名の実行ファイルを検索し、コマンドを実行します[注9.2]。

検索の際には、実行ファイルを格納しているディレクトリとして、**PATH変数**に追加されているディレクトリを検索します。PATH変数には、次のように複数のディレクトリ名がコロン(:)で区切られて格納されています。

```
[root@centos7 ~]# echo $PATH Enter
/usr/local/sbin:/usr/local/bin:/usr/sbin:/usr/bin:/root/bin
  →コマンド実行時に検索するディレクトリの一覧
```

本書で用意しているCentOS 7環境には、/testbinディレクトリを用意しており、その中にサンプルのシェルスクリプトファイルを配置しています。シェルスクリプトファイルは、コマンドの実行ファイルと同様、ファイル名を指定すると実行できます。

ファイル名を指定する際、ディレクトリ名まで含めれば実行できるのですが、既定ではディレクトリ名を指定しないとエラーになります。これは、PATH変数の値に/testbinが含まれていないからです。

```
[root@centos7 ~]# /testbin/testsl Enter
wake up  →実行後、10秒経過すると左のメッセージが表示される
[root@centos7 ~]# testsl Enter
bash: testsl: コマンドが見つかりませんでした...  →ディレクトリを指定しないと実行できない
```

以下のように/testbinディレクトリをPATHに追加すると、/testbinディレクトリ内の実行ファイルやスクリプトをファイル名だけで実行できるようになります。

```
[root@centos7 ~]# PATH=$PATH:/testbin Enter  →既存のPATHに加え、/testbinを追加する
[root@centos7 ~]# echo $PATH Enter
/usr/local/sbin:/usr/local/bin:/usr/sbin:/usr/bin:/root/bin:/testbin
  →/testbinが追加されている
[root@centos7 ~]# testsl Enter  →ディレクトリ名を指定しなくても実行可能
wake up
```

PATHにディレクトリを追加する場合、上記のように「PATH=$PATH:ディレクトリ」というように指定します。$PATHは既存のPATHの値を表し、それに加えて、指定したディレクトリを追加するという意味になります。

以下のように「PATH=ディレクトリ」と指定してしまうと、既存のPATHの値が消え、指定したディレクトリのみが格納されてしまいます。(**注意**：以下の実行例を実際に試すと既存のPATHが消えてしまうので、実行後、端末を閉じてから起動し直してください)その結果、ほとんどのコマンドが名前だけでは実行できなくなってしまいます。

注9.2　実行ファイルは、ファイル名を指定することで実行できます。

```
[root@centos7 ~]# PATH=/testbin Enter
[root@centos7 ~]# echo $PATH Enter
/testbin  →既存のPATHの情報が消え、指定したディレクトリのみが追加されている
[root@centos7 ~]# testsl Enter
/testbin/testsl: 行 2: sleep: コマンドが見つかりません
wake up  →/testbinのスクリプトやechoコマンドが実行できる注9.3
[root@centos7 ~]# cat test.txt Enter
bash: cat: コマンドが見つかりませんでした...  →それ以外のコマンドは実行できない
```

端末を起動し直すと、変数の値は元に戻ります。PATH変数に永続的に値を追加したい場合は、この後に確認するbashの設定ファイルに設定を追加します。

もっと使いこなそう

エイリアスの利用

bashシェルでは、**エイリアス**を定義して利用することができます。エイリアスとは、コマンドの別名のことです。aliasコマンドを利用して、エイリアスを定義したり、定義したエイリアスを確認したりできます。

aliasコマンド

```
alias [ エイリアス名='実行内容' ]
```

概要	エイリアスを定義する／確認する
引数	・エイリアス名：定義するエイリアスの名前 ・実行内容：実行する内容

次の内容を確認してみましょう。

```
[root@centos7 ~]# alias Enter
        :
alias ll='ls -l --color=auto'
alias ls='ls --color=auto'
alias mv='mv -i'
alias rm='rm -i'
alias which='alias | /usr/bin/which --tty-only --read-alias --show-dot --show-tilde'
```

aliasコマンドを引数無しで実行すると、現在有効なエイリアスの確認ができます。

上記の実行結果にもあるように、CentOSでは既定で「ll」というエイリアスが有効になっています。これは、「ls -l」の実行をllという別名でも実行できるようにするための設定です。

注9.3 Linuxではほとんどのコマンドがシェルとは別に実行ファイルとして用意されているのですが、echoコマンドはシェルに組み込まれているコマンドであるため、PATHの情報が消えても実行できます。なお、実行例にはありませんが、GUIのコマンド端末上では、既存のPATHが消えるとsedコマンドに関するエラーが出力されます。これはGUIのコマンド端末上で、PATHの特定のためにsedコマンドを利用しているためです。

さらに、lsコマンド自体のエイリアスも設定されています。この場合、**図9.4**のような流れで、コマンドに既定でオプションを追加することができます。

● **図9.4　コマンド実行時にエイリアスや実行ファイルが検索される流れ**

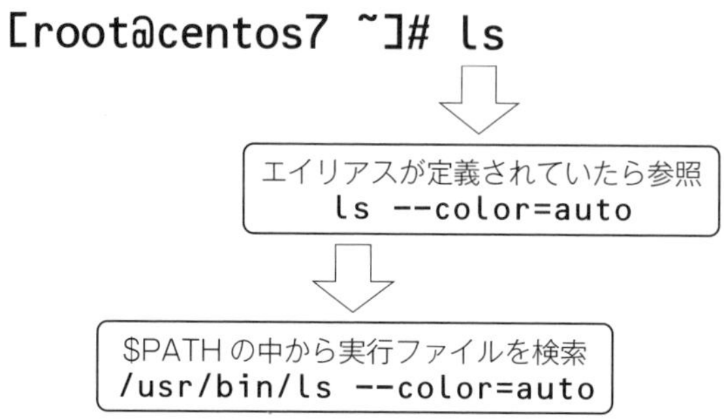

プロンプト記号の右に指定された文字列をコマンドと解釈し、PATHに登録されているディレクトリから同名の実行ファイルを検索します。しかし、エイリアスが定義されていた場合、そちらが適用されます。ここで指定されているlsのcolorオプションは、端末上でディレクトリやシンボリックリンクなど、ファイルの種類によって色分けをするためのものです。

エイリアスを無効にして実行したい場合は、以下のようにコマンドの先頭に「\」を付けて実行します。

```
[root@centos7 ~]# \ls / Enter
bin   dev  home  lib64  mnt       opt   root  sbin  sys       testdir  usr
boot  etc  lib   media  mountdir  proc  run   srv   testbin   tmp      var
  →ディレクトリが色分けされずに表示される
```

あるいは、unaliasコマンドを使うと、エイリアスの定義を解除できます。

```
[root@centos7 ~]# unalias ll Enter
[root@centos7 ~]# ll Enter   →エイリアスの定義が解除されたので、エラーになる
bash: ll: コマンドが見つかりませんでした...
```

unaliasコマンド

unalias *エイリアス名*

概要	エイリアスを解除する
引数	・*エイリアス名*：解除するエイリアスの名前

エイリアスを新規で定義する場合、以下のように設定を行います。これは、testuserユーザー環境で、rmコマンドのエイリアスを設定している例です。

```
[root@centos7 ~]# su - testuser Enter
最終ログイン: 2020/04/23 (木) 04:47:35 JST日時 pts/0
[testuser@centos7 ~]$ alias Enter
alias egrep='egrep --color=auto'
        :
  → rmのエイリアスが設定されていないことを確認する
[testuser@centos7 ~]$ echo test > aliastest.txt Enter
[testuser@centos7 ~]$ rm aliastest.txt Enter  →通常ファイルの削除時にメッセージが表示されない
[testuser@centos7 ~]$ alias rm='rm -i' Enter
[testuser@centos7 ~]$ alias Enter
        :
alias rm='rm -i'
        : →指定したエイリアスが有効になっていることを確認する
[testuser@centos7 ~]$ echo test > aliastest.txt Enter
[testuser@centos7 ~]$ rm aliastest.txt Enter  →確認メッセージが表示されるようになる
rm: remove 通常ファイル `aliastest2.txt'? →Enterを押すと削除しない（yキーを押すと削除する）
```


補足すると、CentOS環境ではrootユーザーに限り、`rm`コマンドに`-i`オプションが有効になるように設定されています。そのため、rootユーザーでの操作時に`rm`コマンドを実行すると、既定で確認ダイアログが表示されますが、上記のように本来`rm`コマンドは、通常ファイルの削除については確認メッセージを表示しません。

エイリアスを定義する場合、実行内容の部分をシングルクォーテーションで囲む[注9.4]こと、「=」の前後にスペースを入れないことに注意する必要があります（図9.5）。

● 図9.5　エイリアス設定時の注意点

```
[testuser@centos7 ~]$ alias rm='rm -i'
```

「=」の前後にスペースは入れない

実行内容は'～'で囲む

なお、`alias`コマンドでエイリアスを定義しても、現在起動しているシェル上でのみ有効です。次回起動時にも有効にしたい場合には、この後で紹介する設定ファイルに記述する必要があります。

```
[testuser@centos7 ~]$ exit Enter
ログアウト
[root@centos7 ~]# su - testuser Enter  →testuserユーザーでシェルを開き直す
[testuser@centos7 ~]$ rm aliastest.txt Enter
  → 定義したエイリアスが消えてしまったため、メッセージが表示されない
[testuser@centos7 ~]$ cat aliastest.txt Enter  →削除されていることを確認する
cat: aliastest.txt: そのようなファイルやディレクトリはありません
```

注9.4　これは、「エイリアス名=実行内容」で1つの引数であることが理由です。スペースは引数の区切りと解釈されてしまうため、実行内容の途中にスペースが入っていても1つの引数となるよう、シングルクォーテーションで囲みます。

参考　CentOS 7環境では、ユーザーがシステムを便利に利用できるよう、既定でいくつかのエイリアスが定義されています。ただし、ユーザーによって既定で設定されるエイリアスが若干異なります。

- rootユーザー環境のみ
  cp、mv、rmコマンドで-iオプションが有効です。これにより、ファイルの上書きや削除の際、確認メッセージが表示されるようになります。

- 一般ユーザー環境でのみ有効
  viのエイリアスでvimコマンドが実行されます。

vimコマンドは、vim-enhancedパッケージで用意されるさまざまな機能拡張が有効になっているvimの実行コマンドです（第5章参考）。たとえば、カーソル位置の表示やコメント行などの色分けといった機能が既定で有効になっているのも、この機能拡張によるものです。
rootユーザー環境で同様のvimを利用したい場合、vimコマンドを実行するか、一般ユーザー環境と同じくviコマンドのエイリアスを設定します。

もっと使いこなそう

bashシェルの設定ファイル

すでに解説しましたが、変数やエイリアスをコマンドなどで設定しても、次回ログイン時には反映されません。ログイン時には、設定ファイルに記述されている変数やエイリアスの情報が参照され、反映されます。

bashシェルで利用される変数やエイリアス情報は、**表9.3**のファイルに格納されています。

●表9.3　bashシェルの設定ファイル

	全員が参照	ユーザー個別で参照
ログイン時に読み込み	/etc/profile	①~/.bash_profile ②~/.bash_login ③~/.profile
bash起動時に読み込み	/etc/bashrc	~/.bashrc
ログアウト時に読み込み	—	~/.bash_logout

ユーザーが個別に参照するファイルは、ユーザーのホームディレクトリに格納されています。このうち、ログイン時に参照されるファイルは、表の①→②→③の順にファイルが検索されます。そのため、ディストリビューションの種類など環境の違いによって配置されるファイルが異なるケースでも、いずれかのファイルが存在すれば情報を参照できるようになっています。

CentOS環境で、これらのファイルにどのような情報が記録されているか確認してみましょう。

```
[root@centos7 ~]# cat /etc/profile Enter
# /etc/profile
         :
HISTSIZE=1000  →コマンド履歴を1000件保存するよう構成されている
         :
if [ $UID -gt 199 ] && [ "`/usr/bin/id -gn`" = "`/usr/bin/id -un`" ]; then
    umask 002
else
    umask 022
fi  →ユーザーアカウントによってマスク値を002か022に設定する
         :
[root@centos7 ~]# cat .bashrc Enter
         :
alias rm='rm -i'  →rmコマンドのエイリアス設定
alias cp='cp -i'
alias mv='mv -i'
         :
```

上の実行図からもわかる通り、/etc/profileには変数やumaskの値が定義されています。

~/.bashrcには、既定で有効になっているエイリアスが定義されています。rmコマンドのエイリアスがあることもわかりますが、これはrootユーザーの.bashrcのみで有効になっている設定です。一般ユーザーでは、ファイルを削除しようとした時に確認メッセージが表示されないのはすでに解説した通りです。そこで、rmコマンドのエイリアスがtestuserの環境でも常に有効になるように構成しましょう。

```
[root@centos7 ~]# su - testuser Enter
最終ログイン: 2020/04/30 (木) 15:54:20 JST日時 pts/0
[testuser@centos7 ~]$ vi .bashrc Enter
         :
# User specific aliases and functions
alias rm='rm -i'  →末尾にエイリアスを追加する
[testuser@centos7 ~]$ . .bashrc Enter
  →.bashrcを実行して適用する。これ以降、常にエイリアスが有効になる
[testuser@centos7 ~]$ echo test > aliastest.txt Enter
[testuser@centos7 ~]$ rm aliastest.txt Enter
rm: remove 通常ファイル `aliastest.txt'? y  →yキーを押すと削除する
```

今回紹介したシェルの設定ファイルは、「第11章　シェルスクリプト」で学ぶシェルスクリプトの文法を使って記述されています。設定ファイルに記述した内容を今すぐ有効にしたい場合は、「.」や「source」などを指定してスクリプトを実行（実行方法は第11章で詳しく解説）します。

Point!

エイリアスについては、シェルの起動時に参照されるようにしたいため、/etc/bashrcや~/.bashrcに設定します。変数やUMASK値については、ログイン時に参照されるようにしたいため、/etc/profileや~/.bash_profileに設定します。

ただし、GUI環境にログインする場合は、変数についてはそのままでは参照できないため、環境変数としてエクスポートすることで利用します（具体的な手順は「第11章　シェルスクリプト」で学びます）。

章末演習

この章の内容を学習したことにより、以下の操作ができるようになります。いくつかの項目について、演習問題を通じて確認しましょう。

- 変数の設定によってシステムの挙動を変更できる
- エイリアス設定の確認や追加ができる
- bashシェルの設定ファイルを使って、変数やエイリアスの設定を永続的に有効にできる

演習１

エラーメッセージやマニュアルが日本語（UTF-8）で表示される設定であることを確認しましょう。なっていなかった場合は、設定を変更しましょう。

演習２

`ls`コマンドのマニュアルを英語で表示しましょう。

演習３

応用問題 rootユーザーの環境で、「`vi ファイル名`」と実行した時に、`vim`コマンドが実行されるようエイリアスの設定がされていることを確認しましょう。もし、されていない場合には設定を行いましょう。

演習４

応用問題 新しいユーザーを追加した時に、`alias`コマンドで指定しなくても既定で`rm`コマンドの`-i`オプションが有効になるよう設定しましょう。また、新しいユーザーを追加して`rm`コマンドでファイルを削除する時、既定で確認メッセージが表示されるようにしましょう。

章末演習【解答例】

演習1

メッセージの表示言語を設定するには、LANG変数で設定を行います[注9.5]。「echo $変数名」で指定した変数に格納されている値を表示できます。以下のような表示になっていると日本語(UTF-8)でメッセージを表示するという意味になります。

```
[root@centos7 ~]# echo $LANG Enter
ja_JP.UTF-8
```

もし、異なる値が設定されている場合は、以下のように指定します。「変数名=値」で変数に値を格納できます。

```
[root@centos7 ~]# LANG=ja_JP.UTF-8 Enter
```

演習2

以下のように実行すると、指定した変数設定を適用して(この例ではLANG=Cなので、英語で表示するという設定を適用して)コマンドを実行できます。

```
[root@centos7 ~]# LANG=C man ls Enter
LS(1)                         User Commands                         LS(1)

NAME
       ls - list directory contents
         :
```

以下のように分けて設定した場合は、この後にLANG変数の値を再び変更するか、シェルを閉じるまで、英語での表示設定が有効になります

```
[root@centos7 ~]# LANG=C Enter
[root@centos7 ~]# man ls Enter
```

演習3

次回シェル起動時以降にも有効なエイリアス設定を行うには、以下のように~/.bashrcファイルに設定を行います。

注9.5 厳密には、メッセージの言語設定だけであれば「LC_MESSAGES変数」が存在します。本書で解説したのはLANG変数だけなので、ここではLANG変数を使った解答例を紹介します。

```
[root@centos7 ~]# vi .bashrc Enter
        :
alias vi='vim'   →左の内容を追加する（追加済みの場合は、確認のみでOK）
```

本書で用意している仮想マシン環境では、このエイリアス設定を行っていますが、OSインストール直後はこの設定が有効ではありません。そのため、一からインストールして環境を用意した場合は、上記の設定を行うようにしましょう。

設定した内容が現在起動中のシェルでも有効になるようにするには、以下のように.bashrcファイルの内容を実行します（実行方法については、詳しくは「第11章　シェルスクリプト」で解説します）。

```
[root@centos7 ~]# . .bashrc Enter
[root@centos7 ~]# alias Enter
        :
alias vi='vim'  →設定したエイリアスが有効になっているのを確認する
        :
```

vimコマンドが実行されるようになると、最下部に常にカーソル位置が表示されるなど、機能拡張されたvim環境を利用できます。

演習４

「第７章　アカウント管理」で紹介されているように、useraddコマンドでの新規ユーザー追加時、/etc/skelディレクトリにあるファイルやサブディレクトリを元にホームディレクトリ内のファイルが作成されます。そのため、以下のように/etc/skelディレクトリ内の.bashrcにエイリアスを記述すると、それ以降に新規追加したユーザーの環境ではエイリアスが有効になります。

```
[root@centos7 ~]# vi /etc/skel/.bashrc Enter
# User specific aliases and functions
alias rm='rm -i'  →左の内容を追記し、保存して終了する
[root@centos7 ~]# useradd exuser4 Enter  →動作確認用のユーザーを追加する
[root@centos7 ~]# su - exuser4 Enter  →動作確認用のユーザー環境に切り替える
[exuser4@centos7 ~]$ alias Enter  →エイリアスの一覧を表示する
          :
alias rm='rm -i'  →aliasコマンドを指定しなくてもエイリアスが有効になっていることを確認する
          :
[exuser4@centos7 ~]$ echo test > test.txt Enter  →動作確認用のサンプルファイルを作成する
[exuser4@centos7 ~]$ rm test.txt Enter
rm: 通常ファイル `test.txt' を削除しますか?  →確認メッセージが表示されることを確認する
```

第 10 章

プロセスとサービスの管理

プロセスの管理

systemctl コマンドによるサービスの管理

バックグラウンドジョブの実行

ジョブとプロセスの停止

この章のポイント

Linuxシステムでは、OS上で動作しているプログラムをプロセスとして管理しています。この章では、動作中のプロセスを確認したり、停止したりする方法を学びます。また、systemctlコマンドによるサービスの制御や、システム起動時にサービスを自動起動するための設定についても紹介します。

■動作中のプロセスを表示する

psコマンドで、現在動作中のプロセスを表示することができます。psコマンドには複数の形式のオプションが用意されており、BSD形式のオプションはハイフン無しで、Unix形式のオプションはハイフンを付けて指定します。

```
[root@centos7 ~]# ps a Enter
  PID TTY      STAT   TIME COMMAND
    :
10261 pts/0    S+     0:00 tail -f /var/log/secure
10270 pts/1    Ss     0:00 -bash
10290 pts/1    R+     0:00 ps a
```

psコマンドでは、出力される情報から以下の内容を確認できます。プロセスIDとは、各プロセスに割り当てられるランダムな値で、このIDによってプロセスを特定できます。

●表　psコマンドで出力される情報

列名	意味
PID	プロセスID
TTY	端末
STAT	プロセスの状態
TIME	CPUの稼働時間
COMMAND	プロセスの実行内容

プロセスには親子関係があり、pstreeコマンドにより親子関係を表示することができます。

```
[root@centos7 ~]# pstree -p Enter
systemd(1)─┬─ModemManager(705)─┬─{ModemManager}(713)
           │                   └─{ModemManager}(726)
           ├─NetworkManager(727)─┬─dhclient(816)
           │                     ├─{NetworkManager}(767)
           │                     └─{NetworkManager}(773)
    :
```

上記のpstreeコマンドの実行結果を見ると、プロセスID 1（PID 1）でsystemdプロセスが起動しており、systemdを親プロセスとして複数のプロセスが起動していることがわかります。

■システムのサービスを制御する

Linuxシステムでは、さまざまなサービスが起動しており、それらを制御するためのコマンドとしてsystemctlコマンドが用意されています。systemctlコマンドは、サブコマンドを使ってサービスを制御します。

●表　systemctlコマンドの主なサブコマンド

サブコマンド	用途
start	起動
stop	停止
restart	再起動
status	状態の確認
enable	自動起動の有効化
disable	自動起動の無効化
list-unit-files	ユニットの状態を表示

■ジョブを操作する

Linuxでは、端末上で実行したコマンド(プログラム)を管理するために、**ジョブ管理**という仕組みが用意されています。端末でコマンドを実行する場合、既定では**フォアグラウンドジョブ**となり、処理が完了するまで端末を占有し続けます。

処理時間が長いコマンドについては、「コマンド名 &」のように末尾に「&」を追加して**バックグラウンドジョブ**として処理を実行することができます。バックグラウンドジョブとして実行した場合は、端末を占有せず、ジョブの処理中でも他のコマンドを実行することができます。

■ジョブやプロセスにシグナルを送信する

動作中のプロセスやジョブに**シグナル**を送信すると、プロセスなどの状態を変更することができます。シグナルの送信にはkillコマンドを使い、よく利用されるのはプロセスやジョブを停止したい場合です。以下のようなシグナルを送信することができます。

●表　killコマンドで使用する主なシグナル

シグナル番号	シグナル名	意味
1	HUP	再起動
9	KILL	強制終了
15	TERM	終了(既定)
20	TSTP	サスペンド(Ctrl＋z)

基本をおさえよう

プロセスの管理

OS上で動作しているプログラムは**プロセス**として管理されています。

たとえば、シェル上でコマンド名を入力して Enter キーを押すと、PATH変数に登録されたディレクトリの中から同名の実行ファイルを検索します。そして、そのファイルを実行し、処理を終了するまでメモリに読み込みます。メモリ上に読み込まれたプログラム（実行ファイル）をCPUが処理できます。これを**プロセスの生成**と言います。

プロセスが生成されたら、たとえばcatコマンドであれば指定されたテキストファイルの内容を表示しますし、GUIアプリケーションであれば、ウィンドウを表示して操作できる状態にします。

多くのコマンドは、処理を終了すると自動的にメモリ上から消滅します。これを**プロセスの終了**と言います。catコマンドであれば、指定されたテキストファイルの内容を表示し終えたらプロセスは自動的に終了します。GUIアプリケーションや、次の節で紹介するサービスなどは、「停止する」という命令があるまではメモリ上に常駐し続けます（**図10.1**）。

●図10.1　実行ファイルの実行フロー

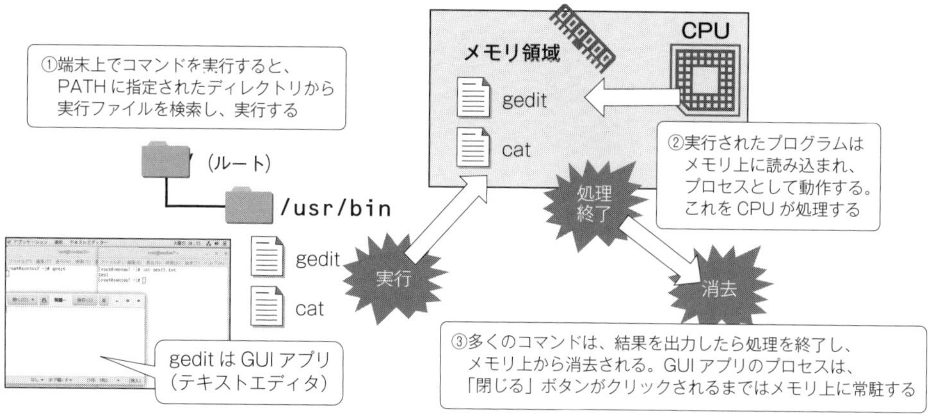

「プログラムの実行」＝「プロセスの生成」と考えましょう。プログラムの種類による一般的な起動、終了方法は**表10.1**のようになります。

●表10.1　プログラムの種類による起動、終了時の動き

プログラムの種類	プロセス生成のタイミング	プロセス終了のタイミング
CUI上で実行するコマンド	コマンド名を指定して実行する	結果を出力したら終了する
GUIツール	メニューを選択して実行する	「閉じる」ボタンをクリックして終了する
サービス	自動起動する。もしくはsystemctlコマンドで制御する	起動させたまま。もしくはsystemctlコマンドで制御する

動作しているプロセスを表示するにはpsコマンドを使います。このコマンドには複数の形式のオプションが用意されています。BSD形式のオプションはハイフン無し、Unix形式のオプションはハイフンをつけて指定します。

psコマンド

```
ps [ オプション ]
```

概要	動作しているプロセスの一覧を表示する	
主なオプション[BSD形式』	オプション	意味
	a	ユーザーが実行したすべてのプロセスを表示する
	f	親子関係も表示する
	l	NICE値(NI)などを含めた詳細情報を表示する
	x	制御端末のないサービス(デーモン)などのプロセスを表示する
	f	親子関係も表示する
主なオプション[Unix形式]	オプション	意味
	-e	すべてのプロセスを表示する
	-f	起動時間(STIME)などを含めた詳細情報を表示する
	-l	NICE値(NI)などを含めた詳細情報を表示する

端末を複数起動して、動作を確認しましょう。tailコマンドに-fオプションを指定して、ファイルの末尾をリアルタイムに参照し続けるようにします。

```
[root@centos7 ~]# tail -f /var/log/secure Enter
Jan  4 22:05:10 centos6 sshd[7258]: Accepted password for root from 192.168.56.1 port
50309 ssh2
          :
```

もう1つの端末で以下のようにpsコマンドを実行すると、tailコマンドがプロセスとして動作していることを確認できます。実行結果の情報は**表10.2**の通りです。

```
[root@centos7 ~]# ps a Enter
  PID TTY      STAT   TIME COMMAND
          :
10261 pts/0    S+     0:00 tail -f /var/log/secure
10270 pts/1    Ss     0:00 -bash
10290 pts/1    R+     0:00 ps a
```

●表10.2 psコマンドで出力される情報

列名	意味
PID	プロセスID
TTY	端末
STAT	プロセスの状態
TIME	CPUの稼働時間
COMMAND	プロセスの実行内容

プロセスが生成されたタイミングで、各プロセスにはランダムな値のプロセスID(PID)が割り当てられます。これにより、後ほど紹介するコマンドを利用して、プロセスを特定した操作を行うことができます。

動作中のすべてのプロセスを一覧表示したい場合、以下のどちらかのコマンドを実行します。

- ps ax
- ps -e

基本をおさえよう

systemctlコマンドによるサービスの管理

現在のほとんどのLinuxディストリビューションでは、systemdによるプロセス、サービス管理の仕組みが有効になっています。

システムが起動する際、最初にsystemdプロセスが生成され、そこから自動起動するよう構成されているサービスのプロセスが生成されます。その際、各プロセスはsystemdプロセスを親プロセスとして認識し、そこから派生して生成するということになります。これを**プロセスの親子関係**と言います。

プロセスの親子関係を確認するには、psコマンドにfオプションを指定して実行するか、pstreeコマンドを実行します。

pstreeコマンド

```
pstree [ オプション ]
```

概要	動作しているプロセスをツリー状に表示する	
主なオプション	オプション	意味
	-p	PIDを表示する

以下は、pstreeコマンドで、プロセスの親子関係を確認している例です。systemdが「PID 1」で起動しており、そこからさまざまなプロセスが派生していることを確認できます。

```
[root@centos7 ~]# pstree -p Enter
systemd(1)─┬─ModemManager(705)─┬─{ModemManager}(713)
           │                   └─{ModemManager}(726)
           ├─NetworkManager(727)─┬─dhclient(816)
           │                     ├─{NetworkManager}(767)
           │                     └─{NetworkManager}(773)
      :
```

これを図にすると**図10.2**のようにまとめることができます。

● 図10.2　systemdと自動起動するサービスの流れ

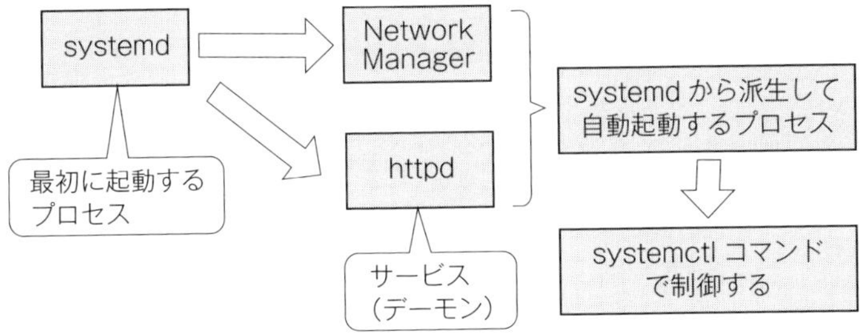

systemdでは、さまざまな要素を制御することができます。このような制御対象のことを**ユニット**と言います。systemdのユニットには**表10.3**のようなものがあります。

● 表10.3　主なsystemdユニットの種類

拡張子	ユニットの種類
～.service（※省略可能）	サービス
～.mount	ファイルシステムのマウント
～.target	ターゲット（ユニットのグループ）

このうち、systemdから自動起動するプログラムは**サービス**と呼ばれます。そして、systemdユニットを制御できるコマンドとして、`systemctl`コマンドがあります。

systemctlコマンド

```
systemctl サブコマンド [ ユニット名 ]
```

概要	systemdにおけるユニットを制御する	
主なサブコマンド	サブコマンド	用途
	start	起動
	stop	停止
	restart	再起動
	status	状態の確認
	enable	自動起動の有効化
	disable	自動起動の無効化
	list-unit-files	ユニットの状態を表示
引数	・ユニット名：制御対象となるユニット	

参考　systemdでサービスと呼んでいるプログラムは、従来Unix系のシステムでは**デーモン**と呼ばれています。今もデーモンと呼ばれることは多いのですが、本書ではsystemdでの呼称である「サービス」を採用しています。なお、デーモン（Daemon）とは、悪魔（Demon）の意味ではなく、守護神という意味です。

本書では、この後systemctlコマンドを利用してサービスを管理する方法を紹介します。以下は、CentOS環境にインストールされているhttpdを起動している例です。

```
[root@centos7 ~]# systemctl status httpd Enter  →httpdの状態を確認する。「~.service」は省略可能
● httpd.service - The Apache HTTP Server
   Loaded: loaded (/usr/lib/systemd/system/httpd.service; disabled; vendor preset: disabled)
   Active: inactive (dead) →既定ではhttpdは停止している
     Docs: man:httpd(8)
           man:apachectl(8)
[root@centos7 ~]# systemctl start httpd Enter →httpdを起動する
[root@centos7 ~]# systemctl status httpd Enter
● httpd.service - The Apache HTTP Server
   Loaded: loaded (/usr/lib/systemd/system/httpd.service; disabled; vendor preset: disabled)
   Active: active (running) since 日 2020-04-05 04:30:58 JST; 1s ago
         : →httpdが起動したことを確認する
```

httpdを起動したら、**図10.3**のようにWebブラウザを起動してlocalhost宛てに接続をすると、Webページが表示されることを確認します。Webブラウザは、CentOSのデスクトップ画面で、[アプリケーション]ー[インターネット]ー[Firefox]で起動できます。

● 図10.3　httpdの起動を確認する

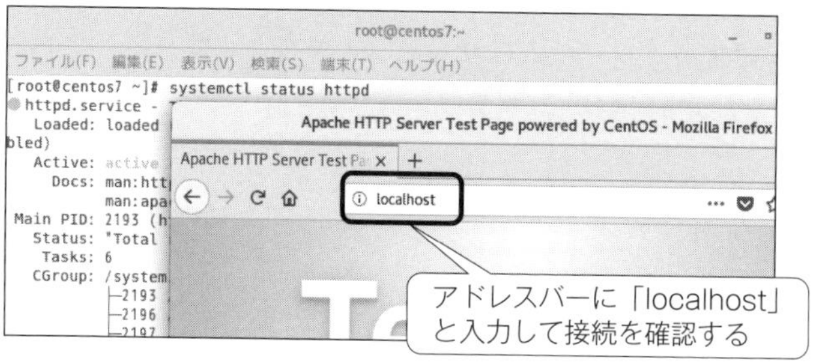

ただし、この方法でhttpdを起動させたとして、次回システム起動時に自動起動するわけではありません。既定の設定では、httpdが自動起動する設定になっていないためです。

以下の手順により、次回システム起動時にhttpdが自動起動するよう設定することができます。

```
[root@centos7 ~]# systemctl status httpd Enter
● httpd.service - The Apache HTTP Server
   Loaded: loaded (/usr/lib/systemd/system/httpd.service; disabled; vendor preset: disabled)
   Active: active (running) since 日 2020-04-05 04:30:58 JST; 21min ago
         : →下線部分が自動起動の設定を表す箇所。disableだと自動起動は無効
[root@centos7 ~]# systemctl enable httpd Enter →自動起動を有効化する
Created symlink from /etc/systemd/system/multi-user.target.wants/httpd.service to /usr/lib/systemd/system/httpd.service.
```

続く

```
[root@centos7 ~]# systemctl status httpd Enter
● httpd.service - The Apache HTTP Server
   Loaded: loaded (/usr/lib/systemd/system/httpd.service; enabled; vendor preset:
disabled)
   Active: active (running) since 日 2020-04-05 04:30:58 JST; 21min ago
          : →自動起動がenabled（有効）になったことを確認する
9月 15 00:40:53 centos7 httpd[6405]: AH00558: httpd: Could not reliably d...ge
 9月 15 00:40:53 centos7 systemd[1]: Started The Apache HTTP Server.
Hint: Some lines were ellipsized, use -l to show in full.
  →表示しきれない箇所がある旨のメッセージ
```

statusサブコマンドを利用すると、画面にサービス起動に関するメッセージが表示されます(停止している場合などは表示されません)。その際、1行でメッセージが表示しきれない時は、上記の実行図のようなメッセージが表示されます。

-lオプションを指定すると、メッセージがすべて表示されるようになります。起動するはずのサービスが起動しないなど、トラブルが発生した場合の原因特定に役立ちますので、このメッセージはしっかり確認しておくようにしましょう。

```
[root@centos7 ~]# systemctl -l status httpd Enter
● httpd.service - The Apache HTTP Server
          :
9月 15 00:40:53 centos7 httpd[6405]: AH00558: httpd: Could not reliably determine
the server's fully qualified domain name, using fe80::c241:1921:9792:3730. Set the
'ServerName' directive globally to suppress this message
 →省略されていたメッセージをすべて表示する
9月 15 00:40:53 centos7 systemd[1]: Started The Apache HTTP Server.
```

以下のようにrestartサブコマンドを利用すると、サービスを再起動できます。

```
[root@centos7 ~]# systemctl restart httpd Enter
```

各種サービスについて設定する場合は、設定ファイルと呼ばれる設定情報が書かれたテキストファイルを編集します。設定ファイルはサービス起動時に読み込まれるため、新しい設定を有効にするには、設定ファイルを編集してサービスを再起動する必要があります(図10.4)。

● 図10.4　サービス起動と設定ファイル読み込みのフロー

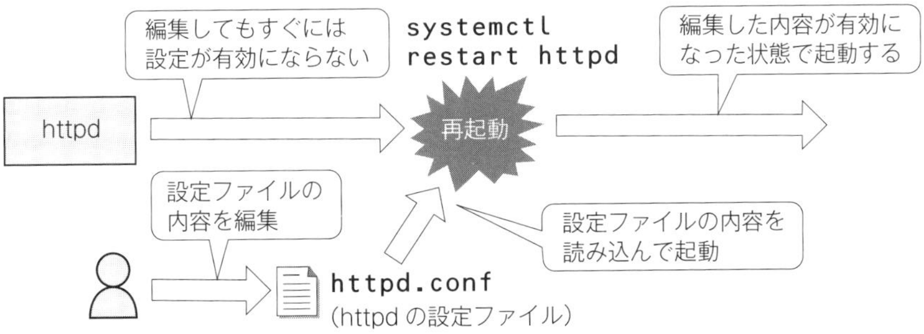

以下のようにlist-unit-filesサブコマンドを利用すると、自動起動設定に関する情報が一覧表示されます。list-unit-filesはサービス以外のユニットの情報も表示するため、-tオプションでサービスのみ表示するように設定しています。

```
[root@centos7 ~]# systemctl -t service list-unit-files Enter
UNIT FILE                              STATE
abrt-ccpp.service                      enabled
abrt-oops.service                      enabled
abrt-pstoreoops.service                disabled
abrt-vmcore.service                    enabled
abrt-xorg.service                      enabled
abrtd.service                          enabled
accounts-daemon.service                enabled
alsa-restore.service                   static
         :
```

STATEの部分に表示される情報は、**表10.4**のような意味があります。

●表10.4　list-unit-filesで表示されるSTATE情報

STATE	意味
enabled	自動起動する
disabled	自動起動しない
static／indirect	他のサービスの設定に依存する（よって、このサービスを指定してenabledやdisabledの設定はできない）

> **参考**　自動起動するように設定されているサービスは、ログイン画面が表示されている時点で起動した状態になっています。サービスを起動した状態でシステムを利用したいだけであれば、ログインしなくとも問題ありません。設定変更やシステムの状態を確認したい場合には、ログインする必要があります。

もっと使いこなそう

バックグラウンドジョブの実行

■ジョブ管理の基本

端末上で実行したコマンド（プログラム）を管理するために、**ジョブ管理**という仕組みが用意されています。

端末上でプログラムを実行した場合、既定では**フォアグラウンドジョブ**として実行されます。フォアグラウンドジョブは、実行した処理が完了するまで端末を占有し続けます（**図10.5**）。そのため、GUIアプリをフォアグラウンドジョブとして実行してしまうと、そのGUIアプリを終了するまで、実行した端末は他の用途で利用できなくなってしまいます。

● 図10.5　GUIアプリをフォアグラウンドジョブとして実行した例

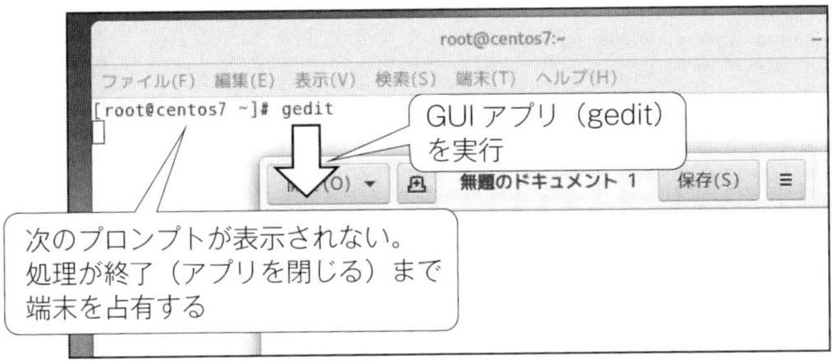

■バックグラウンドジョブとして実行する

「コマンド名 &」のように末尾に「&」を追加すると、バックグラウンドジョブとして処理を実行することができます。バックグラウンドジョブとして実行すると、**図10.6**のように端末を占有せず、バックグラウンドジョブの処理中でも他のコマンドを実行することができます。

● 図10.6　GUIアプリをバックグラウンドジョブとして実行した例

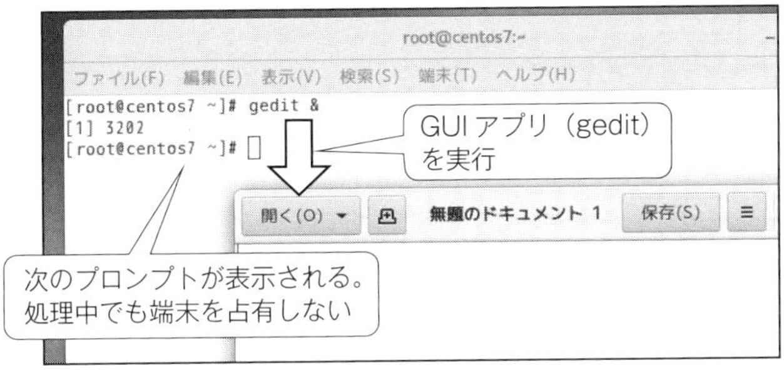

このため、GUIアプリはバックグラウンドジョブとして実行するのが一般的です。その他にも、処理終了まで時間がかかることがわかっている処理や、サービスを直接コマンドで実行する場合などもバックグラウンドジョブとして実行します。

> **参考** 各種サービスは、`systemctl`コマンドで実行する以外にも、コマンドによって実行することができます。その場合、フォアグラウンドジョブとして実行してしまうとサービス停止まで端末が占有されてしまうため、バックグラウンドジョブとして実行するようにします。なお、`systemctl`コマンドによってサービスを起動する時は、バックグラウンドでの処理になるため「&」の指定は不要です。

バックグラウンドジョブとして実行しても、メッセージ(標準出力、標準エラー出力の内容)は端末上に出力されます。次の実行図にある/var/log/secureは、認証に関するログファイルです。tail -fでこのファイルを指定して実行すると、ファイルに追記がされた場合にその内容を表示できます。バックグラウンドジョブとして実行すれば、端末を占有せずに表示できます。Enter キーを押せばプロンプトが再表示されるので、他のコマンドを実行することができます。

```
[root@centos7 ~]# tail -f /var/log/secure & Enter
[1] 2723
Sep 15 17:01:24 centos7 sshd[1090]: Server listening on 0.0.0.0 port 22.
Sep 15 17:01:24 centos7 sshd[1090]: Server listening on :: port 22.
        ： →末尾10行が表示される。Enter キーを押す
[root@centos7 ~]# →プロンプトが表示され、他のコマンドを実行できる
[root@centos7 ~]# Sep 15 18:28:46 centos7 sshd[2740]: Accepted publickey for root from
192.168.56.1 port 52793 ssh2: ED25519 SHA256:y+Lz4G+Jtqk7qmp8/wZCv5MFQSaek3EjFkRkQJUzyDU
Sep 15 18:28:46 centos7 sshd[2740]: pam_unix(sshd:session): session opened for user root
by (uid=0)    →ファイルに追記があれば、端末上に表示される。Enter キーを押すとプロンプトを再表示できる
```

■実行中のジョブを確認する

実行されているバックグラウンドジョブについては、jobsコマンドで一覧表示できます。

jobsコマンド

```
jobs [ オプション ]
```

概要	実行中のジョブの一覧を表示する

以下のように実行されているジョブを確認できます。

```
[root@centos7 ~]# jobs Enter
[1]+  実行中                tail -f /var/log/secure &
```

行頭に表示されている数値は、ジョブに割り当てられているジョブ番号です。この番号で実行されているジョブを識別することができます。

もっと使いこなそう

ジョブとプロセスの停止

第3章で紹介したように、Ctrl ＋ c キーを押すと、処理中のコマンドを停止することができます。これはフォアグラウンドジョブを停止する操作です。処理中のバックグラウンドジョブについては、この操作では停止できません。

バックグラウンドジョブを停止したい場合、2つの方法が考えられます。

- フォアグラウンドジョブに移行して停止する
- killコマンドにより停止する

■フォアグラウンドジョブへ移行する

fgコマンドを利用すると、バックグラウンドジョブをフォアグラウンドジョブに移行することができます。

fgコマンド

```
fg ジョブ番号
```

概要	バックグラウンドジョブをフォアグラウンドに切り替える
引数	・ジョブ番号：切り替えるジョブ

以下は、前節で実行したtailコマンドのバックグラウンドジョブを、フォアグラウンドジョブに移行している例です。フォアグラウンドジョブになったら、Ctrl＋cキーで停止することができます。

```
[root@centos7 ~]# fg 1 Enter  →1番のジョブをフォアグラウンドジョブに移行する
tail -f /var/log/secure →移行するジョブのコマンドを表示する
  →端末が占有されるので、Ctrl+cキーを押してジョブを停止する
[root@centos7 ~]# jobs Enter
[root@centos7 ~]# →ジョブの一覧を表示し、ジョブが消えていることを確認する
```

bgコマンドを利用すると、フォアグラウンドジョブをバックグラウンドジョブに移行することもできます。フォアグラウンドジョブとして実行したものの、終了まで思ったより長く時間がかかりそうだといった場合は、ジョブを一時停止してバックグラウンドジョブに移行します。

bgコマンド

```
bg ジョブ番号
```

概要	フォアグラウンドジョブをバックグラウンドに切り替える
引数	・ジョブ番号：切り替えるジョブ

以下は、フォアグラウンドジョブとして実行したtailコマンドを一時停止して、バックグラウンドジョブに移行している例です。

```
[root@centos7 ~]# tail -f /var/log/secure Enter  →フォアグラウンドジョブとしてtail -fを実行する
Sep 15 17:01:24 centos7 sshd[1090]: Server listening on 0.0.0.0 port 22.
Sep 15 17:01:24 centos7 sshd[1090]: Server listening on :: port 22.
          : →Ctrl+zキーーを押してジョブを一時停止する
[1]+  停止                    tail -f /var/log/secure   →一時停止した旨、表示される
[root@centos7 ~]# bg 1 Enter  →バックグラウンドジョブに移行する
[1]+ tail -f /var/log/secure &
[root@centos7 ~]# jobs Enter
[1]+  実行中                  tail -f /var/log/secure &
 →ジョブがバックグラウンドで動作していることを確認する
```

第10章 プロセスとサービスの管理

ジョブの移行についての流れを**図10.7**にまとめます。

●図10.7　ジョブ移行の流れ

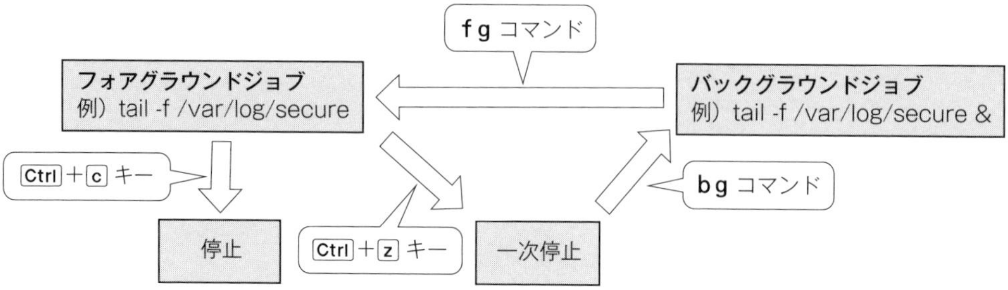

■kill コマンドでプロセス／ジョブを停止する

killコマンドでプロセスやジョブに**シグナル**を送信することができます。シグナルを送信することで、動作しているプロセスやジョブに対し、状態を変更するよう指示ができます。よく使うのは、プロセスやジョブの停止です。

killコマンド

kill [オプション] *PID* または *%ジョブ番号*

概要	指定したプロセスもしくはジョブにシグナルを送信する		
主なオプション	オプション	意味	
	-シグナル名／シグナル番号 -s　シグナル名／シグナル番号	送信するシグナルを指定する（既定は15/SIGTERM）	
	-l	シグナルの一覧を表示する	
主なシグナル	シグナル番号	シグナル名	意味
	1	HUP	再起動
	9	KILL	強制終了
	15	TERM	終了（既定）
	20	TSTP	サスペンド（Ctrl ＋ z）
引数	・*PID*：シグナルを送信するプロセスのID ・*ジョブ番号*：シグナルを送信するジョブの番号		

既定ではTERMシグナルを送信します。これはプロセスがジョブに対して、終了の指示を送るものです。引数で数値を指定するとプロセスID（PID）によりプロセスを指定、「%数値」でジョブ番号によりジョブを指定することができます。

以下は、前節で実行したtailコマンドのバックグラウンドジョブを停止している例です。psコマンドでプロセスIDを確認し、killコマンドで**TERMシグナル**を送って停止しています。

```
[root@centos7 ~]# ps a Enter
  PID TTY      STAT   TIME COMMAND
 1578 tty1     Ssl+   0:00 /usr/bin/X :0 -background none -noreset -audit 4 -ver
 2294 pts/0    Ss     0:00 -bash
 2744 pts/1    Ss+    0:00 -bash
 3233 pts/0    S      0:00 tail -f /var/log/secure →tailコマンドのPIDを確認する
 3310 pts/0    R+     0:00 ps a
[root@centos7 ~]# jobs Enter
[1]+  実行中               tail -f /var/log/secure &  →ジョブの存在を確認する
[root@centos7 ~]# kill 3233 Enter →killコマンドでTERMシグナルを送信する
[1]+  Terminated              tail -f /var/log/secure
[root@centos7 ~]# ps a Enter  →tailコマンドのプロセスが消滅したことを確認する
  PID TTY      STAT   TIME COMMAND
 1578 tty1     Ssl+   0:00 /usr/bin/X :0 -background none -noreset -audit 4 -ver
 2294 pts/0    Ss     0:00 -bash
 2744 pts/1    Ss+    0:00 -bash
 3319 pts/0    R+     0:00 ps a
[root@centos7 ~]# jobs Enter  →ジョブが存在しないことを確認する
[root@centos7 ~]#
```

上記の処理は、ジョブ番号を指定して実行することもできます。ジョブ番号1番のジョブに対して、TERMシグナルを送るには、以下のようにkillコマンドを実行します。

```
[root@centos7 ~]# kill %1 Enter
```

通常、TERMシグナルでプロセスやジョブは終了しますが、異常な動作状態になってしまったものは停止できない場合があります。その時は、以下のようにKILLシグナルを送ることで強制終了させることができます。

```
[root@centos7 ~]# kill -KILL %1 Enter  →-KILLや-9と指定するとKILLシグナルを送信する
```

プロセスやジョブが終了できない時は、本来終了時に行うべき処理(「ファイルを閉じる」など)すら実行できない状態になっています。**KILL**シグナルを送ると、そうした終了時の処理を割愛してプロセスやジョブを強制的に終了させられます。

ただし、場合によってはファイルが破損するなど、システムに障害をきたす可能性があります。TERMシグナルを送るといった通常の方法ではどうしても終了できない場合に限り、利用するようにしてください。

Point!

killコマンドでプロセスID、ジョブ番号を指定すると、TERMシグナルを送信して通常終了します。-KILLや-9などの指定をすることで、KILLシグナルを送信し、強制終了します。KILLシグナルは最終手段として使うようにしてください。

章末演習

この章の内容を学習したことにより、以下の操作ができるようになります。いくつかの項目について、演習問題を通じて確認しましょう。

- プロセス管理の基本を理解できる
- `systemctl` コマンドによってサービスを制御することができる
- さまざまなサービスがシステム起動時に自動実行するよう、システムの設定を変更できる
- フォアグラウンドジョブ、バックグラウンドジョブを切り替えられる
- シグナルを送信してプロセスやジョブを終了できる

演習 1

`systemctl` コマンドで、httpd の起動状態を確認しましょう。起動していない場合は、起動します。

演習 2

動作しているすべてのプロセスを表示し、httpd プロセスが起動していることを確認しましょう。

演習 3

httpd が起動していると、Web ブラウザで http://localhost 宛てに接続すると、以下のように Web ページが表示されることを確認します。httpd を停止した状態で同じように接続すると、接続できないことを確認します。

httpd 起動時には Web ページが表示される
（第 5 章の章末演習を実施していない場合、テストページが表示される）

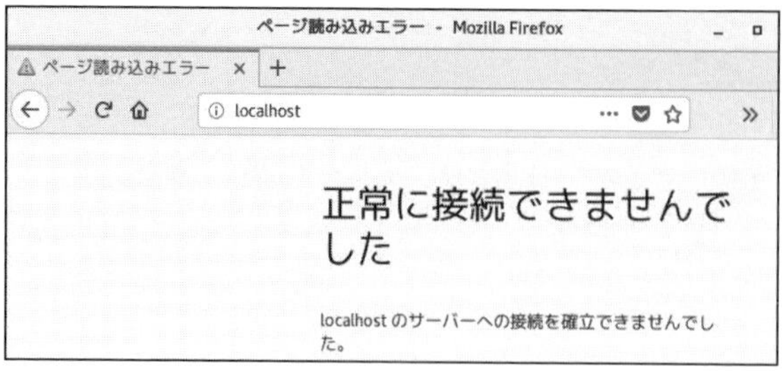

httpd 停止時には Web ページに接続できないことを確認する

演習4

systemctlコマンドで、httpdの自動起動の設定を確認しましょう。自動起動する設定になっていない場合は、自動起動するよう設定をします。

演習5

システムを再起動しましょう。再起動後、sshdが起動していることを確認しましょう。

演習6

応用問題 以下のように端末を2つ起動しましょう。片方で「ping localhost」を実行します。もう片方の端末でkillコマンドにより、この処理を停止しましょう。

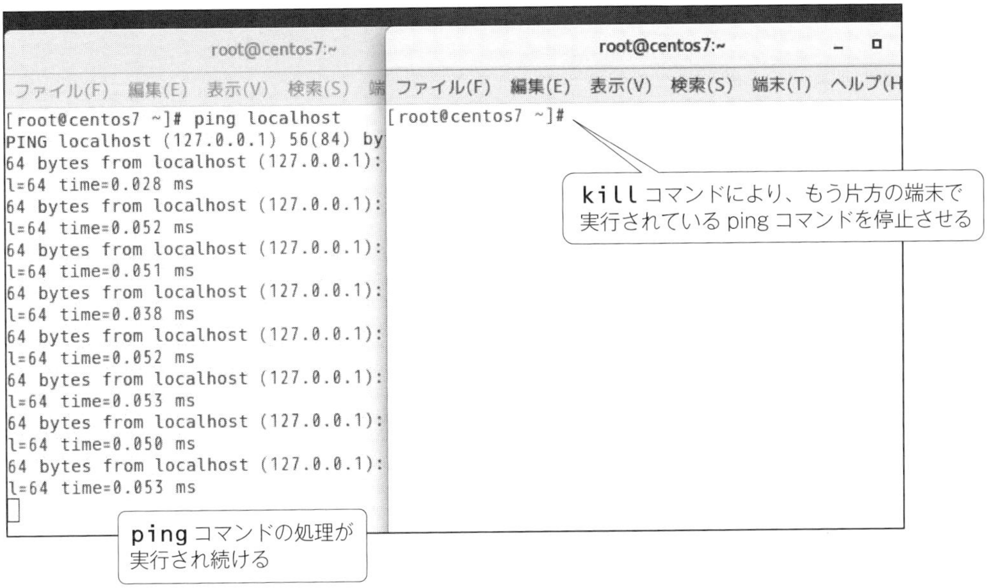

章末演習【解答例】

演習 1

以下のようにsystemctlコマンドでhttpdサービスの状態を確認します。

```
[root@centos7 ~]# systemctl status httpd Enter
● httpd.service - The Apache HTTP Server
   Loaded: loaded (/usr/lib/systemd/system/httpd.service; disabled; vendor preset: disabled)
   Active: active (running) since 水 2021-09-15 22:40:30 JST; 1s ago
         :  →上記のようになっていたらsshdが起動中
```

もし「inactive (dead)」となっていたら、サービスが停止しています。以下のようにsystemctlコマンドを実行し、サービスを起動します。

```
[root@centos7 ~]# systemctl start httpd Enter
```

演習 2

以下のようにpsコマンドにaxオプション（もしくは-eオプション）を指定して実行すると、起動しているすべてのプロセスを表示できます。

```
[root@centos7 ~]# ps ax Enter
  PID TTY      STAT   TIME COMMAND
         :
3315 ?        Ss     0:00 /usr/sbin/httpd -DFOREGROUND   →httpdプロセス
         :
```

なお、この方法だと数多くのプロセスが表示されてしまうため、パイプとgrepコマンドを組み合わせることで、以下のようにhttpdと書かれたプロセスのみを表示することもできます。

```
[root@centos7 ~]# ps ax | grep httpd Enter →ps axの結果から、httpdと書かれた行のみ表示する
 3315 ?        Ss     0:00 /usr/sbin/httpd -DFOREGROUND
 3316 ?        S      0:00 /usr/sbin/httpd -DFOREGROUND
 3317 ?        S      0:00 /usr/sbin/httpd -DFOREGROUND
 3318 ?        S      0:00 /usr/sbin/httpd -DFOREGROUND
 3319 ?        S      0:00 /usr/sbin/httpd -DFOREGROUND
 3320 ?        S      0:00 /usr/sbin/httpd -DFOREGROUND
 3335 pts/0    R+     0:00 grep --color=auto httpd
```

演習3

httpdが起動していると、問題文に書かれているようにWebブラウザからの接続を受け入れます。以下のようにするとhttpdを停止できます。

```
[root@centos7 ~]# systemctl stop httpd Enter  →httpdを停止する
[root@centos7 ~]# systemctl status httpd Enter
● httpd.service - The Apache HTTP Server
   Loaded: loaded (/usr/lib/systemd/system/httpd.service; disabled; vendor preset: disabled)
   Active: inactive (dead)
         : → 停止していることを確認する
```

停止した状態だとWebブラウザでの接続を受け入れません。万が一受け入れた場合は、Webブラウザを開いている状態でCtrl＋F5キーを押してください。Webサーバーと強制接続するための操作です。

> **参考** Webブラウザは、ローカルディスク上に一時ファイルを取得するため、接続できない場合でもWebページが表示されてしまう可能性があります。

演習4

以下のコマンドを実行し、自動起動が有効になっていることを確認します。

```
[root@centos7 ~]# systemctl status httpd Enter
● httpd.service - The Apache HTTP Server
   Loaded: loaded (/usr/lib/systemd/system/httpd.service; enabled; vendor preset: disabled)
         : →下線部がenabledとなっていると自動起動が有効
```

もし、disabledとなっていた場合は、自動起動しないという設定です。以下のコマンドを実行し、自動起動するよう設定しましょう。

```
[root@centos7 ~]# systemctl enable httpd Enter
Created symlink from /etc/systemd/system/multi-user.target.wants/httpd.service to /usr/lib/systemd/system/httpd.service.
```

演習5

以下のようにコマンドを実行し、システムを再起動します。問題文に再起動するための方法の指示はないため、他のやり方でも構いません。

```
[root@centos7 ~]# shutdown -r now Enter
```

再起動後、httpdが起動していることを確認します。演習4でシステム起動時に自動起動するよう設定しているためです。

```
[root@centos7 ~]# systemctl status httpd Enter
● httpd.service - The Apache HTTP Server
   Loaded: loaded (/usr/lib/systemd/system/httpd.service; enabled; vendor preset: disabled)
   Active: active (running) since 水 2021-09-15 22:54:40 JST; 31s ago
         :  →起動していることを確認する
```

演習6

片方の端末でpingコマンドを実行した後、もう片方のコマンドでpsコマンドを実行すると、pingコマンドのプロセスを確認できます。別の端末でのプロセスとなるので、aオプションもしくは-eオプションの指定が必要です。

```
[root@centos7 ~]# ps a Enter
  PID TTY      STAT   TIME COMMAND
 1578 tty1     Ssl+   0:01 /usr/bin/X :0 -background none -noreset -audit 4 -ver
 2294 pts/0    Ss     0:00 -bash
 2744 pts/1    Ss+    0:00 -bash
 4074 pts/2    Ss     0:00 bash
 5536 pts/3    Ss+    0:00 bash
 5613 pts/2    S+     0:00 ping localhost →pingコマンドのプロセス
 5614 pts/0    R+     0:00 ps a
```

psコマンドで確認したプロセスIDを指定し、以下のようにkillコマンドを実行すると、プロセスを停止させることができます。この例ではプロセスIDが5613となっていますが、プロセスIDはランダムに割り当てられますので、psコマンドで確認したIDを入力するようにしてください。

```
[root@centos7 ~]# kill 5613 Enter
```

pingコマンドを実行した端末では、以下のように出力され、処理が停止されます。

```
[root@centos7 ~]# ping localhost Enter
64 bytes from localhost (127.0.0.1): icmp_seq=1 ttl=64 time=0.051 ms
         :
64 bytes from localhost (127.0.0.1): icmp_seq=20 ttl=64 time=0.051 ms
Terminated  →このようにメッセージが表示され、停止する
```

第 11 章

シェルスクリプト

シェルスクリプトの基本

変数の利用

変数の種類とスコープ

四則演算の実行

条件分岐

繰り返し処理

シェルスクリプトで複雑な処理を実現

この章のポイント

Linuxで利用されるbashシェルには、シェルスクリプトと呼ばれる、簡易的なプログラミング言語機能が用意されており、システム管理やファイルの自動処理といった作業に利用することができます。本章では、bashシェルのスクリプト機能について解説します。

■シェルスクリプトを作成する／実行する

viなどのエディタを使い、シェルスクリプトが書かれたスクリプトファイルを作成します。そして、ファイルに実行権限を付与して端末上でファイル名を指定すると、スクリプトを実行することができます。

```
[root@centos7 ~]# vi test1.sh Enter  →test1.shを作成する
echo test  →この内容を書き込んで保存する
[root@centos7 ~]# chmod a+x test1.sh Enter
[root@centos7 ~]# ./test1.sh Enter  →実行権限を付与したので実行できる
test
```

カレントディレクトリにあるスクリプトファイルを実行する時は、上記のように「./ファイル名」と入力します。他にも、次のような方法でスクリプトを実行することができます。以下の方法であれば、ファイルの読み取り権限があれば実行できます。

- source ファイル名
- bash ファイル名
- . ファイル名

■スクリプト内で変数を利用する

スクリプト内で**変数**を定義して利用することができます。定義した値を、スクリプト内で何度も利用したいケースでは便利です。変数に格納された値を参照する時、${変数名}と指定すると変数名にあたる範囲を明示できます。

```
[root@centos7 ~]# vi vartest2.sh Enter
#!/bin/bash
VAR=test  →変数に値を格納する
echo $VAR123  →VAR123という変数として認識される
echo ${VAR}123  →VARという変数と123という文字として認識される
[root@centos7 ~]# chmod a+x vartest2.sh Enter
[root@centos7 ~]# ./vartest2.sh Enter
  →VAR123という変数は存在しないので空白行が表示される
test123  →VAR変数に格納されたtestという値と123という文字が表示される
```

表のような変数を活用することもできます。これらは事前に定義する必要のない変数で、**特殊変数**と呼ばれます。

●表　主な特殊変数

変数	表示するもの
$0	スクリプトファイル名
$1, $2...	引数（$1は1つめの引数、$2は2つめの引数...）
$@／$*	すべての引数
$#	引数の数
$?	直前の処理の成否（成功は0、失敗は0以外）
$$	シェルのPID
$RANDOM	乱数（0～32767の範囲のランダムな数値）を出力

bashシェル上で利用できる変数には、**シェル変数**と**環境変数**の２種類があります。「**変数名=値**」で定義するとシェル変数になり、exportコマンドを使ってシェル変数を環境変数にします。

シェル変数と環境変数は変数の適用範囲（子プロセスまで適用可能か否か）に違いがあり、変数の適用範囲のことを**変数のスコープ**と言います。

■制御構文を使って複雑な処理を行う

シェルスクリプトには**制御構文**と呼ばれる構文が用意されています。制御構文により、条件によって実行する処理を変えたり、同じ処理を繰り返し実行したりすることができます。

●表　主な制御構文

制御構文	意味
if	条件分岐
case	条件分岐（多岐分岐）
while	繰り返し（条件指定）
until	繰り返し（条件指定）
for	繰り返し（値リスト）

■ユーザーが入力した内容を処理に反映する

readコマンドにより、ユーザーが入力した内容を処理に反映させることができます。

```
[root@centos7 ~]# vi readtest.sh Enter
echo -n "Please input your name: " →-nオプションで改行をしない
read name
echo "Hello! $name" →この内容を記述して保存し、終了する
[root@centos7 ~]# chmod a+x readtest.sh Enter
[root@centos7 ~]# ./readtest.sh Enter
Please input your name: kawaragi →改行されずにメッセージの右で入力待ちが発生。名前を入力する
Hello! kawaragi →表示されるメッセージに反映される
```

基本をおさえよう

シェルスクリプトの基本

シェルには**シェルスクリプト**と呼ばれる、簡易的なプログラミング言語の機能が用意されています。シェルスクリプトにコマンドを記述して、システム管理などの処理を自動化することができます。この章では、bashシェルのスクリプト機能について解説します。

■スクリプトを作成する／実行する

シェルスクリプト機能では、テキストファイルの中にさまざまなコマンドなどの命令を記述します。本書ではこのテキストファイルのことを**スクリプトファイル**、中に書かれたプログラムのことを**スクリプト**と記述します。

スクリプトファイルを作成し、ファイルに実行権限を付与して端末上でファイル名を指定すると、スクリプトを実行することができます。スクリプトを実行すると、スクリプトファイルに記述されたコマンドなどが実行されます。

以下のようにスクリプトファイルを作成、実行しましょう。

```
[root@centos7 ~]# vi test1.sh Enter   →test1.shを作成する
echo test  →この内容を書き込んで保存する
[root@centos7 ~]# chmod a+x test1.sh Enter
[root@centos7 ~]# ./test1.sh Enter   →実行権限を付与したので実行できる
test
```

カレントディレクトリにあるスクリプトファイルを実行する時は、上記のように「./ファイル名」と入力します。ディレクトリ名を指定しないと、PATH変数で指定されたディレクトリ内を検索してしまうためです。この他、「/root/test1.sh」のように絶対パスで指定しても構いません。

> 参考　スクリプトファイル名を直接指定して実行する場合、ファイルの読み取り権限と実行権限が必要になります。上記の例では、既定で読み取り権限が付与されているため、実行権限を追加することで実行できるようになります。なお、Linuxではrootユーザーは原則パーミッション制約の対象外になりますが、スクリプトファイルの実行については制約を受けます。それ以外に、以下のやり方でもスクリプトを実行することができます。
>
> ・source ファイル名
> ・bash ファイル名
> ・. ファイル名
>
> 上記の方法であれば、ファイルの読み取り権限があれば実行できます。しかしながら、スクリプトファイル名を直接指定する実行方法が一般的です。

この章では、bashの文法に沿ったスクリプトの記述方法を解説します。

■シバンを指定する

bashのスクリプトファイルには、以下のように1行目に「#!/bin/bash」というように記述します。

```
[root@centos7 ~]# vi test1.sh Enter  →test1.shを作成する
#!/bin/bash  →1行目を追加して保存する
echo test
```

これをシバンもしくはシェバン(shebang)と言います。この記述は、「書かれているスクリプトをbash(/bin/bash)で解釈する」という意味です(**図11.1**)。

●図11.1 シェルスクリプトとシェルの関係

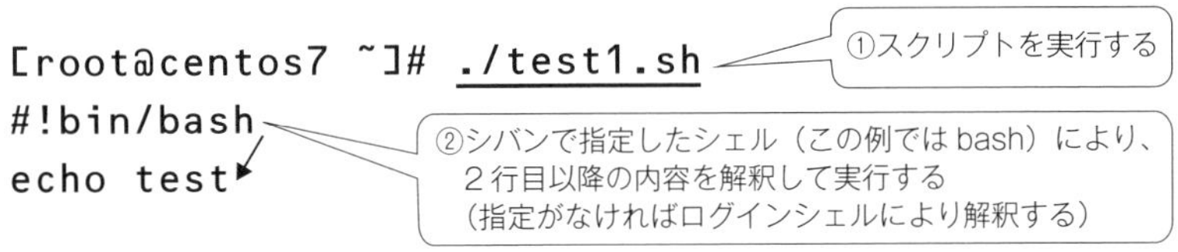

> **参考** なお、上記のスクリプトファイルでは、この記述をしてもしなくても、実行結果は変わりません。それは以下の理由によります。
> まず、シバンの記述がなかった場合には、/bin/shというシバンが指定されたと解釈されます。そしてCentOS 7環境では、/bin/shは/bin/bashのシンボリックリンクとして扱われるため、シバンの指定がない場合もbashで解釈されます。
> ただし、他の端末では/bin/shの構成が異なる(たとえばDebian環境では、/bin/shのリンク先はdashというシェルになっている)こともあります。そのような端末にコピーした場合にもbashで解釈がされるように、bashのシェルスクリプト1行目には「#!/bin/bash」と記述しましょう。

基本をおさえよう

変数の利用

■変数を定義する／値を参照する

スクリプト内で**変数**を定義して利用することができます。以下の内容を動作確認しましょう。

```
[root@centos7 ~]# vi vartest.sh Enter  →vartest.shというサンプルを作成する
#!/bin/bash
VAR=test
echo $VAR
touch $VAR  →この内容を記述して保存し、終了する
[root@centos7 ~]# chmod a+x vartest.sh Enter
[root@centos7 ~]# ./vartest.sh Enter
test  →変数に格納したtestという文字列が出力される
[root@centos7 ~]# ls test Enter
-rw-r--r-- 1 root root 0  9月 22 11:27 test
  →touchコマンドで新規ファイルを作成する（同名のファイルがあればタイムスタンプの更新）
```

このように「第9章　bashシェルの活用」で確認した変数の定義および値の参照の構文を、スクリプト内でも利用することができます。定義した値を何度も利用したいケースでは便利です。

なお、変数に格納された値を参照する時、${変数名}と指定すると変数名にあたる範囲を明示できます。以下の実行図のように変数名と文字が連結していた場合も、どの部分が変数名なのか明確に指定できます。

```
[root@centos7 ~]# vi vartest2.sh Enter
#!/bin/bash
VAR=test
echo $VAR123  →VAR123という変数として認識される
echo ${VAR}123  →VARという変数と123という文字として認識される
[root@centos7 ~]# chmod a+x vartest2.sh Enter
[root@centos7 ~]# ./vartest2.sh Enter
  →VAR123という変数は存在しないので空白行が表示される
test123  →VAR変数に格納されたtestという値と123という文字が表示される
```

Point!

bashの文法では、定義していない変数を参照してもエラーになりません。

■特殊な変数を活用する

さらに、**表11.1**のような変数を活用することもできます。これらは事前に定義しなくても利用できる**特殊変数**で、スクリプト実行時に指定した引数の値や数を参照することができます。

●表11.1　主な特殊変数

変数	表示するもの
$0	スクリプトファイル名
$1, $2...	引数（$1は1つめの引数、$2は2つめの引数...）
$@／$*	すべての引数
$#	引数の数
$?	直前の処理の成否（成功は0、失敗は0以外）
$$	シェルのPID
$RANDOM	乱数（0～32767の範囲のランダムな数値）を出力

次のスクリプトを作成して実行しましょう。

```
[root@centos7 ~]# vi argtest.sh Enter
#!/bin/bash
echo $1
echo $2
echo $@
echo $#  →この内容を記述して保存し、終了する
[root@centos7 ~]# chmod a+x argtest.sh Enter
[root@centos7 ~]# ./argtest.sh arg1 arg2 arg3 Enter  →引数を3つ指定して実行する
arg1  →1つめの引数を表示する
arg2  →2つめの引数を表示する
arg1 arg2 arg3  →すべての引数を表示する
3  →指定した引数の数を表示する
```

こうした特殊変数は、この後で解説するif文などの条件分岐と組み合わせて活用すると便利です。たとえば$RANDOM変数を使うと、以下のように乱数を出力することができます。

```
[root@centos7 ~]# vi random.sh Enter
#!/bin/bash
echo $RANDOM  →この内容を記述して保存し、終了する
[root@centos7 ~]# chmod a+x random.sh Enter
[root@centos7 ~]# ./random.sh Enter
28204  →0～32767の範囲のランダムな数値を表示する
```

スクリプトを使ってランダムな処理を実施したい場合は、$RANDOM変数を利用すると良いでしょう。

もっと使いこなそう

変数の種類とスコープ

bashシェル上で利用できる変数には、**シェル変数**と**環境変数**の2種類があります。「変数名=値」で定義するとシェル変数になります。シェル変数は、変数を定義したシェル上でしか有効ではありません。一方の環境変数は、子プロセスでも変数を利用することができます。

> **参考** このように、シェル変数と環境変数は変数の適用範囲(子プロセスまで適用可能か否か)に違いがあります。変数の適用範囲のことを、「変数のスコープ」とも言います。

シェル変数を環境変数にするには、exportコマンドを利用します。シェル変数を環境変数にすることを**エクスポート**と言います。

exportコマンド

```
export 変数名[=値]
```

概要	指定したシェル変数を環境変数としてエクスポートする
引数	・*変数名*：エクスポートする変数名 ・*値*：シェル変数として定義されていないものを指定する場合、値も一緒に指定して、変数の定義を行うことができる

「export 変数名」と指定すると、定義済みのシェル変数をエクスポートすることができます。「export 変数名=値」と指定することで、変数の定義とエクスポートをまとめて行えます。

以下は、シェル変数と環境変数を定義した後、スクリプト内で参照できるかどうかを確認している例です。

```
[root@centos7 ~]# VAR=test1 Enter →シェル変数を定義する
[root@centos7 ~]# export ENV=test2 Enter →環境変数を定義する（変数を定義してエクスポートする）
[root@centos7 ~]# vi env.sh Enter
#!/bin/bash
echo $VAR
echo $ENV →この内容を記述して保存し、終了する
[root@centos7 ~]# chmod a+x env.sh Enter
[root@centos7 ~]# ./env.sh Enter

test2 →環境変数のみ参照可能
```

このスクリプトファイルを実行すると、新たなシェルが子プロセスとして起動し、スクリプトを実行します。そのため、コマンドシェル上で定義した変数を参照したい場合は、環境変数としてエクスポートしておく必要があります(図11.2)。

● 図11.2　シェル変数と環境変数

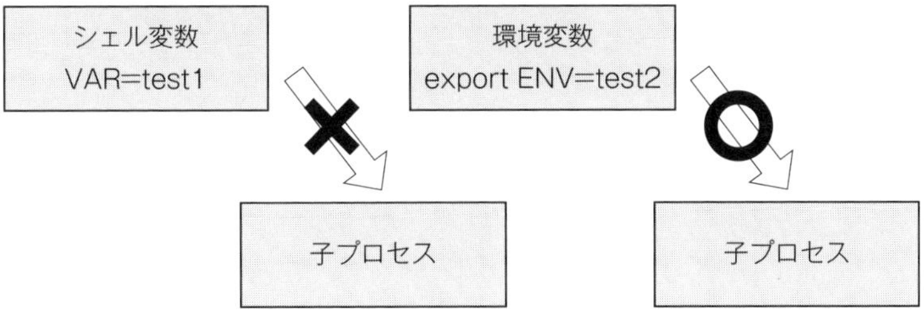

基本をおさえよう

四則演算の実行

シェルスクリプト内で四則演算を実行したい場合、以下の書式を利用します。

- expr コマンド
- let コマンド
- ((算術式))
- $((算術式))

本書では、このうち$((算術式))を利用した四則演算の方法を確認します。この書式を**算術式展開**と言います。括弧の中に**表11.2**の演算子を用いた算術式を記述することで、演算処理を実行できます。

● 表11.2　算術式に利用できる演算子

演算子	意味
+	足し算（和）
-	引き算（差）
*	かけ算（積）
/	割り算（商）
%	割り算の余り（剰余）

算術式の結果を出力するには、以下のようにechoコマンドを利用します。この実行例では、1つめと2つめの引数で指定した数値を計算しています。

```
[root@centos7 ~]# vi exp.sh Enter
#!/bin/bash
echo $(( $1 + $2 ))
echo $(( $1 - $2 ))
echo $(( $1 * $2 ))
echo $(( $1 / $2 ))
echo $(( $1 % $2 ))  →この内容を記述して保存し、終了する
[root@centos7 ~]# chmod a+x exp.sh Enter
[root@centos7 ~]# ./exp.sh 10 3 Enter  →10と3を演算した結果を表示する
13  →10+3の結果
7  →10−3の結果
30  →10×3の結果
3  →10÷3の結果
1  →10÷3の余り
```

> **参考**　算術式展開では、計算結果が整数で出力されます（小数点以下は切り捨て）。小数点以下の値も計算結果として出力したい場合は、bcコマンドを利用します。

以下のように記述すると、計算結果を変数に代入することができます。

```
[root@centos7 ~]# vi exp2.sh Enter
#!/bin/bash
i=$(( 1 + 3 ))  →1+3の結果を変数iに代入する
echo $i  →この内容を記述して保存し、終了する
[root@centos7 ~]# chmod a+x exp2.sh Enter
[root@centos7 ~]# ./exp2.sh Enter
4  →変数iの値を表示する
```

すでに解説したRANDOM変数の結果の余りを取得すると、任意のパターンの乱数を出力することができます。たとえば、RANDOM変数で得た乱数を5で割った余りが0～4になるため、5パターンの乱数を出力できます。以下の実行例では、0～4の5パターンの乱数を出力しています。

```
[root@centos7 ~]# vi random.sh Enter
#!/bin/bash
echo $(( $RANDOM % 5 ))  →下線の部分を追加して保存し、終了する
[root@centos7 ~]# ./random.sh Enter
1  →0～4の5パターンの乱数を出力する
```

> **Point!**
> 「echo $((算術式))」と指定することで、計算結果を表示できます。「変数名=$((算術式))」と指定することで、計算結果を変数に格納できます。

基本をおさえよう

条件分岐

シェルスクリプトには**制御構文**と呼ばれる構文が用意されています。制御構文により、条件によって実行する処理を変えたり、同じ処理を繰り返し実行したりすることができます。制御構文には、**表11.3**のような種類があります。

●表11.3　主な制御構文

制御構文	意味
if	条件分岐
case	条件分岐（多岐分岐）
while	繰り返し（条件指定）
for	繰り返し（値リスト）

■条件式について

この節では、まず**if文**による条件分岐の記述方法を学びましょう。if文では**条件式**を記述し、条件と合致するか否かで処理を分岐させることができます。条件式は、次の指定方法があります。

- [条件式]
- test 条件式

本書では、角括弧で囲む書式（[条件式]）で解説します。主な条件式を、**表11.4**（ファイルやディレクトリに関する条件式）、**表11.5**（数値に関する条件式）、**表11.6**（その他の条件式）に挙げます。

●表11.4　ファイルやディレクトリに関する条件式

条件式	意味
-f ファイル名	ファイルが存在
-d ディレクトリ名	ディレクトリが存在する
-e ファイル／ディレクトリ名	ファイル／ディレクトリが存在する
-r ファイル／ディレクトリ名	ファイル／ディレクトリが読み取り可能である
-w ファイル／ディレクトリ名	ファイル／ディレクトリが書き込み可能である
-x ファイル／ディレクトリ名	ファイル／ディレクトリが実行可能である

● 表11.5　数値に関する条件式

条件式	意味
値1 -eq 値2	値1と値2が等しい
値1 -ne 値2	値1と値2が等しくない
値1 -lt 値2	値1が値2より小さい（値2を含まない）
値1 -le 値2	値1が値2以下（値2を含む）
値1 -gt 値2	値1が値2より大きい（値2を含まない）
値1 -ge 値2	値1が値2以上（値2を含む）

● 表11.6　その他論理式など

条件式	意味
! 条件式	条件を満たさない（NOT）
条件式1 -a 条件式2	条件1と条件2の両方を満たす（AND）
条件式1 -o 条件式2	条件1と条件2のどちらかを満たす（OR）
-n 文字列	文字列の長さが0ではない（文字列が存在する）

■if文で条件に合致した場合の処理を記述する

それでは、具体的にif文による条件分岐を使ってスクリプトを作成します。まず、前の節で作成したexp.shを引数無しで実行してみましょう。以下のようにエラーが表示されます。

```
[root@centos7 ~]# ./exp.sh Enter
./exp.sh: 行 2: +   : 構文エラー: オペランドが予期されます (エラーのあるトークンは "+   ")
./exp.sh: 行 3: -   : 構文エラー: オペランドが予期されます (エラーのあるトークンは "-   ")
./exp.sh: 行 4: *   : 構文エラー: オペランドが予期されます (エラーのあるトークンは "*   ")
./exp.sh: 行 5: /   : 構文エラー: オペランドが予期されます (エラーのあるトークンは "/   ")
./exp.sh: 行 6: %   : 構文エラー: オペランドが予期されます (エラーのあるトークンは "%   ")
```

このエラーは、スクリプトの中に引数を参照した算術式文が書かれているにも関わらず、引数を指定しなかったために表示されています。そこで、引数を2つ指定している場合のみ算術式の処理を実行するように修正します。

if文は次の書式で記述できます。

■if文の書式①

```
if  条件式
then
    条件に合致した場合（真の場合）の処理
fi
```

この書式は、条件に合致した場合のみ処理を行います。条件に合致した場合の処理は、複数行記述しても構いません。そして、if文の終了行にはfi(ifを逆から書いたもの)と記述します。

exp.shを以下のように修正しましょう。

```
[root@centos7 ~]# vi exp.sh Enter
#!/bin/bash
if [ $# -eq 2 ]
then
    echo $(( $1 + $2 ))
    echo $(( $1 - $2 ))
    echo $(( $1 * $2 ))
    echo $(( $1 / $2 ))
    echo $(( $1 % $2 ))
fi  →if文（下線の部分）を追加して保存し、終了する
[root@centos7 ~]# ./exp.sh Enter  →引数を2つ指定しないと処理されない
[root@centos7 ~]# ./exp.sh 10 2 Enter  →引数を2つ指定すると演算を実行する
12
8
20
5
0
```

■if文で条件に合致しなかった場合の処理を記述する

先ほどの例では、条件に合致しなかった場合は何も行いません。条件に合致しなかった場合に別の処理を行いたい場合は、**else文**も記述します。

■if文の書式②

```
if 条件式
then
  条件に合致した場合（真の場合）の処理
else
  条件に合致しなかった場合（偽の場合）の処理
fi
```

以下のようにexp.shを書き換えてみましょう。

```
[root@centos7 ~]# vi exp.sh Enter
#!/bin/bash
if [ $# -eq 2 ]
then
    echo $(( $1 + $2 ))
    echo $(( $1 - $2 ))
    echo $(( $1 * $2 ))
    echo $(( $1 / $2 ))
    echo $(( $1 % $2 ))
else
    echo "error: usage $0 arg1 arg2"
fi  →else文（下線の部分）を追記して保存し、終了する
[root@centos7 ~]# ./exp.sh Enter
error: usage ./exp.sh arg1 arg2  →引数を指定しなかったので、エラーメッセージを表示する
```

else文のほうのechoコマンドの引数は、ダブルクォーテーションで囲んで指定しています。ダブルクォーテーションで囲んだ場合は、$変数名と指定されている箇所の値を展開して表示します。シングルクォーテーションで囲んだ場合は、指定した文字（$も文字として）をそのまま表示します。

> **参考** 一般的に制御構文を含むスクリプトでは、制御構文以外の行をインデント（行頭にスペースまたはタブを挿入して字下げすること）して、制御構文とそれ以外を見た目で確認しやすくします。

■複数の条件を指定する

複数の条件を指定し、すべての条件に合致している場合のみ処理を行うことができます。次の実行図は、引数で指定したファイルが「通常ファイル」かつ「読み取り可能」という2つの条件を満たしているかどうかで条件判定をするスクリプトの動作確認例です。

```
[root@centos7 ~]# vi /tmp/readcheck.sh Enter
#!/bin/bash
if [ -f $1 -a -r $1 ]  →-aで両方の条件を満たした場合のみ条件に合致するよう指定する
then
    echo "$1 is regular file and read OK!"  →条件に合致した場合のメッセージ
else
    echo "$1 is not regular file or not readable"  →合致しなかった場合のメッセージ
fi
[root@centos7 ~]# chmod a+x /tmp/readcheck.sh Enter
[root@centos7 ~]# su - testuser Enter
最終ログイン: 2021/09/24 (金) 05:35:40 JST日時 pts/0
[testuser@centos7 ~]$ /tmp/readcheck.sh /etc/passwd Enter
/etc/passwd is not regular file or not readable
  →passwdファイルは通常ファイルであり、読み取り可能
[testuser@centos7 ~]$ /tmp/readcheck.sh /etc/shadow Enter
/etc/shadow is not regular file or not readable
  →shadowファイルは一般ユーザーでは読み取りできない
[testuser@centos7 ~]$ /tmp/readcheck.sh /etc Enter
/etc is not regular file or not readable  →/etcはディレクトリであり、通常ファイルではない
```

なお、-rによる権限の判定は、ファイルやディレクトリに設定されているパーミッションではなく、実際に読み取れるかどうかで判定されます。rootユーザーの場合はすべてのファイルを常に読み取れるため、上記の事項例では、動作確認をtestuserで行っています。

■elif文で複数の条件を指定する

複数の条件分岐をif文で構成することもできます。その場合は、**elif文**を使います。

■if文の書式③

```
if　条件式1
then
　条件1に合致した場合の処理
elif 条件式2
then
　条件2に合致した場合の処理
else
　条件に合致しなかった場合の処理
fi
```

elif文による条件指定は1つだけではなく、2つ以上指定することも可能です。最後に、いずれの条件にも合致しなかった場合の条件を**else文**で記述します。

以下は、引数で指定したファイルが通常ファイル、ディレクトリ、あるいはそれ以外であることを表示するスクリプトの例です。前者2つを条件式で指定し、それ以外の場合をelse文で実現しています。

```
[root@centos7 ~]# vi iftest2.sh Enter
#!/bin/bash
if [ -f $1 ]
then
    echo "$1 is regular file"
elif [ -d $1 ]
then
    echo "$1 is directory"
else
    echo "$1 is not regular file/directory"
fi →この内容を記述して保存し、終了する
[root@centos7 ~]# chmod a+x iftest2.sh Enter
[root@centos7 ~]# ./iftest2.sh exp.sh Enter
exp.sh is regular file →exp.shは通常ファイル
[root@centos7 ~]# ./iftest2.sh /home Enter
/home is directory →/homeはディレクトリ
[root@centos7 ~]# ./iftest2.sh /dev/sr0 Enter
/dev/sr0 is not regular file/directory
  →/dev/sr0はデバイスファイルなので、それ以外（デバイスファイルは第13章で説明）
```

■条件式ではなくコマンドを記述する

if文の条件式の部分にコマンドを指定することもできます。この場合は、「コマンドの処理が成功した場合」に、条件に合致したと見なされます。

以下の例では、mkdirコマンドを条件として指定し、コマンド実行が成功した場合にメッセージを表示するようスクリプトを作成しています。

```
[root@centos7 ~]# vi iftest3.sh [Enter]
#!/bin/bash
if mkdir $1  →条件式にmkdirコマンドを記述する
then
    echo "mkdir: success"  →条件に合致した場合、メッセージを表示する
fi  →この内容を記述して保存し、終了する
[root@centos7 ~]# chmod a+x iftest3.sh [Enter]
[root@centos7 ~]# ./iftest3.sh iftestdir [Enter]
mkdir: success  →mkdirコマンドの実行ができたので、メッセージを表示する
[root@centos7 ~]# ls -ld iftestdir [Enter]
drwxr-xr-x 2 root root 6  9月 23 17:40 iftestdir  →ディレクトリが作成されたことを確認する
[root@centos7 ~]# ./iftest3.sh iftestdir [Enter]  →同じ構文をもう一度実行する
mkdir: ディレクトリ `iftestdir' を作成できません: ファイルが存在します
  →同名のディレクトリは作成済みなので、エラーが表示される（else文がないので、if文の処理はされない）
```

Point!

if文を利用する上でのポイントは次の通りです。

- 条件を記述した後（if、elifの後）の処理にはthenが必要
- elseは省略可能。省略すると、条件に合致しない場合は何も処理しない
- if文の最後にはfi（ifを逆にしたキーワード）を指定

基本をおさえよう

繰り返し処理

この節では、while文とfor文による繰り返し処理について解説します。

■while文で処理を繰り返す

while文を利用すると、指定した条件を満たしている間、処理を繰り返すスクリプトを作成できます。

■while文の書式

```
while 条件式
do
  処理
done
```

繰り返す処理はdo～doneで囲んで記述します。以下の実行図は、変数numが5未満の間、処理を繰り返すスクリプトの例です。変数の値を画面上に表示する処理を繰り返します。

```
[root@centos7 ~]# vi whiletest.sh Enter
#!/bin/bash
i=0 →  $iに0という値を格納する
while [ $i -lt 5 ] →$iが5未満の間、処理を繰り返す
do
    echo $i  →$iの値を出力する
    i=$(( $i + 1 )) →$iに1を加える
done →この内容を記述して保存し、終了する
[root@centos7 ~]# chmod a+x whiletest.sh Enter
[root@centos7 ~]# ./whiletest.sh Enter
0
1
2
3
4 → 0~4（5未満）の値を出力する
```

while文を記述する場合は、以下の点に注意する必要があります。

①繰り返しの処理に利用する変数を定義すること
②その変数を処理内で加算／減算するなどして、どこかで条件を満たさなくなるよう（すなわち処理を終了するよう）記述すること

特に②の記述を忘れてしまうと、処理がずっと繰り返されてしまいスクリプトが終了しません。この場合は、Ctrl ＋ c キーを押すと処理を中止できます。

■for文で処理を繰り返す

for文を利用すると、指定した値リストが存在する間、処理を繰り返すスクリプトを作成できます。

■for文の書式

```
for 変数名 in 値1 値2...（値リスト）
do
  処理
done
```

値リストの位置には、複数の値をスペースで区切って記述します。この値が存在する間、指定した名前の変数にそれぞれの値を代入しながら処理を繰り返します。以下は、値リストの内容を画面上に出力している例です。

```
[root@centos7 ~]# vi fortest1.sh Enter
#!/bin/bash
for var in aaa bbb ccc
do
    echo $var
done  →この内容を記述して保存し、終了する
[root@centos7 ~]# chmod a+x fortest1.sh Enter
[root@centos7 ~]# ./fortest1.sh Enter
aaa
bbb
ccc  →値リストに指定された文字列が存在する限り、echoコマンドを繰り返し実行する
```

値リストには、ワイルドカードを利用することもできます。ワイルドカードを利用すると、該当するファイル名が値リストに格納されます。次の実行図は、末尾に.shという拡張子が付くファイル名を値リストに代入し、実行権限を付与した上でパーミッションなどのファイル属性を表示している例です。

```
[root@centos7 ~]# vi fortest2.sh Enter
#!/bin/bash
for fname in *.sh
do
    chmod a+x $fname  →実行権限を付与する（付与済みならそのまま）
    ls -l $fname  →ファイル属性を含むファイルについての情報を表示する
done  →この内容を記述して保存し、終了する
[root@centos7 ~]# chmod a+x fortest2.sh Enter
[root@centos7 ~]# ./fortest2.sh Enter
-rwxr-xr-x 1 root root 52  9月 22 12:20 argtest.sh
-rwxr-xr-x 1 root root 35  9月 23 16:09 arit2.sh
-rwxr-xr-x 1 root root 32  9月 22 23:11 env.sh
-rwxr-xr-x 1 root root 174  9月 23 17:09 exp.sh
          :
```

Point!

繰り返し処理に利用できる構文には、while文とfor文があります。

- while 文：条件式による繰り返し処理
- for 文：値リストによる繰り返し処理

もっと使いこなそう

シェルスクリプトで複雑な処理を実現

ここまで、基本的なシェルスクリプトの構文を紹介しました。他にも、さまざまな処理を実現することのできる便利な構文や記述方法があります。

■ユーザーが入力した内容を処理に反映する

readコマンドにより入力待ちを発生させ、入力された内容を指定した変数に代入することができます。スクリプトを実行した後にメッセージを表示し、入力された内容を処理に反映させる、といったことができます。

readコマンド

```
read [ オプション ] 変数名
```

概要	入力された値を変数に格納する
引数	・変数名：入力された文字列を格納する変数名

次のスクリプトは、スクリプト実行後に名前の入力を要求し、その後表示するというサンプルです。

```
[root@centos7 ~]# vi readtest.sh Enter
echo -n "Please input your name: "  →-nオプションで改行をしない
read name
echo "Hello! $name"  →この内容を記述して保存し、終了する
[root@centos7 ~]# chmod a+x readtest.sh Enter
[root@centos7 ~]# ./readtest.sh Enter
Please input your name: kawaragi  →改行されずにメッセージの右で入力待ちが発生。名前を入力する
Hello! kawaragi  →表示されるメッセージに反映される
```

■case文で条件分岐を行う

case文を利用して条件分岐を実現することもできます。if文による条件分岐と異なり、「ある変数にどのような値が格納されたか」によって複数の分岐を記述することができます。

■case文の書式

```
case　変数名　in
  値1)　値1だった場合の処理;;
        :
  *)　どの値にも合致しなかった場合の処理;;
esac
```

処理は複数行にわたって記述しても構いません。それぞれの値に対応する処理の最後にセミコロンを2つ指定(;;)することにより、処理の終了位置を指定します。

以下の実行図は、入力された値によって処理を分岐し、出力するメッセージを変更するスクリプトです。

```
[root@centos7 ~]# vi casetest.sh Enter
#!/bin/bash
echo -n "Please input yes or no: "
read input  →入力待ちを発生させ、input変数に値を格納する
case $input in  →input変数に格納された値により分岐する
    yes) echo "Your input is yes" ;;  →yesと入力された時の処理
    no) echo "Your input is no" ;;  →noと入力された時の処理
    *) echo "Please input yes or no";;  → yes/no以外が入力された時の処理
esac  →この内容を記述して保存し、終了する
[root@centos7 ~]# chmod a+x casetest.sh Enter
[root@centos7 ~]# ./casetest.sh Enter
Please input yes or no: yes  →「yes」と入力する
Your input is yes
[root@centos7 ~]# ./casetest.sh Enter
Please input yes or no: y  →「y」と入力する
Please input yes or no  →yesではないので、このメッセージが表示される
```

case文では、「|」を使った複数の値を指定したり、ワイルドカードを使って条件を指定したりすることができます。以下は、先ほど作成したcasetest.shを修正し、複数の条件やワイルドカードを使った条件を指定したスクリプトの例です。

```
[root@centos7 ~]# vi casetest.sh Enter
#!/bin/bash
echo -n "Please input yes or no: "
read input
case $input in
    y|yes) echo "Your input is yes" ;;  →yもしくはyesで条件に合致する
    n*) echo "Your input is no" ;;  →nが付いたら条件に合致する
    *) echo "Please input yes or no"
esac  → 値の部分（下線の部分）を追記して保存し、終了する
[root@centos7 ~]# ./casetest.sh Enter
Please input yes or no: y
Your input is yes  →yでも条件に合致することを確認する
[root@centos7 ~]# ./casetest.sh
Please input yes or no: noooooooo
Your input is no  →nで始まるものなら何を入力しても条件に合致する
```

■コマンドを展開する

コマンド全体を実行する前に、一部のコマンドを先に実行し、その内容を展開してから処理をすることができます。これを**コマンドの展開**と言います。コマンドの展開を行いたい場合は、次のように展開したい部分を囲むようにします。

- $(コマンド)
- ` コマンド `（バッククォーテーションで囲む）

以下は、実行したユーザーの名前を表示するサンプルです。id -unコマンドによってログイン中のユーザー名を表示し、その結果を変数に格納して表示しています。

```
[root@centos7 ~]# vi /tmp/username.sh Enter
#!/bin/bash
name=$(id -un)  →id -unの結果（実行ユーザーの名前）をname変数に格納する
echo "My name is $name"  →name変数も含めたメッセージを表示する。この内容を記述して保存し、終了する
[root@centos7 ~]# chmod a+x /tmp/username.sh Enter
[root@centos7 ~]# /tmp/username.sh Enter
My name is root  →name変数にコマンドが展開された結果が格納されていることを確認する
```

■until文で処理を繰り返す

while文と似た繰り返し構文として**until文**があります。while文が「条件を満たしている間」処理を繰り返すのに対し、until文は「条件を満たすまで」処理を繰り返します。

以下は、変数iが5を超える値になるまで処理を繰り返すスクリプトの例です。

```
[root@centos7 ~]# vi untiltest.sh Enter
#!/bin/bash
i=1
until [ $i -gt 5 ]  →変数iが5を越えるまでという条件を指定する
do
    echo $i
    i=$(( $i + 1 ))
done  →この内容を記述して保存し、終了する
[root@centos7 ~]# chmod a+x untiltest.sh Enter
[root@centos7 ~]# ./untiltest.sh Enter
1
2
3
4
5
```

■連番を生成する

ここまでの内容で、while文やuntil文による連番の表示方法を紹介しましたが、seqコマンドでも連番の生成が可能です。

seqコマンド

```
seq [ オプション ] 値1 [ 値2 値3 ]
```

<table>
<tr><td>概要</td><td colspan="2">連続値を出力</td></tr>
<tr><td rowspan="5">引数</td><td colspan="2">・値1、値2、値3：出力する連続値の基準となる値。引数を指定する数により、次のように利用される</td></tr>
<tr><td>指定する引数</td><td>処理</td></tr>
<tr><td>値1</td><td>1から値1までの連続値を出力</td></tr>
<tr><td>値1　値2</td><td>値1から値2までの連続値を出力</td></tr>
<tr><td>値1　値2　値3</td><td>値1から値3までの連続値を出力。値2を増加値として利用する</td></tr>
</table>

以下のように実行することで、0～4までの連番を生成することができます。

```
[root@centos7 ~]# seq 0 4 Enter
0
1
2
3
4
```

for文と組み合わせることで、以下のように連番を表示することも可能です。

```
[root@centos7 ~]# vi seq.sh Enter
#!/bin/bash
for num in $(seq 3)  →seq 3の結果を値リストに格納する
do
    echo $num
done  →この内容を記述して保存し、終了する
[root@centos7 ~]# chmod a+x seq.sh Enter
[root@centos7 ~]# ./seq.sh Enter
1
2
3
```

■コマンドを連続実行する

表11.7のように記述すると、コマンドを連続実行することができます。

●表11.7　コマンドの連続実行

構文	意味
コマンド1 ; コマンド2	コマンド1の後、コマンド2を連続で実行する
コマンド1 && コマンド2	コマンド1の実行が成功した場合、コマンド2を連続で実行する
コマンド1 || コマンド2	コマンド1の実行が失敗した場合、コマンド2を連続で実行する

if文で複数の条件を指定し、両方とも満たしているかどうかで条件分岐する方法を紹介しましたが、この構文を用いて以下のように記述することもできます。

```
[root@centos7 ~]# cat /tmp/readcheck2.sh Enter
#!/bin/bash
if [ -f $1 ] && [ -r $1 ]  →2つの条件文を記述し、両方とも満たしている場合thenの処理を実行する
then
    echo "$1 is regular file and read OK!"
else
    echo "$1 is not regular file or not readable"
fi
```

■コマンドのメッセージを消去する

以下の実行例は、if文の条件式の箇所にcatコマンドを記述して、それぞれ成功、失敗した場合のメッセージを表示するというスクリプトの例です。

```
[root@centos7 ~]# vi nulltest.sh Enter
#!/bin/bash
if cat $1
then
    echo "cat: success"  →catコマンドの実行に成功したらこのメッセージを表示する
else
    echo "cat: failure"  →catコマンドの失敗に成功したらこのメッセージを表示する
fi  →この内容を記述して保存し、終了する
[root@centos7 ~]# chmod a+x nulltest.sh Enter
[root@centos7 ~]# ./nulltest.sh 123 Enter  →存在しないファイル名（123）を指定する
cat: 123: そのようなファイルやディレクトリはありません  →catコマンドのエラーメッセージ
cat: failure  →スクリプト内で指定されたメッセージ
```

存在しないファイルを指定した場合、else文のメッセージの他、catコマンドによるエラーメッセージも表示されます。スクリプト内で指定したメッセージのみ表示したい場合は、以下のように標準エラー出力を/dev/nullにリダイレクトします。/dev/nullは特殊なファイルで、出力内容を空にするという意味があります。

```
[root@centos7 ~]# vi nulltest.sh Enter
#!/bin/bash
if cat $1 2> /dev/null  →catコマンドのエラー出力を/dev/nullにリダイレクトするよう指定する
then
    echo "cat: success"
else
    echo "cat: failure"
fi  →下線の部分を入力して保存し、終了する
[root@centos7 ~]# ./nulltest.sh 123 Enter
cat: failure  →catコマンドのエラーメッセージが表示されなくなる
[root@centos7 ~]# ./nulltest.sh env.sh Enter  →存在するファイル（env.sh）を指定する
#!/bin/bash
echo $VAR
echo $ENV  →ここまでがcatコマンドの出力結果
cat: success  →スクリプトで指定したメッセージも表示される
```

■スクリプトをデバッグする

この章では、bashによるシェルスクリプトの作成を行ってきましたが、実用するスクリプトはもっと長いものが一般的です。スクリプトのどこかにミスがあって正しく動作しない場合、長いスクリプトだとミスがある箇所をなかなか見つけられないことがあります。

スクリプト実行時に**bash**コマンドに**-x**オプションを指定して実行すると、実行するコマンドや変数への代入などといった処理内容を出力できます。こうした情報を活用すれば、どこにプログラム上のミスがあるかを見つけやすくすることができます。こうした作業を**デバッグ**と言います。

以下のようにwhiletest.shを実行してみましょう。

```
[root@centos7 ~]# bash -x ./whiletest.sh Enter
+ i=0  →変数への代入処理を出力する。行頭がプラスになっているのは処理内容
+ '[' 0 -lt 5 ']'
+ echo 0
0
+ i=1
+ '[' 1 -lt 5 ']'
+ echo 1
1
        :
```

以下の実行図のようにシバンの箇所にオプションを指定すると、それ以降、常にデバッグ情報を出力するようになります。

```
[root@centos7 ~]# vi ./whiletest.sh Enter
#!/bin/bash -x  →オプションのみ追記して保存し、終了する
i=0
        :
[root@centos7 ~]# ./whiletest.sh Enter
+ i=0  →デバッグ情報が出力される
+ '[' 0 -lt 5 ']'
        :
```

setコマンドのオプションで囲むことにより、囲まれた部分のみデバッグ情報を出力するようにできます。

```
[root@centos7 ~]# vi ./whiletest.sh [Enter]
#!/bin/bash →オプションを削除する
set -x →デバッグ情報の出力を開始する
i=0
set +x →デバッグ情報の出力を終了する
while [ $i -lt 5 ]
do
    echo $i
    i=$(( $i + 1 ))
done
[root@centos7 ~]# ./whiletest.sh [Enter]
+ i=0 →最初の変数への代入処理のみデバッグ情報を出力する
+ set +x
0
1
2
3
4
```

章末演習

この章の内容を学習したことにより、以下の操作ができるようになります。いくつかの項目を、演習問題を通じて確認しましょう。

- シェルスクリプトを作成し、実行することができる
- シェルスクリプトの中で変数を扱うことができる
- 条件分岐を使った複雑な処理を実現できる
- 繰り返しを使った複雑な処理を実現できる
- コマンドの実行結果を変数に格納して処理に利用できる
- 不要なメッセージを表示しないように設定できる

演習 1

以下のように、指定した引数を表示するスクリプトを作成しましょう。

```
[root@centos7 ~]# ./ex1 test Enter
test  →指定した引数を表示する
```

演習 2

演習 1 で作成したスクリプトを改良し、引数が 1 つ指定された時に限り引数を表示し、それ以外の時にエラーメッセージが表示されるようにしましょう。

```
[root@centos7 ~]# ./ex1 Enter
usage: ./ex1 arg  →引数が指定されない、もしくは2つ以上でメッセージを表示する
```

演習 3

カレントディレクトリにある～.sh というファイルすべてのバックアップ（～.sh.bak という名前で、内容は同じファイル）を生成するスクリプトを作成しましょう。

```
[root@centos7 ~]# ./ex3.sh Enter
[root@centos7 ~]# ls *.sh.bak Enter
argtest.sh.bak   ex3.sh.bak       nulltest.sh.bak  untiltest.sh.bak
arit2.sh.bak     exp.sh.bak       random.sh.bak    useradd.sh.bak
  →カレントディレクトリにある～.shというファイルのバックアップ（～.sh.bak）が生成される
```

演習4

以下のように引数で指定したユーザーを追加し、かつパスワードを設定する処理を実行するスクリプトを作成しましょう。引数が1つ以外の場合はエラーメッセージを表示し、ユーザーの追加やパスワードの設定処理が行われないようにします。

```
[root@centos7 ~]# ./ex4.sh Enter
usage: ./ex4.sh username  →引数が1つ以外の場合はメッセージを表示する
[root@centos7 ~]# ./ex4.sh ex4user Enter
  →引数を1つ指定するとユーザーの追加とパスワード設定が行われる
ユーザー ex4user のパスワードを変更。
新しいパスワード:  →パスワードを入力して設定する
新しいパスワードを再入力してください:  →パスワードを再入力する
passwd: すべての認証トークンが正しく更新できました。
```

演習5

応用問題 演習4で作成したスクリプトを改良し、作成済みユーザーが指定された場合もエラーメッセージを表示して、ユーザーの追加やパスワードの設定処理が行われないようにしましょう。

```
[root@centos7 ~]# ./ex5.sh ex4user Enter
uid=1025(ex4user) gid=1025(ex4user) groups=1025(ex4user)
This user (ex4user) already created
  →作成済みユーザーを指定するとユーザーの情報をメッセージで表示する
```

演習6

応用問題 以下のように、exuser100～109という10ユーザーを追加し、かつユーザー名と同じパスワードを設定する処理を行うスクリプトを作成しましょう。

```
[root@centos7 ~]# ./ex6.sh Enter
ユーザー exuser100 のパスワードを変更。
passwd: すべての認証トークンが正しく更新できました。
ユーザー exuser101 のパスワードを変更。
passwd: すべての認証トークンが正しく更新できました。
           :  →パスワードが設定（更新）された旨メッセージが表示される。設定時に入力をしない
```

演習7

応用問題 実行すると、「very luck!」「luck」「little luck」いずれかの文字列をランダムで表示するスクリプトを作成しましょう。

```
[root@centos7 ~]# ./ex7.sh Enter
very luck!  →実行するたび、ランダムにいずれかの文字列を表示する
```

演習8

応用問題 実行すると、対象となるディレクトリ名の入力を要求し、入力したディレクトリのバックアップ（アーカイブ）ファイルを生成するスクリプトを作成しましょう。

```
[root@centos7 ~]# ./ex8.sh Enter
Enter directory name: ex7.sh →ファイル名を入力する
Please enter directory name →ディレクトリ名以外を入力すると、メッセージが表示される
[root@centos7 ~]# ./ex8.sh Enter
Enter directory name: /home →ディレクトリ名を入力する
tar: メンバ名から先頭の `/' を取り除きます →tarコマンドによりディレクトリをアーカイブする
/home/
/home/testuser/
        :
[root@centos7 ~]# ls -l backup.tar Enter
-rw-r--r-- 1 root root 12595200  9月 24 05:20 backup.tar
 → backup.tarというファイルにアーカイブ
```

章末演習【解答例】

演習1

「$1」で1つめの引数を参照することができます。次のスクリプトを作成することで、問題の要件を満たすことができます。

```
[root@centos7 ~]# cat ex1.sh Enter
#!/bin/bash
echo $1
```

演習2

演習1で作成したスクリプトは、引数を指定しないと以下のように空白が表示されます。echoコマンドで引数を省略すると、エラーにならず空白を出力するためです。

```
[root@centos7 ~]# ./ex1.sh Enter
```

そこで、次のようにif文を使い、引数が1つの時だけ引数の内容を表示するechoコマンドを実行し、それ以外の場合には問題文に書かれたメッセージが表示されるようにします。

```
[root@centos7 ~]# cat ex1.sh Enter
#!/bin/bash
if [ $# -eq 1 ]
then
    echo $1
else
    echo "usage: $0 arg"  →$0の部分は./ex1.shでもOK
fi
[root@centos7 ~]# ./ex1.sh Enter
usage: ./ex1.sh arg  →引数が1つ以外の時には、else文で指定したメッセージを表示する
```

演習3

for文では、ワイルドカードを用いて、合致するファイル名を値リストに格納することができます。次の例では、変数fnameにファイル名を格納し、cpコマンドの第2引数に「${fname}.bak」と指定することで、~.bakという拡張子のファイルを生成しています。

```
[root@centos7 ~]# cat ex3.sh Enter
#!/bin/bash
for fname in *.sh
do
    cp $fname ${fname}.bak
done
```

演習4

次のように指定することで、引数が1つの時に限ってuseraddコマンドによるユーザーの追加と、passwdコマンドによるパスワードの設定が行われるようになります。

```
[root@centos7 ~]# cat ex4.sh Enter
#!/bin/bash
if [ $# -eq 1 ]
then
    useradd $1
    passwd $1
else
    echo "usage: $0 username"
fi
```

なお、以下のように否定条件でスクリプトを作成しても同じ結果になります。続く演習5については、こちらのスクリプトを元に改良をすると記述しやすいでしょう。

```
[root@centos7 ~]# cat ex4b.sh Enter
#!/bin/bash
if [ ! $# -eq 1 ]  →条件文に「!」と指定することで、否定条件を指定できる
then
    echo "usage: $0 username"
else
    useradd $1
    passwd $1
fi
```

演習5

演習4で作成したスクリプトの引数に既存ユーザー名を指定した場合、useraddコマンドは失敗するものの、その後のpasswdコマンドが実行されてしまいます。

そこで、idコマンドでユーザーがすでに存在するかどうかをチェックし、既存ユーザーだった場合にはメッセージを表示(idコマンドのエラーは表示されないようリダイレクトしています)、存在しなかった場合のみユーザーの追加とパスワードの設定が行われるようにします。

なお、ユーザーが存在するかどうかのチェックは、他にも「grepコマンドで/etc/passwdファイルの内容をチェックする」などが考えられます。

```
[root@centos7 ~]# cat ./ex5.sh Enter
#!/bin/bash
if [ ! $# -eq 1 ]
then
    echo "usage: $0 username"  →引数が1つ以外の場合にはこのメッセージを表示する
elif id $1 2> /dev/null  →idコマンドが成功したら（既存ユーザーであれば）以下の処理を実行する
then
    echo "This user ($1) already created"  →既存ユーザーであれば、このメッセージを表示する
else  →上記の2つと合致しない場合、ユーザーの追加とパスワードの設定を実行する
    useradd $1
    passwd $1
fi
```

演習6

次の解答例では、while文を使用してexuser100～109という文字列を生成しています。もちろん、for文など他の制御構文を利用して生成することも可能です。

passwdコマンドでは、--stdinオプションを利用することで、標準入力に送られてきた文字列をパスワード文字列として利用できます。

```
[root@centos7 ~]# cat ex6.sh Enter
#!/bin/bash
i=100
while [ $i -lt 110 ]
do
    username=exuser$i  →exuser100～109をusername変数に格納する
    useradd $username
    echo $username | passwd --stdin $username
    i=$(( $i + 1 ))
done
```

演習7

3パターンのランダムな文字列を表示するため、RANDOM変数を利用して0～2の乱数を出力するようにしています。その結果に応じてcase文で処理を分岐しています。なお、解答例ではcase文を利用していますが、if文を利用して同様の処理を実現することもできます。

```
[root@centos7 ~]# cat ex7.sh Enter
#!/bin/bash
result=$(( $RANDOM % 3 ))  →0～2の乱数をresult変数に格納する
case $result in
  1) echo "very luck!";;
  2) echo "luck";;
  *) echo "little luck";;
esac
```

演習 8

スクリプトを実行すると、readコマンドによって入力待ちを発生させ、入力された名前がディレクトリとして存在するかどうかを条件式で判定しています。指定したディレクトリが存在した場合はtarコマンドでアーカイブを生成し、存在しなかった場合はメッセージを表示するよう、if文で条件分岐しています。

```
[root@centos7 ~]# cat ex8.sh Enter
#!/bin/bash
echo -n "Enter directory name: "
read dirname  →入力された名前をdirname変数に格納する
if [ -d $dirname ]  →dirname変数の値がディレクトリとして存在するかチェックする
then
    tar cvf backup.tar $dirname  →存在する場合、tarコマンドでアーカイブを実行する
else
    echo "Please enter directory name"  →存在しない場合メッセージを表示する
fi
```

第 12 章

日時情報の管理と
ジョブのスケジューリング

日時情報の確認と設定

NTP サーバーとの同期

定期的なジョブの実行

1 回限りのジョブの実行

この章のポイント

システムを運用する際には、正しい日時を設定することが大切です。この章では、システムの日時情報を正しく管理するコマンドを解説します。また、指定したスケジュールでコマンドを実行するためのスケジューリングのしくみについても紹介します。

■日時情報を確認／設定する

OS上で管理されている日時情報のことを**システムクロック**と言います。dateコマンドを利用して、システムクロックの参照や設定ができます。

```
[root@centos7 ~]# date Enter
2021年  9月 24日 金曜日 06:02:55 JST
[root@centos7 ~]# date 01010000 Enter   →システムクロックを1月1日の0時0分に設定する
2021年  1月  1日 金曜日 00:00:00 JST
[root@centos7 ~]# date Enter   →引数無しで実行し、指定した日時で設定されていることを確認する
2021年  1月  1日 金曜日 00:00:01 JST
```

設定の際に引数で利用できる値の書式は以下の通りです。

●図　dateコマンドで利用できる値の書式

■NTPサーバーと同期して正確な日時を設定する

ntpdateコマンドを利用すると、NTPサーバーと同期をとり、正しい日時情報に設定することができます。以下の実行図は、ntp.orgが提供している**NTPサーバークラスタ**と同期をとり、正しい日時情報を設定している例です。サーバークラスタとは、複数のサーバーに対して1つの名前で接続できる仕組みです。

```
[root@centos7 ~]# ntpdate pool.ntp.org Enter
28 Sep 22:54:15 ntpdate[2491]: adjust time server 133.243.238.243 offset 0.218278 sec
[root@centos7 ~]# date Enter   →正しい日時情報が設定されていることを確認する
2021年  9月 28日 火曜日 22:54:21 JST
```

主な公開NTPサーバーは以下の表の通りです。

●表　主な公開NTPサーバー

サーバー名	サーバーの内容
ntp.jst.mfeed.ad.jp	インターネットマルチフィード株式会社が提供するNTPサーバー
ntp.nict.jp	独立行政法人 情報通信研究機構（NICT）が提供するNTPサーバー
pool.ntp.org	ntp.orgで公開しているNTPサーバークラスタ。このアドレスを指定すると、ntp.orgで登録している公開NTPサーバーに接続される

■cronで定期的にジョブを自動実行する

cronの仕組みを利用することで、定期的に処理を実行することができます。cronの仕組みで実行する定期的な処理のことをcronジョブと言います。

cronジョブはcrontabコマンドで操作します。「crontab −e」と実行すると、テキストエディタを使ってcrontabファイルを編集することができます。cronジョブは以下の書式に従い、1つのジョブを1行で記述します。

●図　crontabファイルの書式

この表記だと、毎日22：00に
backup.shというスクリプトを実行

```
0    22    *    *    *    /testbin/backup.sh
①    ②    ③    ④    ⑤         ⑥
```

列	項目	設定値
①	分	0～59
②	時	0～23
③	日	1～31
④	月	1～12／jan～dec
⑤	曜日	0～7／sun～sat。数値で指定する場合は、0と7が日曜日、1が月曜日
⑥	実行するコマンド／スクリプト	実行する内容を1行で指定する

■atで1回限りのジョブを自動実行する

cronの他に、atというジョブスケジューリングの仕組みが用意されています。atコマンドにオプションを指定せず、実行したい時刻を引数で指定すると、at用のプロンプトが表示されます。ここで処理したい内容を入力し、Ctrl＋dキーを押すとジョブの登録が完了します。

```
[root@centos7 ~]# at 1:25 Enter
at> touch /root/attest.txt
at> <EOT>  →上記のコマンドを入力してEnterキーを押したら、Ctrl+dキーを押して予約完了する
job 1 at Wed Sep 29 01:25:00 2021
```

基本をおさえよう

日時情報の確認と設定

■dateコマンドで日時情報を参照／設定する

OS上で管理されている日時情報のことを**システムクロック**と言います。システムクロックは、ファイルを更新した時のタイムスタンプ等の情報や、この後で紹介するジョブのスケジューリングの際などに利用されます。

dateコマンドを利用すると、システムクロックの参照や設定ができます。

dateコマンド

```
date [ オプション ] [ 日時／+書式 ]
```

概要	システムクロックを表示する／設定する	
主なオプション	オプション	説明
	-s 日時	指定した書式（後述）で日時を設定する
引数	・*日時*：システムクロックに設定する日時。日時情報を指定しない場合は、システムクロックの内容を書式に基づいて表示する ・*+書式*：情報を表示する際の書式	

dateコマンドにオプションや引数を指定しなかった場合、次のように現在の日時情報（システムクロック情報）を表示します。

```
[root@centos7 ~]# date Enter
2021年  9月 24日 金曜日 06:02:55 JST
```

以下のようにdateコマンドを実行すると、システムクロックを指定した日時に設定することができます。

```
[root@centos7 ~]# date 01010000 Enter  →システムクロックを1月1日の0時0分に設定する
2021年  1月  1日 金曜日 00:00:00 JST
[root@centos7 ~]# date Enter  →引数無しで実行し、指定した日時で設定されていることを確認する
2021年  1月  1日 金曜日 00:00:01 JST
```

参考　上記の動作確認において、VirtualBoxで「Guest Additions」の設定を有効にしている場合は、すぐに現在の正しい日時に同期されます。

設定の際に引数で利用できる値の書式は**図12.1**のようになっています

● 図12.1　dateコマンドで利用できる値の書式

```
date 01010000[2019][.30]
     月 日 時 分  年    秒
                  └→ 年は2桁でもOK
```

図12.1のような書式で設定することもできますし、-sオプションを使用すると以下のように一般的な書式で日時の設定が可能です。

```
[root@centos7 ~]# date -s "10/1 10:00" Enter  →指定した書式で日時を設定する
2021年 10月  1日 金曜日 10:00:00 JST
[root@centos7 ~]# date -s "2021/10/5" Enter  →時刻を省略すると、指定した日の0時0分に設定する
2021年 10月  5日 火曜日 00:00:00 JST
```

■日時情報の表示形式をカスタマイズする

dateコマンドでは、表12.1のように「+%表示したい項目」という書式を利用して、カスタマイズした日時情報の表示設定が可能です。

● 表12.1　dateコマンドで表示指定できる主な書式

書式	表示内容	表示例
%Y	年（4桁）	2021
%y	年（2桁）	21
%m	月（数字）	10
%b	月（文字）	Oct／10月
%d	日	01～31
%H	時（24時間表記）	00～23
%M	分	00～59
%S	秒	00～59
%a	曜日	Sun／日

以下の実行図はこれらの書式を利用し、日時情報をカスタマイズして表示している例です。

```
[root@centos7 ~]# date +%m%d Enter  →「月日」を表す2桁+2桁の値を表示する
1005
[root@centos7 ~]# date +"%m/%d %H:%M" Enter
  →スペースや記号を含めることもできる。その場合はクォーテーションで囲む
10/05 11:00
```

■日付を含むファイル名を作成する

コマンド展開(バッククォーテーション)を利用することで、日時を含むファイル名を指定することもできます。

```
[root@centos7 ~]# touch `date +%m%d`.txt Enter  →バッククォーテーションで囲まれた部分を展開する
[root@centos7 ~]# ls -l 1005.txt Enter  →「日付を表す4桁の数値.txt」という名前のファイルが生成される
-rw-r--r-- 1 root root 0  10月 05 22:28 1005.txt
```

もっと使いこなそう

NTP サーバーとの同期

dateコマンドによりシステムクロックの設定をする方法を紹介しました。しかし、dateコマンドを使う方法だと、性格に日時を設定するために何か他の手段で正しい日時情報を確認する必要があります。また、タイミングを合わせてコマンドを実行する必要があるなど、あまり効率的とは言えません。

ntpdateコマンドを利用すると、**NTP サーバー**と同期をとり、正しい日時情報を容易に設定することができます。NTPサーバーは正しい日時情報を提供するサーバーです。

ntpdateコマンド

```
ntpdate [ オプション ] サーバー
```

概要	NTPサーバーと同期し、システムクロックを設定する	
主なオプション	オプション	説明
	-d	デバッグモードで実行する
引数	・サーバー：サーバーの名前／IPアドレス	

ntpdateコマンドでは、引数に指定したNTPサーバーと同期をとります。NTPサーバーは、所属組織やISPが提供している場合はそれらを利用すると良いでしょう。提供されていない場合は、**表12.2**のような**公開NTPサーバー**を利用することができます。

●表12.2　主な公開NTPサーバー

サーバー名	サーバーの内容
ntp.jst.mfeed.ad.jp	インターネットマルチフィード株式会社が提供するNTPサーバー
ntp.nict.jp	独立行政法人 情報通信研究機構(NICT)が提供するNTPサーバー
pool.ntp.org	ntp.orgで公開しているNTPサーバークラスタ。このアドレスを指定すると、ntp.orgで登録している公開NTPサーバーに接続される

以下の実行図は、ntp.orgが提供している**NTPサーバークラスタ**と同期をとり、正しい日時情報を設定している例です。サーバークラスタとは、複数のサーバーに対して1つの名前で接続できる仕組みです(**図12.2**)。特定のNTPサーバーに接続することにならないため、公開NTPサーバーに対する負荷が分散することを期待できます。

```
[root@centos7 ~]# ntpdate pool.ntp.org Enter
28 Sep 22:54:15 ntpdate[2491]: adjust time server 133.243.238.243 offset 0.218278 sec
[root@centos7 ~]# date Enter  →正しい日時情報が設定されていることを確認する
2021年  9月 28日 火曜日 22:54:21 JST
```

● **図12.2　pool.ntp.orgとの同期**

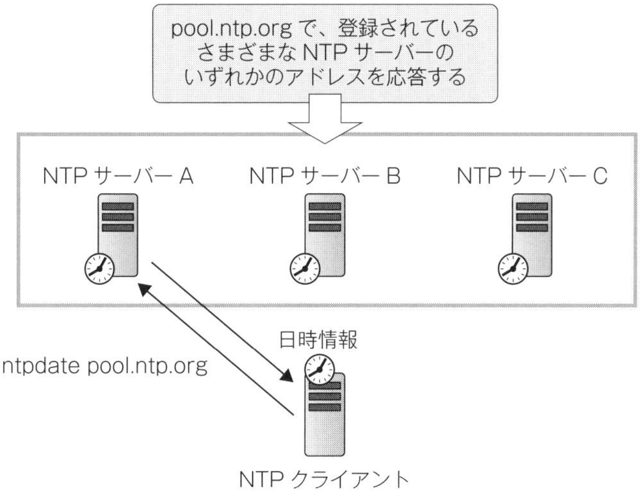

基本をおさえよう

定期的なジョブの実行

■cron ジョブの基本

cronの仕組みを利用することで、定期的に処理を実行するといったスケジューリングができます。たとえば、バックアップ処理を1日1回実施したいケースでは、バックアップ処理を実行するためのスクリプトを用意しておき、cronで指定した時間に実行するように設定します(**図12.3**)。本書では、cronの仕組みで実行する定期的な処理のことを**cronジョブ**と言います。

● 図12.3　cronの仕組みによる定期的なジョブの実行

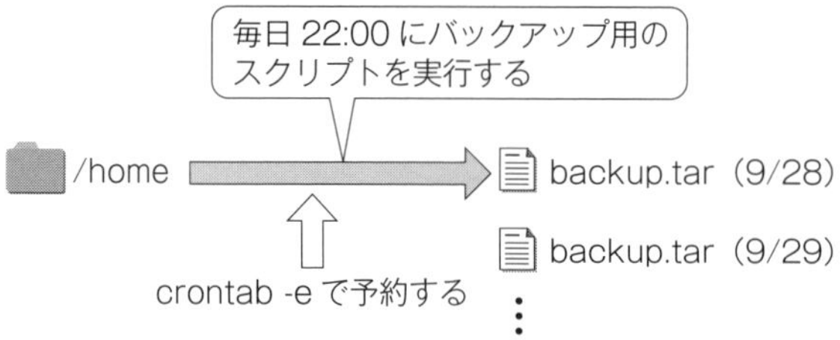

cron ジョブは`crontab`コマンドで操作できます。

crontabコマンド

```
crontab オプション
```

概要	cronジョブを編集する	
主なオプション	オプション	説明
	-e	cronジョブを追加／編集する
	-l	cronジョブを表示する
	-r	すべてのcronジョブを削除する

「`crontab -e`」と実行すると、テキストエディタ[注12.1]が起動し、crontabファイルの編集画面になります。crontabファイルは、cron ジョブの予約情報を登録するためのファイルです。起動した編集画面でジョブを追加、編集します。

cron ジョブは**図12.4**の書式に従い、1つのジョブを1行で記述します。

● 図12.4　crontabファイルの書式

列	項目	設定値
①	分	0～59
②	時	0～23
③	日	1～31
④	月	1～12／jan～dec
⑤	曜日	0～7／sun～sat。数値で指定する場合は、0と7が日曜日、1が月曜日
⑥	実行するコマンド／スクリプト	実行する内容を1行で指定する

注12.1　起動するテキストエディタは、環境変数EDITORによって指定できます。本書が学習用に提供している環境では、CentOS 7ではviが、Debianではnanoが起動します。

各項目の間には半角スペースを入れます。上記のように「*」が指定されている項目は、範囲内のすべての値で実行するという意味です。**図12.4**のように日、月、曜日が「*」に設定されていると、「毎日(すべての月、すべての曜日、すべての日)、指定した時刻に実行する処理を登録する」という指定になります。

以下は、cronジョブを追加してcrontest.txtというファイルを作成している例です。

```
[root@centos7 ~]# date Enter  →現在の時刻を確認する
2021年  9月 28日 火曜日 23:52:13 JST
[root@centos7 ~]# crontab -e Enter  →エディタが起動するので、以下の情報を入力し、保存して終了する
55 23 * * * touch /root/crontest.txt  →時刻は上記の時間の3分くらい後を指定する
[root@centos7 ~]# ls -l cron*.txt Enter
  →指定した時刻になったら、ファイルが作成されていることを確認する
-rw-r--r-- 1 root root 0  9月 28 23:55 crontest.txt
[root@centos7 ~]# crontab -l Enter  →ジョブが残っていることを確認する
55 23 * * * touch /root/crontest.txt
```

■cronジョブを削除する

上記のように、ジョブ実行後もcronジョブは削除されません。そのため、意図的にジョブを削除しない限り、このジョブは翌日以降も毎日実行されます。ジョブを削除したい場合、以下の方法が用意されています。

- 特定のジョブを削除 → 「crontab -e」を実行して特定のジョブの行を削除する
- すべてのジョブを削除 → 「crontab -r」を実行する

「crontab -r」を実行すると、次の実行図のように、ユーザーが登録したジョブがすべて削除されます。

```
[root@centos7 ~]# crontab -r Enter  →すべてのジョブを削除する
[root@centos7 ~]# crontab -l Enter
no crontab for root  →cronジョブが存在しないというメッセージ
```

■複雑なスケジュールを設定する

ここまで、毎日1回だけ実行するcronジョブを例に動作確認しましたが、他にもさまざまな指定が可能です。よく使う例を以下に示します。

・毎時0分に実行する
　0 * * * * 実行内容

・毎週日曜日の17時ちょうどに実行する
　0 17 * * 0 実行内容

・毎月1日の9時15分に実行する
　15 9 1 * * 実行内容

また、連続した値を指定する方法、複数の値を指定する方法、「2日に1回」などといった指定方法も用意されています。

・連続した値を指定する
　0 23 * * 1-5 /testbin/backup.sh
　→「-」で連続した値を指定します。この例では月曜日から金曜日の23時ちょうどにスクリプトを実行します。

・複数の値を指定する
　0,15,50 * * * * /testbin/sample.sh
　→「,」で複数の値を指定することができます。この例は毎時0分、15分、50分にスクリプトを実行します。

・「〜に1回」と指定をする
　0 4 */2 * * /testbin/ntpdate.sh
　→「*/数字」という記述で、「〜に1回」という指定ができます。この例は2日に1回、4時ちょうどにスクリプトを実行します。

■cron ジョブ登録時の注意点

cronジョブを登録する際は、/sbinや/usr/sbinに登録されているコマンドを実行できない点に注意する必要があります。システム管理系のコマンドの実行ファイルは、これらのディレクトリに格納されています[注12.2]。

以下の実行図では、PATH変数の内容と`ntpdate`コマンドの実行結果をcroncheck.logというファイルに格納するスクリプトを作成し、cronジョブとして登録しています。

注12.2　この章で確認したコマンドだと、`ntpdate`コマンドの実行ファイルが/usr/sbinに格納されています。

```
[root@centos7 ~]# vi croncheck.sh Enter
#!/bin/bash
echo $PATH > /root/croncheck.log
ntpdate pool.ntp.org &>> /root/croncheck.log →左の内容を入力して保存し、終了する
[root@centos7 ~]# chmod a+x croncheck.sh Enter
[root@centos7 ~]# crontab -e Enter
47 0 * * * /root/croncheck.sh →3分くらい後の時刻を指定し、作成したスクリプトの実行を予約する
```

このジョブが実行されると、croncheck.logというファイルに以下のような内容が格納されます。

```
[root@centos7 ~]# cat croncheck.log Enter
/usr/bin:/bin →PATH変数の内容
/root/croncheck.sh: 行 3: ntpdate: コマンドが見つかりません →ntpdateコマンドの実行結果
```

実行結果からわかる通り、ジョブを予約したユーザーのPATH変数の内容に関わらず、cronジョブの実行環境ではPATH変数に「/bin」「/usr/bin」だけが登録された状態になります。その結果、/usr/sbinに登録されている実行ファイルを検索／実行することができないため、ntpdateコマンドが見つからないというエラーが記録されます。

このようにシステム管理系コマンドを実行したいケースでは、次のような対処法があります。

- crontab ファイルに PATH を記述する
- コマンドを絶対パスで記述する

crontabファイルに直接PATHを記述したい場合は、以下の実行例のようにします。これにより、実行するコマンドの格納先を意識せずにcronジョブとして登録できるようになります。

```
[root@centos7 ~]# crontab -e Enter
PATH=/bin:/usr/bin:/sbin:/usr/sbin →PATHの記述を追加する※
58 0 * * * /root/croncheck.sh →実行時間を3分くらい後に指定し直し、保存して終了する
[root@centos7 ~]# cat croncheck.log Enter
/bin:/usr/bin:/sbin:/usr/sbin →指定したディレクトリがPATH変数に格納されている
29 Sep 01:15:08 ntpdate[4047]: adjust time server 47.190.36.235 offset 0.276815 sec
 →ntpdateコマンドが正しく実行されている
```

※このようにcrontabファイルにPATHの記述をする場合は、第9章で紹介した「PATH=$PATH:追加するディレクトリ」という記述は使えないので注意してください($PATHの部分が展開されません)。実行例にある通り、PATHに設定するディレクトリをすべて記述しましょう。

もっと使いこなそう

1回限りのジョブの実行

Linuxではcronの他にatというジョブスケジューリングの仕組みが用意されています。atコマンドを利用すると、atジョブを登録することができます。atはcronとは異なり、1回だけ実行するジョブを登録できます。

atコマンド

```
at [ オプション ] 時刻
```

概要	atジョブを編集する	
主なオプション	オプション	説明
	-f ファイル	指定したファイルの内容を実行する。-fオプションを指定しなかった場合は、専用のプロンプトが表示され、入力した内容を実行する
	-l	atジョブを一覧表示する
	-c ジョブ番号	指定したatジョブの内容を表示する
	-r ジョブ番号	atジョブを削除する
引数	・*時刻*：ジョブを実行する時刻。以下のような書式で指定できる 23:30 → その日の23時30分に実行する 4pm + 1 days → 翌日の午後4時ちょうどに実行する noon Jul 31 → 7月31日の正午（午後0時）に実行する now + 5 minutes → 今から5分後に実行する	

atコマンドにオプションを指定せず、実行したい時刻を引数で指定すると、at用のプロンプトが表示されます。このプロンプトで、処理したい内容を入力します。複数の処理を指定することもできます。

処理したい内容を入力し終わったら、Ctrl＋dキーを押すと、実行の予約が完了します。

```
[root@centos7 ~]# date Enter  →現在の日時を確認する
2021年  9月 29日 水曜日 01:21:24 JST
[root@centos7 ~]# at 1:25 Enter  →3分くらい後の時刻を指定する
at> touch /root/attest.txt
at> <EOT>  →上記のコマンドを入力してEnterキーを押したら、Ctrl+dキーを押して予約完了する
job 1 at Wed Sep 29 01:25:00 2021
[root@centos7 ~]# at -l Enter
1       Wed Sep 29 01:25:00 2021 a root  →ジョブが予約されていることを確認する
[root@centos7 ~]# at -c 1 Enter
#!/bin/sh
          :
touch /root/attest.txt
          :  →指定したジョブの内容を表示する
```

「at -l」とすると、登録されているatジョブの一覧を表示できます。「at -c ジョブ番号」とすると、登録されているジョブの内容を確認できます。

予約した時刻になったら、以下のようにファイルが生成されていることを確認します。

```
[root@centos7 ~]# ls -l attest.txt Enter
-rw-r--r-- 1 root root 0  9月 29 01:25 attest.txt  →ファイルが生成されていることを確認する
[root@centos7 ~]# at -l Enter
[root@centos7 ~]#  →ジョブが消えていることを確認する
```

上の実行図からもわかる通り、atジョブは1回実行すると消えてしまいます。

たとえば「0時ちょうどにファイルを追加更新したい」といった、定期的に繰り返す必要のない処理を自動実行したい場合は、atジョブを利用します。

章末演習

この章の内容を学習したことにより、以下の操作ができるようになります。演習問題を通じて確認しましょう。

- システムの日時情報を正しく設定できる
- cron ジョブを登録して、処理を定期的に自動実行することができる
- 毎月 1 日、2 日に 1 回など、複雑なルールで定期的にジョブを実行できる
- at ジョブを登録して、1 回だけ実行したい処理を自動化できる

演習 1

ex-cron.txtというファイルに、実行時点のシステムクロックの情報が格納されるようcronジョブを追加しましょう。ジョブは任意の時刻（確認しやすいよう3分くらい後の時刻をお勧めします）に実行するようにします。実行されたら、以下のコマンドを実行し、情報が格納されていることを確認しましょう。

```
[root@centos7 ~]# cat ex-cron.txt Enter
2021年  9月 29日 水曜日 02:16:01 JST  →dateコマンドの結果が格納されていることを確認する
```

演習 2

/homeディレクトリの内容を、/backup/home-backup-0929.tarのように日付を含むファイル名でアーカイブするスクリプトを作成しましょう。/backupディレクトリは`mkdir`コマンドで作成してください。スクリプトもこのディレクトリ内に作成します。
作成したスクリプトを任意の時刻（確認しやすいよう3分くらい後の時刻をお勧めします）に実行するよう、cronジョブを追加しましょう。ジョブが実行されたら、以下のように実行し、アーカイブファイルが正しく生成されていることを確認します（以下は、10月5日にバックアップされたファイルを確認している例です）。

```
[root@centos7 ~]# tar tf /backup/home-backup-1005.tar Enter
home/
home/testuser/
home/testuser/.mozilla/
          :  →/homeディレクトリの内容をアーカイブ（バックアップ）できていることを確認する
```

演習 3

22時30分に、attest2.txtという名前のファイルを作成するatジョブを登録してみましょう。登録が完了したら、atジョブが正しく登録されているか確認します。

章末演習【解答例】

演習1

```
[root@centos7 ~]# crontab -e Enter
16 2 * * * date > /root/ex-cron.txt
```

「crontab -e」を実行し、上記のようにdateコマンドの実行結果が格納されるようcronジョブを追加します(上記は、2時16分にジョブを実行するという指定です。ご自身の環境に合わせて日時は調整してください)。dateコマンドにより、実行時点のシステムクロック情報が出力され、それをリダイレクトすることで問題の要件を実現できます。

演習2

/backupディレクトリを作成した後、以下のようにスクリプトを作成します。このスクリプトは、/homeの内容を/backup/home-backup-日付.tarというファイル名でアーカイブします。バッククォーテーションで囲んだ部分を先に実行し(date +%m%dで日付を表す4桁の数値を出力)、展開されるようになっています。

スクリプトファイルに実行権限を付与し、指定した時間に実行するようcronジョブを追加します(以下の例では、2時24分にジョブを実行するよう指定しています)。

```
[root@centos7 ~]# mkdir /backup Enter
[root@centos7 ~]# vi /backup/home-backup.sh Enter
#!/bin/bash
tar cf /backup/home-backup-`date +%m%d`.tar /home  →vオプションを追加してもOK

[root@centos7 ~]# chmod a+x /backup/home-backup.sh Enter
[root@centos7 ~]# crontab -e Enter
16 2 * * * date >> /root/date.txt
24 2 * * * /backup/home-backup.sh  →この行を追加する
```

演習3

atコマンドに実行したい時刻を引数で指定すると、atジョブを登録できます。処理したい内容を入力し終わったら、Ctrl + dキーを押して予約を完了します。

```
[root@centos7 ~]# at 23:30 Enter
at> touch /root/attest2.txt
at> <EOT>  →上記のコマンドを入力してEnterキーを押したら、Ctrl+dキーを押して予約完了する
job 1 at Wed Oct 12 20:33:00 2021
[root@centos7 ~]# at -l Enter
1       Wed Oct 12 20:33:00 2021 a root  →ジョブが予約されていることを確認する
```

第 13 章

ファイルシステム管理

この章のポイント

Linuxでは、ディスク領域を利用するためにマウントという操作を行う必要があります。また、ディスクにデータを保存するなどして利用するには、パーティションの作成、ファイルシステムの作成といった準備も必要です。これらディスク領域に関連するコマンドについて学ぶとともに、システム起動時に自動的にディスク領域をマウントするための設定についても学びます。さらに、Linuxにおいてファイルやディレクトリをより便利に使うための、2種類のリンク機能についても解説します。本章の内容を学ぶことで、ハードリンク、シンボリックリンクという2つのリンクの特長を身に付け、使い分けることができます。

■ディスクの利用状況を確認する

Linuxでは、ディスク領域が/devディレクトリ以下に**デバイスファイル**として認識されます。主なデバイスファイルは以下の通りです。

●表　ディスク領域を表す主なデバイスファイル

デバイスファイル名の例	内容
/dev/sda	HDDやSSD、USBメモリなどのディスク領域（「a」が1台目のディスクを表す）
/dev/sda1	ディスク内のパーティション領域（「1」が1つ目のパーティションを表す）
/dev/sr0	DVDドライブなどのメディア用のドライブ
/dev/mapper/centos-root	LVM領域

ディスク領域の使用状況やマウント状況はdfコマンドで確認できます。ディレクトリの使用サイズを表示したい場合は、duコマンドを利用します。

```
[root@centos7 ~]# df -hT /dev/sda1 Enter
ファイルシス     タイプ  サイズ  使用  残り  使用%  マウント位置
/dev/sda1        xfs      1014M  211M  804M   21% /boot

[root@centos7 ~]# du -s /var Enter
372004  /var
[root@centos7 ~]# du -sh /var Enter
364M    /var
```

■ディスクをマウントする／アンマウントする

Linuxでディスク領域や挿入したDVDメディアなどを使用するときは、mountコマンドを使って、それらの領域を表すデバイスファイルをディレクトリにマウントします。

マウントした領域をマウント解除（アンマウント）するには、umountコマンドを利用します。DVDメディアや取り外し可能な外付けディスクなどは、使い終わったらumountコマンドでアンマウントしてから取り外します。

```
[root@centos7 ~]# umount /media Enter
```


■ファイルシステムを作成する

Linuxに新しいディスク領域を追加して利用するには、以下の手順が必要です。

1. パーティション領域の作成
2. ファイルシステムの作成
3. マウント

gdiskコマンドを使うと、パーティション領域の作成や編集ができます。ファイルシステムの作成には、mkfsコマンドを使います。Linux環境で利用できる主なファイルシステムは次の通りです。

●表 Linuxで利用できる主なファイルシステム

ファイルシステム	説明
ext2	Linuxで標準的に使われていたファイルシステム
ext3	ext2にジャーナリング機能を追加したファイルシステム
ext4	Debian 11の既定のファイルシステム。ext3の最大ファイルシステムサイズの制約などを改良
xfs	CentOS 7の既定のファイルシステム。高性能なジャーナリングファイルシステムで、ディスクI/Oの高速化をするための機能も実装
btrfs	スナップショット機能や複数デバイスを扱う機能を有するファイルシステム
vfat	Windowsで利用されているファイルシステム。さまざまなOSで利用可能。Linuxの標準パーティションなど設定できないファイル属性あり
ntfs	Windowsで利用されているファイルシステム。Linux環境では読み取り専用での利用など制約あり
iso9660	CDやDVDなどのメディアで利用されるファイルシステム
tmpfs	メモリ上に作成されるファイルシステム

■リンクを活用する

Linuxでは、lnコマンドを使ってシンボリックリンクとハードリンクという2種類のリンクを作成することができます。

シンボリックリンクは、Windowsのショートカットなどを想像するとわかりやすいでしょう。たとえば、古いバージョンのディストリビューションで使われていたディレクトリを、シンボリックリンクとして残すといった使い方がされています。

ハードリンクは、iノードと呼ばれる情報を共有したリンクを作成することができます。シンボリックリンクでは、リンク先のファイルが削除されてしまうとリンクも利用できなくなりますが、ハードリンクの場合は、片方のファイルを削除したとしてもリンクは利用可能です。

ただし、ハードリンクには、ディレクトリ宛てのハードリンクが作成できない、異なるファイルシステム宛てのハードリンクが作成できないという制約があります。そのため、用途によってシンボリックリンクとハードリンクを使い分ける必要があります。

基本をおさえよう

ディスクの利用状況の確認

■デバイスファイルの基本

Linuxでは、認識されたディスク領域は、/devディレクトリ以下に**デバイスファイル**として認識されます。認識されるファイルには**表13.1**のようなものがあります。

●表13.1　ディスク領域を表す主なデバイスファイル

デバイスファイル名の例	内容
/dev/sda	HDDやSSD、USBメモリなどのディスク領域（「a」が1台目のディスクを表す）
/dev/sda1	ディスク内のパーティション領域（「1」が1つ目のパーティションを表す）
/dev/sr0	DVDドライブなどのメディア用のドライブ
/dev/mapper/centos-root	LVM領域

参考　LVMは、複数のディスク領域を1つの論理領域として利用できる仕組みです。

これらのデバイスファイルは、**図13.1**の命名規則によりファイル名が構成されます。

●図13.1　デバイスファイルの命名規則

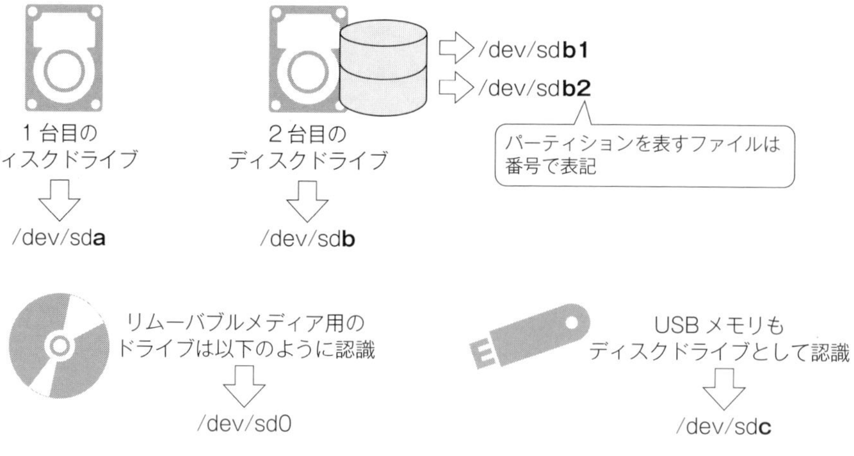

これらの領域を表すデバイスファイルを直接データ領域として利用することはできません。デバイスファイルをディレクトリに関連付けて、データ領域として利用します。この関連付けのことを**マウント**と言います。マウントは、Linuxでディスク領域を利用する際の基本の考え方です（**図13.2**）。

● 図13.2　マウントポイントとデータへのアクセス

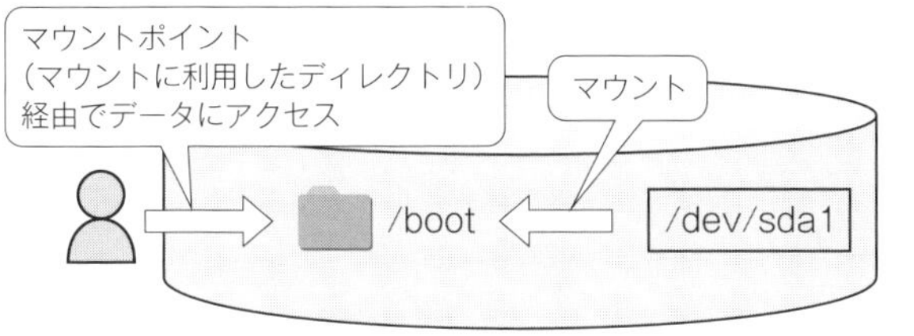

■ディスクの使用状況を確認する

ディスク領域の使用状況や、マウント状況はdfコマンドで確認できます。

dfコマンド

```
df [ オプション ] [ デバイスファイル／マウントポイント ]
```

概要	ファイルシステムの使用／空き領域サイズを表示する	
主なオプション	オプション	説明
	-h	わかりやすいサイズ（MB/GB/TB）で表示する（既定はブロックサイズで表示）
	-i	iノードについての情報を表示する
	-t ファイルシステム	指定したファイルシステムのデバイスを対象にする
	-T	ファイルシステムの種類も表示する
引数	・*デバイスファイル／マウントポイント*：対象となるデバイスファイル／マウントポイント	

以下のように実行すると、/dev/sda1がどのディレクトリにマウントされているか、そしてこの領域の使用状況を確認できます。

dfコマンドは既定でファイルサイズをブロックサイズで表示するため、-hオプションを指定すると、MBやGBといった一般的に利用するファイルサイズの単位で表示をします。また、-Tオプションを指定することで、その領域がどの種類のファイルシステムを利用しているかを表示します。

```
[root@centos7 ~]# df -hT /dev/sda1 Enter
ファイルシス     タイプ  サイズ  使用  残り  使用%  マウント位置
/dev/sda1        xfs     1014M   211M  804M   21%  /boot
  →/dev/sda1を/bootにマウントしている。ファイルシステムはxfs。サイズが1014MBで211MB使用中
```

■ファイルシステムとは

ファイルシステムとは、ディスクにファイルを保存する仕組みです。

ファイルを保存する際、ファイルに格納されるデータを保存するのはもちろんですが、ファイルの属性情報も保存する必要があります。こうしたデータの保存先をどのように管理するか、についてファイルシステムで既定します（**図13.3**）。

●図13.3 ディスク領域とファイルシステム

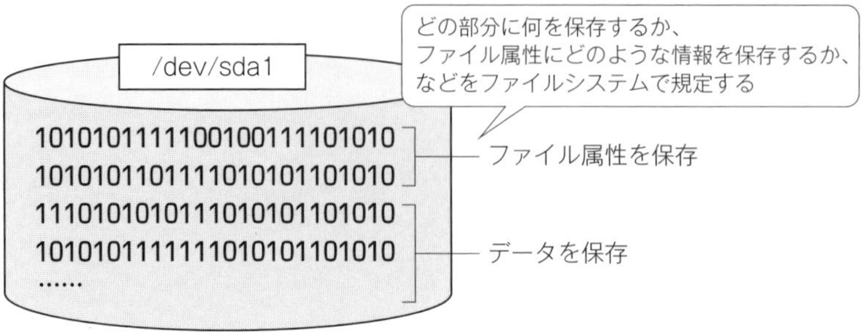

Linuxではさまざまなファイルシステムを利用できます。

CentOS 7では、ディストリビューションをインストールすると既定で**xfs**というファイルシステムを利用します。以下のように指定すると、xfsファイルシステムが利用されているディスク領域の状態を確認できます。

```
[root@centos7 ~]# df -hT -t xfs Enter
ファイルシス              タイプ サイズ  使用  残り 使用% マウント位置
/dev/mapper/centos-root xfs        26G  4.9G   22G   19% /
  →「/」（ルートディレクトリ）もxfsファイルシステムで構成されていることを確認する
/dev/sda1               xfs      1014M  211M  804M   21% /boot
```

`ls -l`コマンドで、表示しているファイルのサイズを確認できます。なお、ディレクトリを表示したときもファイルサイズが表示されますが、このサイズはディレクトリ内に格納されたファイルの合計サイズではありません。

```
[root@centos7 ~]# ls -ld /var Enter  →/varディレクトリの属性情報を表示する
drwxr-xr-x. 23 root root 4096  9月 30 06:58 /var
  →「4096」と表示されているが、実際のデータサイズと異なる
```

■ディレクトリの使用状況を確認する

ディレクトリの使用サイズを表示したい場合は、**du**コマンドを利用します。

duコマンド

```
du [ オプション ] [ ディレクトリ ]
```

概要	ディレクトリの使用サイズを表示する	
主なオプション	オプション	説明
	-h	わかりやすいサイズ（MB/GB/TB）で表示する（既定はKB）
	-s	合計サイズを表示する
引数	・*ディレクトリ*：対象となるディレクトリを指定する	

以下は、-sオプションを指定し、/varディレクトリの使用サイズ(ディレクトリに格納されているファイルの合計サイズ)を表示している例です。

```
[root@centos7 ~]# du -s /var Enter
372004  /var  →既定ではKB(キロバイト)単位で表示する
[root@centos7 ~]# du -sh /var Enter
364M    /var  →-hオプションを指定すると、わかりやすいサイズで表示する
```

-sオプションを指定しないと、以下のようにディレクトリの内容を展開し、各ディレクトリの使用サイズを表示します。

```
[root@centos7 ~]# du -h /boot Enter  →/bootディレクトリ内にある各ディレクトリの使用サイズを表示する
0       /boot/efi/EFI/centos/fw
5.9M    /boot/efi/EFI/centos
1.9M    /boot/efi/EFI/BOOT
7.7M    /boot/efi/EFI
7.7M    /boot/efi
2.4M    /boot/grub2/i386-pc
3.2M    /boot/grub2/locale
2.5M    /boot/grub2/fonts
8.0M    /boot/grub2
4.0K    /boot/grub
138M    /boot  →/bootディレクトリ自身の使用サイズも表示する
```

基本をおさえよう

マウント操作

■デバイスをマウントする

Linuxでディスク領域や挿入したDVDメディアなどを使用するときは、それらの領域を表すデバイスファイルをディレクトリにマウントをして、データにアクセスします。mountコマンドで、マウント操作を行うことができます。

mountコマンド

```
mount [ オプション ] [ デバイスファイル ] [ マウントポイント ]
```

概要	マウントを実行、もしくは状態を確認する	
主なオプション	オプション	説明
	-a	/etc/fstabでautoオプションが指定されているデバイスをすべてマウントする
	-t ファイルシステム	デバイスのファイルシステムを指定する
	-o オプション	マウントオプションを指定する ・ro:読み取り専用でマウントする ・remount:一度アンマウントした後、再マウントする
引数	・デバイスファイル:マウントするファイルシステム領域のデバイス ・マウントポイント:マウント先のディレクトリ(マウントポイント)	

Linux ではDVDメディアの内容を利用する場合もマウント操作が必要です。

VirtualBoxを利用している場合、仮想マシンのウィンドウで、[デバイス] ー [光学ドライブ] ー [ディスクファイルを選択] をクリックし、ISOファイルを指定することで、DVDメディアを挿入する操作を行うことができます (**図13.4**)。

● 図13.4　ISOファイルをDVDメディアとして挿入

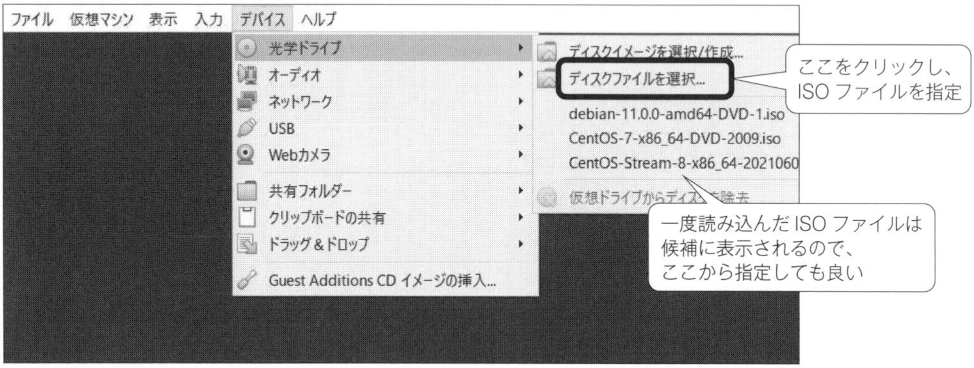

最近のLinux環境では、メディア用のマウントポイントとして **/mediaディレクトリ**が用意されているのが一般的です。以下に挙げるのは、DVDメディアを挿入したあと (VirtualBoxを利用している場合は、上記の操作でISOファイルをDVDメディアとして挿入したあと)、/mediaディレクトリにマウントしている例です。

```
[root@centos7 ~]# ls /media Enter   →既定では/mediaディレクトリ内にデータは存在しない
[root@centos7 ~]# mount /dev/sr0 /media Enter
  →/dev/sr0 (DVDドライブのデバイスファイル) を/mediaにマウントする
mount: /dev/sr0 is write-protected, mounting read-only
[root@centos7 ~]# ls /media Enter   →DVDメディアの内容が読み込まれていることを確認する
CentOS_BuildTag  GPL       RPM-GPG-KEY-CentOS-7          images
EFI              LiveOS    RPM-GPG-KEY-CentOS-Testing-7  isolinux
EULA             Packages  TRANS.TBL                     repodata
[root@centos7 ~]# df -hT /dev/sr0 Enter   →/dev/sr0がマウントされていることを確認する
ファイルシス    タイプ  サイズ  使用  残り  使用% マウント位置
/dev/sr0        iso9660   4.4G  4.4G     0  100% /media
```

上記の手順で確認したように、DVDメディアは**iso9660**というファイルシステムで構成されます。マウントの際に **-t** オプションを指定し、マウントする領域のファイルシステムを指定できます。しかし、上記のようにファイルシステムの指定を省略しても、自動認識が可能です。

> **参考**　利用するファイルシステムや環境によっては、ファイルシステムの自動認識がうまくいかないことがあります。その場合は、**-t** オプションで指定をするようにしましょう。

■マウントを解除する

マウントした領域をマウント解除（アンマウント）するには、umountコマンドを利用します。

umountコマンド

```
umount [ オプション ] [デバイスファイル／マウントポイント]
```

概要	アンマウントを実行する	
主なオプション	オプション	説明
	-a	マウントされているデバイスをすべてアンマウントする
	-t ファイルシステム	指定したファイルシステムのデバイスをアンマウントする
引数	・デバイスファイル：アンマウントするパーティションのデバイスファイル ・マウントポイント：アンマウント先のディレクトリ（マウントポイント）	

以下の手順で、読み込んだDVDメディアをアンマウントできます。アンマウントするときは、マウントしたデバイスファイルかマウントポイントのどちらかを引数として指定します。

```
[root@centos7 ~]# umount /media Enter  →/mediaにマウントされたデバイスをアンマウントする
[root@centos7 ~]# ls /media Enter  →アンマウントされ、データを参照できなくなったことを確認する
```

DVDメディアや取り外し可能な外付けディスクなどは、使い終わったら、umountコマンドでアンマウントしてから取り外すようにしましょう。物理マシンを利用している場合、DVDメディアをアンマウントしていないと、ドライブがロックされて取り出しができない場合もあります。

なお、ルートディレクトリや/bootディレクトリなどは、マウント情報の設定ファイルに記述された内容に基づいて、システム起動時に自動マウントが行われています。この設定ファイルについては、本章の後半であらためて解説します。

VirtualBoxでこの操作を試している場合、アンマウント後、[デバイス]－[光学ドライブ]－[仮想ドライブからディスクを除去]をクリックして選択しましょう。仮想ディスクが入ったままだと、次回起動時にインストール画面が表示されてしまいます。万が一、インストール画面が表示された場合は、上記の操作を行った後、[入力]－[キーボード]－[送信 Ctrl - Alt -Del]をクリックして選択し、再起動しましょう。

基本をおさえよう

シンボリックリンクの構成

ルートディレクトリの直下には、多くのディレクトリの他、いくつかの**シンボリックリンク**があります。先頭が「l」となっているものはシンボリックリンクです。

```
[root@centos7 ~]# ls -l / Enter  →ルートディレクトリ直下の内容を表示する
合計 44
lrwxrwxrwx.   1 root     root       7  4月  2  2020 bin -> usr/bin  →先頭が「l」
dr-xr-xr-x.   5 root     root    4096  8月 27 07:50 boot
drwxr-xr-x   20 root     root    3200 10月  5 21:15 dev
           :  →先頭が「d」となっているものはディレクトリ
```

シンボリックリンクは、Windowsのショートカット、macOSのエイリアスと同じ仕組みです。シンボリックリンクはリンク先のファイルやディレクトリに紐付けされており、シンボリックリンクにアクセスすると、リンク先にアクセスすることになります（**図13.5**）。

●図13.5　シンボリックリンクの構成

以前のCentOSでは、/binと/usr/binは別のディレクトリとして構成されており、それぞれにコマンドの実行ファイルが格納されていました。CentOS 7ではこれを統合し、/usr/binディレクトリにコマンドの実行ファイルを格納するようになりました。

しかし、/binというディレクトリを削除してしまうと、以前から利用しているユーザーが混乱する可能性があります。そのため、/binもシンボリックリンクとして用意されているのです。このようにシステムでは、既定でシンボリックリンクを用意している場合があります。

なお、リンクを新規作成する手順などについては、以降で解説します。

> **参考**　シェルスクリプトのシバンで、「#!/bin/bash」という記述ができるのも、このシンボリックリンクが用意されているおかげです。CentOS 7環境のbashの実行ファイルは、実際には/usr/bin/bashです。

もっと使いこなそう

iノードとリンク

■iノードとは

ファイルシステムの種類によって構造は異なりますが、多くのLinuxで利用可能なファイルシステムでは、ファイルの属性情報を格納するためにiノードと呼ばれる領域を保持します。

ファイルを作成すると、以下のようにファイルの属性情報の格納先として、iノードが1つ消費されます（**図13.6**）。

● 図13.6　ファイルとiノード

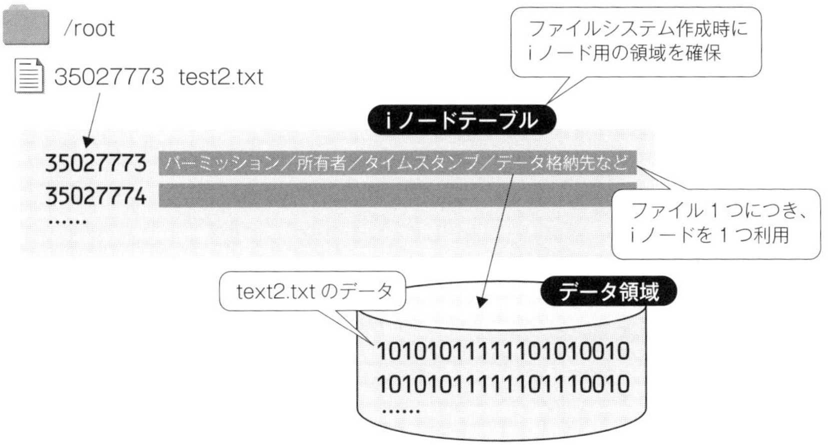

lsコマンドで、-iオプションを指定すると、ファイルやディレクトリのiノード番号を表示できます。

```
[root@centos7 ~]# ls -i test*.txt Enter
33581139 test1.txt   33815739 test5.txt    33815735 testb.txt
35027772 test12.txt  33811670 test6.txt    33811673 testsubst.txt
35027773 test2.txt   33778256 test600.txt  35355757 testwc.txt
35027774 test3.txt   33778260 test700.txt
35027775 test4.txt   34543508 testa.txt
  →ファイル名の左に表示されているのがiノード番号
```

dfコマンドで-iオプションを指定すると、ファイルシステム領域のiノードの使用状況を確認することができます。

```
[root@centos7 ~]# df -i -t xfs Enter  →-iオプションで、iノードの使用状況を表示する
ファイルシス               Iノード  I使用     I残り  I使用% マウント位置
/dev/mapper/centos-root 13629440 172020 13457420       2% /
/dev/sda1                 524288    346   523942       1% /boot
[root@centos7 ~]# echo inode test > /boot/inodetest.txt Enter  →/bootにファイルを1つ作成する
[root@centos7 ~]# df -i -t xfs Enter
ファイルシス               Iノード  I使用     I残り  I使用% マウント位置
/dev/mapper/centos-root 13629440 172020 13457420       2% /
/dev/sda1                 524288    347   523941       1% /boot
  →/boot領域のiノードが1つ消費されたことを確認する
```

Linuxでは、ファイルサイズの残りに余裕があったとしても、用意されているiノードをすべて消費してしまった場合、それ以上ファイルを追加することができません。iノードは、ファイルシステムを構成する際に余裕を持って用意されますが、空のファイルを数多く作ったような場合などはこの点にも注意する必要があります。

> **参考**　iノードについては、ファイルシステムの作成（以降で解説）を行ったときに確保されます。利用するファイルシステムによっては、後からiノード領域を拡張して利用できるものもありますし、できないものもあります。後者のファイルシステムでは、iノードが枯渇してしまった場合、作成済みのファイルを削除しなければそれ以上ファイルを追加することはできません。

ファイルを1つ作成すると、1つのiノードと関連付けられて、利用します。これを「リンクする」といいます。ファイルを作成すると、1つのiノードに1つのファイルがリンクされます。これを「リンクカウントが1」と表現します。リンクカウントは、以下のように`ls -l`で確認できます。

```
[root@centos7 ~]# ls -l test2.txt Enter
-rw-r--r--. 1 root root 6  5月 20  2019 test2.txt
  →リンクカウントが1（1つのiノードに関連付けられているファイルが1つ）
```

ファイルを削除すると、リンクカウントが0の状態になります。関連付けられているファイルが存在しないiノードは、他のファイルのiノードとして利用可能になります（図13.7）。

●図13.7　ファイルの削除とiノードの解放

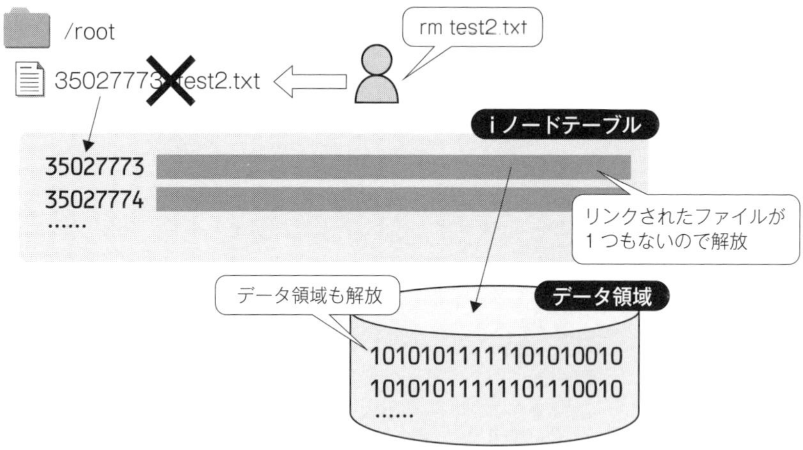

■リンクを作成する

`ln`コマンドを使ってリンクファイルを作成できます。これにより、複数の経路でファイルの内容にアクセスすることができます。

lnコマンド

```
ln [ オプション ] リンク元 リンクファイル
```

概要	リンクファイルを作成する	
主なオプション	オプション	説明
	-f	リンク先が存在しても上書きして設定する
	-s	シンボリックリンクを作成する(既定ではハードリンクを作成)
引数	・リンク元：リンク元となるファイル／ディレクトリ ・リンクファイル：作成するリンクファイル	

lnコマンドでは、前述のシンボリックリンクに加え、**ハードリンク**というリンクも作成できます。

ハードリンクは、iノードを共有するファイルを作成します。シンボリックリンクは、ファイルのパスが保存されているリンクファイルを作成します(**図13.8**)。

● 図13.8 ハードリンクとシンボリックリンク

・ハードリンク　　　　　　　・シンボリックリンク

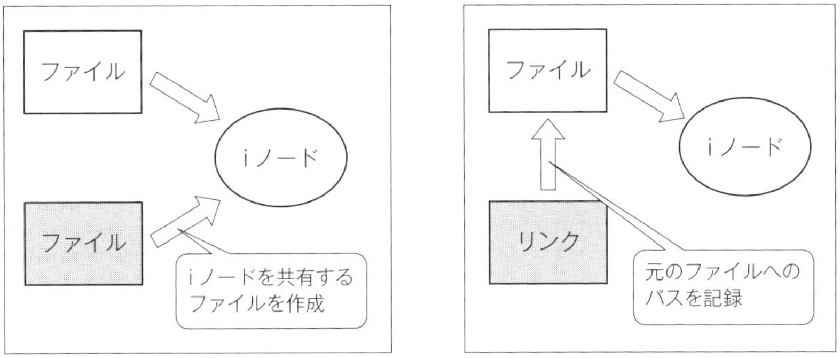

以下の例は、/tmpディレクトリにファイルを作成し、2種類のリンクを作成している例です。

```
[root@centos7 ~]# echo link test > /tmp/linktest.txt Enter  →サンプルのファイルを作成する
[root@centos7 ~]# ls -li /tmp/linktest.txt Enter  →作成したファイルの属性を確認する
18610732 -rw-r--r-- 1 root root 16 10月 10 11:27 /tmp/linktest.txt
[root@centos7 ~]# ln /tmp/linktest.txt hard.ln Enter  →オプション無しだとハードリンクを作成する
[root@centos7 ~]# ln -s /tmp/linktest.txt symbol.ln Enter
  →-sオプションでシンボリックリンクを作成する
[root@centos7 ~]# ls -li *.ln Enter  →作成したリンクの属性を確認する
18610732 -rw-r--r-- 2 root root 16 10月 10 11:27 hard.ln
  →ハードリンクはiノードを共有するので、作成したファイルと同じ番号のiノードを利用。リンクカウントが2に増えている
33638373 lrwxrwxrwx 1 root root 17 10月 10 11:26 symbol.ln -> /tmp/linktest.txt
  →シンボリックリンクは行頭が「l」で、元ファイルのパスが表示される
```

続く

```
[root@centos7 ~]# cat hard.ln Enter  →ハードリンクでもシンボリックリンクでも同じファイル内容を表示する
link test
[root@centos7 ~]# cat symbol.ln Enter
link test
[root@centos7 ~]# echo test2 >> symbol.ln Enter  →シンボリックリンクを指定して追記する
[root@centos7 ~]# cat /tmp/linktest.txt Enter  →元ファイルを参照して、更新されていることを確認する
link test
test2
```

このように、どちらのファイルも元のファイルと同じように利用することができます。たとえば、深い階層に存在するファイルを何度も参照するような場合は、リンクファイルを作っておくと便利です。

これら2種類のリンクは、元のファイルが削除された際の挙動が異なります。ハードリンクはiノードを共有しているため、元のファイルを削除しても、引き続きアクセスができます。一方シンボリックリンクは、元のファイルを削除するとアクセスができません(**図13.9**)。

●図13.9　ファイルの削除と2種類のリンク

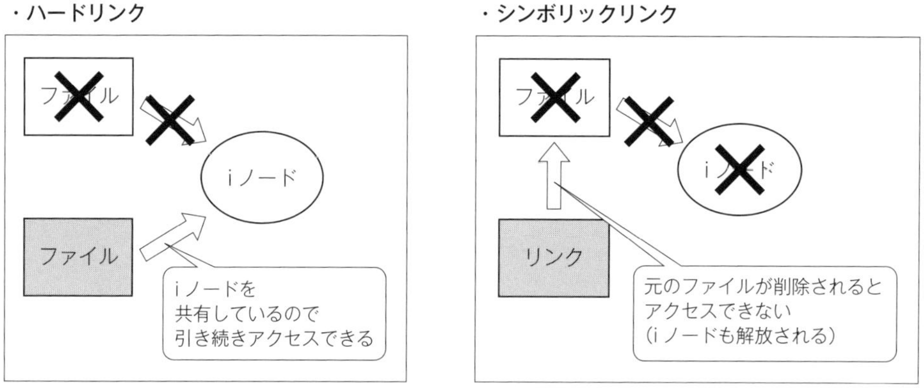

以下は、リンクのサンプル用のファイルを削除して、動作確認している例です。

```
[root@centos7 ~]# rm -f /tmp/linktest.txt Enter  →サンプル用のファイルを削除する
[root@centos7 ~]# cat hard.ln Enter  →ハードリンクには引き続きアクセスできる
link test
test2
[root@centos7 ~]# ls -l hard.ln Enter
-rw-r--r-- 1 root root 16 10月 10 11:27 hard.ln → リンクカウントが「1」になっている
[root@centos7 ~]# cat symbol.ln Enter  →シンボリックリンクにはアクセス不可
cat: symbol.ln: そのようなファイルやディレクトリはありません
```

ここまでの紹介を読むと、ハードリンクのほうが便利だと感じるかもしれませんが、実はハードリンクは以下のことができません。

- ディレクトリ宛てのハードリンクは不可
- 異なるファイルシステム宛てのハードリンクは不可

以下の実行図は、/bootディレクトリに作成していたファイル宛てのリンクを作成している例です。/rootはルートディレクトリ領域としてマウントされており、/bootとは異なる領域であるため、以下のようにハードリンクを作成できません。シンボリックリンクは問題なく作成できます。

```
[root@centos7 ~]# ln /boot/inodetest.txt hard2.ln Enter
ln: `hard2.ln' から `/boot/inodetest.txt' へのハードリンクの作成に失敗しました: 無効なクロスデバイスリンクです →異なるファイルシステム宛てのハードリンクは作成不可
[root@centos7 ~]# ln -s /boot/inodetest.txt symbol2.ln Enter →シンボリックリンクはOK
[root@centos7 ~]# cat symbol2.ln Enter →作成したシンボリックリンクを利用できることを確認する
inode test
```

このような理由から、システム内に既定で構成されているリンクは、シンボリックリンクを利用している場合が多いです。

もっと使いこなそう

ファイルシステムの作成とマウント

新しいディスク領域を追加して、利用をするには、以下の手順が必要になります。

1. パーティション領域の作成
2. ファイルシステムの作成
3. マウント

これらの作業を「土地の利用」で表現してみると**図13.10**のようになります。

● 図13.10 パーティション領域の作成からマウントまでを土地の利用で表現

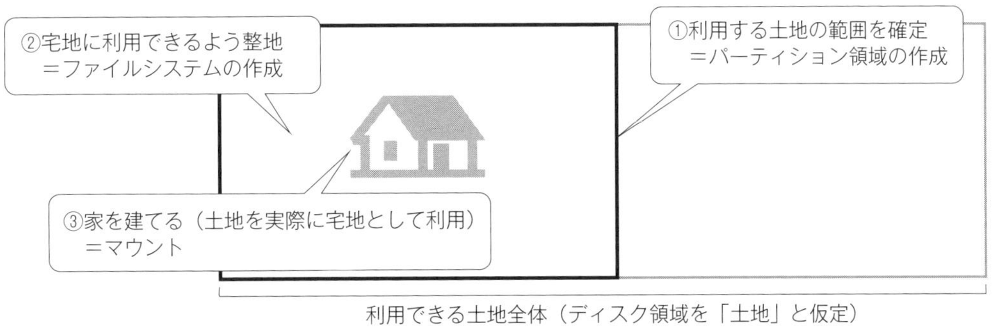

広い土地があった場合、そのまま使うこともできますし、分割して、複数の所有者が利用するように構成もできます。これがパーティション領域の作成であると表現できます。土地の利用範囲を決めても、荒れ地のままでは宅地などに利用できません。そこで、整地作業が必要になります。これがファイルシステムの作成であると表現できます。そして、実際に宅地として利用することがマウントであると表現できます。

では、これらの操作を実際にLinux上で動作確認していきましょう。

■パーティション領域を作成する

VirtualBoxでは、仮想ハードディスク（仮想環境で利用できるハードディスクとして認識されるファイル）を作成し、仮想マシンに追加して利用することができます。仮想マシンをシャットダウンした後、以下の手順で仮想ハードディスクを追加し、デバイスファイルがどのように認識されるかを確認してみましょう。

システムがシャットダウンされたら、VirtualBoxマネージャーでCentOS仮想マシンの設定画面を表示します。

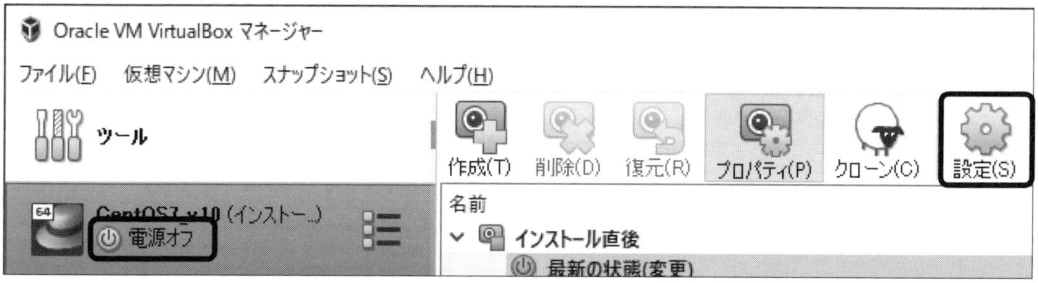

利用している仮想マシンを選択し、［設定］をクリックします（仮想マシン名の下に表示される仮想マシンの状態が図のように「電源オフ」になっていない場合は、まずシャットダウンしてください）。

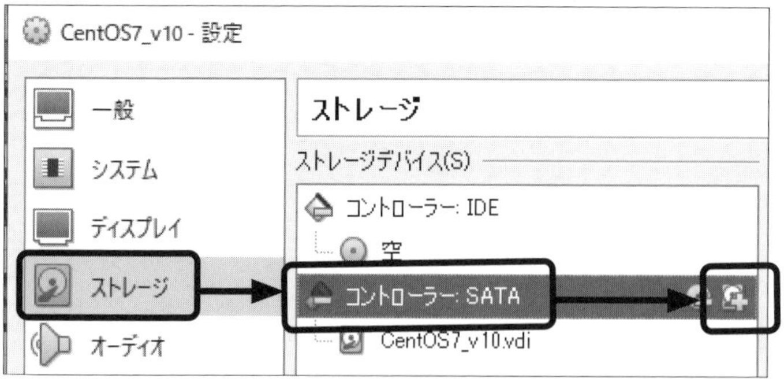

［ストレージ］を選択し、ストレージデバイス画面で［コントローラー：SATA］をクリックした後、［ハードディスクの追加］（次図参照）をクリックします。

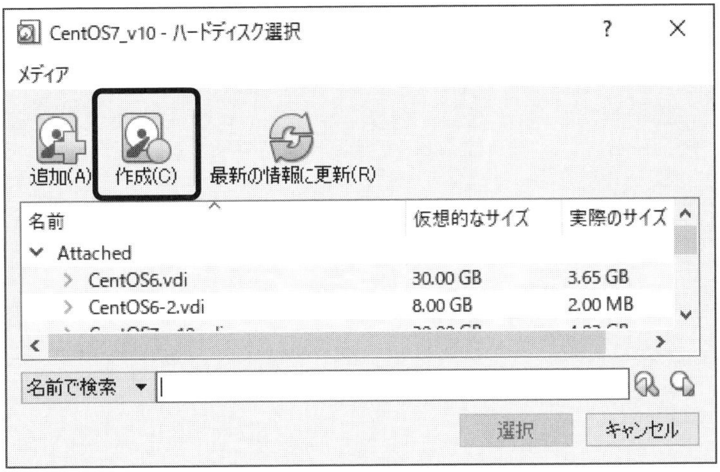

上図のように「ハードディスクの選択」画面が表示されるので、[作成] をクリックします。

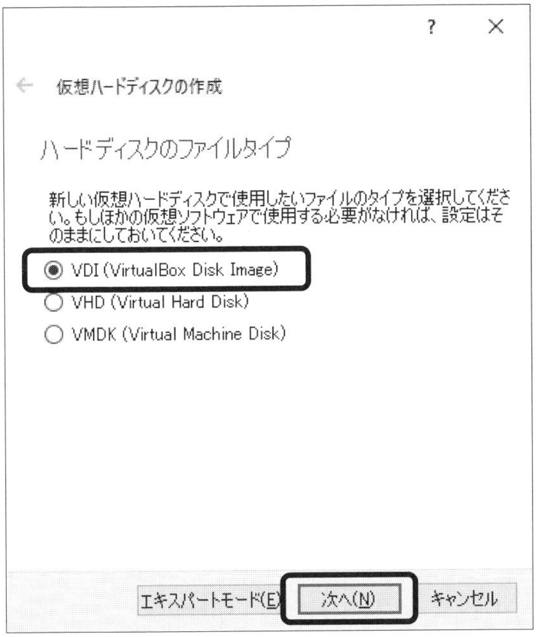

仮想ハードディスクの作成ウィザードが表示されます。[VDI] を選択した状態で [次へ] をクリックします。

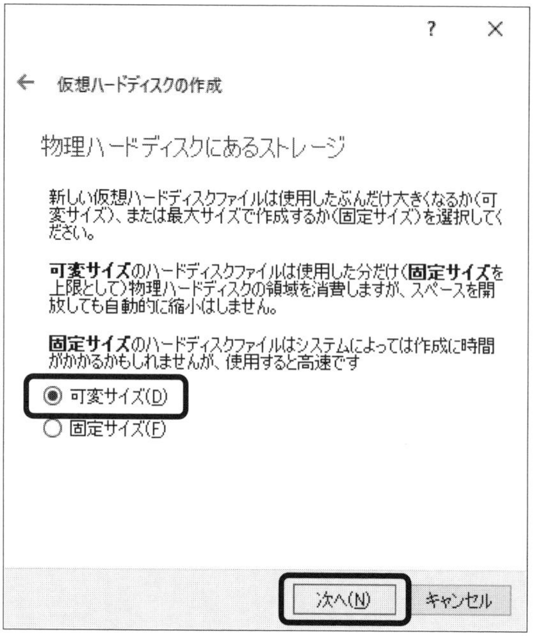

[可変サイズ] を選択した状態で [次へ] をクリックします。

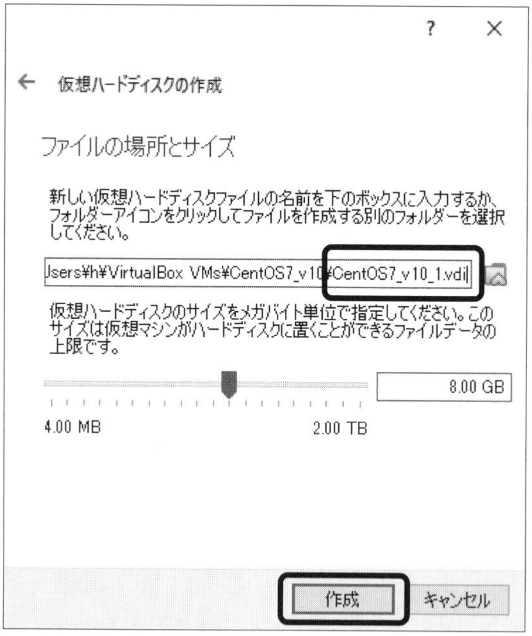

「仮想マシン名_1.vdi」というファイル名が指定された状態で［作成］をクリックすると、指定したサイズの仮想ディスクが作成されます（2回以上作成している場合はファイル名の番号部分が増えますが、そのまま作成して大丈夫です）。

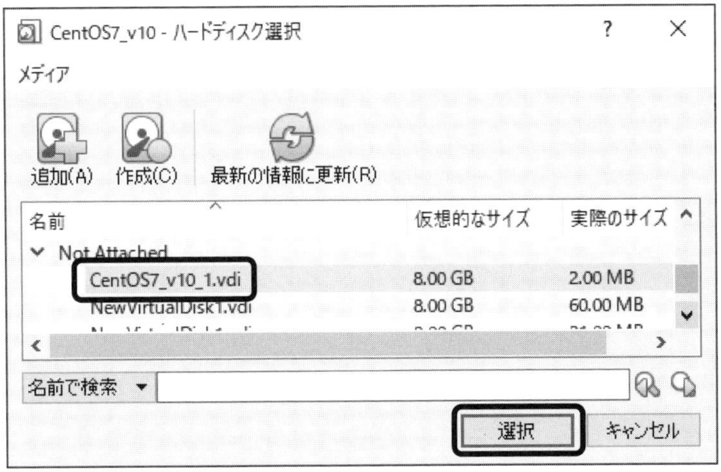

作成したディスクが選択されていることを確認し、［選択］をクリックします。

元の設定画面で、仮想ディスクが追加されていることを確認します。上図のように追加されていることを確認したら［OK］をクリックします。

仮想マシンを起動したら、以下のようにコマンドを入力し、追加したディスクのデバイスファイルが新規作成されていることを確認しましょう。

```
[root@centos7 ~]# ls /dev/sd* Enter
/dev/sda  /dev/sda1  /dev/sda2  /dev/sdb  →sdb（2台目のディスク）のデバイスファイルが追加される
```

新しく追加したディスクが認識されたら、続いてパーティション領域を作成する必要があります（図13.11）。

● 図13.11　パーティション領域の構成例

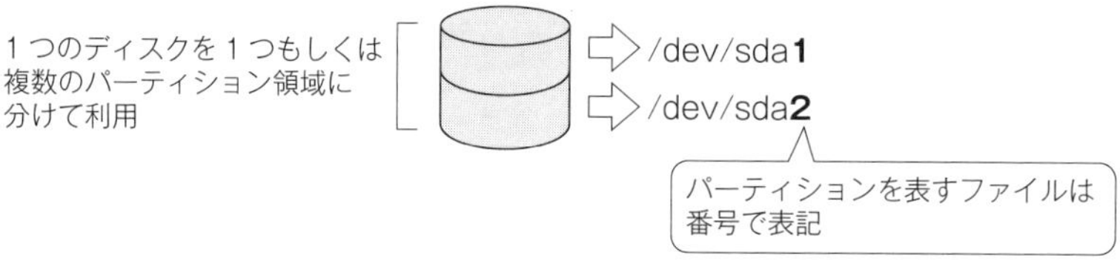

gdiskコマンドを利用すると、パーティション領域の作成や編集ができます。

gdiskコマンド

```
gdisk [ オプション ] [ デバイスファイル ]
```

概要	GPTパーティションを構成する	
主なオプション	オプション	説明
	-l	指定したディスクのパーティション構成を表示する
引数	・デバイスファイル：対象となるディスクのデバイスファイル	

gdiskコマンドをデバイスファイルを指定して実行すると、専用のプロンプトが表示されます。このプロンプトで、**表13.2**のサブコマンドによりパーティションの編集作業を行うことができます。

● 表13.2　gdiskコマンドの主なサブコマンド

サブコマンド	意味
p	パーティションの表示
n	パーティションの作成
d	パーティションの削除
w	設定情報を書き込み終了
q	設定情報を書き込まず終了
m	ヘルプの表示

以下の実行図は、新しく追加したディスク領域に4GBのパーティション領域を作成した例です。

```
[root@centos7 ~]# gdisk /dev/sdb Enter  →/dev/sdbを編集する
GPT fdisk (gdisk) version 0.8.10

Partition table scan:
  MBR: not present
  BSD: not present
  APM: not present
  GPT: not present

Creating new GPT entries.
  →パーティション領域が存在しないので、GPT領域を作成する旨メッセージが表示される
Command (? for help): n  →nを入力し、パーティション領域を作成する
Partition number (1-128, default 1):
  →そのままEnterキーを押す。デフォルトで、作成し始めなら1、以前に作成したことがあるならば、続きの番号が構成
    される
First sector (34-16777182, default = 2048) or {+-}size{KMGTP}:
  →そのままEnterキーを押す。デフォルトで、作成し始めなら先頭領域を指定する
Last sector (2048-16777182, default = 16777182) or {+-}size{KMGTP}: +4G
  →作成するサイズの指定。+4Gと入力すると、4GBの領域を作成する
Current type is 'Linux filesystem'
Hex code or GUID (L to show codes, Enter = 8300):
  →そのままEnterキーを押す。作成するパーティション領域のタイプを指定することができる。既定ではLinuxファイ
    ルシステム用の領域を作成する
Changed type of partition to 'Linux filesystem'

Command (? for help): p  →pを入力し、パーティション領域の状態を表示する
Disk /dev/sdb: 16777216 sectors, 8.0 GiB
Logical sector size: 512 bytes
Disk identifier (GUID): 9059B1EA-CB8A-47B2-B9B6-AECDA386A5D4
Partition table holds up to 128 entries
First usable sector is 34, last usable sector is 16777182
Partitions will be aligned on 2048-sector boundaries
Total free space is 8388541 sectors (4.0 GiB)

Number  Start (sector)    End (sector)  Size       Code  Name
   1            2048         8390655   4.0 GiB     8300  Linux filesystem
  →4GBの領域が作成されたことを確認する
Command (? for help): w  →wを入力し、パーティション領域の書き込み処理を実行する

Final checks complete. About to write GPT data. THIS WILL OVERWRITE EXISTING
PARTITIONS!!

Do you want to proceed? (Y/N): y  →確認はyを入力し、処理を進める
OK; writing new GUID partition table (GPT) to /dev/sdb.
The operation has completed successfully.
[root@centos7 ~]# ls /dev/sd* Enter  →デバイスファイルを確認する
/dev/sda  /dev/sda1  /dev/sda2  /dev/sdb  /dev/sdb1
  →新しい領域のデバイスファイルが作成されていることを確認する
```

今回はまだ未使用の領域ですが、ほかのパーティション領域を作成したり、マウント済みの領域が存在する場合にパーティション領域を作成しようとすると、以下のようなメッセージが表示されます。

```
Do you want to proceed? (Y/N): Y
OK; writing new GUID partition table (GPT) to /dev/sdb.
Warning: The kernel is still using the old partition table.
The new table will be used at the next reboot.
  →再起動後に新しい領域が反映される旨、メッセージが表示される
The operation has completed successfully.
```

この場合は、一度システムを再起動して、パーティション領域の設定が有効になるようにしましょう。

> 参考　なお、パーティション領域の管理形式にはGPTとMBRの2種類があります。以前のシステムではMBRが利用されておりましたが、MBRには認識される領域サイズに制限などがあるため、本書ではGPTのパーティション管理形式に利用可能な**gdisk**コマンドを紹介しました。MBR形式を利用したい場合は、**fdisk**コマンドが用意されています（**gdisk**は**fdisk**のGPT版として用意されたコマンドです）。**fdisk**も、本書で紹介した手法と同じサブコマンドなどを利用して編集操作が可能です。

■ファイルシステムを作成する／マウントする

続いてファイルシステムを作成し、作成したパーティション領域を利用できるように構成します。この処理はWindowsでいう「フォーマット」処理に当たります。ファイルシステムの作成は**mkfs**コマンドで行います。

mkfsコマンド

```
mkfs [ オプション ] デバイスファイル
```

概要	ファイルシステムを作成する	
主なオプション	オプション	説明
	-t ファイルシステム	指定したファイルシステムを作成する
	-L	ラベル名を指定する
引数	・デバイスファイル：対象となるパーティションのデバイスファイル	

作成したパーティション領域のデバイスファイルに対し、**-t**オプションで作成するファイルシステムの種類を指定します。Linux環境で利用できるファイルシステムには、**表13.3**のようなものがあります。

●表13.3　Linuxで利用できる主なファイルシステム

ファイルシステム	説明
ext2	Linuxで標準的に使われていたファイルシステム
ext3	ext2にジャーナリング機能を追加したファイルシステム
ext4	Debian 11の既定のファイルシステム。ext3の最大ファイルシステムサイズの制約などを改良
xfs	CentOS 7の既定のファイルシステム。高性能なジャーナリングファイルシステムで、ディスクI/Oの高速化をするための機能も実装
btrfs	スナップショット機能や複数デバイスを扱う機能を有するファイルシステム
vfat	Windowsで利用されているファイルシステム。さまざまなOSで利用可能。Linuxの標準パーティションなど設定できないファイル属性あり
ntfs	Windowsで利用されているファイルシステム。Linux環境では読み取り専用での利用など制約あり
iso9660	CDやDVDなどのメディアで利用されるファイルシステム
tmpfs	メモリ上に作成されるファイルシステム

以下の手順で、新しく作成したパーティション領域にext4ファイルシステムを作成することができます。

```
[root@centos7 ~]# mkfs -t ext4 /dev/sdb1 Enter  →sdb1にext4ファイルシステムを作成する
mke2fs 1.42.9 (28-Dec-2013)
Filesystem label=
OS type: Linux
        :
262144 inodes, 1048576 blocks
        :
Allocating group tables: done
Writing inode tables: done
Creating journal (32768 blocks): done
Writing superblocks and filesystem accounting information: done
[root@centos7 ~]# mkdir /mountdir Enter  →マウントポイント（マウントするディレクトリ）を作成する
[root@centos7 ~]# mount /dev/sdb1 /mountdir Enter  →マウントを実行する
[root@centos7 ~]# df -hT Enter  →sdb1がマウントされたことを確認する
ファイルシス            タイプ   サイズ  使用  残り 使用% マウント位置
        :
/dev/mapper/centos-root xfs        26G  5.7G   21G   22% /
/dev/sda1               xfs      1014M  211M  804M   21% /boot
tmpfs                   tmpfs     150M     0  150M    0% /run/user/0
tmpfs                   tmpfs     150M   12K  150M    1% /run/user/42
/dev/sdb1               ext4      3.9G   16M  3.6G    1% /mountdir
[root@centos7 ~]# df -i -t ext4 Enter  →iノードの利用状況を確認する（ext4の領域は今回作成した領域のみ）
ファイルシス    Iノード I使用  I残り I使用% マウント位置
/dev/sdb1        262144    11 262133     1% /mountdir
[root@centos7 ~]# echo test > /mountdir/mounttest.txt Enter
  →マウントした領域にファイルを作成する
[root@centos7 ~]# df -i -t ext4 Enter  →この領域からiノードが消費されることを確認する
ファイルシス    Iノード I使用  I残り I使用% マウント位置
/dev/sdb1        262144    12 262132     1% /testdir
```

パーティションやファイルシステムの作成はディスクに書き込まれた情報なので、システムが再起動された後も有効です。一方、マウント情報については、mountコマンドで実行したものはシステム起動中のみ有効な情報になります。システムを再起動して、動作を確認してみましょう。

```
[root@centos7 ~]# df -h -t ext4 Enter  →マウント済みのext4ファイルシステム領域を確認する
df: ファイルシステムが処理されませんでした
[root@centos7 ~]# ls /mountdir Enter
[root@centos7 ~]#  →作成したファイルも表示されない
```

これは、図13.12のようにディレクトリとファイルシステムとのつながりが切れている状態だと言えます。

● 図13.12　マウントされていないファイルシステムの状態

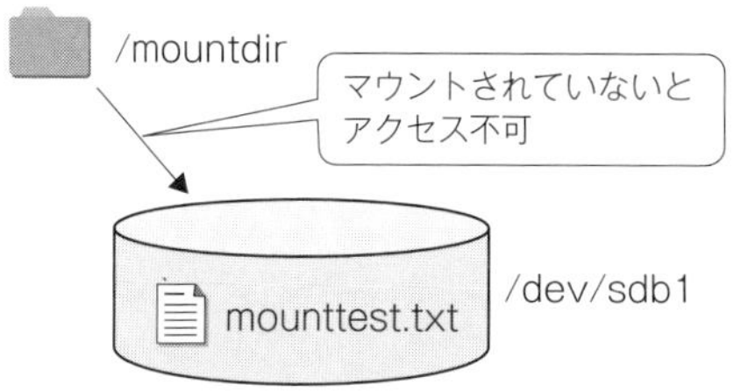

mountコマンドでマウントすると、再びアクセスできるのですが、これではシステムを起動し直すたびに毎回mountコマンドの実行が必要になってしまいます。

■システム起動時に自動マウントするよう設定する

次回システム起動時も有効なマウント情報を構成したい場合、/etc/fstabという設定ファイルにマウント情報を記述する必要があります。

/etc/fstabファイル

デバイス　マウントポイント　ファイルシステム　オプション　dump　fsck

概要	マウント情報を記述する設定ファイル
設定項目	・*デバイス*：マウントするデバイス ・*マウントポイント*：マウントに利用するディレクトリ ・*ファイルシステム*：マウントする領域のファイルシステムの種類 ・*オプション*：マウントオプション（設定時に指定できるマウントオプションは表13.4を参照） ・*dump*：0だとdumpの対象外、1だとdumpの対象 ・*fsck*：0だとfsckの対象外、1以降だと起動時のfsckの対象

●表13.4　主なマウントオプション

マウントオプション	意味
defaults	デフォルトのオプション。以下のオプションをまとめて指定するのと同じ意味（async, auto, dev, exec, nouser, rw, suid）
sync	ファイルシステムへの入出力を同期で実施
async	ファイルシステムへの入出力を非同期で実施
ro	読み取り専用でマウント
rw	読み書き可能な状態でマウント
auto	システム起動時、`mount -a`を実行したとき自動的にマウント
noauto	システム起動時、`mount -a`を実行したとき自動的にマウントしない
user	一般ユーザーでもマウントできるようにする。アンマウントはrootユーザーとマウントしたユーザーのみ
users	一般ユーザーでもマウントできるようにする。アンマウントも誰でもできる
nouser	rootユーザーだけマウントできる

fstabファイルの末尾に次の行を追加してみましょう。

```
[root@centos7 ~]# vi /etc/fstab Enter
        :
/dev/sdb1                /mountdir                ext4    defaults         0 0
  →下線部を追加し、保存して終了する。項目と項目の間はスペースもしくはタブで開ける
```

defaultsオプションを指定すると、ディスク領域をマウントするために一般的に必要と思われるオプションが有効になります。autoオプションも含まれていますので、`mount -a`コマンドを実行すると、追加した領域がマウントされます。

以下の内容を動作確認してみましょう。

```
[root@centos7 ~]# mount -a Enter
  →defaultsオプションにはautoが含まれているため、mount -aでsdb1がマウントされる
[root@centos7 ~]# df -h -t ext4 Enter
ファイルシス    サイズ  使用  残り  使用% マウント位置
/dev/sdb1          3.9G   16M  3.6G    1% /mountdir  →マウントされていることを確認する
[root@centos7 ~]# ls /mountdir Enter
lost+found  mounttest.txt  →データにもアクセスできる
```

`mount -a`はシステム起動時にも実行されます。以降は、次回システム起動時にも自動的にsdb1が/mountdirにマウントされるようになります。

章末演習

この章の内容を学習したことにより、以下の操作ができるようになります。演習問題を通じて確認しましょう。

- ディスクの利用状況を確認することができる
- ディスクのマウント／アンマウントの操作ができる
- パーティションやファイルシステムを作成できる
- ファイルやディレクトリ宛てのリンクを作成できる
- 設定ファイルによる自動マウントを構成できる

演習 1

以下のようにマウント済みのxfsファイルシステムの領域と使用ファイルサイズの状態を表示しましょう。

```
ファイルシス              サイズ  使用  残り  使用% マウント位置
/dev/mapper/centos-root     26G  5.7G   21G   22% /
/dev/sda1                 1014M  211M  804M   21% /boot
```

演習 2

以下のように/homeディレクトリに格納されているファイルの合計サイズを表示しましょう。

```
13M     /home
```

演習 3

以下のようにルートディレクトリ直下にあるシンボリックリンクを表示しましょう。

```
lrwxrwxrwx.  1 root     root      7  4月  2  2020 bin -> usr/bin
lrwxrwxrwx.  1 root     root      7  4月  2  2020 lib -> usr/lib
lrwxrwxrwx.  1 root     root      9  4月  2  2020 lib64 -> usr/lib64
lrwxrwxrwx.  1 root     root      8  4月  2  2020 sbin -> usr/sbin
```

演習 4

応用問題 /etc/pki/tlsディレクトリ宛ての、tlsdir.lnというシンボリックリンクを作成しましょう。

演習5

応用問題 /dev/sdbに2つ目のパーティション領域を確保しましょう。サイズは2GBとします。この領域にxfsファイルシステムを作成しましょう。/xfsdirディレクトリを作成し、マウントして利用できるようにしましょう。
さらに、次回システム再起動後もマウント設定が有効になるようにします。マウントオプションはdefaults、fsckとdumpフラグは0で設定しましょう。
なお、この問題は2つ目の仮想ディスク(/dev/sdb)を作成済みという前提です。作成していない場合は、「ファイルシステムの作成とマウント」(P.311)の手順に従い、仮想ディスクを作成してから試してください。

章末演習【解答例】

演習1

dfコマンドで、ファイルシステムの使用状況を確認できます。-hオプションで、MBやGBといった単位でファイルサイズを表示できます。-tオプションで、表示対象とするファイルシステムの種類を指定できます。

```
[root@centos7 ~]# df -ht xfs Enter
ファイルシス               サイズ  使用  残り 使用% マウント位置
/dev/mapper/centos-root     26G  5.7G   21G   22% /
/dev/sda1                 1014M  211M  804M   21% /boot
```

演習2

duコマンドで、ディレクトリの使用サイズを確認できます。-sオプションで指定したディレクトリの合計サイズのみを表示できます。-hオプションで、MBやGBといった単位でファイルサイズを表示できます。

```
[root@centos7 ~]# du -sh /home Enter
13M     /home
```

演習3

シンボリックリンクは、ls -lを実行したとき、行頭が「l」で表示されます。そのため、ls -l /の実行結果をgrepコマンドで以下のようにフィルタリングすることで、シンボリックリンクのみ表示ができます。

```
[root@centos7 ~]# ls -l / | grep '^l' Enter
lrwxrwxrwx.   1 root     root       7  4月  2  2020 bin -> usr/bin
lrwxrwxrwx.   1 root     root       7  4月  2  2020 lib -> usr/lib
lrwxrwxrwx.   1 root     root       9  4月  2  2020 lib64 -> usr/lib64
lrwxrwxrwx.   1 root     root       8  4月  2  2020 sbin -> usr/sbin
```

演習4

lnコマンドに-sオプションを指定すると、シンボリックリンクを作成することができます。なお、リンクにはハードリンクもありますが、ディレクトリ宛てのリンクを作成できるのはシンボリックリンクのみです。

```
[root@centos7 ~]# ln -s /etc/pki/tls tlsdir.ln Enter
[root@centos7 ~]# ls tlsdir.ln Enter
cert.pem  certs  misc  openssl.cnf  private
```


演習5

以下の手順で新しいパーティション領域を作成できます。この章の解説通りに動作確認をしている場合、すでにsdb1がマウント済みになっています。その場合は、操作が終わった後、一度システムを再起動します。

```
[root@centos7 ~]# gdisk /dev/sdb Enter
GPT fdisk (gdisk) version 0.8.10
        :
Command (? for help): n
Partition number (2-128, default 2):  →そのままEnter
First sector (34-16777182, default = 8390656) or {+-}size{KMGTP}:  →そのままEnter
Last sector (8390656-16777182, default = 16777182) or {+-}size{KMGTP}: +2G
Current type is 'Linux filesystem'
Hex code or GUID (L to show codes, Enter = 8300):  →そのままEnter
Changed type of partition to 'Linux filesystem'

Command (? for help): w

Final checks complete. About to write GPT data. THIS WILL OVERWRITE EXISTING
PARTITIONS!!

Do you want to proceed? (Y/N): Y
OK; writing new GUID partition table (GPT) to /dev/sdb.
Warning: The kernel is still using the old partition table.
The new table will be used at the next reboot.  →再起動が必要な旨、メッセージが表示される
The operation has completed successfully.
[root@centos7 ~]# ls /dev/sd* Enter
/dev/sda  /dev/sda1  /dev/sda2  /dev/sdb  /dev/sdb1  →sdb2がまだ作成されていない
[root@centos7 ~]# shutdown -r now Enter
```

再起動後、デバイスファイルを確認すると、sdb2が作成されています。以下の手順で、この領域にxfsファイルシステムを作成し、/xfsdirディレクトリを作成した後、マウントします。問題文の要件では、次回システム起動時にもマウントされるようにする……とありますので、fstabファイルで自動マウントされるように設定します。

```
[root@centos7 ~]# ls /dev/sd* Enter
/dev/sda  /dev/sda1  /dev/sda2  /dev/sdb  /dev/sdb1  /dev/sdb2  →sdb2が作成済み
[root@centos7 ~]# mkfs -t xfs /dev/sdb2 Enter  →sdb2にxfsファイルシステムを作成する
meta-data=/dev/sdb2              isize=512    agcount=4, agsize=131072 blks
         =                       sectsz=512   attr=2, projid32bit=1
         =                       crc=1        finobt=0, sparse=0
data     =                       bsize=4096   blocks=524288, imaxpct=25
         =                       sunit=0      swidth=0 blks
naming   =version 2              bsize=4096   ascii-ci=0 ftype=1
log      =internal log           bsize=4096   blocks=2560, version=2
         =                       sectsz=512   sunit=0 blks, lazy-count=1
realtime =none                   extsz=4096   blocks=0, rtextents=0
[root@centos7 ~]# mkdir /xfsdir Enter  →マウント用のディレクトリを作成する
[root@centos7 ~]# vi /etc/fstab Enter
         :
/dev/sdb2   /xfsdir   xfs   defaults   0 0 → ファイルの末尾にこの記述を追加し、保存終了
```

ここまでの設定が完了したら、自動マウントされるかを確認します。以下の例では、mount -aを実行して確認していますが、一度システムを再起動して確認しても構いません。

```
[root@centos7 ~]# mount -a Enter
[root@centos7 ~]# df -ht xfs Enter
ファイルシス             サイズ  使用  残り  使用% マウント位置
/dev/mapper/centos-root    26G  5.7G   21G   22% /
/dev/sda1                1014M  211M  804M   21% /boot
/dev/sdb2                 2.0G   33M  2.0G    2% /xfsdir  →マウントされていることを確認する
```

第 14 章

パッケージ管理

パッケージ管理とは

rpm コマンドによるパッケージ管理

yum コマンドによるパッケージ管理

yum の活用

ソースファイルのコンパイルとインストール

この章のポイント

Linux でアプリケーションをインストールするには、以下の 2 つの方法があります。

- ソースファイルを入手してコンパイル、インストールする
- パッケージファイルを入手してインストールする

ソースファイルからインストールする方法は作業が複雑になりがちなので、各ディストリビューションにはそれぞれパッケージ管理システムが採用されています。パッケージ管理の形式と利用するコマンドは次の通りです。

●表　パッケージ管理の形式と利用するコマンド

パッケージ管理形式	rpm形式	deb形式
ディストリビューション	Red Hat Enterprise, Fedora, CentOSなどのRed Hat系ディストリビューション	Debian, Ubuntuなど のDebian系ディストリビューション
ファイルの拡張子	.rpm	.deb
主にローカルファイル／パッケージを扱うコマンド	`rpm`	`dpkg`
主にリポジトリを利用するコマンド	`yum`	`apt`

■rpm コマンドでパッケージを操作する

rpmコマンドは、rpm形式のパッケージ管理を行う際の基本となるコマンドで、ローカルディスク上に用意されたパッケージファイルをインストールしたり、インストール済みパッケージの詳細な情報を確認したりできます。1文字目のオプションで、インストールの実行、インストールされたパッケージの検索といった具体的な処理内容を指定します。2文字目はそれらと併用して指定するオプションです。

rpmコマンド

```
rpm [ オプション ] [ パッケージ名/ファイル名 ]
```

概要	rpmパッケージを管理する	
主なオプション	・1文字目に指定するオプション	
	オプション	説明
	-i	インストールする
	-U	アップグレードする（インストールされていないパッケージの場合はインストールする）
	-F	アップグレードする（インストールされていないパッケージであってもインストールしない）
	-e	アンインストールする
	-q	パッケージを検索する

続く

主なオプション	・-i, -U, -F, -eと併用する主なオプション	
	オプション	説明
	-v	詳細情報を表示する
	-h	「#」で進行状況を表示する
	--nodeps	依存関係を無視する
	・-qと併用する主なオプション	
	オプション	説明
	-a	インストール済みのすべてのパッケージを表示する
	-i	パッケージ情報を表示する
	-l	インストールされたファイルを一覧表示する
	-f	ファイルのインストール元パッケージを検索する
	-p	パッケージファイルを指定して検索する
	--changelog	更新履歴を表示する
引数	・パッケージ名：操作対象となるパッケージ名 ・ファイル名：-qfもしくは-qpオプション指定時に操作対象となるファイル名	

■yumコマンドでリポジトリからパッケージをインストールする

yumコマンドを利用すると、インターネット上のリポジトリ（パッケージの公開サーバー）からパッケージをダウンロードし、インストールすることができます。yumコマンドは、実行するさまざまな処理をサブコマンドによって指定します。

yumコマンド

```
yum [ オプション ] サブコマンド [ パッケージ名 ]
```

概要	リポジトリ経由でrpmパッケージを操作する	
主なオプション	オプション	説明
	-y	確認ダイアログが出力される際に「y」で回答する
	--enablerepo=ID	指定したIDのリポジトリを有効化する
	--disablerepo=ID	指定したIDのリポジトリを無効化する
主なサブコマンド	サブコマンド	説明
	install	パッケージをインストール／更新する
	check-update	更新パッケージの有無をチェックする
	update	パッケージを更新する
	remove	パッケージを削除する
	search	パッケージを検索する
	info	パッケージの詳細情報を表示する
	provides	インストール元パッケージを表示する
	list	パッケージの一覧を表示する
	repolist	リポジトリ情報の一覧を表示する
	deplist	依存するパッケージの一覧を表示する
	clean	キャッシュデータを削除する
	groupinstall	パッケージグループによるインストールを行う
	grouplist	パッケージグループの一覧を表示する
	groupinfo	パッケージグループの詳細情報を表示する
引数	・パッケージ名：操作対象となるパッケージ名	

基本をおさえよう

パッケージ管理とは

この章では、Linuxにおけるアプリケーションの管理方法を確認します。Linuxでアプリケーションをインストールするには、以下の2つの方法があります。

- ソースファイルを入手してコンパイル、インストールする
- パッケージファイルを入手してインストールする

インターネット上には、Linuxで動作する数多くのアプリケーションの**ソースファイル**が存在します。それらを利用して、さまざまなアプリケーションを最新の状態で利用することができます。

しかし、ソースファイルからインストールする方法は、アプリケーションによって手法が異なる、アプリケーションごとの依存関係の確認をユーザー自身が行う必要があるなど、作業が複雑になりがちです。そこで各ディストリビューションには、それぞれ**パッケージ管理システム**が採用されており、コマンドを使ってパッケージを管理することができます。**パッケージ**とはアプリケーションの配布形態で、プログラム本体のほか、付随するファイルがパッケージファイルとしてまとめられています。

ディストリビューションの系統により、採用されているパッケージ管理システムは異なります。主な形式には、Red Hat系ディストリビューションで採用されている**rpm形式**と、Debian系ディストリビューションで採用されている**deb形式**があります(**表14.1**)。どちらの形式においても、「ローカルファイルを扱うときのコマンド」「インターネット上のリポジトリからファイルを取得するコマンド」が用意されています。**リポジトリ**とは、パッケージを公開しているサーバーのことです。

● 表14.1　パッケージ管理形式

パッケージ管理形式	rpm形式	deb形式
ディストリビューション	Red Hat Enterprise, Fedora, CentOSなどのRed Hat系ディストリビューション	Debian, UbuntuなどのDebian系ディストリビューション
ファイルの拡張子	.rpm	.deb
主にローカルファイル／パッケージを扱うコマンド	`rpm`	`dpkg`
主にリポジトリを利用するコマンド	`yum`	`apt`

この章では、Red Hat系ディストリビューションで採用されているrpm形式のパッケージ管理の利用方法について確認します。なお、Debian系ディストリビューションで採用されているdeb形式のパッケージ管理方法については、第18章で紹介しています。

基本をおさえよう

rpmコマンドによるパッケージ管理

rpmコマンドは、rpm形式のパッケージ管理を行う際の基本となるコマンドです。rpmコマンドにより、ローカルディスク上に用意されたパッケージファイルをインストールしたり、インストール済みパッケージの詳細な情報を確認したりできます。

rpmコマンドは1文字目のオプションで、インストールの実行、インストールされたパッケージの検索といった具体的な処理内容を指定します。2文字目は、それらと併用して指定するオプションです。

rpmコマンド

```
rpm [ オプション ] [ パッケージ名/ファイル名 ]
```

概要	rpmパッケージを管理する	
主なオプション	・1文字目に指定するオプション	
	オプション	説明
	-i	インストールする
	-U	アップグレードする(インストールされていないパッケージの場合はインストールする)
	-F	アップグレードする(インストールされていないパッケージであってもインストールしない)
	-e	アンインストールする
	-q	パッケージを検索する
	・-i, -U, -F, -eと併用する主なオプション	
	オプション	説明
	-v	詳細情報を表示する
	-h	「#」で進行状況を表示する
	--nodeps	依存関係を無視する
	・-qと併用する主なオプション	
	オプション	説明
	-a	インストール済みのすべてのパッケージを表示する
	-i	パッケージ情報を表示する
	-l	インストールされたファイルを一覧表示する
	-f	ファイルのインストール元パッケージを検索する
	-p	パッケージファイルを指定して検索する
	--changelog	更新履歴を表示する
引数	・パッケージ名:操作対象となるパッケージ名 ・ファイル名:-qfもしくは-qpオプション指定時に操作対象となるファイル名	

■パッケージをインストールする

学習環境には、/rootディレクトリにvsftpdのパッケージファイルが格納されています。これをインストールしてみましょう。vsftpdはFTPサーバーのパッケージであり、現段階ではインストールされていないことを確認します。

```
[root@centos7 ~]# rpm -q vsftpd Enter  →-qオプションでインストールの有無を確認できる
パッケージ vsftpd はインストールされていません。  →インストールされていないことを確認する
[root@centos7 ~]# systemctl status vsftpd Enter  →インストールされているとsystemctlで制御可能
Unit vsftpd.service could not be found.  →インストールされていないことを確認する
```

それでは、rpmコマンドによるパッケージのインストールを行います。-iオプションでパッケージファイルを指定することで、パッケージのインストールができます。-iオプションを指定する際、-vオプションと-hオプションも一緒に指定すると、以下のようにインストールの進捗状況等を表示できます。

```
[root@centos7 ~]# rpm -ivh vsftpd-3.0.2-29.el7_9.x86_64.rpm Enter
  →vsftpdパッケージファイルを指定し、インストールする
準備しています...              #################################[100%]
更新中 / インストール中...
   1:vsftpd-3.0.2-29.el7_9          #################################[100%]
[root@centos7 ~]# systemctl status vsftpd Enter
● vsftpd.service - Vsftpd ftp daemon
   Loaded: loaded (/usr/lib/systemd/system/vsftpd.service; disabled; vendor preset: disabled)
   Active: inactive (dead)  →インストールされ、systemctlコマンドで制御可能なことを確認する
```

パッケージファイル名は、図14.1のような構成になっています[注14.1]。

● 図14.1　パッケージファイル名の命名規則

```
vsftpd-3.0.2-29.el7_9.x86_64.rpm
└──┘ └────┘ └───┘ └────┘
 ①      ②      ③      ④
```

①パッケージ名	-qオプションでインストール済みパッケージを扱う場合は、この名前を指定する
②バージョン	バージョン番号
③ディストリビューション	el7_9はRed Hat Enterprise Linux 7.9やCentOS 7.9環境用。
④アーキテクチャ	どのような環境を想定しているか。x86_64の場合、intel互換CPU (64bit) 環境用。noarchだと、CPU環境に依存しないパッケージ

注14.1　この例では、厳密には3.0.2がバージョン、29.el7_9がリリース番号として管理されています。

Point!

パッケージファイル名が長いので、Tabキーによる入力補完機能を利用しましょう。vsftpdのパッケージファイルの場合、vsまで入力してTabキーを押すと、残りの部分が入力補完されます。dockerのパッケージファイルの場合、docまで入力してTabキーを押すと、残りの部分が入力補完されます[注14.2]。

/rootディレクトリには、dockerのパッケージファイルもあります。ところが、vsftpdのパッケージファイルと同様にインストールしようとすると、以下のように失敗してしまいます。これは、依存関係のあるパッケージがインストールされていないことが原因です（**図14.2**）。

```
[root@centos7 ~]# rpm -ivh docker-1.13.1-208.git7d71120.el7_9.x86_64.rpm Enter
エラー: 依存性の欠如: →以下の依存しているパッケージが不足しているためインストール失敗
        docker-client = 2:1.13.1-208.git7d71120.el7_9 は docker-2:1.13.1-208.git7d71120.
el7_9.x86_64 に必要とされています
        docker-common = 2:1.13.1-208.git7d71120.el7_9 は docker-2:1.13.1-208.git7d71120.
el7_9.x86_64 に必要とされています
        :
```

● **図14.2　パッケージの依存関係**

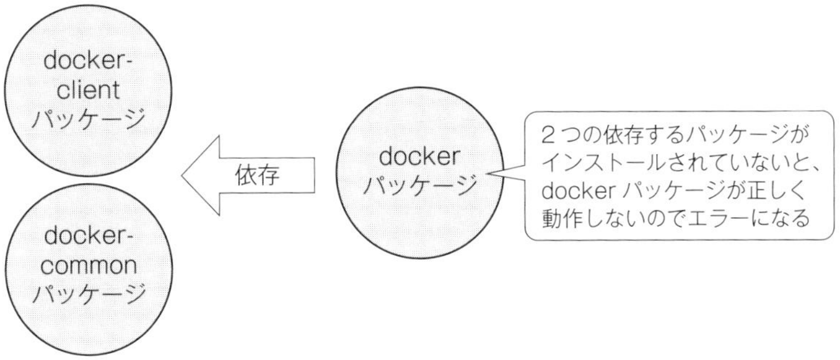

依存関係のあるパッケージがインストールされていないと、パッケージをインストールしても正しく動作しないので、インストール時にエラーが表示されます。そのため、依存関係のあるパッケージを先にインストールする必要があります。

参考　上記のような仕組みを「依存関係のチェック」といいます。rpmコマンドは依存関係のチェック機能を有しています。このあとに紹介するyumコマンドはチェックだけではなく、「依存関係の解決」も行います。

注14.2　重複する名前のファイルを作成されている場合は入力補完されません。その場合は、重複しない部分まで入力してから補完を行いましょう。

■パッケージを検索する

-qオプションで、インストール済みパッケージの検索が可能です。以下のように、指定したパッケージがインストール済みかどうかの確認ができます。

```
[root@centos7 ~]# rpm -q vsftpd Enter  →vsftpdパッケージを検索する
vsftpd-3.0.2-29.el7_9.x86_64  →インストール済みの場合、左のようにパッケージ情報が表示される
```

-qオプションは、併用可能なオプションが用意されており、さまざまなパッケージ情報を表示することができます。

-qaオプションを指定することで、すべてのインストール済みパッケージ一覧を表示することができます。

```
[root@centos7 ~]# rpm -qa Enter
java-1.8.0-openjdk-headless-1.8.0.222.b03-1.el7.x86_64
perl-podlators-2.5.1-3.el7.noarch
clutter-1.26.2-2.el7.x86_64
python-ldap-2.4.15-2.el7.x86_64
          :→インストール済みパッケージの一覧を表示する
```

-qaオプションに引数を指定することで、ワイルドカードによるパッケージの検索が可能です。-qオプションでは指定した名前と完全に一致するパッケージがインストール済みかどうかを検索しますが、以下のように指定することで、キーリードを含むパッケージを検索することができます。

```
[root@centos7 ~]# rpm -qa "*http*" Enter  →「http」を含むパッケージを検索する
http-parser-2.7.1-8.el7.x86_64
httpd-tools-2.4.6-97.el7.centos.x86_64
httpd-2.4.6-97.el7.centos.x86_64
[root@centos7 ~]# rpm -qa | grep http Enter  →この構文でも同じことができる
http-parser-2.7.1-8.el7.x86_64
httpd-tools-2.4.6-97.el7.centos.x86_64
httpd-2.4.6-97.el7.centos.x86_64
```

-qiと指定することで、指定したパッケージについての詳細情報を表示できます。

```
[root@centos7 ~]# rpm -qi vsftpd Enter  →vsftpdパッケージの詳細情報を表示する
Name        : vsftpd
Version     : 3.0.2
Release     : 29.el7_9
Architecture: x86_64
Install Date: 2021年09月30日 06時51分02秒
          :
Summary     : Very Secure Ftp Daemon
Description :
vsftpd is a Very Secure FTP daemon. It was written completely from
scratch.  →インストール日時やパッケージについての説明などの詳細情報を表示する
```

-qlと指定することで、指定したパッケージによりインストールされたファイルの一覧を表示できます。

```
[root@centos7 ~]# rpm -ql vsftpd Enter
/etc/logrotate.d/vsftpd
/etc/pam.d/vsftpd
/etc/vsftpd
         :→インストールされたファイルの一覧
```

-qf ファイル名と指定することで、上記の例とは逆に、インストール元のパッケージを検索することができます。

```
[root@centos7 ~]# rpm -qf /etc/vsftpd Enter  →上記で表示されたディレクトリを指定して検索する
vsftpd-3.0.2-29.el7_9.x86_64  →インストール元がvsftpdパッケージであることが表示される
```

-qオプションに-pオプションを併用することで、パッケージファイル名を指定することできます。これにより、以下のようにインストールする前に、パッケージファイルを指定して確認可能です。

```
[root@centos7 ~]# rpm -qip docker-1.13.1-208.git7d71120.el7_9.x86_64.rpm Enter
Name        : docker
Epoch       : 2
Version     : 1.13.1
Release     : 208.git7d71120.el7_9
Architecture: x86_64
Install Date: (not installed)
         :
```

■パッケージをアンインストールする

-eオプションで、指定したパッケージをアンインストールできます。下記の実行図は、先ほどインストールしたvsftpdパッケージをアンインストールしている例です。

```
[root@centos7 ~]# rpm -evh vsftpd Enter  →vsftpdパッケージをアンインストールする
準備しています...              #################################[100%]
整理中 / 削除中...
   1:vsftpd-3.0.2-29.el7_9           #################################[100%]
```

基本をおさえよう

yum コマンドによるパッケージ管理

ここまで紹介したrpmコマンドでもパッケージのインストールはできますが、事前にパッケージファイルを用意しておく必要があります。これに対し、yumコマンドを利用すると、インターネット上のリポジトリ（パッケージの公開サーバー）からパッケージをダウンロードし、インストールすることができます（図14.3）。

●図14.3　yumコマンドによるパッケージのインストールの流れ

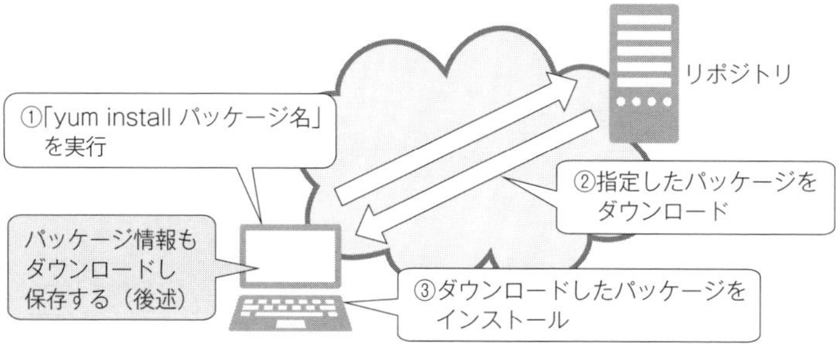

yumコマンド

```
yum [ オプション ] サブコマンド [ パッケージ名 ]
```

概要	リポジトリ経由でrpmパッケージを操作する	
主なオプション	オプション	説明
	-y	確認ダイアログが出力される際に「y」で回答する
	--enablerepo=ID	指定したIDのリポジトリを有効化する
	--disablerepo=ID	指定したIDのリポジトリを無効化する
主なサブコマンド	サブコマンド	説明
	install	パッケージをインストール／更新する
	check-update	更新パッケージの有無をチェックする
	update	パッケージを更新する
	remove	パッケージを削除する
	search	パッケージを検索する
	info	パッケージの詳細情報を表示する
	provides	インストール元パッケージを表示する
	list	パッケージの一覧を表示する
	repolist	リポジトリ情報の一覧を表示する
	deplist	依存するパッケージの一覧を表示する
	clean	キャッシュデータを削除する
	groupinstall	パッケージグループによるインストールを行う
	grouplist	パッケージグループの一覧を表示する
	groupinfo	パッケージグループの詳細情報を表示する
引数	・パッケージ名：操作対象となるパッケージ名	

yumコマンドは、「yum サブコマンド」という形式で、実行するさまざまな処理をサブコマンドによって指定します。

■パッケージをインストールする

以下は、yumコマンドでdockerパッケージをインストールしている例です。パッケージのインストールには、installサブコマンドを利用します。途中で、インストール処理続行の確認が表示されますので、「y」を押すと、インストール処理を進めることができます。

```
[root@centos7 ~]# yum install docker Enter   →dockerパッケージをインストールする
読み込んだプラグイン:fastestmirror, langpacks
Loading mirror speeds from cached hostfile
 * base: ftp-srv2.kddilabs.jp
 * extras: ftp-srv2.kddilabs.jp
 * updates: ftp-srv2.kddilabs.jp
依存性の解決をしています
         :
トランザクションの要約
================================================================================
インストール  1 パッケージ (+18 個の依存関係のパッケージ)

総ダウンロード容量: 25 M
インストール容量: 86 M
Is this ok [y/d/N]: y  →「y」を入力してEnterキーを押す
         :
インストール:
  docker.x86_64 2:1.13.1-208.git7d71120.el7_9

依存性関連をインストールしました:
         :
  docker-client.x86_64 2:1.13.1-208.git7d71120.el7_9
  docker-common.x86_64 2:1.13.1-208.git7d71120.el7_9
         : →依存関係のあるパッケージもダウンロードして、インストールする
完了しました!
```

yumコマンドでは、上記のように依存関係があるパッケージもまとめてダウンロードし、インストールすることができます。

Point!

- yumコマンドでは、インターネット上のリポジトリからパッケージをダウンロードし、インストールを行うことができる
- yumコマンドでは、依存関係のあるパッケージもまとめてインストールできる

■パッケージを更新する

check-updateサブコマンドで、更新対象となるパッケージ（インストールされているパッケージより新しいバージョンが公開されているパッケージ）の確認ができます。

```
[root@centos7 ~]# yum check-update Enter
          :
openssl.x86_64                              1:1.0.2k-21.el7_9              updates
          :→この例だと、opensslパッケージが更新対象
```

updateサブコマンドでパッケージの更新ができます。yumコマンドに-yオプションを指定すると、yと応答したとみなして確認を省略できます。

```
[root@centos7 ~]# yum -y update openssl Enter  →上記で更新対象として表示されたパッケージを更新する
          :
トランザクションの要約
================================================================================
更新　1 パッケージ (+1 個の依存関係のパッケージ)
          :→確認が表示されずに処理
更新:
  openssl.x86_64 1:1.0.2k-21.el7_9

依存性を更新しました:
  openssl-libs.x86_64 1:1.0.2k-21.el7_9
  →依存関係のあるパッケージも含めて更新する
完了しました!
```

■パッケージを検索する

searchサブコマンドでは、キーワードを指定し、リポジトリ上からパッケージの検索ができます。

```
[root@centos7 ~]# yum search http Enter  →httpというキーワードでパッケージを検索する
          :
============================= N/S matched: http ==============================
http-parser.x86_64 : HTTP request/response parser for C
          :→パッケージ名にhttpとつくパッケージが表示される
curl.x86_64 : A utility for getting files from remote servers (FTP, HTTP, and
            : others)
          :→説明文にhttpとつくものも表示される
```

■パッケージの情報を表示する

以下のようにinfoサブコマンドで、指定したパッケージについての詳細情報を表示できます。

```
[root@centos7 ~]# yum info curl Enter  →curlパッケージの詳細情報を表示する
          :
インストール済みパッケージ
名前                : curl
アーキテクチャー    : x86_64
バージョン          : 7.29.0
          :
URL                 : http://curl.haxx.se/
ライセンス          : MIT
説明                : curl is a command line tool for transferring data with URL
                    : syntax, supporting FTP, FTPS, HTTP, HTTPS, SCP, SFTP,
          :
```

■パッケージをアンインストールする

以下は、removeサブコマンドで、dockerとつくパッケージをアンインストールしている例です。yumコマンドでアンインストールする場合、依存関係により不要になるパッケージもまとめてアンインストールしてくれます。

```
[root@centos7 ~]# yum -y remove "docker*" Enter
         :
削除しました:
  docker.x86_64 2:1.13.1-208.git7d71120.el7_9
  docker-client.x86_64 2:1.13.1-208.git7d71120.el7_9
  docker-common.x86_64 2:1.13.1-208.git7d71120.el7_9

完了しました!
```

Point!

yumコマンドでは、インストール時にワイルドカードや複数の引数を指定し、複数のパッケージをまとめてインストールすることができます。

もっと使いこなそう

yumの活用

■yumの設定ファイルとキャッシュデータ

yumを利用する際に参照されるファイルには、/etc/yum.confと/etc/yum.repos.d/ディレクトリ以下のファイルがあります(表14.2)。

●表14.2 yumの設定ファイル

ファイル	説明
/etc/yum.conf	yumの全般的な設定
/etc/yum.repos.d/*	各リポジトリの設定

yum.confは、yumを利用する際の全般的な設定を記述する設定ファイルです。

[~]という記述はセクションの宣言を表します。[main]セクションは、名前の通りメインの設定情報を格納していることを表します。セクションの宣言以下で、「設定項目名=値」という書式で設定を行います。

```
[root@centos7 ~]# cat /etc/yum.conf Enter
[main]
cachedir=/var/cache/yum/$basearch/$releasever  →キャッシュが格納されるディレクトリ
keepcache=0
debuglevel=2
logfile=/var/log/yum.log  →yumの利用履歴が格納されているログファイル
         :
```

cachedirは、キャッシュが格納されるディレクトリを指定する設定項目です。

yumコマンドを利用すると、ダウンロードしたパッケージやリポジトリ上に公開されているパッケージ情報を以下のようにローカルディスク上に保存します。

```
[root@centos7 ~]# tree /var/cache/yum Enter
/var/cache/yum
└── x86_64
    └── 7
        ├── base  →baseは基本となるリポジトリのID（後述）
        │   ├── 6d0c488c282fe537794b5...b79097b26e1c0c88bad5ef-primary.sqlite.bz2
        │   ├── a4e26586aa556c3b6f814...b5a66998435d7c7253301-c7-x86_64-comps.xml.gz
        │   ├── cachecookie
        │   ├── gen
        │   │   └── primary_db.sqlite
        │   ├── mirrorlist.txt
        │   ├── packages
        │   └── repomd.xml
        ├── extras
        :
```

cleanサブコマンドを利用すると、このキャッシュデータを削除できます[注14.3]。

```
[root@centos7 ~]# yum clean all Enter
        :
リポジトリを清掃しています: base extras updates
Cleaning up list of fastest mirrors
[root@centos7 ~]# tree /var/cache/yum Enter
/var/cache/yum
└── x86_64
    └── 7
        ├── base  →リポジトリIDディレクトリの内容が、基本のディレクトリ以外削除される
        │   ├── gen
        │   └── packages
        ├── extras
        :
```

キャッシュデータが破損したためにyumコマンドの実行が失敗ことがあります。その場合、cleanサブコマンドを指定し、キャッシュデータを一度削除してからyumの実行環境を再構成しましょう。削除したあと、yumコマンドを普通に実行するだけで再構成が可能です。

■リポジトリを設定する

/etc/yum.repos.d/ディレクトリには、「.repo」という拡張子を持つファイルが格納されています。

注14.3　allという値を指定してcleanサブコマンドを実行すると、すべてのキャッシュデータを削除します。このほかpackages（ダウンロードしたパッケージの削除）などの値を指定し、個別にキャッシュデータの種類を指定して削除することもできます。

```
[root@centos7 ~]# ls /etc/yum.repos.d/ Enter
CentOS-Base.repo         CentOS-Media.repo     CentOS-fasttrack.repo
CentOS-CR.repo           CentOS-Sources.repo
CentOS-Debuginfo.repo    CentOS-Vault.repo
```


これらは、リポジトリ情報が格納されている設定ファイルです。[～]で囲まれているのは各リポジトリを表すIDで、次のIDが指定されている部分までがそのリポジトリの設定箇所になります。

```
[root@centos7 ~]# cat /etc/yum.repos.d/CentOS-Base.repo Enter
          :
[base] →baseリポジトリ。基本となるパッケージを格納する
name=CentOS-$releasever - Base
mirrorlist=http://mirrorlist.centos.org/?release=$releasever&arch=$basearch&repo=os&infr
a=$infra →baseセクションのリポジトリのミラーリスト。このURLを参照し、リポジトリに接続する
          :
[centosplus] →centosplusリポジトリ。CentOS用の拡張パッケージを格納する
          :
enabled=0 →「enabled=0」となっているリポジトリは既定で無効
          :
```

repolistサブコマンドで、利用できるリポジトリの一覧と、各リポジトリで扱うことのできるパッケージ数を確認できます。

```
[root@centos7 ~]# yum repolist Enter →既定で利用できるリポジトリの一覧を表示する
          :
リポジトリ ID                      リポジトリ名                  状態
base/7/x86_64                      CentOS-7 - Base               10,072
extras/7/x86_64                    CentOS-7 - Extras                500
updates/7/x86_64                   CentOS-7 - Updates             2,751
repolist: 13,323 →すべてのリポジトリを合計して扱うことのできるパッケージ数
```

enablerepoオプションで、既定では無効になっているリポジトリを有効にして利用することができます。以下の例は、centosplusリポジトリを有効にして、リポジトリの一覧を表示している例です。installサブコマンド等を指定し、インストールに利用することももちろんできます。

```
[root@centos7 ~]# yum --enablerepo=centosplus repolist Enter
  →centosplusリポジトリを有効化する
          :
リポジトリ ID                      リポジトリ名                  状態
base/7/x86_64                      CentOS-7 - Base               10,072
centosplus/7/x86_64                CentOS-7 - Plus                  154
extras/7/x86_64                    CentOS-7 - Extras                500
updates/7/x86_64                   CentOS-7 - Updates             2,751
repolist: 13,477 →centosplusを有効にした分、扱えるパッケージ数が増えている
```

CentOS-Media.repoファイルは、c7-mediaリポジトリの設定が書かれている設定ファイルです。既定で以下の内容を記述したファイルが用意されています。

これは外部のリポジトリではなく、マウントされたインストール用のDVDメディアの内容をリポジトリとして利用する設定です。baseurlで、「file:///参照先のパス」というように指定すると、指定したパスにある情報をリポジトリとして利用することができます。

```
[root@centos7 ~]# cat /etc/yum.repos.d/CentOS-Media.repo Enter
          :
[c7-media]   →c7-mediaというIDで設定する
name=CentOS-$releasever - Media
baseurl=file:///media/CentOS/  →これらの名前でマウントされていると利用可能
        file:///media/cdrom/
        file:///media/cdrecorder/
gpgcheck=1
enabled=0  →既定では利用不可
gpgkey=file:///etc/pki/rpm-gpg/RPM-GPG-KEY-CentOS-7
```

VirtualBoxの場合、仮想マシンのウィンドウで、[デバイス]－[光学ドライブ]－[ディスクファイルを選択]をクリックし、インストール用メディアのISOファイルを指定すると、ISOファイルの内容をメディアとして読み込むことができます。その上で、以下のようにしてマウントを行うことで、インターネット上のリポジトリを参照せず、メディアの内容のみを参照したインストールが可能です。

```
# mount /dev/sr0 /media/cdrom Enter
# yum --disablerepo=\* --enablerepo=c7-media install パッケージ名 Enter
```

Point!

mountコマンドの使い方については、第13章で確認しています。

■yum プロセスについて

yumプロセスは1つのホスト上で複数起動することができません。他のユーザー、あるいはシステムがバックグラウンドでyumを実行している場合、以下のように表示され、インストール処理が一時停止された状態になります。

```
[root@centos7 ~]# yum install vsftpd Enter
          :
Another app is currently holding the yum lock; waiting for it to exit...
 他のアプリケーション: yum
    メモリー:  32 M RSS (473 MB VSZ)
     開始    : Fri Oct  1 14:06:24 2021 - 00:02 秒経過
     状態    : スリープ中、PID: 8391
          :→他のプロセスによりyumが実行されており、処理をロック（一時停止）する
```

このような表示がされたら、別に実行されているyumプロセスが終了するのを待つか、あるいは何らかの理由でいつまでも終了しないようであれば、killコマンドでプロセスを停止させると、yumコマンドを利用できるようになります。

> 参考 複数ユーザーで利用している本運用環境などの場合、killコマンドでyumのプロセスを停止させると、当然ながら当該プロセスでのインストール処理は停止してしまいます。確認の上で処理を進めるようにしましょう。

もっと使いこなそう

ソースファイルのコンパイルとインストール

yumで利用可能なパッケージは数多く用意されていますが、それでも、Linux上で利用できる世の中のすべてのソフトウェアがパッケージ化されているわけではありません。たとえばfpingというソフトウェアがありますが、CentOS用公式のyumリポジトリには、以下のようにパッケージが提供されていません。

```
[root@centos7 ~]# yum search fping Enter
        :
警告: 一致するものが見つかりません: fping
No matches found  →fpingというパッケージは見つからない
```

こうした場合は、ソフトウェアのソースファイルを入手してコンパイル(実行ファイルなどソフトウェアの利用に必要なファイルを生成)を行い、インストール(生成した実行ファイルなどを所定のディレクトリにコピー)することで利用できるようになります。ソースファイルの入手からインストールまで、以下の流れが一般的です。

1. アーカイブファイルの展開：tar xf アーカイブファイル
2. 情報収集／Makefileの生成：./configure
3. コンパイル：make
4. インストール：make install

Linux上で動作するソフトウェアのソースファイルを展開すると、configureという名前のスクリプトが含まれている場合が多いです。このスクリプトを実行すると、ソフトウェアをコンパイルし、インストールする前の前提環境が揃っているかをチェックします。揃っていた場合は、コンパイラのパスを調べるなどした上で、Makefileと呼ばれるファイルを生成します。生成されたMakefileを利用して、makeコマンドでコンパイルやインストールを行うことができます

ただし、すべてのソフトウェアがこの流れでインストールを行うとは限りません。アーカイブファ

イルを展開すると、展開先のディレクトリにREADMEファイルやINSTALLファイルが存在することが多いです。これらのファイルに書かれている手順に従い、インストールしましょう。

以下は、本書の学習用CentOS 7仮想環境の/rootディレクトリに用意されたfpingを、ソースファイルからインストールする手順です。

```
[root@centos7 ~]# tar xf fping-5.0.tar.gz Enter  →アーカイブファイルを展開する
[root@centos7 ~]# cd fping-5.0 Enter  →展開先のディレクトリをカレントディレクトリに変更する
[root@centos7 fping-5.0]# ./configure Enter  →configureスクリプトを実行し、Makefileを生成する
checking for gcc... gcc
checking whether the C compiler works... yes
        :
config.status: creating Makefile
config.status: creating doc/Makefile
config.status: creating src/Makefile
config.status: creating config.h
config.status: executing depfiles commands
[root@centos7 fping-5.0]# make  →コンパイルを実行する
make  all-recursive
make[1]: ディレクトリ `/root/fping-5.0' に入ります
        :
[root@centos7 fping-5.0]# make install Enter  →インストールを実行する
Making install in doc
make[1]: ディレクトリ `/root/fping-5.0/doc' に入ります
        :
[root@centos7 fping-5.0]# fping -h Enter  →fpingコマンドが利用できることを確認する
Usage: fping [options] [targets...]
```

章末演習

この章の内容を学習したことにより、以下の操作ができるようになります。いくつかの項目について、演習問題を通じて確認しましょう。

- rpmコマンドによるパッケージの基本操作ができる
- yumコマンドによるパッケージの基本操作ができる
- ソースファイルからソフトウェアをコンパイル、インストールできる

演習1

利用しているシステムで、mailとつくインストール済みパッケージを表示しましょう。

演習2

利用している環境でパッケージがいくつインストールされているか、パッケージ数を調べてみましょう。

演習3

catコマンドが、何というパッケージからインストールされたのかを調べましょう。また、調べたパッケージからほかにどのようなファイルがインストールされたのかも調べましょう。

演習4

利用している環境にphpパッケージがインストールされていないことを確認し、yumコマンドでインストールしましょう。

参考　本書で用意している学習用環境以外を利用していて、すでにphpパッケージがインストールされている場合は、以下のコマンドを実行してアンインストールしてから試すこともできます（ただし、アンインストールによって問題が生じる可能性があるため、学習用環境での操作を強くお勧めします）。

```
# yum -y remove php Enter
```

演習5

yumコマンドで、tomcatというキーワードを使い、インストールに利用できるパッケージを検索しましょう。

章末演習【解答例】

演習 1

以下のどちらかの構文で、mailとつく名前のインストール済みパッケージを表示できます。

```
[root@centos7 ~]# rpm -qa "*mail*" Enter  →-qaオプションではワイルドカードによる検索が可能
mailcap-2.1.41-2.el7.noarch
libreport-plugin-mailx-2.1.11-43.el7.centos.x86_64
mailx-12.5-19.el7.x86_64
[root@centos7 ~]# rpm -qa | grep mail Enter  →-qaでの出力結果をgrepコマンドで処理してもOK
mailcap-2.1.41-2.el7.noarch
libreport-plugin-mailx-2.1.11-43.el7.centos.x86_64
mailx-12.5-19.el7.x86_64
```

演習 2

「rpm -qa」でインストール済みのすべてのパッケージが表示されます。1行ごとに1つのパッケージが表示されるため、以下のように「rpm -qa」の出力結果をパイプで送り、wcコマンドで行数をカウントすることにより、インストール済みのパッケージ数を調べることができます。

```
[root@centos7 ~]# rpm -qa | wc -l Enter  →「wc -l」で行数をカウントする
1501  →パッケージ数は環境により異なるので、この結果と同じにならなくてOK
```

演習 3

「rpm -qf ファイル名」で指定したファイルのインストール元パッケージを調べることができます。以下のようにwhichコマンドの引数にcatコマンドを指定し、バッククォーテーションで囲んでコマンドを展開することで、catコマンドのインストール元パッケージを調べることができます。「which cat」を一度実行して、実行ファイルのパスが/usr/bin/catと調べてから、「rpm -qf /usr/bin/cat」と実行しても構いません。

```
[root@centos7 ~]# rpm -qf `which cat` Enter  →whichコマンドは、コマンドの実行ファイルのパスを出力する
coreutils-8.22-24.el7.x86_64  →インストール元がcoreutilsパッケージであることがわかる
```

インストール元パッケージの名前がわかったら、以下のように-qlオプションで、同じパッケージからインストールされたファイルの一覧を表示できます。さまざまな基本コマンドが、このパッケージからインストールされていることがわかります。

```
[root@centos7 ~]# rpm -ql coreutils Enter
/etc/DIR_COLORS
        :
/usr/bin/[  →if文の条件式もコマンドの一種
        :
/usr/bin/cat
/usr/bin/chcon
/usr/bin/chgrp
/usr/bin/chmod
/usr/bin/chown
        :
```

演習4

phpパッケージがインストールされていないことを確認するよう指示されていますので、rpmコマンドで確認します。本書で用意しているCentOS 7環境では、以下のようにphpパッケージはインストールされていません。

```
[root@centos7 ~]# rpm -q php Enter
パッケージ php はインストールされていません。
```

インストールされていない場合、yumコマンドで以下のようにインストールできます。

```
[root@centos7 ~]# yum -y install php Enter   →-yはつけなくてもOK
        :
インストール:
  php.x86_64 0:5.4.16-48.el7

依存性関連をインストールしました:
  libzip.x86_64 0:0.10.1-8.el7             php-cli.x86_64 0:5.4.16-48.el7
  php-common.x86_64 0:5.4.16-48.el7
  →yumコマンドでは、依存関係があるパッケージもまとめてインストールする
完了しました!
[root@centos7 ~]# rpm -q php Enter
php-5.4.16-48.el7.x86_64  →phpパッケージがインストールされたことを確認する
```

演習 5

yum searchコマンドで、以下のようにキーワードを指定して、yumリポジトリ上で利用可能なパッケージを検索することができます。

```
[root@centos7 ~]# yum search tomcat Enter  →tomcatというキーワードでパッケージを検索する
          :
tomcat-admin-webapps.noarch : The host-manager and manager web applications for
                            : Apache Tomcat
tomcat-docs-webapp.noarch : The docs web application for Apache Tomcat
          :
tomcat.noarch : Apache Servlet/JSP Engine, RI for Servlet 3.0/JSP 2.2 API
tomcat-el-2.2-api.noarch : Expression Language v2.2 API
  →tomcatと名前のつくパッケージや説明文にtomcatと含まれるパッケージが表示される
  Name and summary matches only, use "search all" for everything.
```

第 15 章

ネットワーク管理

ネットワークの基本

ネットワーク設定の確認

ネットワーク設定の変更

ネットワーク設定のトラブルシューティング

アプリケーション通信の実行

この章のポイント

Linux ホストにおいてもネットワーク接続を利用することができます。この章では、TCP/IP ネットワークの基本的な用語について確認したのち、実際にLinuxのコマンドを使ってネットワーク設定を確認、ネットワーク設定の変更を行う方法を解説します。

■ネットワークの基本

■ TCP/IP プロトコル

コンピュータなどの端末がネットワーク通信を行う場合、共通の通信プロトコルに従って通信を行います。TCP/IPは、インターネットでも採用されている事実上標準ともいわれる通信プロトコルです。

■ IP アドレス

TCP/IPではホストを識別する宛先情報として、**IPアドレス**を利用します。IPアドレスにはIPv4アドレスとIPv6アドレスという2つのバージョンがあります。

■ プライベートアドレス

家庭内や社内などで利用するためのIPアドレスとして、**プライベートアドレス**が用意されています。この範囲のアドレスは、プライベートネットワーク内で自由に利用することができます。

■ 名前解決と DNS サーバーアドレス

ドメイン名に対応するIPアドレスへ変換することを名前解決といい、**DNSサーバー**が使われます。

■ネットワーク設定を確認する

Linuxホストに設定されているIPアドレスなどの設定情報を確認するには、ipコマンドを利用します。

ipコマンド

```
ip [ オプション ] オブジェクト サブコマンド
```

<table>
<tr><td>概要</td><td colspan="3">インターフェースやルーティング設定を確認・設定する</td></tr>
<tr><td rowspan="7">引数</td><td colspan="3">・オブジェクト：表示、設定の対象となるオブジェクト</td></tr>
<tr><td>オブジェクト</td><td colspan="2">説明</td></tr>
<tr><td rowspan="5">address</td><td colspan="2">IPアドレスに関する情報を表示・設定。以下のサブコマンドで処理を指定する（サブコマンド省略時、showの動作になる）</td></tr>
<tr><td>サブコマンド</td><td>説明</td></tr>
<tr><td>show [インターフェース名]</td><td>設定情報を表示。インターフェース名を指定できる</td></tr>
<tr><td>add IPアドレス/マスク dev インターフェース名</td><td>IPアドレスを設定</td></tr>
<tr><td>del IPアドレス/マスク dev インターフェース名</td><td>IPアドレスを削除</td></tr>
<tr><td>引数</td><td>route</td><td colspan="2">ルーティングテーブルに関する情報を表示・設定。以下のサブコマンドで処理を指定する（アドレス部分にdefaultと記述するとデフォルトゲートウェイを指定）</td></tr>
</table>

続く

引数	route	サブコマンド	説明
		add IPアドレス／ネットワークアドレス/マスク via 転送先	ルート情報を追加
		del IPアドレス／ネットワークアドレス/マスク	ルート情報を削除

■pingコマンドで疎通を確認する

pingコマンドを利用して、指定したホストを疎通できるか（つながっているか）確認ができます。

```
[root@centos7 ~]# ping 10.0.3.2 Enter  →10.0.3.2に疎通確認する
PING 10.0.3.2 (10.0.3.2) 56(84) bytes of data.
64 bytes from 10.0.3.2: icmp_seq=1 ttl=64 time=0.153 ms
64 bytes from 10.0.3.2: icmp_seq=2 ttl=64 time=0.689 ms
^C →Ctrl+cを押して、停止する
--- 10.0.3.2 ping statistics ---
2 packets transmitted, 2 received, 0% packet loss, time 1002ms
rtt min/avg/max/mdev = 0.153/0.421/0.689/0.268 ms
```

■ネットワーク設定を実行する

Linuxホスト上で、次回再起動時以降も有効なTCP/IP設定を行うには、設定ファイルを編集する必要があります。最近のLinuxシステムでは、Network Managerサービスで提供されるnmcliコマンドを使って設定を行います。

nmcliコマンド

nmcli *オブジェクト* [*サブコマンド*] [*引数*]

概要	NetworkManagerを利用したネットワーク機能を確認、設定する	
引数	・*オブジェクト*：設定対象となるオブジェクト（項目） ・*サブコマンド*：操作内容 ・*引数*：設定や参照する項目や値	
主なオブジェクト	オブジェクト	説明
	connection	接続情報の管理。インターフェースの設定など
	general	Network Managerサービスの管理
	device	デバイスの管理
主なサブコマンド	サブコマンド	説明
	show	設定を参照する
	modify	設定を変更する
	up	接続を有効化する
	add	接続プロファイルを追加する

nmcliコマンドで設定した内容を今すぐ有効にするには、以下のように設定したインターフェースをupサブコマンドで再起動します。インターフェースが起動中だったとしても、upサブコマンドで再起動されます。

基本をおさえよう

ネットワークの基本

この章では、Linuxホスト上でネットワーク接続を確認する方法や、設定方法を確認します。そのために必要なネットワークの基本について確認しましょう。

■TCP/IP

コンピュータなどの端末がネットワーク通信を行う場合、共通の通信プロトコル群のルールに従って通信を行います。**プロトコル**とは「規約」という意味であり、つまり通信を行う上での共通の約束事に従います。

TCP/IPは、インターネットでも採用されている事実上標準ともいわれる通信プロトコルです(**図15.1**)。TCP/IPという共通の規約に基づいて、異なるOSやアプリケーションが混在しているインターネット上でもさまざまなホストが相互通信できるようになっています。

●図15.1　TCP/IPとネットワーク通信

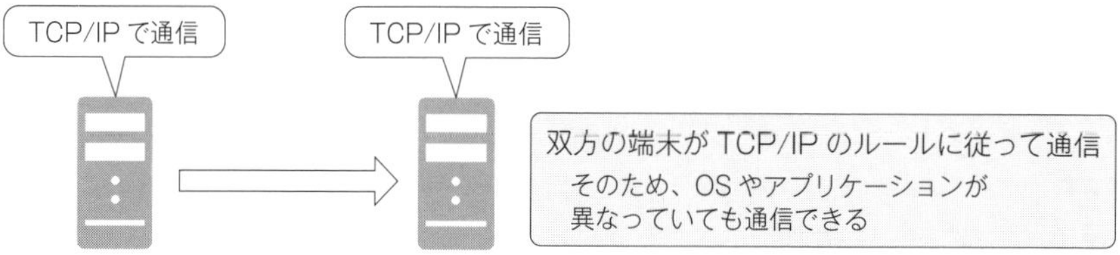

■IP アドレス

TCP/IPではホストを識別する宛先情報として、**IPアドレス**を利用します。IPアドレスにはIPv4アドレスとIPv6アドレスという2つのバージョンがあります(**図15.2**)。

●図15.2　IPv4アドレスとIPv6アドレス

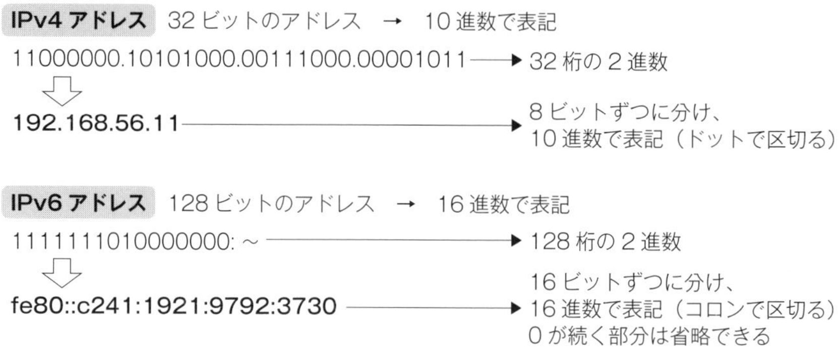

本書では、プライベートなネットワークで今でも多く利用されているIPv4アドレスをベースにして、以降の解説を行います。

Point!

これ以降、「IPアドレス」と表記している部分は、IPv4アドレスのことを指します。

IPアドレスは、ホスト上で直接設定するか、あるいはネットワーク内の**DHCPサーバー**による自動割り当てにより設定されます。IPアドレスはネットワークインターフェースごとに割り当てが必要です。複数のネットワークインターフェースを有するホストは、それぞれのインターフェースにIPアドレスが割り当てられます。

■IPアドレスクラスとサブネットマスク

IPアドレスには、**クラス**という概念があります。先頭の値によって、**表15.1**のクラスに分類されます。

●表15.1　主なIPアドレスクラス

クラス	第1オクテット（2進数での先頭部分）	デフォルトサブネットマスク
A	0〜127（0〜）	255.0.0.0（/8）
B	128〜191（10〜）	255.255.0.0（/16）
C	192〜223（110〜）	255.255.255.0（/24）

IPアドレスは、所属するネットワークを表す**ネットワーク部**と、ホストの情報を表す**ホスト部**に分かれます。

サブネットマスクは、ネットワーク部がどの範囲までなのかを表す値です（**図15.3**）。たとえば192.168.56.11というIPアドレスは、クラスCのアドレスなので/24がデフォルトマスクとなります[注15.1]。

注15.1　サブネットマスクはデフォルトマスクのままではなく、増やして利用することもできます。この場合、1つのネットワークを複数のネットワークに分割することになります。たとえば172.16.0.0/16というアドレスを、172.16.0.0/24として利用することもできます。

●**図15.3　サブネットマスク**

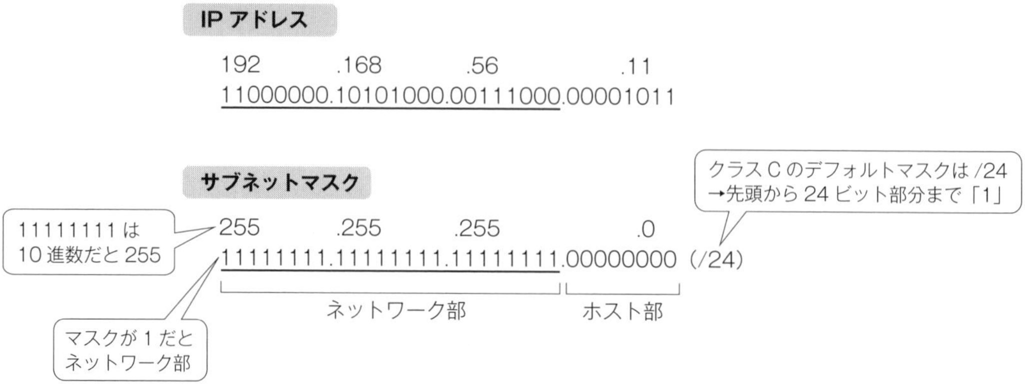

図15.3の場合、「192.168.56」の部分がネットワーク部となります。ネットワーク部が同じホストは「同じネットワークに所属している」ということになります。IPアドレスが住所だとした場合、ネットワーク部までの範囲はマンション名までの住所、ホスト部は部屋番号と捉えると良いでしょう（**図15.4**）。

同じネットワーク内のホスト同士は直接接続が可能です。異なるネットワークに所属するホスト宛ての通信は、**デフォルトゲートウェイ**を介して接続する必要があります。

●**図15.4　ネットワーク部とホスト部**

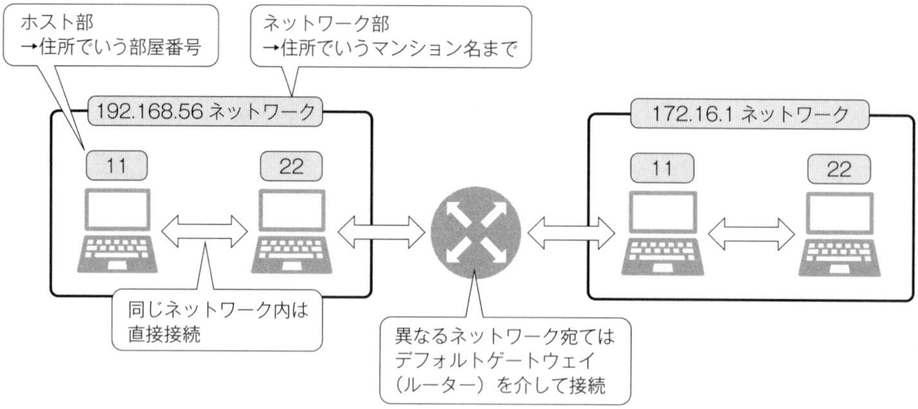

参考 なお、1つのネットワークに含まれるIPアドレスのうち、先頭のアドレスと最後のアドレスはホストに割り当てることはできません。たとえば、192.168.56.0/24ネットワークでは、ホストに割り当てられるアドレスは次の通りです。

- 192.168.56.0 (先頭のアドレス) →ネットワーク自身を表すアドレス (ネットワークアドレス) なので割り当て不可
- 192.168.56.1～192.168.56.254→ホストに割り当てできるアドレス範囲
- 192.168.56.255 (最後のアドレス) →ネットワーク内の全ホスト宛てのアドレス (ブロードキャストアドレス) なので割り当て不可

■プライベートアドレス

IPアドレスは、ネットワーク内で重複しない唯一のアドレスである必要があります。同じネットワーク内で同じIPアドレスを有するホストが複数存在すると、正しい通信ができません。

インターネット上では、インターネット内で重複しない唯一のアドレスを利用する必要があります。各組織が事前に申請をすることで、IPアドレスの管理組織によって管理されているIPアドレスを割り当てられ、それを利用する必要があります。

では、家庭内や社内などでネットワークを利用する際にもIPアドレスを申請する必要があるのかというと、そうではありません。プライベートなネットワーク用途のために、各クラスに**プライベートアドレス**と呼ばれるIPアドレスが用意されており、この範囲のアドレスであれば、プライベートネットワーク内で自由に利用することができます(**表15.2**)。

●表15.2 IPアドレスクラスごとのプライベートアドレス範囲

クラス	プライベートアドレス範囲	デフォルトマスク
A	10.0.0.0～10.255.255.255	/8
B	172.16.0.0～172.31.255.255	/16
C	192.168.0.0～192.168.255.255	/24

参考 インターネット上で利用されるIPアドレスのことをグローバルアドレスといいます。本文で解説したプライベートアドレスや、特別な意味を持つ以下のアドレス範囲以外が、グローバルアドレスとして利用されます。

- 127.0.0.0/8→ループバックアドレス (自機を表すアドレス) として利用
- 169.254.0.0/16→APIPA (DHCPサーバー利用時にアドレスを取得できなかったときに自動割り当てされるアドレス) として利用

■名前解決とDNSサーバーアドレス

これまで確認したように、TCP/IPでは宛先情報としてIPアドレスを利用します。しかしながら、普段Webを利用する場合には、我々はIPアドレスではなくサーバー名やホスト名を含むURLを指定して接続します。このとき、以下のように**DNSサーバー**により**名前解決**が行われ、その結果得られたIPアドレス宛てに接続が行われます（**図15.5**）。

●図15.5　名前解決とDNSサーバー

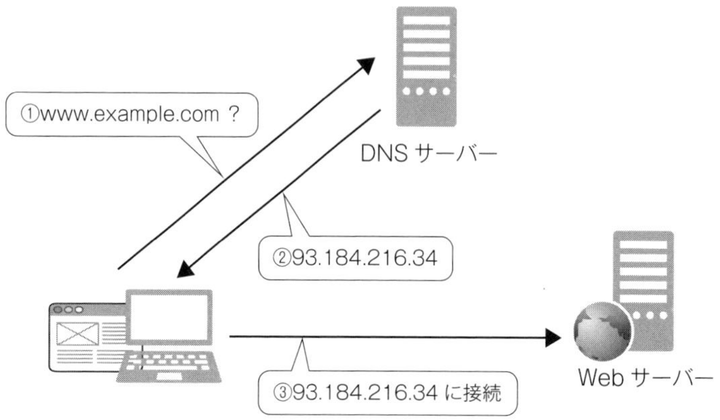

このため、ホスト名を指定した通信を行う場合はDNSサーバーが必要です。そして、ホストに対し、DNSサーバーのアドレスが設定されている必要があります。

Point!

ホストに割り当てられる主なTCP/IP情報は次の通りです

- IPアドレス：ホストの識別情報として利用
- サブネットマスク：IPアドレスのうち、ネットワーク部の識別に利用
- デフォルトゲートウェイアドレス：異なるネットワーク宛てに接続する際に利用
- DNSサーバーアドレス：名前解決のときに利用

このうち必須のものはIPアドレスとサブネットマスクです。インターネットに接続する際には、デフォルトゲートウェイアドレスとDNSサーバーアドレスも必要です[注15.2]。

注15.2　厳密にいえば、プロキシサーバー利用時などは、これらのアドレスが設定されていなくてもインターネットに接続できる場合もあります。

基本をおさえよう

ネットワーク設定の確認

ここでは、Linuxホストに設定されているネットワーク設定の状態や疎通確認を行う方法を紹介します。

■ネットワーク設定を確認する

Linuxホストに設定されているIPアドレスなどの設定情報を確認するには、ipコマンドを利用します。

ipコマンド

```
ip [ オプション ] オブジェクト サブコマンド
```

<table>
<tr><td>概要</td><td colspan="3">インターフェースやルーティング設定を確認・設定する</td></tr>
<tr><td rowspan="11">引数</td><td colspan="3">・オブジェクト：表示、設定の対象となるオブジェクト</td></tr>
<tr><td>オブジェクト</td><td colspan="2">説明</td></tr>
<tr><td rowspan="5">address</td><td colspan="2">IPアドレスに関する情報を表示・設定。以下のサブコマンドで処理を指定する（サブコマンド省略時、showの動作になる）</td></tr>
<tr><td>サブコマンド</td><td>説明</td></tr>
<tr><td>show [インターフェース名]</td><td>設定情報を表示。インターフェース名を指定できる</td></tr>
<tr><td>add IPアドレス/マスク dev インターフェース名</td><td>IPアドレスを設定</td></tr>
<tr><td>del IPアドレス/マスク dev インターフェース名</td><td>IPアドレスを削除</td></tr>
<tr><td rowspan="4">route</td><td colspan="2">ルーティングテーブルに関する情報を表示・設定。以下のサブコマンドで処理を指定する（アドレス部分にdefaultと記述するとデフォルトゲートウェイを指定）</td></tr>
<tr><td>サブコマンド</td><td>説明</td></tr>
<tr><td>add IPアドレス／ネットワークアドレス/マスク via 転送先</td><td>ルート情報を追加</td></tr>
<tr><td>del IPアドレス／ネットワークアドレス/マスク</td><td>ルート情報を削除</td></tr>
</table>

以下のようにip addrコマンドを実行すると、各インターフェースに割り当てられたIPアドレスを確認できます。

> **参考** ipコマンドでは、オブジェクト名などを省略して、記述できます。「ip address」という構文は、「ip a」でも「ip addr」でも構いません。本書では、以降は「ip addr」と表記します。

```
[root@centos7 ~]# ip addr Enter
        :
2: enp0s3: <BROADCAST,MULTICAST,UP,LOWER_UP> mtu 1500 qdisc pfifo_fast state UP group
default qlen 1000
    link/ether 08:00:27:b5:14:89 brd ff:ff:ff:ff:ff:ff
    inet 192.168.56.11/24 brd 192.168.56.255 scope global noprefixroute enp0s3  →inetで始
まる行がIPv4アドレス
       valid_lft forever preferred_lft forever
    inet6 fe80::c241:1921:9792:3730/64 scope link noprefixroute
  →inet6で始まる行がIPv6アドレス
       valid_lft forever preferred_lft forever
3: enp0s8: <BROADCAST,MULTICAST,UP,LOWER_UP> mtu 1500 qdisc pfifo_fast state UP group
default qlen 1000
    link/ether 08:00:27:c9:62:ed brd ff:ff:ff:ff:ff:ff
    inet 10.0.3.15/24 brd 10.0.3.255 scope global noprefixroute dynamic enp0s8
       valid_lft 85685sec preferred_lft 85685sec
    inet6 fe80::59cc:20a1:502:4c4a/64 scope link noprefixroute
       valid_lft forever preferred_lft forever
        :
```

参考　既定で認識されるインターフェース名は、Linuxディストリビューションにより異なります。本書で用意しているCentOSならびにDebian環境では、以下のインターフェース名で認識されるようになっています。

- ens0p3：仮想マシン同士の接続で利用するインターフェース
- ens0p8：インターネットなど外部ネットワークへの接続で利用するインターフェース

以下のように指定すると、enp0s3インターフェースの情報のみ表示できます。この場合、**show**は省略できません。

```
[root@centos7 ~]# ip addr show enp0s3 Enter
2: enp0s3: <BROADCAST,MULTICAST,UP,LOWER_UP> mtu 1500 qdisc pfifo_fast state UP group
default qlen 1000
    link/ether 08:00:27:b5:14:89 brd ff:ff:ff:ff:ff:ff
    inet 192.168.56.11/24 brd 192.168.56.255 scope global noprefixroute enp0s3
       valid_lft forever preferred_lft forever
    inet6 fe80::c241:1921:9792:3730/64 scope link noprefixroute
       valid_lft forever preferred_lft forever
```

ip routeコマンドで、**ルーティングテーブル**を表示できます。defaultで始まる行がデフォルトゲートウェイアドレスです。

```
[root@centos7 ~]# ip route Enter
default via 10.0.3.2 dev enp0s8 proto dhcp metric 101  →デフォルトゲートウェイアドレス
10.0.3.0/24 dev enp0s8 proto kernel scope link src 10.0.3.15 metric 101
192.168.56.0/24 dev enp0s3 proto kernel scope link src 192.168.56.11 metric 100
192.168.122.0/24 dev virbr0 proto kernel scope link src 192.168.122.1
```

DNSサーバーアドレスは、/etc/resolv.confに設定されているnameserver行のIPアドレスで確認できます。

```
[root@centos7 ~]# cat /etc/resolv.conf Enter
# Generated by NetworkManager
search flets-east.jp
nameserver 192.168.0.1  →DNSサーバーのアドレス（設定されるアドレスは環境により異なります）
```

ここで確認した手順は、IPアドレスなどのTCP/IPの設定情報を確認する手順です。次の節では、これらの情報を設定する手順を確認します。

参考 コマンドの説明にも書かれているように、ipコマンドでもIPアドレスなどの設定は可能です。しかし、ipコマンドでの設定は一時的なもので、システムやネットワーク管理のサービスを再起動すると、無効になってしまいます。なお、ipコマンドはサブコマンド以降、頭文字だけで指定ができます。たとえば「ip address show enp0s3」という構文は、「ip a s enp0s3」と指定しても利用できます。

■疎通確認をする

pingコマンドを利用して、指定したホストを疎通できるか（つながっているか）確認ができます。

pingコマンド

```
ping [ オプション ] 宛先
```

概要	宛先となるホストと疎通確認を行う	
主なオプション	オプション	説明
	-c 回数	指定した回数、パケットを送信する
引数	・宛先：宛先となるホストの名前もしくはIPアドレス	

以下の内容は、10.0.3.2（仮想マシンに用意されているデフォルトゲートウェイアドレス）宛てに疎通確認をしている例です。

```
[root@centos7 ~]# ping 10.0.3.2 Enter  →10.0.3.2に疎通確認する
PING 10.0.3.2 (10.0.3.2) 56(84) bytes of data.
64 bytes from 10.0.3.2: icmp_seq=1 ttl=64 time=0.153 ms
64 bytes from 10.0.3.2: icmp_seq=2 ttl=64 time=0.689 ms
^C →Ctrl+cを押して、停止する
--- 10.0.3.2 ping statistics ---
2 packets transmitted, 2 received, 0% packet loss, time 1002ms
rtt min/avg/max/mdev = 0.153/0.421/0.689/0.268 ms
```

Linuxのpingコマンドは、既定ではCtrl＋cキーを押すまで疎通確認をし続けます。疎通確認をする回数を指定したい場合は、以下のように-cオプションを利用します。

```
[root@centos7 ~]# ping -c 1 10.0.3.2 Enter    →1回だけ疎通確認するよう設定する
PING 10.0.3.2 (10.0.3.2) 56(84) bytes of data.
64 bytes from 10.0.3.2: icmp_seq=1 ttl=64 time=0.190 ms

--- 10.0.3.2 ping statistics ---
1 packets transmitted, 1 received, 0% packet loss, time 0ms
rtt min/avg/max/mdev = 0.190/0.190/0.190/0.000 ms
```

基本をおさえよう

ネットワーク設定の変更

Linuxホスト上で、次回再起動時以降も有効なTCP/IP設定を行うには、設定ファイルを編集する必要があります。

以前はこれらのファイルを直接`vi`コマンドなどで編集する必要があったのですが、ディストリビューションによって、設定ファイルのパスや文法が違うなどの問題がありました。最近のLinuxシステムでは、Network Managerサービスで提供される`nmcli`コマンドが用意されており、これを利用すると、異なる環境でも同じ`nmcli`コマンドの構文でネットワーク設定が行えます。

nmcliコマンド

```
nmcli オブジェクト [ サブコマンド ] [ 引数 ]
```

概要	NetworkManagerを利用したネットワーク機能を確認、設定する	
引数	・*オブジェクト*：設定対象となるオブジェクト（項目） ・*サブコマンド*：操作内容 ・*引数*：設定や参照する項目や値	
主なオブジェクト	オブジェクト	説明
	connection	接続情報の管理。インターフェースの設定など
	general	Network Managerサービスの管理
	device	デバイスの管理
主なサブコマンド[注15.3]	サブコマンド	説明
	show	設定を参照する
	modify	設定を変更する
	up	接続を有効化する
	add	接続プロファイルを追加する

以下の構文で、Network Managerが認識している接続情報（インターフェース）を確認できます。

注15.3　利用できるサブコマンドは、実際にはオブジェクトにより異なります。ここではこのあとに紹介するconnectionオブジェクトのサブコマンドをまとめています。

```
[root@centos7 ~]# nmcli connection show Enter
NAME     UUID                                  TYPE      DEVICE
enp0s8   d0ee3559-513e-4e9d-938a-cf8f7815993d  ethernet  enp0s8
enp0s3   29ac179b-c5cf-4b25-8d12-fde76e72f86b  ethernet  enp0s3
→行頭が接続プロファイル名。nmcliコマンドで、表示や設定の対象を指定する際に利用する
         :
```

さらに接続プロファイル名を指定することで、指定した接続（インターフェース）の設定を確認することもできます。「--」となっている項目は、値が空であることを表します。

```
[root@centos7 ~]# nmcli connection show enp0s3 Enter
         :
connection.autoconnect:                 はい →自動起動設定
         :
ipv4.method:                            manual →IPv4アドレスの設定方法。manualで手動
ipv4.dns:                               -- →DNSサーバーアドレス
ipv4.dns-search:                        -- →ドメイン名省略時、検索するドメイン名
         :
ipv4.addresses:                         192.168.56.11/24 →IPv4アドレス
ipv4.gateway:                           -- →デフォルトゲートウェイアドレス
         :
ipv6.method:                            auto →IPv4アドレスの設定方法。autoで自動
         : →行頭に表示されるのがプロパティ。個々の設定を変更する際に使用する
```

この構文を実行すると、既定でlessコマンドが起動しますので、表示を終えたいときはqキーを押します。

nmcliコマンドである接続情報の設定を変更したい場合は、以下の書式でコマンドを実行します。

```
nmcli connection modify 接続名 プロパティ “値”
```

それでは、IPv4アドレスを変更してみましょう。CentOS環境のenp0s8インターフェースは、現在IPアドレスを自動取得するよう構成されています。これを手動取得するように構成し直してみましょう。

まず、以下の構文を入力して設定を確認します。

```
[root@centos7 ~]# nmcli connection show enp0s8 | grep ipv4 Enter
ipv4.method:                            auto →設定は自動構成
         :
ipv4.addresses:                         -- →自動構成設定なので、IPアドレス設定は空
         :
```

続いて以下の構文を入力し、設定が変更されるのを確認しましょう。

```
[root@centos7 ~]# nmcli connection modify enp0s8 ipv4.address "10.0.0.1/24"注15.4 Enter
[root@centos7 ~]# nmcli connection modify enp0s8 ipv4.method "manual" Enter
[root@centos7 ~]# nmcli connection show enp0s8 | grep ipv4 Enter
ipv4.method:                                manual
          :
ipv4.addresses:                             10.0.0.1/24
          :→modifyサブコマンドで設定した通りになっていることを確認する
```

Point!

IPアドレスを設定する際、上記の設定例のようにマスク値も設定する必要があります。マスク値の設定（上記の例だと「/24」）を省略した場合、/32というマスク値が設定され、外部ホストと一切接続ができなくなります。

nmcliコマンドで設定するのは、次回インターフェースが起動するときに読み込まれる設定です。そのため、現在のTCP/IP設定はまだ変更されていません。それをipコマンドで確認しましょう。

```
[root@centos7 ~]# ip address show enp0s8 Enter
3: enp0s8: <BROADCAST,MULTICAST,UP,LOWER_UP> mtu 1500 qdisc pfifo_fast state UP group
default qlen 1000
    link/ether 08:00:27:c9:62:ed brd ff:ff:ff:ff:ff:ff
    inet 10.0.3.15/24 brd 10.0.3.255 scope global noprefixroute dynamic enp0s8
          :→まだIPアドレスが変更されていないことを確認する
```

nmcliコマンドで設定した内容を今すぐ有効にするには、以下のように設定したインターフェースをupサブコマンドで再起動します。インターフェースが起動中だったとしても、upサブコマンドで再起動されます。

```
[root@centos7 ~]# nmcli connection up enp0s8 Enter   →enp0s8を再起動し、設定を有効化する
接続が正常にアクティベートされました (D-Bus アクティブパス: /org/freedesktop/NetworkManager/
ActiveConnection/5)
[root@centos7 ~]# ip address show enp0s8 Enter   →現在割り当てられているIPアドレスを表示する
3: enp0s8: <BROADCAST,MULTICAST,UP,LOWER_UP> mtu 1500 qdisc pfifo_fast state UP group
default qlen 1000
    link/ether 08:00:27:c9:62:ed brd ff:ff:ff:ff:ff:ff
    inet 10.0.0.1/24 brd 10.0.0.255 scope global noprefixroute enp0s8
          :→設定したIPアドレスが有効になっていることを確認する
```

再び、IPアドレスを自動取得するようにするには、以下のように設定します。

注15.4　IPアドレスの設定項目名は、ipv4.addressesでも構いません。showサブコマンド実行時は、こちらの項目名で表示されています。

```
[root@centos7 ~]# nmcli connection modify enp0s8 ipv4.method "auto" Enter
  →自動取得設定を有効化する
[root@centos7 ~]# nmcli connection modify enp0s8 ipv4.address "" Enter
  →IPアドレスを空に設定する
[root@centos7 ~]# nmcli connection up enp0s8  →enp0s8を再起動し、設定を有効化する
接続が正常にアクティベートされました (D-Bus アクティブパス: /org/freedesktop/NetworkManager/
ActiveConnection/6)
[root@centos7 ~]# ip address show enp0s8 Enter
3: enp0s8: <BROADCAST,MULTICAST,UP,LOWER_UP> mtu 1500 qdisc pfifo_fast state UP group
default qlen 1000
    link/ether 08:00:27:c9:62:ed brd ff:ff:ff:ff:ff:ff
    inet 10.0.3.15/24 brd 10.0.3.255 scope global noprefixroute dynamic enp0s8
        : →IPアドレスが自動取得のものになっていることを確認する
```


もっと使いこなそう

ネットワーク設定のトラブルシューティング

前節の内容は、本書で用意している仮想環境で実行すると必ずうまくいきます。

しかし、第2章で紹介した手順に従ってLinuxディストリビューションを一からインストールした環境では、想定通りに接続情報が構成されない場合があります。ここでは、nmcliコマンドを利用したトラブルシューティングについて解説します。

■自動接続を有効にする

Linuxディストリビューションのインストール時の設定によっては、ネットワークインターフェースの自動起動が無効になっており、ネットワーク接続ができないことがあります。そのような場合、以下の構文を実行します。

```
[root@centos7 ~]# nmcli connection modify enp0s3 connection.autoconnect "yes" Enter
```

■接続プロファイルを追加する

接続情報の一覧を表示したときに、存在するデバイスに関連付けられた接続プロファイルが表示されないことがあります。

```
[root@centos7 ~]# nmcli connection show Enter
NAME    UUID                                  TYPE      DEVICE
enp0s3  29ac179b-c5cf-4b25-8d12-fde76e72f86b  ethernet  enp0s3
virbr0  b3f91760-9373-4b27-9bf3-4f4869f252c8  bridge    virbr0
→enp0s8が表示されていない
```

この場合、以下のような構文を入力して接続プロファイルを追加します。

```
[root@centos7 ~]# nmcli connection add type ethernet ifname enp0s8 con-name enp0s8 Enter
接続 'enp0s8' (a025fff9-9849-40ee-ae5c-2cb010d7ea41) が正常に追加されました。
[root@centos7 ~]# nmcli connection show Enter
NAME     UUID                                  TYPE      DEVICE
enp0s8   a025fff9-9849-40ee-ae5c-2cb010d7ea41  ethernet  enp0s8  →追加されていることを確認する
enp0s3   29ac179b-c5cf-4b25-8d12-fde76e72f86b  ethernet  enp0s3
virbr0   b3f91760-9373-4b27-9bf3-4f4869f252c8  bridge    virbr0
```

この構文は、以下のような構成になります。

```
nmcli connection add type ethernet ifname デバイス名 con-name 接続プロファイル名
```

■接続プロファイル名を変更する

設定によっては、以下のように接続プロファイル名にスペースを含むよう構成されることがあります。

```
[root@centos7 ~]# nmcli connection show Enter
NAME        UUID                                  TYPE      DEVICE
有線接続 1   b84ae9b3-ad60-3d8d-8b9c-f0f2d19e5d2f  ethernet  enp0s8
  →接続プロファイル名が「有線接続 1」
enp0s3      29ac179b-c5cf-4b25-8d12-fde76e72f86b  ethernet  enp0s3
         :
```

このまま使うこともできるのですが、スペースを含んだ接続プロファイル名がシングルクォーテーションで囲んで指定する必要があります。接続プロファイル名は、以下のようにconnection.idの設定により変更できます。

```
[root@centos7 ~]# nmcli connection modify '有線接続 1' connection.id enp0s8 Enter
  →「有線接続 1」をenp0s8に変更する
```

■IP アドレスが割り当てられない

IPアドレスを自動取得に設定しているにも関わらず割り当てられない場合には、以下の点を確認しましょう。

- DHCP サーバーが起動しているか
- ネットワーク接続が正しく構成されているか

手動設定したときに正しく通信できる場合は、何らかの理由でDHCPサーバーとの接続ができず、IPアドレスが割り振られていない可能性があります。

一方で、手動設定しているにも関わらずIPアドレスが割り当てられない場合は、以下の点を確認しましょう。

- 構文に誤りはないか
- 同じ IP アドレスを割り当てているホストがネットワーク内に存在しないか
- ネットワーク接続が正しく構成されているか

もっと使いこなそう

アプリケーション通信の実行

本節で紹介するコマンドにより、アプリケーション通信を実行できます。

■名前解決を確認する

hostコマンドにより、名前解決の確認ができます。

hostコマンド

host [*オプション*] *名前* [*DNSサーバー*]

概要	名前解決を検証し、簡易的な情報を出力する	
主なオプション	オプション	説明
	-t レコード	問い合わせるレコードの種類を指定する
	-v	詳細な情報を表示する
引数	・*名前*：問い合わせる名前 ・*DNSサーバー*：問い合わせ先のサーバーのアドレス	

以下のように動作確認しましょう。

```
[root@centos7 ~]# host www.example.com Enter →www.example.comを名前解決する
www.example.com has address 93.184.216.34
www.example.com has IPv6 address 2606:2800:220:1:248:1893:25c8:1946
[root@centos7 ~]# host -t ns example.com Enter
  →example.comのNSレコード（DNSサーバーの情報）を解決する
example.com name server a.iana-servers.net.
example.com name server b.iana-servers.net.
[root@centos7 ~]# host 8.8.8.8 8.8.8.8 Enter
  →8.8.8.8を名前解決する。8.8.8.8を問い合わせ先のサーバーに指定する
Using domain server:
Name: 8.8.8.8
Address: 8.8.8.8#53 →問い合わせ先のサーバーの情報
Aliases:

8.8.8.8.in-addr.arpa domain name pointer dns.google. →8.8.8.8はGoogleのパブリックDNSサーバー
```

このように、DNSサーバーによる名前解決が正しく行われているかどうかを`host`コマンドで確認できます。

■Web接続を確認する

`curl`コマンドで、Webサーバーとの接続ができます[注15.5]。これにより、Webブラウザを利用しなくても、コマンドラインでWebサーバーからデータを取得することができます。

curlコマンド

```
curl [ オプション ] URL
```

概要	指定したURL宛てにWeb接続を行う	
主なオプション	オプション	説明
	-O	ファイルとして保存する（既定では標準出力）
	-o ファイル名	接続したファイルを指定した名前で保存する
	-#	進行状況を表示する
	-I	レスポンスヘッダを表示する
	-H ‘ヘッダ: 値’	リクエストヘッダを指定する
	-A User-Agent	User-Agent名を指定する
	-e リファラー	リファラーを指定する
引数	・*URL*：接続するURL	

以下は、URLだけ指定して、`curl`コマンドを実行している例です。取得したデータは、既定では画面上に表示されます。

```
[root@centos7 ~]# curl http://www.example.com Enter
<!doctype html>
<html>
<head>
    <title>Example Domain</title>
        :
```

Webサーバーと接続した際、サーバーはレスポンスヘッダを返してきます。その内容を表示したい場合は、以下のように`-I`オプションを指定します

注15.5　厳密にはcurlコマンドでWebサーバー以外のサーバーにも接続できます。ここでは、一般的によく使われると思われるWebサーバーとの接続のみ紹介します。

```
[root@centos7 ~]# curl -I http://www.example.com Enter  →レスポンスヘッダを表示する
HTTP/1.1 200 OK  →この処理の状態を表示する（200は接続成功）。以下、ヘッダ情報が表示される
Content-Encoding: gzip
Accept-Ranges: bytes
Age: 163444
Cache-Control: max-age=604800
Content-Type: text/html; charset=UTF-8
Date: Sat, 16 Oct 2021 13:26:11 GMT
Etag: "3147526947"
Expires: Sat, 23 Oct 2021 13:26:11 GMT
Last-Modified: Thu, 17 Oct 2019 07:18:26 GMT
Server: ECS (sab/56F2)
X-Cache: HIT
Content-Length: 648
```

-Oオプションを指定すると、標準出力ではなくファイルとして出力します。

```
[root@centos7 ~]# curl -O http://www.example.com/index.html Enter
 → index.htmlをファイルとして出力する
  % Total    % Received % Xferd  Average Speed   Time    Time     Time  Current
                                 Dload  Upload   Total   Spent    Left  Speed
100  1256  100  1256    0     0   5375      0 --:--:-- --:--:-- --:--:--  5390
[root@centos7 ~]# ls -l index.html Enter
-rw-r--r-- 1 root root 1256 10月 16 22:26 index.html  →出力されていることを確認する
```

この方法は、HTMLファイルではなくインストール用のアーカイブファイルなどをダウンロードしたい場合に便利です。

章末演習

この章の内容を学習したことにより、以下の操作ができるようになります。いくつかの項目について、演習問題を通じて確認しましょう。

- ip コマンドでネットワーク設定を確認する
- ping コマンドを利用して、指定したホストを疎通できるか確認する
- nmcli コマンドでネットワーク設定を実行する
- host コマンドや curl コマンドでアプリケーション通信を実行する

演習1

本書の学習用Debian仮想環境を起動します。CentOS仮想環境からDebian仮想環境（192.168.56.22）宛てに疎通確認をして、つながることを確認しましょう。

※Debian仮想環境が用意できない場合は、自機のIPアドレスと疎通確認を行ってください

演習2

自ホストに割り当てられているIPアドレスの一覧を表示しましょう。以下のように表示されるよう構成します。

```
inet 127.0.0.1/8 scope host lo
inet6 ::1/128 scope host
inet 192.168.56.11/24 brd 192.168.56.255 scope global noprefixroute enp0s3
inet6 fe80::c241:1921:9792:3730/64 scope link noprefixroute
inet 10.0.3.15/24 brd 10.0.3.255 scope global noprefixroute dynamic enp0s8
inet6 fe80::7bd6:60c8:35d:df64/64 scope link noprefixroute
inet 192.168.122.1/24 brd 192.168.122.255 scope global virbr0
```

演習3

enp0s8インターフェースに以下のTCP/IP設定を割り当てます。デフォルトゲートウェイアドレスとDNSサーバーアドレスはまだ設定しません。

- IP アドレス：10.0.3.100
- サブネットマスク：/24

上記の設定を有効にした後、10.0.3.2（デフォルトゲートウェイアドレスに割り当てられているIPアドレス）宛てに疎通確認ができること、以下のアドレスには疎通ができないことを確認します。

- 8.8.8.8
- www.example.com

※演習3、4は、enp0s8インターフェースが存在し、NAT接続が有効になっている必要があります。本書で用意した学習用仮想環境ではこの設定が有効です。また、動作確認にはインターネット接続が有効である必要があります。

演習4

enp0s8インターフェースに以下のTCP/IP設定を割り当てます（DNSサーバーのアドレスは、お使いの環境で利用できるものでも構いません）。

- デフォルトゲートウェイアドレス：10.0.3.2
- DNS サーバーアドレス：8.8.8.8

上記の設定を有効にした後、以下のアドレスには疎通確認ができることを確認します。

- 8.8.8.8
- www.example.com

章末演習【解答例】

演習1

pingコマンドで疎通確認ができます。Debian仮想環境が用意できない場合は、引数に指定しているIPアドレスを自機のもの(192.168.56.11など)にします。以下の例では、-cオプションを指定していますが、指定していない場合は、疎通確認ができたら Ctrl + c キーで停止しましょう。

```
[root@centos7 ~]# ping -c 2 192.168.56.22 Enter
PING 192.168.56.22 (192.168.56.22) 56(84) bytes of data.
64 bytes from 192.168.56.22: icmp_seq=1 ttl=64 time=0.676 ms
64 bytes from 192.168.56.22: icmp_seq=2 ttl=64 time=0.406 ms

--- 192.168.56.22 ping statistics ---
2 packets transmitted, 2 received, 0% packet loss, time 1001ms
rtt min/avg/max/mdev = 0.406/0.541/0.676/0.135 ms
```

演習2

ip addrコマンドで、インターフェースの設定情報を確認できます。IPアドレスが記述されている行はinetから始まる記述となっているので、以下のようにgrepコマンドによるフィルタを行うことで、割り当てられているIPアドレスだけを表示できます。

```
[root@centos7 ~]# ip addr | grep inet Enter
    inet 127.0.0.1/8 scope host lo
    inet6 ::1/128 scope host
    inet 192.168.56.11/24 brd 192.168.56.255 scope global noprefixroute enp0s3
    inet6 fe80::c241:1921:9792:3730/64 scope link noprefixroute
    inet 10.0.3.15/24 brd 10.0.3.255 scope global noprefixroute dynamic enp0s8
    inet6 fe80::7bd6:60c8:35d:df64/64 scope link noprefixroute
    inet 192.168.122.1/24 brd 192.168.122.255 scope global virbr0
```

演習3

以下のように設定すると、指定したIPアドレスを割り当てて有効にできます。nmcliコマンドのshowサブコマンドで確認する内容は、次回インターフェースが有効になったとき読み込まれる設定です。現在割り当てられている設定を確認するには、ipコマンドを使います。

```
[root@centos7 ~]# nmcli connection modify enp0s8 ipv4.address "10.0.3.100/24" Enter
[root@centos7 ~]# nmcli connection modify enp0s8 ipv4.method "manual" Enter
[root@centos7 ~]# nmcli connection up enp0s8 Enter  →設定を有効化する
接続が正常にアクティベートされました (D-Bus アクティブパス: /org/freedesktop/NetworkManager/
ActiveConnection/9)
[root@centos7 ~]# ip addr show enp0s8 Enter  →設定が有効になっていることを確認する
3: enp0s8: <BROADCAST,MULTICAST,UP,LOWER_UP> mtu 1500 qdisc pfifo_fast state UP group
default qlen 1000
    link/ether 08:00:27:c9:62:ed brd ff:ff:ff:ff:ff:ff
    inet 10.0.3.100/24 brd 10.0.3.255 scope global noprefixroute enp0s8
        :→指定したIPアドレスが割り当てられている
```

この設定が有効になると、10.0.3.2宛てに疎通確認ができます。10.0.3.2は同じネットワークに所属しているホストであり、デフォルトゲートウェイの設定などをしなくても接続ができます。

```
[root@centos7 ~]# ping -c 2 10.0.3.2 Enter  →疎通確認ができることを確認する
PING 10.0.3.2 (10.0.3.2) 56(84) bytes of data.
64 bytes from 10.0.3.2: icmp_seq=1 ttl=64 time=0.141 ms
64 bytes from 10.0.3.2: icmp_seq=2 ttl=64 time=0.222 ms

--- 10.0.3.2 ping statistics ---
2 packets transmitted, 2 received, 0% packet loss, time 1000ms
rtt min/avg/max/mdev = 0.141/0.181/0.222/0.042 ms
```

なお、設定直後だと疎通確認が失敗する場合もありますので、その場合は少し時間をおいて再実行してください。

一方、8.8.8.8には接続できません。インターネット上のホスト(＝異なるネットワークのホスト)であり、デフォルトゲートウェイアドレスが設定されていないと接続できないためです。

```
[root@centos7 ~]# ping -c 2 8.8.8.8 Enter
connect: ネットワークに届きません  →デフォルトゲートウェイアドレスが未設定だと接続不可
```

www.example.comにも接続ができません。このようにIPアドレスではないURLを使った通信には、DNSサーバーアドレスの指定が必要です。

```
[root@centos7 ~]# ping -c 2 www.example.com Enter
ping: www.example.com: 名前またはサービスが不明です  →名前解決ができないため、接続不可
```

演習 4

以下の構文で、デフォルトゲートウェイアドレスの設定ができます。デフォルトゲートウェイアドレスが設定されると、外部ネットワークに接続できるようになるため、インターネット上のホストである8.8.8.8にも接続できます。この動作確認にはインターネット回線が有効である必要があります。

```
[root@centos7 ~]# nmcli connection modify enp0s8 ipv4.gateway "10.0.3.2" Enter
[root@centos7 ~]# nmcli connection up enp0s8 Enter  →設定を有効化する
接続が正常にアクティベートされました (D-Bus アクティブパス: /org/freedesktop/NetworkManager/
ActiveConnection/10)
[root@centos7 ~]# ping -c 2 8.8.8.8 Enter  →外部ネットワークに接続できることを確認する
PING 8.8.8.8 (8.8.8.8) 56(84) bytes of data.
64 bytes from 8.8.8.8: icmp_seq=1 ttl=116 time=6.11 ms
64 bytes from 8.8.8.8: icmp_seq=2 ttl=116 time=6.55 ms

--- 8.8.8.8 ping statistics ---
2 packets transmitted, 2 received, 0% packet loss, time 1001ms
rtt min/avg/max/mdev = 6.110/6.332/6.555/0.236 ms
```

以下の構文で、DNSサーバーアドレスの設定ができます。DNSサーバーアドレスが設定されると、名前解決をして接続が可能になります。つまり、インターネット回線さえ用意されていれば、インターネット上のホストに不自由なく接続できるようになります。

```
[root@centos7 ~]# nmcli connection modify enp0s8 ipv4.dns "8.8.8.8" Enter
[root@centos7 ~]# nmcli connection up enp0s8 Enter  →設定を有効化する
接続が正常にアクティベートされました (D-Bus アクティブパス: /org/freedesktop/NetworkManager/
ActiveConnection/11)
[root@centos7 ~]# ping -c 2 www.example.com Enter  →名前解決して接続できることを確認する
PING www.example.com (93.184.216.34) 56(84) bytes of data.
64 bytes from 93.184.216.34 (93.184.216.34): icmp_seq=1 ttl=50 time=117 ms
64 bytes from 93.184.216.34 (93.184.216.34): icmp_seq=2 ttl=50 time=116 ms

--- www.example.com ping statistics ---
2 packets transmitted, 2 received, 0% packet loss, time 1002ms
rtt min/avg/max/mdev = 116.895/117.161/117.428/0.433 ms
```

第 16 章

リモート接続

SSH 接続の利用

リモート端末におけるファイルのコピー

公開鍵による認証

sshd の設定

この章のポイント

遠く離れた場所に置かれたLinuxホストを操作する場合、SSH（Secure SHell）を利用してリモート接続を行います。SSH接続を受け付けるサーバー側ではsshdを起動して待ち受け、クライアント側ではsshコマンドを利用してサーバーに接続します。

■sshdを起動する

サーバー側でsshdが起動していない場合は、以下のように実行してsshdを起動します。

```
[root@centos7 ~]# systemctl start sshd Enter    →sshdを起動する
[root@centos7 ~]# systemctl status sshd Enter    →sshdの状態を確認する
● sshd.service - OpenSSH server daemon
   Loaded: loaded (/usr/lib/systemd/system/sshd.service; enabled; vendor preset: enabled)
   Active: active (running) since 火 2021-10-19 11:57:55 JST; 1h 24min ago
         :  →「active (running)」となっていると、sshdが起動中
```

■sshコマンドでサーバーに接続する

サーバーへの接続にはsshコマンドを利用します。以下は、ユーザー名を指定して接続をしている例で、「ユーザー名@接続するホスト」と指定します。-lオプションで指定することもできます。ユーザー名の指定を省略した場合、現在ログイン中のユーザー名で接続します。

```
[root@centos7 ~]# ssh testuser@192.168.56.22 Enter    →Debian環境にtestuserで接続する
testuser@192.168.56.22's password:  →testuserのパスワードを入力する
          :
Last login: Tue Oct 19 13:59:47 2021 from 192.168.56.1
testuser@debian11:~$
```

接続した後、以下のコマンドまたは操作を実行することにより、SSH接続を切断し、元のホストの環境に戻ることができます。

- exitコマンドを実行
- logoutコマンドを実行
- Ctrl ＋ d キーを押す

sshコマンド

```
ssh [ オプション ] [ユーザー@]ホスト [ コマンド ]
```

概要	SSHによるリモート接続を行う	
主なオプション	オプション	説明
	-p ポート番号	指定したポート番号で接続する
	-l ユーザー	ユーザー名を指定する
	-i ファイル名	秘密鍵ファイルを指定する
	-v	デバッグメッセージを表示する
	-o オプション	接続時に利用するオプションを指定する

続く

引数	・ユーザー：接続に使用するユーザー ・ホスト：接続先のホストの名前もしくはIPアドレス ・コマンド：実行するコマンド（指定した場合、接続先でコマンドを実行して切断する）

■SSHでコマンドを実行する

sshコマンドを使って、サーバーでコマンドを実行することもできます。以下のように指定すると、指定したコマンドを実行してすぐに切断します。

```
[root@centos7 ~]# ssh 192.168.56.22 tail -n 5 /etc/passwd Enter
  →接続先のpasswdファイルの末尾を表示する
root@192.168.56.22's password:  →rootユーザーのパスワードを入力する
geoclue:x:116:123::/var/lib/geoclue:/usr/sbin/nologin
Debian-gdm:x:117:124:Gnome Display Manager:/var/lib/gdm3:/bin/false
testuser:x:1000:1000:testuser,,,:/home/testuser:/bin/bash
systemd-coredump:x:999:999:systemd Core Dumper:/:/usr/sbin/nologin
dashuser:x:1001:1001::/home/dashuser:/bin/dash
[root@centos7 ~]#  →tailコマンドを実行した後、切断し、元のプロンプトが表示される
```

■リモート端末にファイルをコピーする

scpコマンドを利用すると、SSH接続の仕組みを利用してリモートホストにファイルをコピーすることができます。

```
[root@centos7 ~]# scp fping.tar.gz 192.168.56.22:~ Enter
  →fping.tar.gzをDebian環境（接続に利用するrootユーザーのホームディレクトリ）に転送する
root@192.168.56.22's password:  →rootユーザーのパスワードを入力する
fping.tar.gz                                   100%   181KB  37.8MB/s   00:00
[root@centos7 ~]# ssh 192.168.56.22 Enter  →Debian環境に接続する
root@192.168.56.22's password:  →rootユーザーのパスワードを入力する
          :
Last login: Tue Oct 19 16:40:59 2021 from 192.168.56.11
root@debian11:~# ls *.gz Enter
fping.tar.gz  →Debian環境にファイルが転送されていることを確認する
```

■SSH接続のユーザー認証に公開鍵暗号を利用する

SSH接続のユーザー認証では、公開鍵暗号方式の仕組みを利用して認証を行うことができます。これは、サーバーに公開鍵を事前に登録しておき、クライアント側の秘密鍵とペアであることが確認できれば認証成功とする仕組みです。

ユーザー認証で利用する公開鍵ペアを作成するには、ssh-keygenコマンドを実行します。既定では、ホームディレクトリ内の.sshディレクトリに生成した鍵ペアが保存されます。～.pubという拡張子が付いているファイルが公開鍵ファイル、拡張子が付いていないファイルが秘密鍵ファイルです。

生成した鍵ペアのうち、公開鍵を接続先の所定のファイルに格納するには、ssh-copy-idコマンドを利用します。

基本をおさえよう

SSH 接続の利用

利用するLinuxホストが目の前にあるとは限りません。普段作業しているオフィスなどとは別の場所（サーバールームやデータセンターなど）に配置されているホストを利用することもありますし、クラウド上の仮想インスタンスを管理する場合もあるでしょう。このような離れた場所に存在するホストに対して、Linuxでは**SSH**（Secure SHell）の仕組みを利用してリモート接続を行い、管理します（図16.1）。

● 図16.1　SSHによるリモート接続

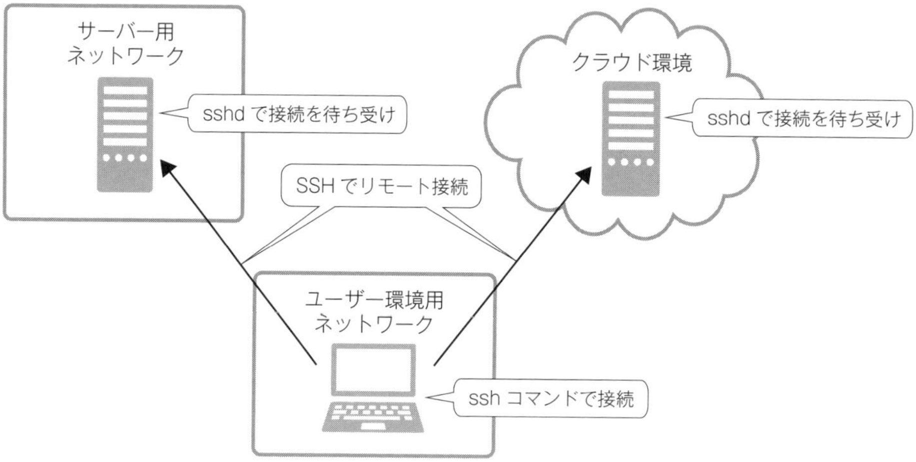

SSHによる接続は、既定で暗号化された通信となります。万が一通信が盗聴されるようなことがあったとしても、第三者に通信内容を把握されることはありません。

SSHによる接続を行う場合、サーバー側では**sshd**が動作している必要があります。クライアントは、sshコマンドを利用してサーバーに接続します。

- サーバー（接続を受け入れる側）：sshd が動作している
- クライアント（接続する側）：ssh コマンドを利用して接続する

サーバー側でsshdが起動していない場合は、以下のように実行してsshdを起動します。

```
[root@centos7 ~]# systemctl start sshd  Enter   →sshdを起動する
[root@centos7 ~]# systemctl status sshd  Enter   →sshdの状態を確認する
● sshd.service - OpenSSH server daemon
   Loaded: loaded (/usr/lib/systemd/system/sshd.service; enabled; vendor preset: enabled)
   Active: active (running) since 火 2021-10-19 11:57:55 JST; 1h 24min ago
         :  →「active (running)」となっていると、sshdが起動中
```

Point!

本書で用意している学習用のCentOS、Debian環境では、sshdが既定で起動するようになっています。これ以降は、この2つの環境を起動して動作確認をしましょう。

SSH接続を行うには、sshコマンドを利用します。

sshコマンド

```
ssh [ オプション ] [ユーザー@]ホスト [ コマンド ]
```

概要	SSHによるリモート接続を行う	
主なオプション	オプション	説明
	-p ポート番号	指定したポート番号で接続する
	-l ユーザー	ユーザー名を指定する
	-i ファイル名	秘密鍵ファイルを指定する
	-v	デバッグメッセージを表示する
	-o オプション	接続時に利用するオプションを指定する
引数	・ユーザー：接続に使用するユーザー ・ホスト：接続先のホストの名前もしくはIPアドレス ・コマンド：実行するコマンド（指定した場合、接続先でコマンドを実行して切断する）	

以下は、本書で用意しているCentOS環境からDebian環境に接続をしている例です。ユーザー名の指定を省略した場合、現在ログイン中のユーザー名で接続をします。

初回接続時にはホスト認証の確認がされますので、「yes」を入力して接続します。その後、接続先で有効なパスワードの入力が要求されます。入力すると接続が確立します。

```
[root@centos7 ~]# ssh 192.168.56.22 Enter  →Debian環境にSSH接続する
The authenticity of host '192.168.56.22 (192.168.56.22)' can't be established.
ECDSA key fingerprint is SHA256:Jx7SF5ch+1o/8jdG8jfTVASMd1NICP6zW7XWqtUkwus.
ECDSA key fingerprint is MD5:db:f3:3a:ea:b9:4f:42:77:e8:c4:06:26:38:38:94:0e.
Are you sure you want to continue connecting (yes/no)? yes  →ホスト認証の確認。yesと入力する
Warning: Permanently added '192.168.56.22' (ECDSA) to the list of known hosts.
root@192.168.56.22's password:  →接続先のrootユーザーのパスワードを入力する
Linux debian11 5.10.0-8-amd64 #1 SMP Debian 5.10.46-4 (2021-08-03) x86_64

The programs included with the Debian GNU/Linux system are free software;
the exact distribution terms for each program are described in the
individual files in /usr/share/doc/*/copyright.

Debian GNU/Linux comes with ABSOLUTELY NO WARRANTY, to the extent
permitted by applicable law.
Last login: Tue Oct 19 14:01:01 2021 from 192.168.56.11
root@debian11:~#  →接続が成功し、Debian環境のプロンプトが表示される
```

> 参考 SSH接続を行った際、ホスト認証が行われます。これは、接続先のホストになりすました偽のホストではないかどうかを確認する仕組みです。上記の例で「yes」と入力したのがホスト認証です。確認メッセージの前に表示されているのは、ホスト認証で利用する鍵のフィンガープリント値です。実際には、この値で正しいかどうかを確認した上で「yes」と入力するようにしてください。これにより、ホスト認証用の鍵が登録されます。
> なお、2回目の接続からはこのメッセージは表示されません。ホームディレクトリ内の.ssh/known_hostsファイルに上記の鍵が登録され、認証に利用されるためです。接続先のホストが登録している鍵と一致する鍵を有していない場合、なりすましの可能性がある旨、警告メッセージが表示されます。

接続した後、以下のコマンドまたは操作を実行することにより、SSH接続を切断し、元のホストの環境に戻ることができます。

- exitコマンドを実行
- logoutコマンドを実行
- Ctrl + d キーを押す

以下は、ユーザー名を指定して接続をしている例です。接続するユーザー名を指定する場合、「ユーザー名@接続するホスト」と指定するか、-lオプションで指定します。

```
[root@centos7 ~]# ssh testuser@192.168.56.22 Enter  →Debian環境にtestuserで接続する
testuser@192.168.56.22's password:  →testuserのパスワードを入力する
        :
Last login: Tue Oct 19 13:59:47 2021 from 192.168.56.1
testuser@debian11:~$
```

sshコマンドは、既定では上記のように指定した接続先に接続し、入力したコマンドを実行するなどの操作が可能です。1つだけコマンドを実行したいという場合は、以下のように1つめの引数(接続先)以降にコマンドを入力すれば、指定したコマンドを実行してすぐに切断することができます。

```
[root@centos7 ~]# ssh 192.168.56.22 tail -n 5 /etc/passwd Enter
  →接続先のpasswdファイルの末尾を表示する
root@192.168.56.22's password:  →rootユーザーのパスワードを入力する
geoclue:x:116:123::/var/lib/geoclue:/usr/sbin/nologin
Debian-gdm:x:117:124:Gnome Display Manager:/var/lib/gdm3:/bin/false
testuser:x:1000:1000:testuser,,,:/home/testuser:/bin/bash
systemd-coredump:x:999:999:systemd Core Dumper:/:/usr/sbin/nologin
dashuser:x:1001:1001::/home/dashuser:/bin/dash
[root@centos7 ~]#  →tailコマンドを実行した後、切断し、元のプロンプトが表示される
```

インターネット上のLinuxホストの場合、セキュリティ上の理由により、既定のポート(SSH接続の既定のポートは22番)以外でSSH接続を待ち受けている場合があります。その場合、-pオプションでポート番号を指定して接続します。

```
[root@centos7 ~]# ssh -p 22 192.168.56.22 Enter
  →22番ポートを指定して接続する（既定のポートなので本来は指定不要）
root@192.168.56.22's password: →rootユーザーのパスワードを入力する
          :  →以降、結果省略
```

> **参考** 本節ではLinuxホスト同士でSSH接続を試していますが、sshコマンドはmacOSやWindowsにも用意されていますので、ほかのOSからの接続も可能です。

基本をおさえよう

リモート端末におけるファイルのコピー

scpコマンドを利用すると、SSH接続の仕組みを利用してリモートホストにファイルをコピーすることができます。

scpコマンド

```
scp [ オプション ] コピー元 コピー先
```

概要	SSHによりリモートホスト上に、もしくはリモートホスト上からファイルをコピーする	
主なオプション	オプション	説明
	-i ファイル	秘密鍵ファイルを指定する
	-P ポート番号	ポート番号を指定する
	-r	ディレクトリを再帰的にコピーする
引数	・コピー元、コピー先：コピー元、コピー先となるファイル。いずれかに対し、「[ユーザー@]ホスト：ファイルパス」とすることでリモートホスト上のパスを指定できる	

以下は、CentOS環境に用意されているfping-5.0.tar.gzというファイルをDebian環境に転送している例です。

```
[root@centos7 ~]# scp fping-5.0.tar.gz 192.168.56.22:~ Enter
  →fping-5.0.tar.gzをDebian環境（接続に利用するrootユーザーのホームディレクトリ）に転送する
root@192.168.56.22's password: →rootユーザーのパスワードを入力する
fping-5.0.tar.gz                               100%  181KB  37.8MB/s   00:00
[root@centos7 ~]# ssh 192.168.56.22 Enter  →Debian環境に接続する
root@192.168.56.22's password: →rootユーザーのパスワードを入力する
          :
Last login: Tue Oct 19 16:40:59 2021 from 192.168.56.11
root@debian11:~# ls *.gz Enter
fping-5.0.tar.gz →Debian環境にファイルが転送されていることを確認する
```

もっと使いこなそう

公開鍵による認証

■パスワード認証のリスク

ここまでSSH接続を利用する際、パスワード認証を利用してきましたが、パスワード認証には総当たり攻撃や辞書攻撃などによる不正アクセスのリスクがあります。

総当たり攻撃とは、パスワードとして考えられる文字列をすべて試すという手法です。パスワードとして考えられる文字列をすべて試せば、理論上はいつか必ずパスワードと一致する文字列に当たり、不正にアクセスができます。

しかし、この攻撃方法だと非常に多くの時間がかかり、現実的にはなかなか簡単に成功するものではありません。そこで、辞書攻撃という手法により不正アクセスを試みられる場合もあります。これはパスワードとしてよく使われている文字列が候補として登録されているファイル（辞書ファイル）を利用して、不正アクセスを試みるものです。辞書ファイルに登録されているような安易なパスワードが登録されている場合、総当たり攻撃よりも容易に不正アクセスされてしまう可能性があります（図16.2）。

●図16.2　パスワード認証に対する主な不正アクセスの手法

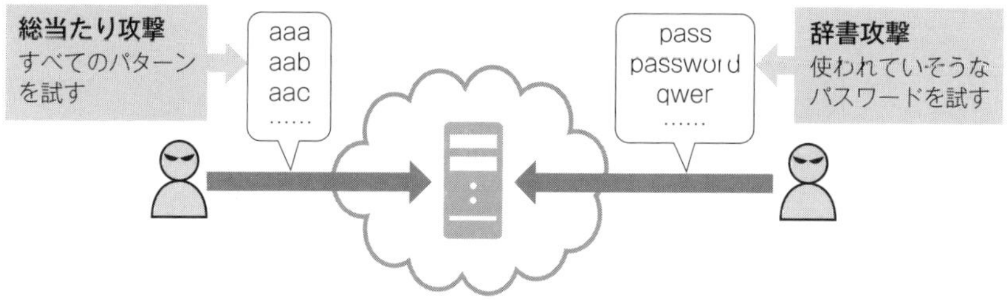

総当たり攻撃	辞書攻撃
すべてのパターンを試すので時間がかかる（小文字だけで試すのと、そのほか大文字、数字、記号を含めて試すのとだと後者のほうがずっと時間がかかる）	使われていそうなものだけ試すので総当たり攻撃より時間がかからない
理論上は必ずパスワードを特定できる（ただし、現実的な時間で特定できなければ意味はない。そのため、長い文字列のパスワード、小文字だけではなく記号や数字などを含むパスワードを設定する）	登録されているパスワード以外が設定されていたら特定できない（特定できそうな、単語由来のパスワードは設定しないようにする）

パスワード認証を利用している場合でも、上記のように安易に特定できそうなパスワードを設定しなければ、不正アクセスのリスクを低減させることはできます。それでも、ゼロというわけにはいきません。少なくともユーザー認証における不正アクセスのリスクをほぼゼロにするためには、パスワード認証を無効化し、公開鍵による認証のみを受け入れるように構成します。

■公開鍵認証について

暗号化の方式として、**共通鍵暗号方式**と**公開鍵暗号方式**があります。

共通鍵暗号方式は、暗号化と復号で共通の鍵を利用するのに対し、公開鍵暗号方式では、暗号化で公開鍵を利用したら、復号では秘密鍵という異なるペアの鍵を利用するという仕組みです(**図16.3**)。

● 図16.3 共通鍵暗号方式と公開鍵暗号方式

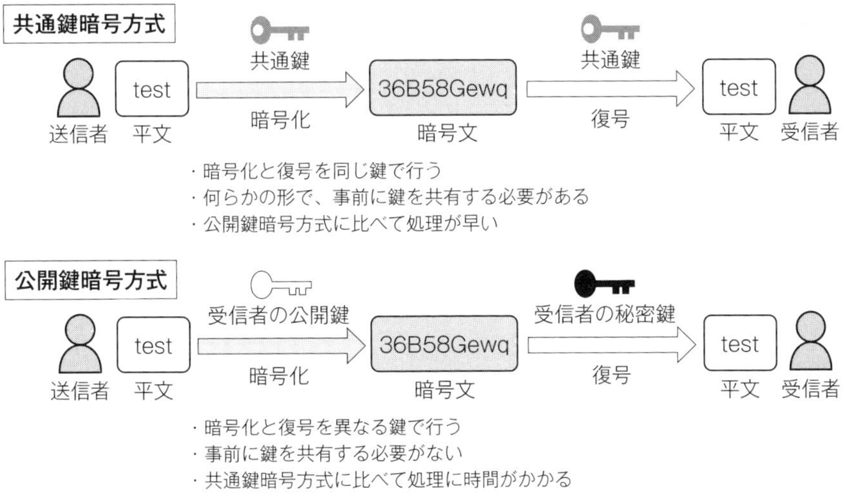

Point!

公開鍵暗号方式では、公開鍵と秘密鍵のペアで暗号化と復号を行います。

SSH接続のユーザー認証では、公開鍵暗号方式の仕組みを利用して認証を行うことができます。これは、サーバーに公開鍵を事前に登録しておき、クライアント側の秘密鍵とペアであることが確認できれば認証成功とする仕組みです(**図16.4**)。

● 図16.4 SSHの公開鍵認証の仕組み

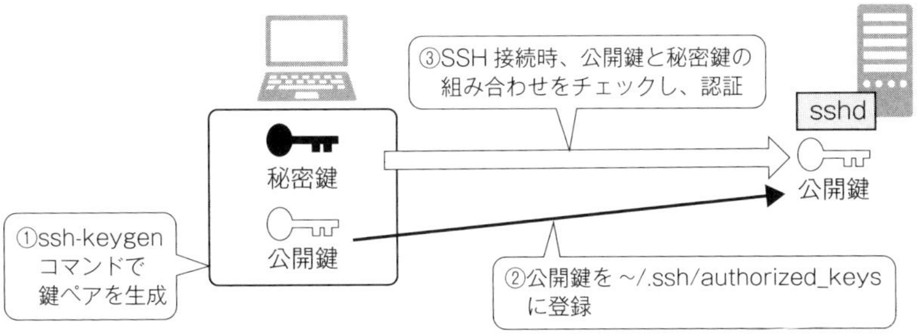

ユーザー認証で利用する公開鍵ペアを作成するには、ssh-keygenコマンドを実行します。

ssh-keygenコマンド

```
ssh-keygen [ オプション ]
```

概要	SSH接続で利用する公開鍵ペアを生成する	
主なオプション	オプション	説明
	-t アルゴリズム	公開鍵ペアを生成する際に利用するアルゴリズムを指定する。rsa（デフォルト）、dsa、ecdsaもしくはed25519を指定できる
	-b ビット数	生成する鍵のビット数を指定する
	-a ラウンド数	ed25519で鍵を生成する際のKDFラウンド数を指定する
	-C "コメント"	鍵データに付属するコメントを指定する

以下のようにssh-keygenコマンドを実行し、鍵ペアを生成できます。

```
[root@centos7 ~]# ssh-keygen Enter
Generating public/private rsa key pair.
Enter file in which to save the key (/root/.ssh/id_rsa):  →鍵の保存先。そのままEnterを押す
Enter passphrase (empty for no passphrase):  →パスフレーズ。そのままEnterを押す
Enter same passphrase again:  →パスフレーズの再設定。そのままEnterを押す
Your identification has been saved in /root/.ssh/id_rsa.
Your public key has been saved in /root/.ssh/id_rsa.pub.
The key fingerprint is:
SHA256:CVxvOnqSHxlvbl+FCth7Pog2WWWERTOCIDqMWnAAJQE root@centos7
The key's randomart image is:
+---[RSA 2048]----+
|E+o . .....+=    |
| * . o ......o   |
|. =   o   o.     |
|.. .   . * o  .  |
|.        S oo . .|
|        o =.o . .|
|       + +++.o . |
|        +=+oo..  |
|        ..o..o.  |
+----[SHA256]-----+
```

既定では、ホームディレクトリ内の.sshディレクトリに生成した鍵ペアが保存されます。～.pubという拡張子が付いているファイルが公開鍵ファイル、拡張子が付いていないファイルが秘密鍵ファイルになります。

```
[root@centos7 ~]# ls .ssh Enter
id_rsa  id_rsa.pub  known_hosts  →「id_アルゴリズム」という名前で保存される
[root@centos7 ~]# cat .ssh/id_rsa.pub Enter  →公開鍵ファイルの内容を確認する
ssh-rsa AAAAB3NzaC1yc2EAAAADAQABAAABAQC8/8GswDjn1OSRDpCwfXhIyLpTQIEashcpKLty8Vc6hNwygi1b1
z+ow7+nEZoA/v8fCxYznMS/crNSUFBNrJfVVbFkjy33oUIW09rwv064E+GsE9EcgBhcJOh7nd7HdR/x3xM1OX2QH
epTzj7gxAUhA1KffPYVPfjcyVRW2b5DgdLOQFTUCZBn7KOdUhV8jl3bEkZqhWFomcyUDpd55u435kJwYrjveJ+1P
zuvTmtTLDuqM+Q/RoMfQXP6TpQVOmZyFfmoZ4l4+x7kGjOqRA1yUSIUKURz1lmlFc5YBsnsKD+LaHHzcL1FTeSOj
oIwxeeJ2w3062t6bNOWJo+a2Qub root@centos7
```

生成した鍵ペアのうち、公開鍵を接続先の所定のファイルに格納する必要があります。ssh-copy-idコマンドにより公開鍵のコピー、配置ができます。

ssh-copy-idコマンド

```
ssh-copy-id [ オプション ] [ユーザー名@]接続先
```

概要	SSH接続で利用する公開鍵を接続先にコピーし、配置する	
主なオプション	オプション	説明
	-p ポート番号	指定したポート番号で接続する
	-i ファイル名	秘密鍵ファイルを指定する
	-o オプション	接続時に利用するオプションを指定する
	-f	既存の鍵があった場合でも上書きしてコピーする

以下は、接続元で生成した公開鍵を接続先にコピーして配置している例です。

```
[root@centos7 ~]# ssh-copy-id 192.168.56.22 Enter  →Debian環境に公開鍵をコピーする
/usr/bin/ssh-copy-id: INFO: Source of key(s) to be installed: "/root/.ssh/id_rsa.pub"
/usr/bin/ssh-copy-id: INFO: attempting to log in with the new key(s), to filter out any
that are already installed
/usr/bin/ssh-copy-id: INFO: 1 key(s) remain to be installed -- if you are prompted now
it is to install the new keys
root@192.168.56.22's password:  →Debian環境のrootユーザーのパスワードを入力する

Number of key(s) added: 1

Now try logging into the machine, with:   "ssh '192.168.56.22'"
and check to make sure that only the key(s) you wanted were added.
```

公開鍵のコピーおよび配置が完了した後、sshコマンドで接続すると、接続元の秘密鍵と接続先の公開鍵の組み合わせでユーザー認証がなされ接続できます。秘密鍵ファイルについては、ssh-keygenコマンド実行時の既定のパスに配置している場合は、以下の例のようにファイルの指定は不要です。他のパスに配置している場合は、-iオプションで指定します。

```
[root@centos7 ~]# ssh 192.168.56.22 Enter
Linux debian11 5.10.0-8-amd64 #1 SMP Debian 5.10.46-4 (2021-08-03) x86_64

The programs included with the Debian GNU/Linux system are free software;
the exact distribution terms for each program are described in the
individual files in /usr/share/doc/*/copyright.

Debian GNU/Linux comes with ABSOLUTELY NO WARRANTY, to the extent
permitted by applicable law.
Last login: Sat Oct 23 09:06:03 2021 from 192.168.56.11
root@debian11:~#  →パスワードではなく、公開鍵ペアによる認証でSSH接続された
```

上記は、ssh-keygenコマンド実行時にパスフレーズを登録しなかった例です。パスフレーズを登録すると、以下のように公開鍵認証による接続時、パスフレーズの入力が要求されるようになります。

```
[testuser@centos7 ~]$ ssh 192.168.56.22 Enter
Enter passphrase for key '/home/testuser/.ssh/id_rsa':  →登録したパスフレーズを入力する
Linux debian11 5.10.0-8-amd64 #1 SMP Debian 5.10.46-4 (2021-08-03) x86_64
        :
root@debian11:~#
```

パスフレーズを登録していた場合、パスフレーズを入力しないと公開鍵ペアによる認証に利用することができません。これにより、万が一秘密鍵ファイルが漏洩した場合の不正利用のリスクを低減することができます。

参考　SSHの公開鍵ペアによるユーザー認証では、次の鍵の組み合わせで認証が行われます。

・接続元の秘密鍵ファイル（~/.ssh/id_rsa。「rsa」という部分はアルゴリズム名）
・接続先の公開鍵ファイル（~/.ssh/authorized_keys）

ssh-copy-idコマンドを実行することで、接続先のauthorized_keysファイルに、以下のように公開鍵の内容が登録されます。sshコマンド接続時、このファイルに登録されている公開鍵と、接続元の秘密鍵との組み合わせで認証が行われます。

```
root@debian11:~# ls .ssh Enter
authorized_keys
root@debian11:~# cat .ssh/authorized_keys Enter
ssh-rsa AAAAB3NzaC1yc2EAAAADAQABAAABAQC8/8GswDjn1OSRDpCwfXhIyLpTQIEashcpKLty8Vc6hNwyg
i1b1z+ow7+nEZoA/v8fCxYznMS/crNSUFBNrJfVVbFkjy33oUIW09rwv064E+GsE9EcgBhcJOh7nd7HdR/x3x
M1OX2QHepTzj7gxAUhA1KffPYVPfjcyVRW2b5DgdLOQFTUCZBn7KOdUhV8jl3bEkZqhWFomcyUDpd55u435kJ
wYrjveJ+1PzuvTmtTLDuqM+Q/RoMfQXP6TpQVOmZyFfmoZ4l4+x7kGjOqRA1yUSIUKURz1lmlFc5YBsnsKD+L
aHHzcL1FTeSOjoIwxeeJ2w3062t6bNOWJo+a2Qub root@centos7
  →公開鍵の内容がauthorized_keysファイルに登録されている
```

ssh-copy-idコマンドを利用せず、手動でファイルのコピーないし配置を行いたい場合は、公開鍵ペアを生成した後で以下の手順を実行します。

1. 接続先に公開鍵をコピー
　　例：scp .ssh/id_rsa.pub 192.168.56.22:~
2. 接続先にsshコマンドで接続
　　例：ssh 192.168.56.22
3. 接続先でコピーした公開鍵の内容をauthorized_keysファイルに格納
　　例：cat id_rsa.pub >> .ssh/authorized_keys
　　※cpコマンドではなく、catコマンドと追記リダイレクトを利用しているのは、登録済み公開鍵の情報を消さないようにするためです

もっと使いこなそう

sshd の設定

前節で紹介した手順で、公開鍵ペアを利用した認証を利用できるようになります。しかし、ここまでの手順だけでは、パスワード認証を拒否することができません。以下のように、公開鍵を登録していないユーザーでSSH接続を試みた場合には、パスワード認証による接続が可能です。

```
[testuser@centos7 ~]$ ssh root@192.168.56.22 Enter
  →testuser環境には接続先のroot用の鍵ペアはない
root@192.168.56.22's password:  →パスワードを入力すると認証に成功する
Linux debian11 5.10.0-8-amd64 #1 SMP Debian 5.10.46-4 (2021-08-03) x86_64
          :
root@debian11:~#
```

そのため、公開鍵ペアによるユーザー認証の設定が完了したら、パスワード認証を拒否するように設定します。パスワード認証の可否は、sshdの設定ファイルである/etc/ssh/sshd_configファイルにより設定できます。このファイルは、次のような書式で設定が可能です。

/etc/ssh/sshd_configファイル

```
設定項目 値
```

概要	sshdの設定ファイル	
主な設定項目の書式	書式	概要
	Port ポート番号	待機するポート番号。既定では22番
	PasswordAutentication yes|no	パスワード認証の可否。既定はyesでパスワード認証を有効化。noにするとパスワード認証を無効化し、公開鍵を登録したユーザーからの認証しか受け入れない
	PermitRootLogin yes|no|prohibit-password	rootによるログインの可否。noにするとrootユーザーによるSSH接続を拒否する。prohibit-passwordにすると、rootユーザーによるパスワード認証を拒否（公開鍵認証であれば接続可能）

以下は、パスワード認証を拒否するようsshd_configを編集し、設定を有効にしている例です。

```
root@debian11:~# vi /etc/ssh/sshd_config Enter
          :
PasswordAuthentication no  →パスワード認証を拒否するよう設定する（本書のDebian環境だと58行目）
          :
root@debian11:~# systemctl restart sshd Enter  →sshdを再起動し、設定を有効化する
```

Point!

Debian環境では、rootユーザーで直接ログインできないように設定されています。そのため、一般ユーザーでログインした後、suコマンドでrootユーザー環境に切り替えるか、あるいはCentOS環境からSSH接続でrootユーザー環境に接続し、設定するようにしましょう。

上記の設定を行い、公開鍵の登録がされていないユーザーでSSH接続を試みると、以下のように拒否されます。

```
[testuser@centos7 ~]$ ssh root@192.168.56.22 Enter
Permission denied (publickey).  →公開鍵が登録されていないため、認証を拒否する
```

公開鍵が登録済みのユーザーでSSH接続を試みると、引き続き接続できることがわかります。

```
[root@centos7 ~]# ssh 192.168.56.22 Enter
Linux debian11 5.10.0-8-amd64 #1 SMP Debian 5.10.46-4 (2021-08-03) x86_64
        :
root@debian11:~#  →公開鍵ペアによる認証は引き続き有効
```

Point!

公開鍵の登録が完了したら、パスワード認証を拒否するよう設定を行います。これにより、公開鍵認証よりも不正アクセスのリスクが高いパスワード認証を利用しない構成が可能となります。

章末演習

この章の内容を学習したことにより、以下の操作ができるようになります。いくつかの項目について、演習問題を通じて確認しましょう。

- SSHによってリモート環境に接続することができる
- リモート環境へファイルをコピーすることができる
- SSHに必要な公開鍵の作成や設定ができる
- パスワード認証を拒否するよう設定できる

本編ではCentOS環境からDebian環境にSSH接続をする流れを確認しました。演習では、逆にDebian環境からCentOS環境にSSH接続をしてみましょう。接続には、CentOSのrootユーザーを利用します。

演習1

Debian環境からCentOS環境にSSH接続をしましょう。

演習2

Debian環境にある/etc/debian_versionというファイルを、CentOS環境にSSH接続でコピーしましょう。コピー先は、接続先ユーザーのホームディレクトリ内とします。

演習3

応用問題 Debianのrootユーザー環境で、公開鍵ペアを作成します。作成した鍵ペアを利用し、CentOSのrootユーザー環境に公開鍵ペアによるユーザー認証でSSH接続できるように構成しましょう。

演習4

応用問題 Debianのtestuserユーザー環境で、公開鍵ペアを作成します。鍵ペアを作成する際、パスフレーズを追加するようにしましょう（追加するパスフレーズは任意とします）。作成した鍵ペアを利用し、CentOSのrootユーザー環境に公開鍵ペアによるユーザー認証でSSH接続できるように構成しましょう。

演習5

応用問題 SSHのユーザー認証でパスワード認証が無効になるよう、CentOS環境でsshdの設定を行いましょう。設定後、以下のことを確認します。

- Debianのrootユーザー環境からCentOSに、rootユーザーを指定してSSH接続する
  →演習3で登録した公開鍵により接続できる
- Debianのtestuserユーザー環境からCentOSに、rootユーザーを指定してSSH接続する
  →演習4で登録した公開鍵により接続できる
- Debianのtestuserユーザー環境からCentOSに、testuserユーザーを指定してSSH接続する
  →公開鍵を追加していないので、接続できない

章末演習【解答例】

演習1

以下のようにsshコマンドで、接続先のアドレスを入力することで、SSH接続が可能です。

```
root@debian11:~# ssh 192.168.56.11 Enter
The authenticity of host '192.168.56.11 (192.168.56.11)' can't be established.
ECDSA key fingerprint is SHA256:LxOiY56vB+/oAL65ylalCd/2txs8qOZr8dbQHQ3Qq08.
Are you sure you want to continue connecting (yes/no/[fingerprint])? yes
  →初回接続時の確認。yesと入力する
Warning: Permanently added '192.168.56.11' (ECDSA) to the list of known hosts.
root@192.168.56.11's password:  →接続先（CentOS環境）のrootユーザーのパスワードを入力する
Last login: Sat Oct 23 10:43:27 2021
[root@centos7 ~]#
```

演習2

以下のようにscpコマンドで、SSH接続を利用したリモートコピーが可能です。第2引数に「接続先:パス」と指定することで、接続先の指定したパスにファイルをコピーすることができます。パスにチルダを指定することで、接続ユーザーのホームディレクトリにファイルをコピーすることができます。

```
root@debian11:~# scp /etc/debian_version 192.168.56.11:~ Enter
root@192.168.56.11's password:  →CentOS環境のrootユーザーのパスワードを入力する
debian_version                                 100%     5     5.2KB/s    00:00
```

sshコマンドで、CentOS環境に接続し、ホームディレクトリ内を参照することで、ファイルコピーが成功しているか確認できます。

```
root@debian11:~# ssh 192.168.56.11 Enter
root@192.168.56.11's password:  →CentOS環境のrootユーザーのパスワードを入力する
Last login: Sun Oct 24 21:34:27 2021 from 192.168.56.22
[root@centos7 ~]# ls debian* Enter
debian_version  →scpコマンドでコピーしたファイルがあることを確認する
```

演習3

以下のようにssh-keygenコマンドで、SSHで利用する公開鍵ペアを作成できます。この演習の問題文では、パスフレーズについての指示がないため、以下の例では、パスフレーズを登録しておりません。

```
root@debian11:~# ssh-keygen Enter
Generating public/private rsa key pair.
Enter file in which to save the key (/root/.ssh/id_rsa): →そのままEnterを押す
Enter passphrase (empty for no passphrase): →そのままEnterを押す
Enter same passphrase again: →そのままEnterを押す
Your identification has been saved in /root/.ssh/id_rsa
Your public key has been saved in /root/.ssh/id_rsa.pub
        :
```

鍵ペアを作成した後、ssh-copy-idコマンドで指定した接続先に公開鍵をコピーし、配置をします。

```
root@debian11:~# ssh-copy-id 192.168.56.11 Enter
/usr/bin/ssh-copy-id: INFO: Source of key(s) to be installed: "/root/.ssh/id_rsa.pub"
/usr/bin/ssh-copy-id: INFO: attempting to log in with the new key(s), to filter out any
that are already installed
/usr/bin/ssh-copy-id: INFO: 1 key(s) remain to be installed -- if you are prompted now
it is to install the new keys
root@192.168.56.11's password: →CentOS環境のrootユーザーのパスワードを入力する

Number of key(s) added: 1

Now try logging into the machine, with:   "ssh '192.168.56.11'"
and check to make sure that only the key(s) you wanted were added.
```

接続先に公開鍵が配置されると、ssh-keygenコマンドで作成した秘密鍵との組み合わせで、公開鍵による認証ができるようになります。

```
root@debian11:~# ssh 192.168.56.11 Enter
Last login: Sun Oct 24 21:39:32 2021 from 192.168.56.1
[root@centos7 ~]# →公開鍵による認証でCentOS環境に接続できることを確認する
```

演習4

演習3と同様、testuserの環境でも公開鍵ペアを作成します。この演習では、パスフレーズを追加するよう問題文で指示されているため、任意のパスフレーズを入力します。

```
testuser@debian11:~$ ssh-keygen Enter
Generating public/private rsa key pair.
Enter file in which to save the key (/home/testuser/.ssh/id_rsa): →そのままEnterを押す
Enter passphrase (empty for no passphrase): →パスフレーズを入力する
Enter same passphrase again: →パスフレーズを再入力する
Your identification has been saved in /home/testuser/.ssh/id_rsa
Your public key has been saved in /home/testuser/.ssh/id_rsa.pub
        :
```

演習3と同様、ssh-copy-idコマンドで指定した接続先に公開鍵をコピーし、配置をします。CentOSのrootユーザーの環境に登録をするので、「root@接続先」というように引数を指定します。

```
testuser@debian11:~$ ssh-copy-id root@192.168.56.11 Enter
/usr/bin/ssh-copy-id: INFO: Source of key(s) to be installed: "/home/testuser/.ssh/id_
rsa.pub"
The authenticity of host '192.168.56.11 (192.168.56.11)' can't be established.
ECDSA key fingerprint is SHA256:LxOiY56vB+/oAL65ylalCd/2txs8qOZr8dbQHQ3Qq08.
Are you sure you want to continue connecting (yes/no/[fingerprint])? yes
  →初回接続時の確認。yesと入力する
/usr/bin/ssh-copy-id: INFO: attempting to log in with the new key(s), to filter out any
that are already installed
/usr/bin/ssh-copy-id: INFO: 1 key(s) remain to be installed -- if you are prompted now
it is to install the new keys
root@192.168.56.11's password:  →CentOS環境のrootユーザーのパスワードを入力する

Number of key(s) added: 1

Now try logging into the machine, with:   "ssh 'root@192.168.56.11'"
and check to make sure that only the key(s) you wanted were added.
```

ここまでの設定が完了すると、以下のように、sshコマンドで公開鍵での認証ができます。

```
testuser@debian11:~$ ssh root@192.168.56.11 Enter
Enter passphrase for key '/home/testuser/.ssh/id_rsa':  →追加したパスフレーズを入力する
Last login: Sun Oct 24 22:02:38 2021 from 192.168.56.22
[root@centos7 ~]#
```

Point!

Debian環境では、GUI端末で操作をしていると、SSH接続のパスフレーズ入力がGUIのダイアログで要求されます。パスフレーズはそちらに入力をしてください。

演習5

sshdの設定ファイルで、以下のように設定するとパスワード認証が拒否するよう設定できます。

```
[root@centos7 ~]# vi /etc/ssh/sshd_config Enter
            :
PasswordAuthentication no  →noと記述して保存する
            :
[root@centos7 ~]# systemctl restart sshd Enter  →sshdを再起動し、設定を有効化する
```

この設定を行っても、以下のように演習3や演習4で追加した公開鍵を利用して、引き続き認証ができます。

```
root@debian11:~# ssh 192.168.56.11 Enter  →演習3で追加した公開鍵ペアで認証する
Last login: Sun Oct 24 21:39:32 2021 from 192.168.56.1
[root@centos7 ~]#
```

testuser環境から、演習4で追加した公開鍵を利用しても、引き続き認証ができます。

```
testuser@debian11:~$ ssh root@192.168.56.11 Enter  →演習4で追加した公開鍵ペアで認証する
Enter passphrase for key '/home/testuser/.ssh/id_rsa':  →追加したパスフレーズを入力する
Last login: Sun Oct 24 22:02:38 2021 from 192.168.56.22
[root@centos7 ~]#
```

Point!

GUI環境で事前にパスフレーズの入力を行った場合は、その情報が記憶されており、パスフレーズの入力が省略される場合があります。

演習3や演習4で追加した公開鍵は、CentOSのrootユーザー環境に追加したものです。そのため、他のユーザーで接続しようとすると、公開鍵が追加されておらず、パスワード認証も拒否するよう設定をしたため、以下のように認証に失敗します。

```
testuser@debian11:~$ ssh 192.168.56.11 Enter
testuser@192.168.56.11: Permission denied (publickey,gssapi-keyex,gssapi-with-mic).
→CentOSのtestuser環境にはSSH接続できなくなる
```

異なるユーザー環境からssh-copy-idコマンドで公開鍵をコピーした場合、以下のようにそれぞれの公開鍵が保存されます。そのため、それぞれのユーザー環境から公開鍵で接続が可能です。

```
[root@centos7 ~]# cat .ssh/authorized_keys Enter  →CentOSのrootユーザー環境に追加された公開鍵
ssh-rsa AAAAB3NzaC1yc2EAAAADAQABAAABgQDnspO3eHwjmfK8+ER3Oo49iOWZBLCOFZ78PxSCbC/aRYkjO9zS
Uv7qvHbKQB+l39GKe+mPERapICRVbUQjnKzVONjYL248qjpPqWA7T9h+nQS2V+YvGJ3OZQvTO1ci9zbJgGaRB2q
ci1Labbm2MWYAoN9JOZOXLKbPx+ihnn/J739aRkGwkX7B4jG3gNjX2BXqO9xCDreFjOoqL+GGt5CiqGWcfNaaSF
CklOgAJjbQvEox8NVV5SdAUvJbluXr4+GVcPPwzYOXoIab/8BKjC2PQf81w7zhsjuWGUt/9KIOedaEJuRkv+Ui9
vl6WrggRxnzv1wnM3Xpb43ModyyMCJ/hCOS8VKBzCngfzqiFI9pgsfS6YMr35nM92DOvIlL/A/xBrR2sXm1odn5o
Ejs62On+iNsjN1LOhfOQUZHqvvaYjdYg/EbcPjIJvxUGA2bj5FcMREJm22u9TcNCOLzkUxZx4QSILGux3Ik3h+EZ
ll6O8WO7BVO9GlfONz2w/+8Rak= root@debian11
  →演習3で追加したDebianのrootユーザー環境で生成した公開鍵
ssh-rsa AAAAB3NzaC1yc2EAAAADAQABAAABgQC2PRI/fZtJ/DBPOx4Oa7+Suten+Vku+1+slGQEcOvXspUiq9HsC
NZEFGV+qx/eDHoQDOiIxSnRkbXvfJ9DLOdgRjVX4VO2+8C9CBNfzTVtCCVJWjvw1zSUm8OIAnJ57i/YT8j4k2qt/
u1uz1pGgKlMfCtbEA8Sj7+EJ+4NIOoT/eOi8AHVJidH5slcdNqnr813r+XuOu71hxmimVpmTODc7/EsKL/WjISHU
Hbr8rcwznbhu1NbRyIZdusj7gRBOXLrR+ahrHhmei+RT2R17OAefmUQOAOEkFDVyvWkLenNh9YKOBUn+mAZzUlRf
tO2jEqYuEtPxbLI7KOW45sJNcAKVSwshZoa5t5NuAzR586gcVM5tZyYyFQOR4VFanJQfykye3lJvYOy2SGsXMkk/
AMiw/YA65HJNeayohAP4W/qKwKHeCpEXhJuumJLs1vH+VkAq1eV3dZW9z6JKmjGS77fqAN8h5YrMQ+GT2D6lB7KC
5TRPBeRvWSQ//Vdoq39BLO= testuser@debian11
  →演習4で追加したDebianのtestuserユーザー環境で生成した公開鍵
```

第 17 章

バージョン管理

バージョン管理システムとは

Git によるバージョン管理の基本

ブランチの利用

リモートリポジトリとの同期

この章のポイント

バージョン管理システムを利用すると、更新履歴をシステムによって管理することができます。現在よく使われているバージョン管理システムは、Git です。Git は Linux カーネルの開発者である Linus Torvalds 氏により、Linux カーネルのソースコードを管理するための仕組みとして開発されました。Git は分散型バージョン管理システムと呼ばれ、各端末上にローカルリポジトリ（データ、履歴情報などの保存領域）を構成して管理します。さらに共有サーバーを用意し、そこにリモートリポジトリを構成します。ローカルリポジトリの内容をリモートリポジトリと同期して、バージョン管理を行うことができます。このような仕組みにより、複数のユーザー環境（端末）から分散してバージョン管理を行うことができるのです。

■git コマンドの基本

gitコマンドを使って、Gitの仕組みを利用することができます。gitコマンドは、利用したい機能に合わせてサブコマンドや引数を指定します。

gitコマンド

```
git [ オプション ] サブコマンド
```

概要	Gitによるバージョン管理を制御する	
主なサブコマンド	サブコマンド	説明
	config	Gitの初期設定を実行する
	init	リポジトリを作成する
	add	更新内容をインデックスに登録する
	status	ワーキングツリーの状態を表示する
	commit	更新内容をコミットする
	log	コミットログを表示する
	revert	コミットした内容を取り消す
	branch	ブランチを作成／表示する
	checkout	ブランチを切り替える
	merge	ブランチをマージする
	remote	リモートリポジトリを制御する
	push	ローカルリポジトリの内容をリモートリポジトリに送信する
	clone	リポジトリの複製を取得する
	pull	リモートリポジトリ上の変更内容を取得する
	help	コマンドの使い方を表示する
主なオプション	オプション	説明
	--no-pager	ページャーを利用せず表示する

■変更内容をリポジトリにコミットする

ファイルを作成したり更新したりした後、リポジトリにファイルの更新内容を登録します。この作業をコミット（更新の確定）と言います。

●図　リポジトリに更新内容をコミットする流れ

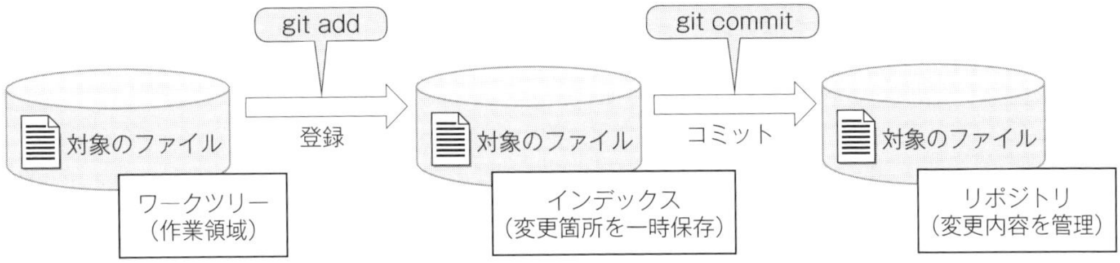

■ブランチを利用する

複数のチームを組み、チームごとに異なる機能を開発することがあります。こうした場合はブランチを作成し、それぞれ枝分かれした状態で開発を進めることができます。ブランチの作成には`git branch`コマンド、ブランチの切り替えには`git checkout`コマンドを使います。

ブランチでコミットした内容を別のブランチに統合することを**マージ**と言います。`git merge`コマンドで、指定したブランチの内容をマージすることができます。

git mergeコマンド

```
git merge [ オプション ] ブランチ
```

概要	ブランチをマージ（結合）する	
主なオプション	オプション	説明
	-f	コミットされていない情報がある場合、変更を破棄して切り替える
	--abort	マージを中止する
引数	・ブランチ：マージするブランチの名前	

■リモートリポジトリを利用する

Gitでは、複数のユーザーや端末上のローカルリポジトリと、それらのユーザーや端末が共有しているリモートリポジトリとの間で同期を取りながらバージョン管理を行うことができます。リモートリポジトリに関する制御を行うには、`git remote`コマンドを使います。

`git push`コマンドにより、ローカルリポジトリで管理しているリソースをリモートリポジトリに送信できます。`git clone`コマンドにより、リポジトリの複製を取得することができます。`git pull`コマンドで、リモートリポジトリ上の変更内容を取得できます。

基本をおさえよう

バージョン管理システムとは

第11章で紹介したシェルスクリプトやその他のプログラムのソースファイル、Webデータなどを開発する際、完成するまでの途中のデータを残したいという場合があります。これらのデータは、cpコマンドを使ってコピーを残すことができますが、ファイルの命名規則などをしっかり決めておかないと、以下のようにひと目ではどのファイルが最新なのかわかりにくくなってしまう可能性があります。

```
[root@centos7 ~]# ls -l while* Enter
-rwxr-xr-x 1 root root  75  9月 23 18:53 whiletest.sh →元のファイル
-rwxr-xr-x 1 root root  75  9月 23 23:44 whiletest.sh.bak →バックアップしたファイル
-rwxr-xr-x 1 root root 115 11月  4 07:02 whiletest1104.sh.bak
  →ファイル名に日付をつけたファイル
-rwxr-xr-x 1 root root 110 10月 15 10:23 whiletest2.sh
  →ファイル名に番号をつけたファイル
```

一人で開発を行っているのであれば、「命名規則をしっかり守れば大丈夫」と思うかもしれません。しかし、多くの場合は組織や複数の開発者で開発作業を行うのが一般的です。命名規則に従って複数のファイルを管理するのは煩雑ですし、誤ってファイルを上書きしてしまい、残しておきたかった内容が消えてしまうという事件が発生するおそれもあります（図17.1）。

●図17.1　バージョン管理システムを利用せず管理する場合

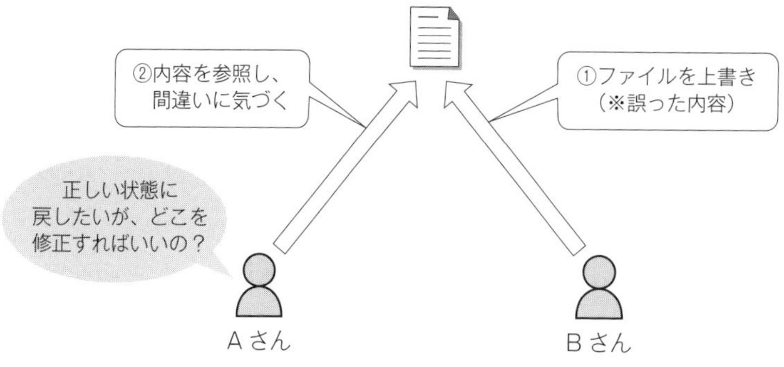

バージョン管理システムを利用すると、更新履歴をシステムによって管理することができます。ファイルの内容を誤って更新してしまった場合も、正しい状態まで容易に戻すことができます（図17.2）。

● 図17.2　バージョン管理システムを利用して管理する場合

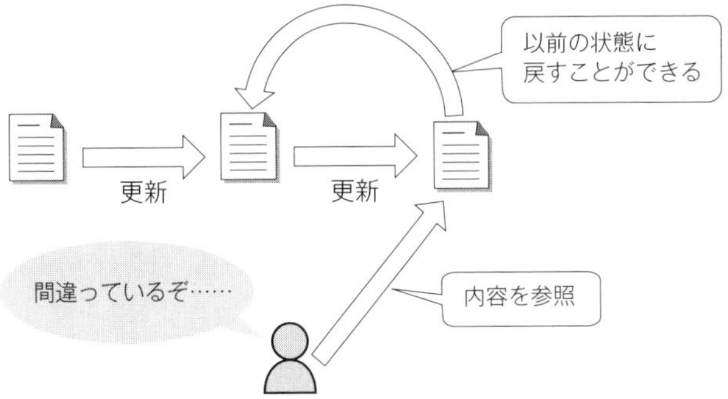

現在よく使われているバージョン管理システムには、**Git**があります。GitはLinuxカーネルの開発者であるLinus Torvalds氏により、Linuxカーネルのソースコードを管理するための仕組みとして開発されました。

Gitは**分散型バージョン管理システム**と呼ばれ、各端末上にローカルリポジトリ（データ、履歴情報などの保存領域）を構成して管理します。さらに共有サーバーを用意し、そこにリモートリポジトリを構成します。ローカルリポジトリの内容をリモートリポジトリと同期して、バージョン管理を行うことができます。このような仕組みにより、複数のユーザー環境（端末）から分散してバージョン管理を行うことができるのです（**図17.3**）。

● 図17.3　分散型バージョン管理システム

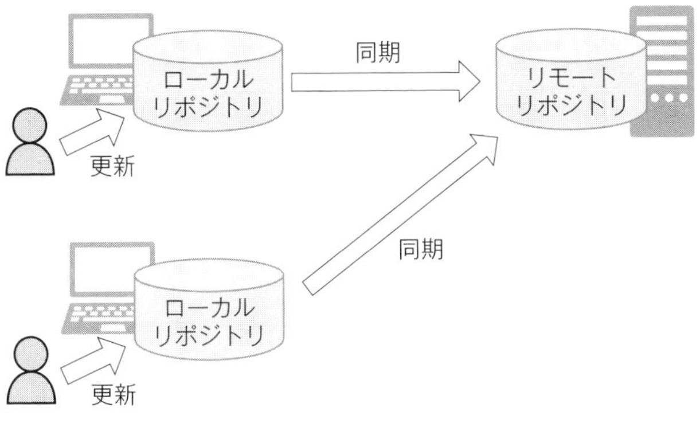

基本をおさえよう

Git によるバージョン管理の基本

それでは、Gitの初期設定を行い、基本的なバージョン管理手法について動作確認を行います。

■Git の初期設定を行う

gitコマンドで、Gitの仕組みを利用することができます。

gitコマンド

```
git [ オプション ] サブコマンド
```

概要	Gitによるバージョン管理を制御する	
主なサブコマンド	サブコマンド	説明
	config	Gitの初期設定を実行する
	init	リポジトリを作成する
	add	更新内容をインデックスに登録する
	status	ワーキングツリーの状態を表示する
	commit	更新内容をコミットする
	log	コミットログを表示する
	revert	コミットした内容を取り消す
	branch	ブランチを作成／表示する
	checkout	ブランチを切り替える
	merge	ブランチをマージする
	remote	リモートリポジトリを制御する
	push	ローカルリポジトリの内容をリモートリポジトリに送信する
	clone	リポジトリの複製を取得する
	pull	リモートリポジトリ上の変更内容を取得する
	help	コマンドの使い方を表示する
主なオプション	オプション	説明
	--no-pager	ページャーを利用せず表示する

gitコマンドはサブコマンドを指定して、Gitの仕組みを利用します。サブコマンドごとに利用できるオプションや引数の設定も異なるため、以降ではサブコマンドごとにコマンド書式を紹介します。

git configコマンドを利用して、Gitの初期設定を行うことができます。

git configコマンド

```
git config [ オプション ] 設定項目名 値
```

概要	Gitの初期設定を実行する	
主なオプション	オプション	説明
	--list	設定値を表示する
	--unset	設定を削除する
	-e	テキストエディタを起動し、設定ファイルを編集する
	--system	構成領域を指定する（後述）
	--global	ユーザー単位での設定を行う
	--local	リポジトリ単位での設定を行う
引数	・*設定項目名*：設定する項目名 ・*値*：設定する値	

次の構文を実行して、Gitの初期設定を実行しましょう。

```
[root@centos7 ~]# git config --global user.name "root" Enter →ユーザー名を設定する
[root@centos7 ~]# git config --global user.email "root@example.com" Enter
  →メールアドレスを設定する
[root@centos7 ~]# git config --global color.ui auto Enter →出力内容の色分けを有効化する
[root@centos7 ~]# git config --global -list Enter →設定内容を表示する
user.name=root
user.email=root@example.com
color.ui=auto
```

git configコマンドで設定できる設定項目には**表17.1**のようなものがあります。

●表17.1　主な設定項目名

設定項目名	意味
user.name	ユーザー名（必須）
user.email	メールアドレス（必須）
color.ui	出力内容を色分け。autoを指定すると内容を自動的に色分けする
core.editor	Gitの設定で利用するテキストエディタ
core.autocrlf	改行コードの自動変換。falseと指定すると自動変換しない
core.ignorecase	ファイル名の大文字、小文字の区別を無視。falseと指定すると区別する
http.proxy	HTTP接続で利用するプロキシのアドレス
https.proxy	HTTPS接続で利用するプロキシのアドレス

このうち、ユーザー名とメールアドレスが必須の設定項目です。リポジトリを利用するとき、ここで設定したユーザー名とメールアドレスにより、誰が更新を行ったのかを記録します。

そのほか、gitコマンドを利用したときの出力内容を色分けする設定も行いました。この後、gitコマンドを実行したときに、内容により色分けされるのはこの設定によるものです。

Gitの設定は、次の3つの構成領域を指定して設定を行います（**図17.4**）。

● 図17.4　Gitの設定における構成領域

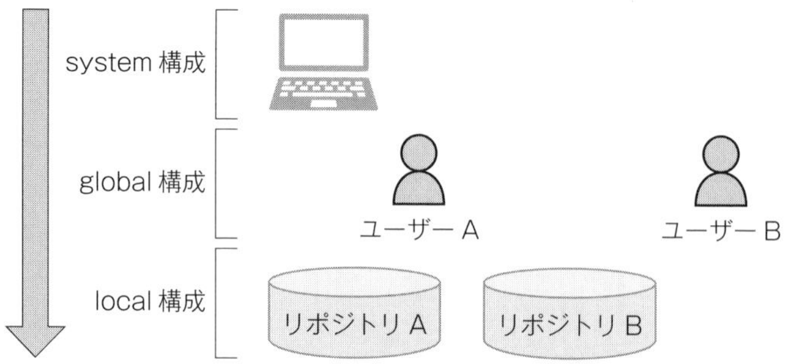

構成領域名	意味	設定ファイル
system構成 (--systemオプション)	システム全体での設定、全ユーザー共通の設定	/etc/gitconfig
global構成 (--globalオプション)	ユーザー単位での設定	~/.gitconfig
local構成 (--localオプション)	リポジトリ単位での設定	(リポジトリのディレクトリ) /.git/config

異なる構成領域で同じ設定を行った場合、「system＜global＜local」の順に優先されます。

`git config`コマンドで設定した内容は上記の設定ファイルに格納されます。先ほどの動作確認では、`--global`オプションを指定して設定を行いました。この設定は、以下のようにユーザーのホームディレクトリ内の.gitconfigコマンドに格納されます。

```
[root@centos7 ~]# cat .gitconfig Enter  →global構成の設定ファイルの内容を確認する
[user]
        name = root
        email = root@example.com
[color]
        ui = auto
```

■ローカルリポジトリの作成とコミット

それでは、ローカルリポジトリを作成してみましょう。ローカルリポジトリは、ディレクトリを作成した後、作成したディレクトリ内で`git init`コマンドを実行すると必要なファイルが構成されます。

git initコマンド

```
git init [ オプション ]
```

概要	リポジトリを作成する	
主なオプション	オプション	説明
	--bare	ベアリポジトリという、更新情報だけを持つリポジトリを作成。リモートリポジトリで利用
	--shared	リポジトリの共有を有効化

以下は、source/test1というディレクトリを作成し、ローカルリポジトリを構成している例です。

```
[root@centos7 ~]# mkdir -p source/test1 Enter  →-pオプションで親ディレクトリもまとめて作成する
[root@centos7 ~]# cd source/test1 Enter  →作成したディレクトリをカレントディレクトリにする
[root@centos7 test1]# git init Enter  →リポジトリを作成する
Initialized empty Git repository in /root/source/test1/.git/
[root@centos7 test1]# ls .git Enter  →.gitディレクトリが作成され、必要なファイルを構成する
HEAD  branches  config  description  hooks  info  objects  refs
```

作成したディレクトリを**ワークツリー**と言います。ここに作成したGitでのバージョン管理の対象となるファイルを配置します。ファイルを配置した後、**図17.5**の流れでリポジトリにファイルの更新内容を登録します。これを**コミット**（更新の確定）と言います。

● 図17.5　リポジトリに更新内容をコミットする流れ

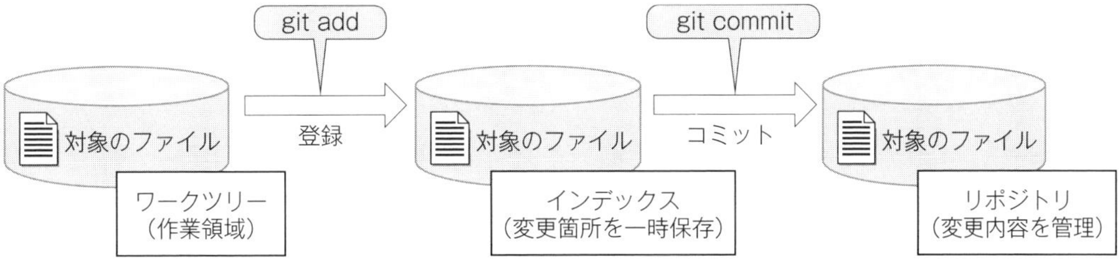

では、サンプルとなるシェルスクリプトファイルを作成し、更新内容をインデックスに登録してみましょう。git addコマンドで、更新内容をインデックスに登録することができます。

git addコマンド

```
git add [ オプション ] [ ファイル／ディレクトリ ]
```

概要	更新内容をインデックスに登録	
主なオプション	オプション	説明
	-u	Gitで管理対象となっているすべてのファイルの更新内容を登録する
引数	・ファイル／ディレクトリ：登録するファイル。ディレクトリを指定すると、ディレクトリ内のファイルが登録される	

以下は、backup.shというファイルを作成し、インデックスに登録している例です。

```
[root@centos7 test1]# vi backup.sh Enter  →backup.shを作成する
#!/bin/bash
cp $1 /tmp Enter  →下線の2行を追加し、保存して終了する
[root@centos7 test1]# git add backup.sh Enter  →インデックスに登録する
```

git statusコマンドを利用すると、ワーキングツリーの状態を確認できます。

git statusコマンド

```
git status [ オプション ]
```

<table>
<tr><td>概要</td><td colspan="3">ワーキングツリーの状態を表示する</td></tr>
<tr><td rowspan="8">主なオプション</td><td>オプション</td><td colspan="2">説明</td></tr>
<tr><td rowspan="6">-s</td><td colspan="2">短い形式(1ファイルにつき1行)で表示する。行頭の文字は以下の意味となる</td></tr>
<tr><td>文字</td><td>状態</td></tr>
<tr><td>A</td><td>追加</td></tr>
<tr><td>M</td><td>更新</td></tr>
<tr><td>D</td><td>削除</td></tr>
<tr><td>R</td><td>ファイル名が変更</td></tr>
<tr><td>-b</td><td colspan="2">-sオプション指定時、ブランチ名も表示する</td></tr>
</table>

以下は、git statusでワーキングツリーの状態を表示している例です。-sオプションを指定すると、短い形式で表示できます。

```
[root@centos7 test1]# git status Enter  →ワーキングツリーの状態を表示する
# On branch master
#
# Initial commit
#
# Changes to be committed:
#   (use "git rm --cached <file>..." to unstage)
#
#       new file:   backup.sh  →ファイルが新しく追加されたときの表示
#
[root@centos7 test1]# git status -s Enter  →-sオプションを指定し、短い形式で表示する
A  backup.sh
```

git commitコマンドで、インデックスに登録した内容をコミットすることができます。

git commitコマンド

```
git commit [ オプション ]
```

概要	更新内容をコミットする	
主なオプション	オプション	説明
	-a	ワークツリーで更新済みのファイルをコミットする
	-m メッセージ	コミットメッセージを指定する

以下のようにgit commitコマンドを実行すると、エディタ(CentOS環境ではvi)が起動するので、コミットする内容(コミットメッセージ)を入力して保存、終了します。

```
[root@centos7 test1]# git commit Enter  →変更内容をコミットする
add: backup.sh  →メッセージを入力し、保存して終了する
         :
```

コミットが完了すると、以下のようなメッセージが表示されます。

```
[master (root-commit) 5f2cd8c] add: backup.sh
 1 file changed, 2 insertions(+)
 create mode 100644 backup.sh
```

続いて、ファイルの内容を更新しましょう。

```
[root@centos7 test1]# vi backup.sh Enter
#!/bin/bash
cp $1 $2  →/tmpを$2に変更し、保存して終了する
```

インデックスに登録済みのファイルを更新した場合は、git addコマンドによる登録を改めて行わなくても、git commitコマンドの-aオプションでコミットができます。また、-mオプションを使えば、エディタを起動せずにコミットメッセージを指定できます。

```
[root@centos7 test1]# git commit -am "modified: backup.sh" Enter
  →更新済みのファイルをコミットする
[master addaa69] modified: backup.sh
 1 file changed, 1 insertion(+), 1 deletion(-)
```

■コミットログを確認する

コミットした内容は、git logコマンドでコミットログを表示し、確認できます。

git logコマンド

```
git log [ オプション ] [ ファイル／ブランチ ]
```

概要	コミットログを表示する	
主なオプション	オプション	説明
	-p	変更点（差分）を表示する
	-数字	表示するコミットの数を指定。新しいコミットから指定した数だけ表示する
	--oneline	各コミットを1行で表示する
引数	・ファイル：ログを表示するファイル ・ブランチ：ログを表示するブランチ	

以下は、これまでのコミット内容のログを表示している例です。commitで始まっている行は「SHA1 ID」と言い、各コミットに割り当てられたユニークなIDです。

第17章 バージョン管理

```
[root@centos7 test1]# git log Enter
commit addaa691f2041b1f62942b644ab30a884cab4e05   →SHA1-ID
Author: root <root@example.com>
Date:   Sun Nov 7 20:16:19 2021 +0900

    modified: backup.sh  →コミットメッセージ

commit 5f2cd8c1aba33bb3b2edcf81bbd3c6c3578e7c33   →SHA1-ID
Author: root <root@example.com>
Date:   Sun Nov 7 20:14:25 2021 +0900

    add: backup.sh  →コミットメッセージ
```

Point!

SHA1 IDは、その都度生成されるIDです。皆さんが動作確認する際には上記のIDと異なるものが生成されます。

■コミットを取り消す

git revertコマンドで、コミットした内容を取り消すことができます。

git revertコマンド

```
git revert [ オプション ] SHA1-ID
```

概要	コミットした内容を取り消す	
主なオプション	オプション	説明
	--no-edit	エディタを起動せず取り消す
引数	・*SHA1-ID*：指定したIDのコミットを取り消す	

以下は直前のコミット（本書の例だとaddaで始まるIDのコミット）を取り消す例です。IDは、すべて入力しなくても、特定できる部分まで入力すれば良いです。git revertコマンドを実行するとエディタが起動し、コミットメッセージを編集できます。既定の内容で良ければ、そのまま保存して終了します。

```
[root@centos7 test1]# git revert adda Enter  →addaで始まるIDのコミットを取り消す
Revert "modified: backup.sh"

This reverts commit addaa691f2041b1f62942b644ab30a884cab4e05.
          :  →上記の内容が表示されるので（IDは異なる）、そのまま保存して終了する
```

取り消しが完了したら、以下のようなメッセージが表示されます。

```
[master 1653088] Revert "modified: backup.sh"
 1 file changed, 1 insertion(+), 1 deletion(-)
```

ファイルの内容を確認すると、コミット前の状態になっていることがわかります。

```
[root@centos7 test1]# cat backup.sh Enter
#!/bin/bash
cp $1 /tmp →コミット前の状態（$2ではなく/tmp）になっていることを確認する
```

git revertコマンドで取り消した内容は、以下のようにコミットログで確認ができます。--onelineオプションを指定すると、各コミット処理を1行で表示できます。

```
[root@centos7 test1]# git log --oneline Enter
1653088 Revert "modified: backup.sh" →git revertコマンドによる処理
addaa69 modified: backup.sh
5f2cd8c add: backup.sh
```


■差分を確認する

-pオプションを指定すると、各コミットでの変更点(差分)を表示できます。gitコマンドでは、1画面を超える情報を表示するときにはページャー(既定ではlessコマンド)で表示されます。--no-pagerオプションを指定すると、ページャーを使わず表示します。なお、このオプションはgitコマンド自体のオプションのため、gitコマンドの直後に指定する必要があります。

```
[root@centos7 test1]# git --no-pager log -p Enter  →ページャーを使わず、差分も表示する
commit 1653088cd4eb08070a9d72f2dbcd1add4f1efde3
Author: root <root@example.com>
Date:   Sun Nov 7 20:19:08 2021 +0900

    Revert "modified: backup.sh"

    This reverts commit addaa691f2041b1f62942b644ab30a884cab4e05.

diff --git a/backup.sh b/backup.sh
index 61ef5cd..c5a0df3 100644
--- a/backup.sh
+++ b/backup.sh
@@ -1,2 +1,2 @@
 #!/bin/bash
-cp $1 $2 →「-」で始まるのは、削除された行
+cp $1 /tmp →「+」で始まるのは、追加された行

commit addaa691f2041b1f62942b644ab30a884cab4e05
Author: root <root@example.com>
Date:   Sun Nov 7 20:16:19 2021 +0900
          :
```

■ヘルプを表示する

gitコマンドにはさまざまなサブコマンドが用意されており、多くの機能を利用することができます。get helpコマンドを使えば、gitコマンドのヘルプを表示できます。

git helpコマンド

```
git help [ オプション ] [ サブコマンド ]
```

概要	コマンドの使い方を表示する	
主なオプション	オプション	説明
	-a	利用できるサブコマンドの一覧を表示する
引数	・サブコマンド：使い方を表示するサブコマンド	

以下は、git commitコマンドのヘルプを表示している例です。以下の表示内容でわかるように、manコマンドで表示できるマニュアルが表示されます。そのため、「man git-サブコマンド名」でも同じ内容が表示できます。

```
[root@centos7 test1]# git help commit Enter
GIT-COMMIT(1)                    Git Manual                    GIT-COMMIT(1)

NAME
       git-commit - Record changes to the repository

SYNOPSIS
       git commit [-a | --interactive | --patch] [-s] [-v] [-u<mode>] [--amend]
                  [--dry-run] [(-c | -C | --fixup | --squash) <commit>]
                  [-F <file> | -m <msg>] [--reset-author] [--allow-empty]
                  [--allow-empty-message] [--no-verify] [-e] [--author=<author>]
                  [--date=<date>] [--cleanup=<mode>] [--[no-]status]
                  [-i | -o] [-S[<keyid>]] [--] [<file>...]
           ：　→qキーを押して元の画面に戻る
```

-aオプションを指定すると、gitコマンドのオプション一覧のほか、利用できるサブコマンドの一覧を表示できます。

```
[root@centos7 test1]# git help -a Enter
usage: git [--version] [--help] [-c name=value]
           [--exec-path[=<path>]] [--html-path] [--man-path] [--info-path]
           [-p|--paginate|--no-pager] [--no-replace-objects] [--bare]
           [--git-dir=<path>] [--work-tree=<path>] [--namespace=<name>]
           <command> [<args>]

available git commands in '/usr/libexec/git-core'

  add                       merge-resolve
  add--interactive          merge-subtree
  am                        merge-tree
           ：　→利用できるサブコマンドの一覧を表示する
```

もっと使いこなそう

ブランチの利用

開発しているプログラムに複数の機能を追加する必要がある場合に、複数のチームを組み、チームごとに異なる機能を開発することがあります。こうした場合は**ブランチ**を作成し、それぞれ枝分かれした状態で開発を進めることができます。

既定では、masterブランチを利用している状態になります。ここから新しくブランチを作成し、それぞれバージョン管理をしていくことができます。各ブランチで行った作業を完了させた後、masterブランチにマージ（結合）をしてさらにバージョン管理を進めていくといった流れで作業を進められます（図17.6）。

● 図17.6　ブランチの構成

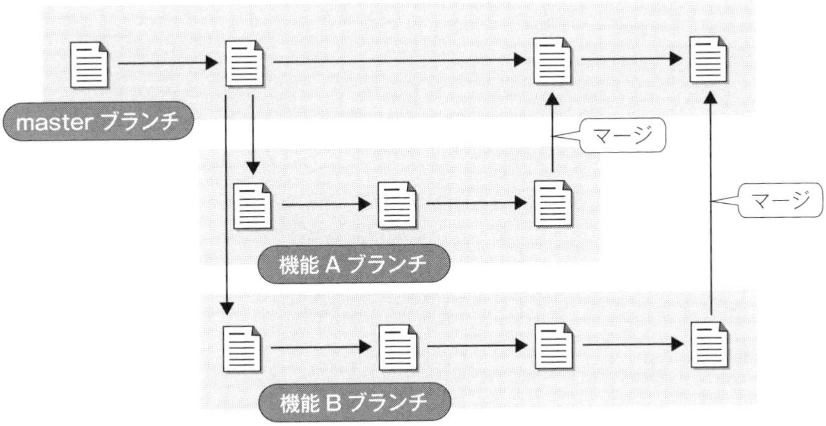

■ブランチを作成する

ブランチを作成するには、`git branch`コマンドを利用します。

git branchコマンド

```
git branch [ オプション ] [ ブランチ ]
```

概要	ブランチを作成／表示する	
主なオプション	オプション	説明
	-a	リモートブランチを含めたすべてのブランチの一覧を表示する
	-d	ブランチを削除する
	-v	詳細情報を表示する
引数	・ブランチ：作成するブランチの名前	

引数を指定せずにgit branchコマンドを実行すると、ブランチの一覧を表示します。

```
[root@centos7 test1]# git branch [Enter]
* master  →行頭が「*」となっているのが現在のブランチ
```

以下の構文で、function1というブランチを作成することができます。

```
[root@centos7 test1]# git branch function1 [Enter]  →function1ブランチを作成する
[root@centos7 test1]# git branch [Enter]
  function1  →ブランチが作成されていることを確認する
* master
```

■ブランチを切り替える

作成しただけでは、ブランチを利用して開発を進めることはできません。git checkoutコマンドで、ワークツリーを作成したブランチに切り替えて作業を進めます。

git checkoutコマンド

```
git checkout [ オプション ] [ ブランチ ]
```

概要	ブランチを切り替える	
主なオプション	オプション	説明
	-f	コミットされていない情報がある場合、変更を破棄して切り替える
引数	・ブランチ：作成するブランチの名前	

以下は、作成したfunction1ブランチに切り替えている例です。

```
[root@centos7 test1]# git checkout function1 [Enter]  →function1ブランチに切り替える
M       backup.sh
Switched to branch 'function1'
[root@centos7 test1]# git branch [Enter]
* function1  →ブランチが切り替わっているのを確認する
  master
```

以下の手順は、dirlist.txtというファイルを新規作成し、function1ブランチでコミットした例です。

```
[root@centos7 test1]# vi dirlist.txt [Enter]
/tmp
/root  →下線の内容を入力し、保存して終了する（dirlist.txtファイルが新規作成され、保存）
[root@centos7 test1]# git add dirlist.txt [Enter]  →作成したファイルをインデックスに追加する
[root@centos7 test1]# git commit -m "add: dirlist" [Enter]  →コミットする
[function1 ea929d9] add: dirlist
 1 file changed, 2 insertions(+)
 create mode 100644 dirlist.txt
[root@centos7 test1]# git log --oneline [Enter]
ea929d9 add: dirlist  →コミットログに記録されていることを確認
1653088 Revert "modified: backup.sh"
addaa69 modified: backup.sh
5f2cd8c add: backup.sh
```

masterブランチに切り替えて、コミットログを確認しましょう。直前のコミット内容は記録されていません。あくまでもfunction1ブランチでコミットした内容だからです。

```
[root@centos7 test1]# git checkout master  Enter  →masterブランチに切り替える
M       backup.sh
Switched to branch 'master'
[root@centos7 test1]# git log --oneline  Enter  →直前のコミットが記録されていないことを確認する
1653088 Revert "modified: backup.sh"
addaa69 modified: backup.sh
5f2cd8c add: backup.sh
```

再びfunction1ブランチに切り替えて、今度はbackup.shを編集した上でコミットしてみましょう。

なお、これまでコミットメッセージは1行しか入力しませんでしたが、コミットについての詳細な内容を記録したい場合は、以下の書式でコミットメッセージを入力します。

1行目：コミット内容の概要
2行目：(空行)
3行目以降：詳細な内容

以下の操作で、作成したdirlist.txtの内容をコピー先として参照するスクリプトとなるよう、backup.shファイルの内容を更新しています。

```
[root@centos7 test1]# git checkout function1  Enter  →再びfunction1ブランチに切り替える
M       backup.sh
Switched to branch 'function1'
[root@centos7 test1]# vi backup.sh  Enter
#!/bin/bash
for dirlist in `cat dirlist.txt`
do
cp $1 $dirlist
done  →下線部分を修正・追加する
[root@centos7 test1]# git commit -a  Enter  →-mを指定していないので、エディタでメッセージを入力する
modified: backup.sh  →1行目に概要を入力する

added function: browse directory listings.  →3行目に詳細を入力し、保存して終了する
        :
```

■ブランチの変更をマージする

では、ここまでコミットした内容をmasterブランチにマージしてみましょう。`git merge`コマンドで、指定したブランチの内容をマージすることができます。

git mergeコマンド

```
git merge [ オプション ] ブランチ
```

概要	ブランチをマージ(結合)する	
主なオプション	オプション	説明
	-f	コミットされていない情報がある場合、変更を破棄して切り替える
	--abort	マージを中止する
引数	・ブランチ：マージするブランチの名前	

以下の手順で、function1ブランチの内容をmasterブランチにマージできます。

```
[root@centos7 test1]# git checkout master Enter  →masterブランチに切り替える
Switched to branch 'master'
[root@centos7 test1]# git merge function1 Enter  →function1ブランチの内容をマージする
Updating 1653088..622064f
Fast-forward
 backup.sh   | 5 ++++-
 dirlist.txt | 2 ++
 2 files changed, 6 insertions(+), 1 deletion(-)
 create mode 100644 dirlist.txt
[root@centos7 test1]# git log --oneline Enter
622064f modified: backup.sh
ea929d9 add: dirlist  →function1ブランチの内容がマージされていることを確認する
1653088 Revert "modified: backup.sh"
addaa69 modified: backup.sh
5f2cd8c add: backup.sh
```

ブランチをマージした後、不要になったブランチはgit branchコマンドの-dオプションで削除できます。

```
[root@centos7 test1]# git branch Enter
  function1  →function1ブランチが残っていることを確認する
* master
[root@centos7 test1]# git branch -d function1 Enter  →function1ブランチを削除する
Deleted branch function1 (was 622064f).
[root@centos7 test1]# git branch Enter
* master  →function1ブランチが削除されていることを確認する
```

■コンフリクトを解決する

マージをしようとしたとき、以下のようにコンフリクトしている旨のエラーが表示されることがあります。

```
[root@centos7 test2]# git merge test Enter
Auto-merging test.txt
CONFLICT (content): Merge conflict in test.txt
Automatic merge failed; fix conflicts and then commit the result.
```

これは、マージしようとしているブランチと、マージ先のブランチでそれぞれコミットが行われており、矛盾した内容があった場合（コンフリクト：衝突が発生している）に表示されます。git statusコマンドを実行すると、以下のようにコンフリクトの状況を確認できます。

```
[root@centos7 test2]# git status Enter
# On branch master
# You have unmerged paths.
#   (fix conflicts and run "git commit")
#
# Unmerged paths:
#   (use "git add <file>..." to mark resolution)
#
#       both modified:      test.txt  →test.txtをそれぞれ変更している旨、表示されている
#
no changes added to commit (use "git add" and/or "git commit -a")
```


このようなメッセージが表示された場合は、該当するファイルの内容を矛盾しないように修正してインデックスに再登録した後、コミットとマージをやり直します。

もっと使いこなそう

リモートリポジトリとの同期

これまではCentOS 7環境でのみバージョン管理を行ってきました。Gitでは、複数のユーザーや端末上のローカルリポジトリと、それらのユーザーや端末が共有しているリモートリポジトリとの間で同期を取りながらバージョン管理を行うことができます。

本節では、CentOS 7環境を利用しているrootユーザー、testuserユーザーがDebian 11環境に構成する共有のリポジトリと同期を取りながら、バージョンを管理する流れを動作確認します（図17.7）。

●図17.7　リモートリポジトリとの同期

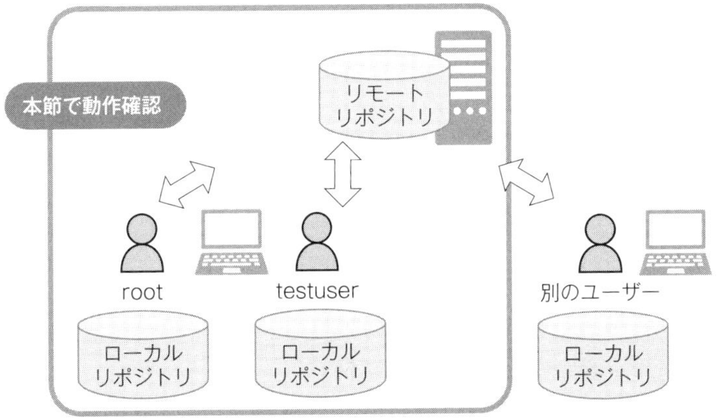

> 参考　この節の内容は、「第16章　リモート接続」の内容で以下のように公開鍵を登録していることを前提としています。これらの操作を行っていない場合は、SSH接続のタイミングでパスワード認証が求められますので、正しいパスワードを入力することで、動作確認が可能です。
>
> ・CentOS 7のrootユーザー環境で公開鍵ペアを生成し、Debian 11のrootユーザー環境で登録
> ・CentOS 7のtestuserユーザー環境でパスフレーズ付きの公開鍵ペアを生成し、Debian 11のrootユーザー環境で登録

■リモートリポジトリを利用する

Debian 11環境で以下の手順を実行し、共有リポジトリを構成しましょう。

```
root@debian11:~# mkdir -p /git/test1 Enter  →ディレクトリを作成する
root@debian11:~# cd /git/test1 Enter
root@debian11:/git/test1# git init --bare --shared Enter
  →作成したディレクトリを共有リポジトリとして構成する
hint: Using 'master' as the name for the initial branch. This default branch name
        :
```

では、CentOS 7環境で構成した共有リポジトリをリモートリポジトリとして追加し、利用していきましょう。git remoteコマンドで、リモートリポジトリに関する制御を行うことができます。

git remoteコマンド

```
git remote [ オプション ] [ サブコマンド ]
```

概要	リモートリポジトリを制御する	
主なオプション	オプション	説明
	-v	リモートリポジトリの名前とURLを表示する
主なサブコマンド	サブコマンド	説明
	add 名前 URL	リモートリポジトリを追加する
	remove 名前	リモートリポジトリを削除する
	show 名前	リモートリポジトリの詳細な情報を表示する
	set-url 名前 URL	リモートリポジトリのURLを変更する

リモートリポジトリには、SSHやHTTPSなどのプロトコルで接続できます。SSHで接続する場合は、以下の書式でURLを指定します。

```
ssh://ユーザー名@接続先ホスト/リポジトリのパス
```

以下はCentOS 7のrootユーザー環境で、Debian 11環境に作成したリポジトリを、originという名前でリモートリポジトリとして追加した例です。

```
[root@centos7 test1]# git remote add origin ssh://root@192.168.56.22/git/test1 Enter
[root@centos7 test1]# git remote -v Enter
origin  ssh://root@192.168.56.22/git/test1 (fetch)
origin  ssh://root@192.168.56.22/git/test1 (push)
  →originという名前でリモートリポジトリが追加されたことを確認する
```

git pushコマンドにより、ローカルリポジトリで管理しているリソースをリモートリポジトリに送信できます。

git pushコマンド

```
git push [ オプション ] 名前 ブランチ
```

概要	ローカルリポジトリの内容をリモートリポジトリに送信する
引数	・名前：リモートリポジトリの名前 ・ブランチ：対象とするブランチ

以下は、追加したリモートリポジトリにmasterブランチの内容を送信している例です。

```
[root@centos7 test1]# git push origin master Enter
  →リモートリポジトリ（origin）にmasterブランチの内容を送信する
Counting objects: 13, done.
Compressing objects: 100% (8/8), done.
Writing objects: 100% (13/13), 1.13 KiB | 0 bytes/s, done.
Total 13 (delta 1), reused 0 (delta 0)
To ssh://root@192.168.56.22/git/test1
 * [new branch]      master -> master
[root@centos7 test1]# git branch -a Enter  →リモートリポジトリも含めてブランチの一覧を表示する
* master
  remotes/origin/master  →リモートリポジトリが追加されていることを確認する
```

では、リモートリポジトリに送信したリソースを別のユーザー環境で取得しましょう。git cloneコマンドにより、リポジトリの複製を取得することができます。

git cloneコマンド

```
git clone [ オプション ] リポジトリ [ ディレクトリ ]
```

概要	リポジトリの複製を取得する
引数	・リポジトリ：複製元のリポジトリ ・ディレクトリ：複製先のディレクトリ。省略するとカレントディレクトリにリポジトリ名のディレクトリを作成し、展開する

以下は、CentOS 7のtestuserユーザー環境でリポジトリの複製を取得している例です。

```
[testuser@centos7 ~]$ mkdir source Enter
  →Gitで管理するリソースを格納するためのディレクトリを作成する
[testuser@centos7 ~]$ cd source Enter
[testuser@centos7 source]$ git clone ssh://root@192.168.56.22/git/test1 Enter
  →複製を取得する
Cloning into 'test1'...
Enter passphrase for key '/home/testuser/.ssh/id_rsa': →前の章で設定したパスフレーズを入力する
remote: Enumerating objects: 13, done.
remote: Counting objects: 100% (13/13), done.
remote: Compressing objects: 100% (8/8), done.
remote: Total 13 (delta 1), reused 0 (delta 0), pack-reused 0
Receiving objects: 100% (13/13), done.
Resolving deltas: 100% (1/1), done.
[testuser@centos7 source]$ ls
test1  →ディレクトリが構成されていることを確認する
[testuser@centos7 source]$ cd test1 Enter
[testuser@centos7 test1]$ ls Enter
backup.sh  dirlist.txt  →ディレクトリ内に複製が展開されていることを確認する
```

取得したリソースを更新し、リモートリポジトリ上に反映してみましょう。以下の実行図は、testuserユーザー環境でdirlist.txtを更新し、コミットした上でリモートリポジトリに反映している例です。

```
[testuser@centos7 test1]$ git config --global user.name "testuser" Enter  →ユーザー名を指定する
[testuser@centos7 test1]$ git config --global user.email "testuser@example.com" Enter
  →メールアドレスを指定する
[testuser@centos7 test1]$ vi dirlist.txt Enter
/tmp
/root
/home/testuser  →下線の行を追加し、保存して終了する
[testuser@centos7 test1]$ git commit -am "modified: dirlist.txt" Enter  →更新内容をコミットする
[master b55bbd3] modified: dirlist.txt
 1 file changed, 1 insertion(+)
[testuser@centos7 test1]$ git push origin master Enter  →リモートリポジトリに反映する
Enter passphrase for key '/home/testuser/.ssh/id_rsa': →前の章で設定したパスフレーズを入力する
Counting objects: 5, done.
Compressing objects: 100% (2/2), done.
Writing objects: 100% (3/3), 307 bytes | 0 bytes/s, done.
Total 3 (delta 0), reused 0 (delta 0)
To ssh://root@192.168.56.22/git/test1
   622064f..b55bbd3  master -> master
```

git pullコマンドで、リモートリポジトリ上の変更内容を取得できます。

git pullコマンド

```
git pull [ オプション ] 名前 ブランチ
```

概要	リモートリポジトリ上の変更内容を取得する

続く

引数	・名前：リモートリポジトリの名前 ・ブランチ：対象とするブランチ

以下の手順は、CentOS 7のrootユーザー環境で、リモートリポジトリに加えられた変更内容を取得している例です。

```
[root@centos7 test1]# git pull origin master Enter →変更内容を取得する
remote: Enumerating objects: 5, done.
remote: Counting objects: 100% (5/5), done.
remote: Compressing objects: 100% (2/2), done.
remote: Total 3 (delta 0), reused 0 (delta 0), pack-reused 0
Unpacking objects: 100% (3/3), done.
From ssh://192.168.56.22/git/test1
 * branch            master     -> FETCH_HEAD
Updating 622064f..b55bbd3
Fast-forward
 dirlist.txt | 1 +
 1 file changed, 1 insertion(+)
[root@centos7 test1]# git log --oneline Enter
b55bbd3 modified: dirlist.txt →testuserユーザー環境でpushした内容を取得できている
622064f modified: backup.sh
ea929d9 add: dirlist
1653088 Revert "modified: backup.sh"
addaa69 modified: backup.sh
5f2cd8c add: backup.sh
```

これまで紹介した手順で、複数のユーザー環境や端末との間で、同期を取りながら、バージョン管理を行うことができます。

■GitHubを利用する

著名なGitのホスティングサイトとしてGitHub (https://github.com) があります (図17.8)。

● 図17.8　GitHubのトップページ

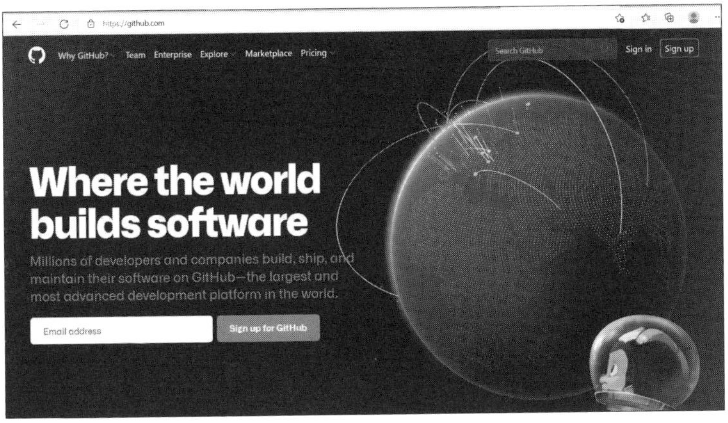

GitHub上に公開されたソースコードを`git`コマンドにより取得したり、バージョンを管理したりすることができます。以下は、GitHub上に公開されているサンプルデータを、`git clone`コマンドにより取得している例です。

```
[root@centos7 source]# git clone https://github.com/ragi6996/linuxtest.git Enter
  →サンプルデータを取得する
Cloning into 'linuxtest'...
remote: Enumerating objects: 3, done.
remote: Counting objects: 100% (3/3), done.
remote: Compressing objects: 100% (2/2), done.
remote: Total 3 (delta 0), reused 0 (delta 0), pack-reused 0
Unpacking objects: 100% (3/3), done.
[root@centos7 source]# ls Enter
linuxtest  test1 →linuxtestというディレクトリが作成されている
[root@centos7 source]# ls linuxtest Enter
test.txt→サンプルデータが展開されていることを確認する
[root@centos7 source]# cd linuxtest Enter
[root@centos7 linuxtest]# git branch Enter
* main    →ブランチ情報が登録されていることを確認する
```

データを取得するだけではなく、Webを介して本章で紹介したリモートリポジトリの管理も可能になります。

参考　GitHubから取得したデータのブランチ情報は、既定のブランチがmasterではなく、mainになっています。GitHubでは、既定のブランチがmainという名前になるように変更されています。master/slaveという用語が人種差別的であるという指摘に応じて、変更されました。

・The Github Blog: The default branch for newly-created repositories is now main
https://github.blog/changelog/2020-10-01-the-default-branch-for-newly-created-repositories-is-now-main/

章末演習

この章の内容を学習したことにより、以下の操作ができるようになります。いくつかの項目について、演習問題を通じて確認しましょう。

- git コマンドを使ったバージョン管理の基本操作ができる
- ブランチを変更して開発し、ブランチの変更内容をマージすることができる
- リモートリポジトリに変更を送信したり、リモートリポジトリの内容を取得したりできる

以下の演習問題を実施する前に、CentOS 7のrootユーザー環境で以下の操作を実施しましょう。

```
[root@centos7 source]# mkdir exbranch Enter
  →/root/sourceがカレントの状態で、ディレクトリを作成する
[root@centos7 source]# cd exbranch Enter
[root@centos7 exbranch]# vi ex17-1.sh Enter
#!/bin/bash
VAR=test
./ex17-2.sh  →下線の内容を記入し、保存して終了する
[root@centos7 exbranch]# vi ex17-2.sh Enter
#!/bin/bash
echo $VAR  →下線の内容を記入し、保存して終了する
[root@centos7 exbranch]# chmod a+x *.sh Enter  →作成したスクリプトに実行権限を付与する
```

演習1

exbranchディレクトリをワークスペースとして利用し、バージョン管理が行えるようリポジトリを作成しましょう。コミッター（コミットを実行するユーザー）の名前とメールアドレスが登録されていない場合は、登録もしましょう（登録内容は任意のもので構いません）。現状の状態で一度コミットしましょう。

演習2

以下のようにex17-1.shの内容を更新します。更新後、コミットしましょう（コミットメッセージは任意のものを入力）。コミットした後、コミットログを表示して内容を確認します。

```
[root@centos7 exbranch]# vi ex17-1.sh Enter
#!/bin/bash
export VAR=test  →2行目の行頭にexportと追加し、保存して終了する
./ex17-2.sh
```

演習3

演習2でコミットした内容を、`git revert`コマンドを実行して取り消しましょう（コミットメッセージは任意のものを入力）。ex17-1.shの内容を参照し、コミットが取り消されていることを確認します。

演習4

応用問題 演習3の操作をさらに取り消し、演習2でコミットしたファイルの状態にします。その後に、exbranchというブランチを作成しましょう。作成後、exbranchブランチを有効にするよう切り替えます。

演習5

応用問題 exbranchブランチを有効にしている状態で、ex17-1.shを以下のように更新します。更新後、コミットしましょう（コミットメッセージは任意のものを入力）。コミットした後、コミットログを表示して内容を確認します。

```
[root@centos7 exbranch]# vi ex17-1.sh Enter
#!/bin/bash
export VAR=test
./ex17-2.sh || echo "failure"  →下線の部分を追加し、保存して終了する
```

演習6

応用問題 masterブランチが有効になるように切り替えます。コミットログを表示し、演習5のコミットが記録されていないことを確認します。exbranchブランチの内容をマージします。コミットログを表示し、演習5のコミットが記録されたことを確認します。

章末演習【解答例】

演習1

git initコマンドでリポジトリの作成ができます。これにより、カレントディレクトリをワークスペースとして利用し、Gitでバージョン管理を行えるようになります。コミッター名の登録など、Gitの初期設定が行われていない場合は、git configコマンドで追加しましょう。

git addコマンドでカレントディレクトリにあるファイルをインデックスに追加した後、git commitコマンドでコミットします。問題文に書かれているとおり、コミットメッセージは任意のもので構いません。

git logコマンドでコミットログを表示できますので、コミットが有効になっていることを確認します。

```
[root@centos7 exbranch]# git init Enter →リポジトリを作成する
Initialized empty Git repository in /root/source/exbranch/.git/
[root@centos7 exbranch]# git config --global user.name "root" Enter
 →登録されていなければ追加する
[root@centos7 exbranch]# git config --global user.email "root@example.com" Enter
[root@centos7 exbranch]# git add . Enter
 →カレントディレクトリにあるファイルをインデックスに追加する
[root@centos7 exbranch]# git commit -m "add: ex17-1.sh ex17-2.sh" Enter →コミットを実行する
[master (root-commit) 7c82fd7] add: ex17-1.sh ex17-2.sh
 2 files changed, 5 insertions(+)
 create mode 100755 ex17-1.sh
 create mode 100755 ex17-2.sh
[root@centos7 exbranch]# git log Enter →コミットが有効になっていることをコミットログで確認する
commit 7c82fd7c57740709d88642dbd8175de583f667e2
Author: root <root@example.com>
Date:   Thu Nov 11 14:06:03 2021 +0900

    add: ex17-1.sh ex17-2.sh
```

演習2

問題文に書かれている内容を更新した後、以下のようにコミットして、その後コミットログでコミットが反映されていることを確認します。

```
[root@centos7 exbranch]# git commit -am "modified: ex17-1.sh" Enter →コミットを実行する
[master 1ca93e9] modified: ex17-1.sh
 1 file changed, 1 insertion(+), 1 deletion(-)
[root@centos7 exbranch]# git log --oneline Enter
1ca93e9 modified: ex17-1.sh →上記のメッセージのコミットが有効になっていることを確認する
7c82fd7 add: ex17-1.sh ex17-2.sh
```

演習 3

問題文に書かれているように、git revertコマンドでコミット内容を取り消します。指定するSHA-1 IDはランダムなものが割り当てられますので、以下の解答例通りではなく、ご自身の環境で確認して実行してください。

```
[root@centos7 exbranch]# git revert 1ca93e9 Enter  →演習2でコミットしたIDを指定し、取り消す
[master 341e688] Revert "modified: ex17-1.sh"
 1 file changed, 1 insertion(+), 1 deletion(-)
[root@centos7 exbranch]# cat ex17-1.sh Enter
#!/bin/bash
VAR=test  →ファイルの内容が演習1時点のものに戻っていることを確認する
./ex17-2.sh
[root@centos7 exbranch]# git log --oneline Enter
341e688 Revert "modified: ex17-1.sh"  →git revertコマンドで取り消したことも記録されている
1ca93e9 modified: ex17-1.sh
7c82fd7 add: ex17-1.sh ex17-2.sh
```

演習 4

git branchコマンドでブランチを作成できます。作成したブランチを有効にするよう切り替えるには、git checkoutコマンドを利用します。

```
[root@centos7 exbranch]# git revert 341e688 Enter  →演習3の内容をさらに取り消す
[root@centos7 exbranch]# git branch exbranch Enter  →exbranchブランチを作成する
[root@centos7 exbranch]# git checkout exbranch Enter  →exbranchブランチに切り替え
Switched to branch 'exbranch'
[root@centos7 exbranch]# git branch Enter  →ブランチの一覧を表示する
* exbranch  →exbranchブランチが有効になっていることを確認する
  master
```

演習 5

問題文に書かれている内容を更新した後、以下のようにコミットします。その後、コミットログでコミットが反映されていることを確認します。

```
[root@centos7 exbranch]# git commit -am "modified: ex17-1.sh added message" Enter
  →コミットを実行する
[exbranch dcb9615] modified: ex17-1.sh added message
 1 file changed, 1 insertion(+), 1 deletion(-)
[root@centos7 exbranch]# git log --oneline Enter
dcb9615 modified: ex17-1.sh added message  →コミットが有効になっていることを確認する
618451c Revert "Revert "modified: ex17-1.sh""
341e688 Revert "modified: ex17-1.sh"
1ca93e9 modified: ex17-1.sh
7c82fd7 add: ex17-1.sh ex17-2.sh
```

演習6

masterブランチに切り替えてコミットログを確認すると、演習5のコミット内容は表示されません。ほかのブランチでのコミット内容を反映するには、`git merge`コマンドでマージをする必要があります。

```
[root@centos7 exbranch]# git checkout master Enter →masterブランチに切り替える
Switched to branch 'master'
[root@centos7 exbranch]# git branch Enter
  exbranch
* master→masterブランチが有効になっていることを確認する
[root@centos7 exbranch]# git log --oneline Enter
618451c Revert "Revert "modified: ex17-1.sh"" →演習5のコミットが表示されないことを確認する
341e688 Revert "modified: ex17-1.sh"
1ca93e9 modified: ex17-1.sh
7c82fd7 add: ex17-1.sh ex17-2.sh
[root@centos7 exbranch]# git merge exbranch Enter
  →exbranchブランチでのコミット内容をマージする
Updating 618451c..dcb9615
Fast-forward
 ex17-1.sh | 2 +-
 1 file changed, 1 insertion(+), 1 deletion(-)
[root@centos7 exbranch]# git log --oneline Enter
dcb9615 modified: ex17-1.sh added message →演習5のコミットが表示されたことを確認する
618451c Revert "Revert "modified: ex17-1.sh""
341e688 Revert "modified: ex17-1.sh"
1ca93e9 modified: ex17-1.sh
7c82fd7 add: ex17-1.sh ex17-2.sh
```

第18章

Debian環境の利用

Red Hat系環境との相違点

Debian系におけるパッケージ管理

この章のポイント

本書ではここまで、Red Hat 系ディストリビューションである CentOS 環境を使ってさまざまなコマンドを学んできました。解説した操作の多くは Debian 系の環境でも同じように動作確認できますが、一部異なる点もあるためここで紹介します。また。大きな違いであるパッケージ管理システムについても本章で取り上げます。

■Red Hat 系環境と Debian 環境の主な相違点

■ root ユーザーでのログインができない

CentOS環境ではrootユーザーでのログインができますが、Debian系の環境の多くは、既定でrootユーザーによるログインができないように構成されています。

■ useradd コマンドによるユーザー追加時にホームディレクトリを作成しない

Debian系の環境では、`useradd`コマンドでユーザーを追加しても既定ではホームディレクトリが作成されません。`-m`オプションを指定する必要があります。

■ シェル環境が異なる

`useradd`コマンドで追加したユーザーのログインシェルは、既定で/bin/shに設定されます。Debian環境の/bin/shは、**dash**（Debian Almquist shell）というシェル宛てのシンボリックリンクになっています。

また、Red Hat系のシステムでは既定で有効になっているエイリアス設定が有効になっていません。たとえば`ls`コマンドの`--color`オプションが既定では有効になっていないため、`ls`コマンド実行時、ディレクトリやシンボリックリンクなどが色分けして表示されません。

■ 設定ファイルが異なる

Linuxではさまざまな設定情報が設定ファイルに格納されます。Linuxディストリビューションの種類に関係なく同じパスで利用できる設定ファイルもありますが、パスが異なっていたり、書式が異なっていたりする設定ファイルもあります。

たとえば、ネットワーク設定に関する設定は、CentOSをはじめとしたRed Hat系の環境では、/etc/sysconfig/network-scripts/ifcfg-（インターフェース名）というファイルに格納されます。一方Debian系の環境では、/etc/sysconfigというディレクトリ自体がなく、/etc/NetworkManager/system-connections/（接続プロファイル名）.nmconnectionというファイルに格納されます。

■deb形式のパッケージファイルを管理する

Debian系ディストリビューションでは、deb形式のパッケージファイルによる管理方式が採用されています。こうしたdeb形式のローカルファイルを扱う主要なコマンドとして、dpkgコマンドがあります。

dpkgコマンド

```
dpkg オプション [ パッケージ名／ファイル名 ]
```

概要	deb形式のパッケージを管理する	
主なオプション	オプション	説明
	-i (--install)	インストールする
	-r (--remove)	アンインストールする
	-P (--purge)	設定ファイルも含めてアンインストールする
	-l (--list)	インストール済みパッケージを検索する
	-L (--listfiles)	インストールされたファイルの一覧を表示する
	-s (--status)	パッケージの情報を表示する
	-S (--search)	ファイルのインストール元パッケージを検索する
引数	・パッケージ名：操作するパッケージ名 ・ファイル名：-Sオプション利用時に指定するファイル名	

aptコマンドを利用すると、インターネット上のリポジトリ(パッケージ情報を公開しているサーバー)からパッケージを検索し、インストールができます。

aptコマンド

```
apt サブコマンド [ パッケージ名 ]
```

概要	debパッケージをリポジトリと連携し、操作する	
主なサブコマンド	サブコマンド	説明
	update	パッケージ情報を更新する
	install	パッケージをインストールする
	upgrade	パッケージを更新する
	full-upgrade	必要に応じて、パッケージの削除も含めてシステム全体を更新する
	search	パッケージを検索する
	show	パッケージ情報を表示する
	list	パッケージの一覧を表示する(--upgradableオプションで、更新対象のパッケージ一覧を表示する)
	remove	パッケージを削除する
引数	・パッケージ名：操作対象となるパッケージ名	

基本をおさえよう

Red Hat系環境との相違点

これまで本書では、Red Hat系ディストリビューションであるCentOS環境で動作確認を行ってきました。解説した操作の多くは、Debian系の環境でも同じように動作確認ができますが、一部異なる点もあるためここで紹介します。なお、本章で紹介するもの以外に、パッケージ管理の仕組みが異なるという大きな違いがあります。これについては次節で紹介します。

■rootユーザーでのログインができない

Debian系の環境の多くは、既定でrootユーザーによるログインができないように構成されています。本書で用意している学習用環境においても、CentOS環境であれば以下のようにrootユーザー名を入力してログインができますが、Debian環境ではログインができません（**図18.1**）。

● 図18.1　rootユーザーでのログインはできない

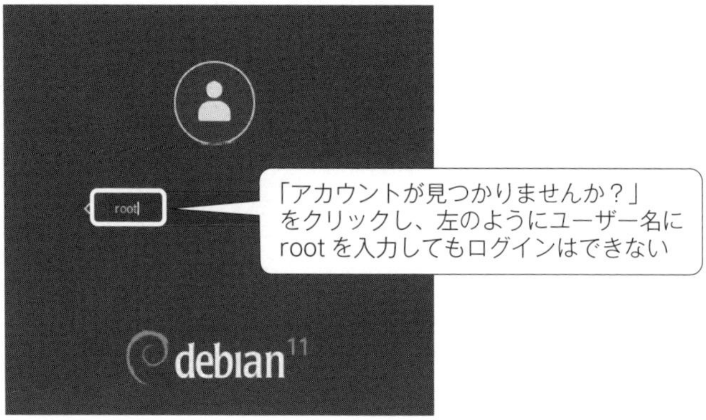

そのため、一般ユーザーでログインしてから、`su`コマンドや`sudo`コマンドでrootユーザー権限を利用するようにします。

> **参考**　本来は、sshdの初期設定でもrootユーザーによるパスワード認証はできないようになっています。ただし、本書の学習用Debian環境では設定を変更し、rootユーザーによるパスワード認証をできるよう構成しました。

■useraddコマンドによるユーザー追加時にホームディレクトリを作成しない

Debian系の環境では、`useradd`コマンドでユーザーを追加しても、以下のように既定ではホームディレクトリが作成されません。

```
root@debian11:~# useradd test01 Enter  →test01ユーザーを追加する
root@debian11:~# ls /home Enter
dashuser  lost+found   testuser  →既定ではホームディレクトリは作成されない
```

ディレクトリは作成されないものの、以下のように「/home/ユーザー名」というホームディレクトリを利用するように設定はされます。そのため、suコマンドでユーザー環境を切り替えたり、ログインしたりしようとすると、以下のようにエラーになります。

```
root@debian11:~# grep test01 /etc/passwd Enter  →test01ユーザーの設定を確認する
test01:x:1002:1002::/home/test01:/bin/sh  →ホームディレクトリが/home/test01
root@debian11:~# su - test01 Enter
su: warning: cannot change directory to /home/test01: そのようなファイルやディレクトリはありませ
ん  →/home/test01というディレクトリが存在しない旨、エラーが表示される
$
```

-mオプションを指定すると、以下のようにホームディレクトリが作成されます。

```
root@debian11:~# useradd -m test02 Enter
root@debian11:~# ls /home Enter
dashuser  lost+found   test02  testuser  →-mオプションを指定すると、ホームディレクトリが作成される
```

さらにDebian環境ではadduserコマンドが用意されています注18.1。このコマンドを利用してユーザーを追加すると、以下のようにパスワードなども一緒に設定できます。

```
root@debian11:~# adduser test03 Enter  →test03ユーザーを追加する
ユーザ `test03' を追加しています...
新しいグループ `test03' (1004) を追加しています...
新しいユーザ `test03' (1004) をグループ `test03' として追加しています...
ホームディレクトリ `/home/test03' を作成しています...
`/etc/skel' からファイルをコピーしています...
新しい パスワード:  →設定するパスワードを入力する
新しい パスワードを再入力してください:  →設定するパスワードを再入力する
passwd: パスワードは正しく更新されました
test03 のユーザ情報を変更中
新しい値を入力してください。標準設定値を使うならリターンを押してください
        フルネーム []:  →フルネームからその他まで、Enterを押して進める
        部屋番号 []:
        職場電話番号 []:
        自宅電話番号 []:
        その他 []:
以上で正しいですか? [Y/n] Y  →Yキーを押してユーザー追加を実行する
```

注18.1 Red Hat系の環境でもadduserコマンドを実行できますが、useraddコマンド宛てのエイリアスになっているため、本章で紹介する機能は利用できません。

adduserコマンド

```
adduser [ オプション ] ユーザー名
```

概要	ユーザーを追加する	
主なオプション	オプション	説明
	--uid UID	ユーザーID(UID)を指定する
	--gecos "名前"	フルネームを指定する
	--home ディレクトリ	ホームディレクトリのパスを指定する
	--shell パス	ログインシェルを指定する
	--disabled-login	パスワードの設定を省略する
	-q	メッセージの表示を省略する

以下のように-qオプションを指定し、--gecosオプションでフルネームも指定すると、パスワード設定以外のメッセージの表示や設定を省略できます。

```
root@debian11:~# adduser -q --gecos "test04" test04 Enter
新しい パスワード: →設定するパスワードを入力する
新しい パスワードを再入力してください: →設定するパスワードを再入力する
passwd: パスワードは正しく更新されました
```

■シェル環境が異なる

useraddコマンドで追加したユーザーのログインシェルは、既定で/bin/shに設定されます。以下は、本章でここまで紹介した手順でユーザーを追加した場合のpasswdファイルの内容です。

```
root@debian11:~# grep test0 /etc/passwd Enter  →「test0」という記述がある行を表示する
test01:x:1002:1002::/home/test01:/bin/sh
test02:x:1003:1003::/home/test02:/bin/sh  →ログインシェルが/bin/sh
test03:x:1004:1004:...:/home/test03:/bin/bash
test04:x:1005:1005:test04...:/home/test04:/bin/bash
```

Debian環境の/bin/shは、dash(Debian Almquist shell)というシェル宛てのシンボリックリンクになっています。

```
root@debian11:~# ls -l /bin/sh Enter
lrwxrwxrwx 1 root root 4  8月 17 22:16 /bin/sh -> dash
```

dashがログインシェルになっているユーザーでシェル端末を起動すると、以下のような表示になります。

```
root@debian11:~# su - test02 Enter
$  →dashが起動する
```

dashはコンパクトなシェルであり、bashに比べると機能が少ないです。たとえば、既定ではコマンド履歴の機能や Tab キーによる入力補完の機能はありません。↑キー（方向キー上）を押しても、以下のような情報が表示されるだけで、コマンド履歴は再現されません。

```
$ ^[[A
```

このほかにも、Red Hat系のシステムでは既定で有効になっているエイリアス設定が有効になっていません。たとえばlsコマンドの--colorオプションが既定では有効になっていないため、lsコマンド実行時、ディレクトリやシンボリックリンクなどが色分けして表示されません[注18.2]。

■設定ファイルが異なる

Linuxではさまざまな設定情報が設定ファイルに格納されます。この設定ファイルは、Linuxディストリビューションにより異なる場合があります。たとえば、ネットワーク設定に関する設定は、CentOSをはじめとしたRed Hat系の環境では、/etc/sysconfig/network-scripts/ifcfg-(インターフェース名)というファイルに格納されます。

```
[root@centos7 ~]# cat /etc/sysconfig/network-scripts/ifcfg-enp0s3 Enter
  →enp0s3の設定ファイル
TYPE=Ethernet
PROXY_METHOD=none
BROWSER_ONLY=no
BOOTPROTO=none
IPADDR=192.168.56.11
        :
```

一方Debian系の環境では、/etc/sysconfigというディレクトリ自体がなく、/etc/NetworkManager/system-connections/(接続プロファイル名).nmconnectionというファイルに格納されます。

```
root@debian11:~# cat /etc/NetworkManager/system-connections/enp0s8.nmconnection Enter
  →enp0s8の設定ファイル
[connection]
id=enp0s8
        :
[ipv4]
dns-search=
method=auto
        :
```

本書でこれまで紹介した設定ファイルは、Linuxディストリビューションの種類に関係なく、同じパスで利用できるものでした。しかしながら、設定ファイルによってはパスが異なっていたり、書式が異なっていたりする場合があるので注意しましょう。

注18.2　adduserコマンドでユーザーを追加した場合は、lsコマンドの--colorオプションのエイリアスは有効になります。

> **参考** ネットワーク設定については、第16章で紹介したnmcliコマンドを利用すれば、設定ファイルのことを意識せずに設定ができます。よって、Linuxディストリビューションの種類の違いを気にせずに設定が可能です。

基本をおさえよう

Debian系におけるパッケージ管理

Red Hat系とDebian系の環境で大きく異なるのはパッケージ管理の仕組みです。Debian系の環境には、第14章で紹介したrpmコマンドやyumコマンドは存在しません。以下のようにdpkgコマンドやaptコマンドでパッケージ管理を行います（表18.1）。

●表18.1　パッケージ管理に利用する主なコマンド

	CentOS環境	Debian環境
ローカルパッケージの管理	rpmコマンド	dpkgコマンド
リポジトリを利用したパッケージ管理	yumコマンド	aptコマンド
パッケージファイルの形式	～.rpm	～.deb
設定ファイル	/etc/yum.conf	/etc/apt/sources.list

■dpkgコマンドでパッケージを管理する

Debian系ディストリビューションでは、deb形式のパッケージファイルによる管理方式が採用されています。こうしたdeb形式のローカルファイルを扱う主要なコマンドとして、dpkgコマンドがあります。

dpkgコマンド

```
dpkg オプション [ パッケージ名／ファイル名 ]
```

概要	deb形式のパッケージを管理する	
主なオプション	オプション	説明
	-i (--install)	インストールする
	-r (--remove)	アンインストールする
	-P (--purge)	設定ファイルも含めてアンインストールする
	-l (--list)	インストール済みパッケージを検索する
	-L (--listfiles)	インストールされたファイルの一覧を表示する
	-s (--status)	パッケージの情報を表示する
	-S (--search)	ファイルのインストール元パッケージを検索する
引数	・パッケージ名：操作するパッケージ名 ・ファイル名：-Sオプション利用時に指定するファイル名	

以下はvsftpdというパッケージをdpkgコマンドでインストールしている例です。本書で用意している学習用Debian環境にはvsftpdのパッケージファイルを用意しており、これを利用してインストールを行っています。

```
root@debian11:~# dpkg -l vsftpd Enter  →vsftpdというパッケージがインストールされているか確認する
dpkg-query: vsftpd に一致するパッケージが見つかりません
root@debian11:~# dpkg -i vsftpd_3.0.3-12+b1_amd64.deb Enter
  →パッケージファイルを指定し、インストールする
以前に未選択のパッケージ vsftpd を選択しています。
(データベースを読み込んでいます ... 現在 148697 個のファイルとディレクトリがインストールされています。)
vsftpd_3.0.3-12+b1_amd64.deb を展開する準備をしています ...
vsftpd (3.0.3-12+b1) を展開しています...
vsftpd (3.0.3-12+b1) を設定しています ...
Created symlink /etc/systemd/system/multi-user.target.wants/vsftpd.service → /lib/
systemd/system/vsftpd.service.
man-db (2.9.4-2) のトリガを処理しています ...
root@debian11:~# dpkg -l vsftpd Enter  →インストールされたことを確認する
要望=(U)不明/(I)インストール/(R)削除/(P)完全削除/(H)保持
| 状態=(N)無/(I)インストール済/(C)設定/(U)展開/(F)設定失敗/(H)半インストール/(W>
|/ エラー?=(空欄)無/(R)要再インストール (状態,エラーの大文字=異常)
||/ 名前           バージョン    アーキテクチ 説明
+++-==============-============-============-=================================>
ii  vsftpd         3.0.3-12+b1  amd64        lightweight, efficient FTP server >
lines 1-6/6 (END) →先頭が「ii」だとインストール済み。lessが起動するのでqキーを押して終了する
```

次のようにdpkgコマンドを実行することで、インストールしたvsftpdパッケージについての情報を確認することができます。

```
root@debian11:~# dpkg -L vsftpd Enter  →vsftpdパッケージでインストールされたファイルを表示する
/.
/etc
/etc/ftpusers
/etc/init.d
/etc/init.d/vsftpd
          :
root@debian11:~# dpkg -s vsftpd Enter  →vsftpdパッケージについての詳細情報を表示する
Package: vsftpd
Status: install ok installed
          :
Description: lightweight, efficient FTP server written for security
 This package provides the "Very Secure FTP Daemon", written from
 the ground up with security in mind.
 .
 It supports both anonymous and non-anonymous FTP access, PAM authentication,
 bandwidth limiting, and the Linux sendfile() facility.
Homepage: http://vsftpd.beasts.org/
```

dpkgコマンドではアンインストールのオプションが2種類用意されています。-rオプションでは、アンインストールされた後も設定ファイルを残します。

```
root@debian11:~# dpkg -r vsftpd [Enter]  →-rオプションでアンインストールを実行する
(データベースを読み込んでいます ... 現在 148756 個のファイルとディレクトリがインストールされています。)
vsftpd (3.0.3-12+b1) を削除しています ...
man-db (2.9.4-2) のトリガを処理しています ...
root@debian11:~# ls /etc/vsftpd.conf [Enter]  →設定ファイルが残っていることを確認する
/etc/vsftpd.conf
```

-Pオプションでは、設定ファイルも含めて完全にアンインストールをします。

```
root@debian11:~# dpkg -i vsftpd_3.0.3-12+b1_amd64.deb [Enter]  →再びvsftpdをインストールする
root@debian11:~# dpkg -P vsftpd [Enter]  →-Pオプションでアンインストールを実行する
(データベースを読み込んでいます ... 現在 148756 個のファイルとディレクトリがインストールされています。)
vsftpd (3.0.3-12+b1) を削除しています ...
vsftpd (3.0.3-12+b1) の設定ファイルを削除しています ...
man-db (2.9.4-2) のトリガを処理しています ...
root@debian11:~# ls /etc/vsftpd.conf [Enter]  →設定ファイルが残っていないことを確認する
ls: '/etc/vsftpd.conf' にアクセスできません: そのようなファイルやディレクトリは ありません
```

■apt コマンドでパッケージを管理する

dpkgコマンドでインストールを行うには、事前にパッケージファイルを入手しておく必要があります。aptコマンドを利用すると、インターネット上のリポジトリ（パッケージ情報を公開しているサーバー）からパッケージを検索し、インストールができます。

aptコマンド

```
apt サブコマンド [ パッケージ名 ]
```

概要	debパッケージをリポジトリと連携し、操作する	
主なサブコマンド	サブコマンド	説明
	update	パッケージ情報を更新する
	install	パッケージをインストールする
	upgrade	パッケージを更新する
	full-upgrade	必要に応じて、パッケージの削除も含めてシステム全体を更新する
	search	パッケージを検索する
	show	パッケージ情報を表示する
	list	パッケージの一覧を表示する（--upgradableオプションで、更新対象のパッケージ一覧を表示する）
	remove	パッケージを削除する
引数	・パッケージ名：操作対象となるパッケージ名	

aptコマンドでは、ダウンロードしたパッケージ情報に基づいてパッケージ管理を行います。そのため、初めて利用する場合やしばらくの間更新していない場合、コマンドを利用する前に以下のようにパッケージ情報を更新する必要があります。

```
root@debian11:~# apt update Enter
取得:1 http://security.debian.org/debian-security bullseye-security InRelease [44.1 kB]
取得:2 http://security.debian.org/debian-security bullseye-security/main Sources [44.2 kB]
        :
```

参照するリポジトリ情報は/etc/apt/sources.listに格納されています。

```
root@debian11:~# cat /etc/apt/sources.list Enter
        :
deb http://deb.debian.org/debian/ bullseye main contrib
        :  →debで始まる行がインストール用パッケージの取得先
```

以下のように実行することにより、パッケージ名や説明文にsshpassというキーワードが書かれているパッケージをリポジトリ情報から検索することができます。

```
root@debian11:~# apt search sshpass Enter
ソート中... 完了
全文検索... 完了
runoverssh/stable 3.0.3-1 all
  POSIX-compliant shell script for running shell commands and scripts over SSH

sshpass/stable 1.09-1+b1 amd64
  Non-interactive ssh password authentication
```

以下のように実行することにより、sshpassパッケージについての情報を表示することができます。

```
root@debian11:~# apt show sshpass Enter
Package: sshpass
Version: 1.09-1+b1
        :
Description: Non-interactive ssh password authentication
        :
```

sshpassパッケージをインストールするには、以下のように実行します。

```
root@debian11:~# apt install sshpass Enter
パッケージリストを読み込んでいます... 完了
        :
sshpass (1.09-1+b1) を展開しています...
sshpass (1.09-1+b1) を設定しています ...
man-db (2.9.4-2) のトリガを処理しています ...
root@debian11:~# sshpass Enter
Usage: sshpass [-f|-d|-p|-e] [-hV] command parameters
        :  →sshpassコマンドがインストールされたことを確認する
```

aptコマンドでは、依存関係があるパッケージもまとめてインストールすることができます。以下は、phpパッケージをインストールしている例です。依存するほかのパッケージもまとめてインストールされます。複数パッケージがインストール対象となる場合、確認ダイアログが表示されます。

```
root@debian11:~# apt install php Enter
        :
以下のパッケージが新たにインストールされます:
  libapache2-mod-php7.4 php php-common php7.4 php7.4-cli php7.4-common
  php7.4-json php7.4-opcache php7.4-readline  →依存するパッケージもまとめてインストールされる
アップグレード: 0 個、新規インストール: 9 個、削除: 0 個、保留: 0 個。
4,123 kB のアーカイブを取得する必要があります。
この操作後に追加で 18.0 MB のディスク容量が消費されます。
続行しますか? [Y/n]  →確認ダイアログ。Yを入力するか、そのままEnterキーでインストールする
        :
```

以下のようにapt listコマンドで、更新対象となるパッケージを表示することができます。

```
root@debian11:~# apt list --upgradable Enter  →更新対象となるパッケージの一覧を表示する
一覧表示... 完了
apache2-bin/stable-security 2.4.51-1~deb11u1 amd64 [2.4.48-3.1+deb11u1 からアップグレード可]
apache2-data/stable-security 2.4.51-1~deb11u1 all [2.4.48-3.1+deb11u1 からアップグレード可]
        :
```

apt upgradeコマンドで、パッケージの更新を行うことができます。

```
root@debian11:~# apt upgrade Enter
        :
以下のパッケージが新たにインストールされます:
  linux-image-5.10.0-9-amd64
以下のパッケージはアップグレードされます:
  apache2 apache2-bin apache2-data apache2-doc apache2-utils base-files
        :  →更新対象となるパッケージの一覧を表示する
この操作後に追加で 304 MB のディスク容量が消費されます。
続行しますか? [Y/n]  →Yを入力するか、そのままEnterで更新を実行する
        :
```

パッケージ管理用のコマンドは大きく異なるものの、ディストリビューションの系統が違っても基本となるコマンドや仕組みは一緒です。Red Hat系、Debian系問わず、いろいろなディストリビューション環境を積極的に利用してみましょう。

章末演習

この章の内容を学習したことにより、以下の操作ができるようになります。いくつかの項目について、演習問題を通じて確認しましょう。

- Debian 環境で `adduser` コマンドによるユーザー追加ができる
- `dpkg` コマンド、`apt` コマンドにより、deb 形式のパッケージファイルを操作できる

演習 1

`adduser`コマンドでexuser1というユーザーを追加しましょう。オプションは特に指定しないようにします。ログインシェルがbashになっていることを確認します。

演習 2

応用問題 rootユーザーの環境で、エイリアスに何も設定がされていないことを確認します。`ls`コマンド実行時、ディレクトリやシンボリックリンクが色分けされるようにbashの設定ファイルに記述し、次回ログイン時ないしbash実行時に有効になるように構成します。なお、オブジェクトの種類による色分けは「`ls --color=auto`」で設定可能です。

演習 3

`apt`コマンドでvsftpdというキーワードでパッケージを検索しましょう。

演習 4

vsftpdパッケージがインストールされていないことを確認し（もしインストールされている状態だった場合は、一度アンインストールをしてから動作確認します）、`apt`コマンドでインストールしましょう。インストールできたら、インストール済みであることを確認しましょう。

章末演習【解答例】

演習1

Debian環境では、adduserコマンドを実行することで、ユーザーを追加すると共にパスワードの設定も行うことができます。adduserコマンドで追加したユーザーは、以下のように既定でログインシェルがbashとなります。

```
root@debian11:~# adduser exuser1 Enter
ユーザ `exuser1' を追加しています...
新しいグループ `exuser1' (1007) を追加しています...
新しいユーザ `exuser1' (1007) をグループ `exuser1' として追加しています...
ホームディレクトリ `/home/exuser1' を作成しています...
`/etc/skel' からファイルをコピーしています...
新しい パスワード: →任意のパスワードを入力する
新しい パスワードを再入力してください: →任意のパスワードを再入力する
passwd: パスワードは正しく更新されました
exuser1 のユーザ情報を変更中
新しい値を入力してください。標準設定値を使うならリターンを押してください
        フルネーム []: →Enterキーを押すか、任意の情報を入力する（以下同じ）
        :
以上で正しいですか? [Y/n] →Yを入力するか、そのままEnterキーでユーザーの追加を実行する
root@debian11:~# grep exuser1 /etc/passwd Enter →exuser1のユーザー設定を確認する
exuser1:x:1007:1007:,,,:/home/exuser1:/bin/bash →ログインシェルがbashであることを確認する
```

演習2

Red Hat系の環境と異なり、Debian環境では既定でエイリアスの設定がされていません。adduserコマンドで追加したユーザーにはlsコマンドのエイリアスのみが設定されていますが、rootユーザーには以下のように何もエイリアスが設定されていません。そこで、.bashrcファイルに問題文で指示されているlsコマンドのエイリアスの記述を行い、ログイン時ないし次回bash起動時にエイリアスが読み込まれるように構成します。

```
root@debian11:~# alias Enter →エイリアスが何も設定されていないので何も表示されない
root@debian11:~# vi .bashrc Enter
        :
alias ls='ls --color=auto' →ファイルの末尾にエイリアス設定を追加し、保存して終了する
```

ログインし直すか、以下のように.bashrcファイルの内容を実行すると、記述した内容を適用することができます。

```
root@debian11:~# . .bashrc Enter  →.bashrcの内容を適用し、有効化する
root@debian11:~# alias Enter
alias ls='ls --color=auto'  →記述したエイリアスが追加されていることを確認する
root@debian11:~# ls / Enter  →lsコマンドを実行し、種類により色分けして表示されることを確認する
bin   home            lib32       media  root  sys  vmlinuz
boot  initrd.img      lib64       mnt    run   tmp  vmlinuz.old
dev   initrd.img.old  libx32      opt    sbin  usr
etc   lib             lost+found  proc   srv   var
```

演習3

aptコマンドに用意されているsearchサブコマンドで、指定したキーワードによるパッケージの検索ができます。指定したキーワードと一致する名前のパッケージのほか、パッケージ名や説明文などに指定したキーワードが含まれているパッケージも表示されます。

```
root@debian11:~# apt search vsftpd Enter
ソート中... 完了
全文検索... 完了
        :
resource-agents/stable 1:4.7.0-1 amd64
  Cluster Resource Agents  →showサブコマンドを実行すると、説明文にvsftpdがある

vsftpd/stable 3.0.3-12+b1 amd64
  lightweight, efficient FTP server written for security

vsftpd-dbg/stable 3.0.3-12+b1 amd64
  lightweight, efficient FTP server written for security (debug)
        :
```

演習4

以下のようにdpkgコマンドを実行し、vsftpdパッケージがインストールされていないことを確認します。

```
root@debian11:~# dpkg -l vsftpd Enter  →-lオプションで指定したパッケージがインストールされているか確認する
dpkg-query: vsftpd に一致するパッケージが見つかりません
```

もしインストールされていた場合は、以下のようにアンインストールします。

```
root@debian11:~# dpkg -P vsftpd Enter
(データベースを読み込んでいます ... 現在 153676 個のファイルとディレクトリがインストールされています。)
vsftpd (3.0.3-12+b1) を削除しています ...
vsftpd (3.0.3-12+b1) の設定ファイルを削除しています ...
man-db (2.9.4-2) のトリガを処理しています ...
```

aptコマンドで、以下のようにパッケージ名を指定してインストールすることができます。

```
root@debian11:~# apt install vsftpd Enter  →vsftpdパッケージをインストールする
パッケージリストを読み込んでいます... 完了
依存関係ツリーを作成しています... 完了
状態情報を読み取っています... 完了
以下のパッケージが新たにインストールされます:
  vsftpd
アップグレード: 0 個、新規インストール: 1 個、削除: 0 個、保留: 0 個。
          :
```

以下のように、dpkgコマンドでインストールされていることを確認できます。

```
root@debian11:~# dpkg -l vsftpd Enter

要望=(U)不明/(I)インストール/(R)削除/(P)完全削除/(H)保持
| 状態=(N)無/(I)インストール済/(C)設定/(U)展開/(F)設定失敗/(H)半インストール/(W>
|/ エラー?=(空欄)無/(R)要再インストール (状態,エラーの大文字=異常)
||/ 名前           バージョン    アーキテクチ 説明
+++-==============-============-============-=================================>
ii  vsftpd         3.0.3-12+b1  amd64        lightweight, efficient FTP server
→行頭が「ii」だとインストール済み
```

執筆者プロフィール

河原木 忠司（かわらぎ ただし）

北海道小樽市出身。合同会社優来屋代表。サーバーエンジニア、講師として活動してきた。現在は講師業を中心に、研修コースの提案、開発や書籍の執筆といった業務に従事。Linuxなどの OSやセキュリティに関する研修コースを中心に、企業や官公庁職員様向けの研修を担当している。
著書に『最短突破 LinuC レベル1 バージョン10.0 合格教本』（技術評論社）、『標準テキスト CentOS 8 構築・運用・管理パーフェクトガイド［CentOS Stream対応］』（SBクリエイティブ、共著）などがある。

用語索引

記号

A

B

C

D

P

R

S

T

U

V

W

X

Y

Z

あ行

か行

さ行

た行

な行

は行

ま行

や行

ら行

わ行

コマンド索引

K

L

M

N

P

R

S

T

U

V

W

Y

Z

■お問い合わせについて

本書に関するご質問については、本書に記載されている内容に関するもののみとさせていただきます。本書の内容と関係のないご質問につきましては、一切お答えできませんので、あらかじめご了承ください。また、電話でのご質問は受け付けておりませんので、FAX、書面、またはサポートページの「お問い合わせ」よりお送りください。

■問い合わせ先

〒162-0846　東京都新宿区市谷左内町 21-13
株式会社技術評論社　雑誌編集部
「基礎からしっかり学ぶ Linux 入門」係
FAX：03-3513-6173

なお、ご質問の際には、書名と該当ページ、返信先を明記してくださいますよう、お願いいたします。お送りいただいたご質問には、できる限り迅速にお答えできるよう努力いたしておりますが、場合によってはお答えするまでに時間がかかることがあります。また、回答の期日をご指定なさっても、ご希望にお応えできるとは限りません。あらかじめご了承くださいますよう、お願いいたします。

■本書サポートページ

https://gihyo.jp/book/2022/978-4-297-12545-5
本書記載の情報の修正・訂正・補足については、当該 Web ページで行います。

●カバーデザイン　岡崎 善保（株式会社志岐デザイン事務所）
●本文デザイン／DTP　有限会社スタジオキャロット
●編集　鷹見 成一郎

基《き》礎《そ》からしっかり学《まな》ぶ Linux《リナックス》 入門《にゅうもん》

2022 年 1 月 20 日　初版 第 1 刷　発行

著　者　河原木《かわらぎ》 忠司《ただし》
発行者　片岡 巌
発行所　株式会社技術評論社
東京都新宿区市谷左内町 21-13
電話 03-3513-6150　販売促進部
03-3513-6177　雑誌編集部
印刷所　昭和情報プロセス株式会社

定価はカバーに表示してあります。

ISBN978-4-297-12545-5 C3055
Printed in Japan